Educational Producer For Your Success

알기쉽게 풀어쓴!

에듀피디
대기환경 실기
기사·산업기사

3판

| 전나훈 편저 |

Engineer
Air
Pollution
Environmental

- 기출문제 및 관련 이론을 집중적으로 학습할 수 있도록 구성
- 과년도 기출문제를 통한 실력 향상
- 필수적으로 암기해야 하는 부분의 암기 방법을 두문자를 통해 제시

에듀피디 동영상강의 www.edupd.com

알기 쉽게 풀어쓴
대기환경(산업)기사 실기

1판 1쇄   2019년 1월 15일
3판 1쇄   2024년 6월 17일

편저자   전나훈
발행처   에듀피디
등 록   제300-2005-146
주 소   서울 종로구 대학로 45 임호빌딩 2층 (연건동)

전 화   1600-6690
팩 스   02)747-3113

※ 이 책은 저작권법에 따라 보호받는 저작물이므로 무단전재와 무단복제를 금지하며 책 내용의 전부
  또는 일부를 이용하려면 반드시 저작권자와 에듀피디의 서면 동의를 받아야 합니다.

제1편   필답형 핵심요약

CHAPTER 01	대기오염방지기술	010
CHAPTER 02	가스처리	054
CHAPTER 03	입자처리	094
CHAPTER 04	대기오염 측정 및 관리	130

제2편   과년도 필답형 기출문제

[산업기사 기출문제]

CHAPTER 01	2017년도 제1회 산업기사 필답형	162
CHAPTER 02	2017년도 제2회 산업기사 필답형	166
CHAPTER 03	2017년도 제4회 산업기사 필답형	169
CHAPTER 04	2018년도 제1회 산업기사 필답형	172
CHAPTER 05	2018년도 제2회 산업기사 필답형	175
CHAPTER 06	2018년도 제4회 산업기사 필답형	179
CHAPTER 07	2019년도 제1회 산업기사 필답형	183
CHAPTER 08	2019년도 제2회 산업기사 필답형	187
CHAPTER 09	2019년도 제4회 산업기사 필답형	191
CHAPTER 10	2020년도 제5회 산업기사 필답형	194
CHAPTER 11	2021년도 제1회 산업기사 필답형	199
CHAPTER 12	2023년도 제1회 산업기사 필답형	204
CHAPTER 13	2023년도 제2회 산업기사 필답형	208
CHAPTER 14	2023년도 제4회 산업기사 필답형	213

[기사 기출문제]

CHAPTER 15	2017년도 제1회 기사 필답형	218
CHAPTER 16	2017년도 제2회 기사 필답형	221
CHAPTER 17	2017년도 제4회 기사 필답형	224
CHAPTER 18	2018년도 제1회 기사 필답형	227
CHAPTER 19	2019년도 제1회 기사 필답형	230
CHAPTER 20	2019년도 제2회 기사 필답형	233
CHAPTER 21	2019년도 제4회 기사 필답형	236
CHAPTER 22	2020년도 제1회 기사 필답형	239
CHAPTER 23	2020년도 제3회 기사 필답형	245
CHAPTER 24	2020년도 제4회 기사 필답형	250
CHAPTER 25	2020년도 제5회 기사 필답형	255
CHAPTER 26	2021년도 제1회 기사 필답형	260
CHAPTER 27	2021년도 제2회 기사 필답형	267
CHAPTER 28	2021년도 제4회 기사 필답형	273
CHAPTER 29	2022년도 제1회 기사 필답형	278
CHAPTER 30	2022년도 제2회 기사 필답형	283
CHAPTER 31	2022년도 제4회 기사 필답형	289
CHAPTER 32	2023년도 제1회 기사 필답형	295
CHAPTER 33	2023년도 제2회 기사 필답형	300
CHAPTER 34	2023년도 제4회 기사 필답형	305
CHAPTER 35	2024년도 제1회 기사 필답형	309

제3편   과년도 필답형 기출해설   315

제4편   부록

| CHAPTER 01 | 대기환경 틈새시장 | 494 |
| CHAPTER 02 | 대기환경 공식정리 | 503 |

GUIDE 출제기준(실기)

직무분야	환경·에너지	중직무분야	환경	자격종목	대기환경산업기사	적용기간	2025.1.1. ~ 2025.12.31

● **직무내용** : 대기오염으로 인한 국민건강이나 환경에 관한 위해를 예방하기 위해 대기환경관리계획수립, 시설인·허가 및 관리, 실내공기질 관리, 악취관리, 이동오염원 관리, 측정분석·평가를 통해 대기환경을 적정하고 지속가능하도록 관리·보전하는 직무이다.

● **수행준거** : 대기오염에 대한 전문적 지식을 토대로 하여
 1. 대기오염 현황을 정확히 측정 및 분석할 수 있다.
 2. 대기오염의 측정자료를 토대로 대기질을 평가 및 예측할 수 있다.
 3. 대기오염 대책을 수립하여 방지시설을 적절하게 설계, 시공, 관리할 수 있다.

실기검정방법	필답형	시험시간	2시간 30분

실기과목명	주요항목	세부항목	세세항목
대기오염 방지실무	❶ 대기오염 방지기술	❶ 오염물질 확산 이해하기	1. 확산이론을 이해할 수 있다. 2. 안정도에 따른 연기확산을 파악할 수 있다. 3. 바람과 대기오염의 관계, 오염도를 예측할 수 있다.
		❷ 연소이론, 연소계산 이해하기	1. 연소이론 및 설비를 이해할 수 있다. 2. 연소생성물을 계산할 수 있다.
	❷ 가스처리	❶ 유체역학의 기본원리 이해하기	1. 유체의 흐름을 이해할 수 있다. 2. 입자동력학의 기본원리를 이해할 수 있다.
		❷ 가스처리 및 반응 이해하기	1. 유해가스의 처리이론 및 장치를 파악할 수 있다. 2. 유해가스의 처리기술을 이해할 수 있다.
		❸ 처리장치설계 이해하기	1. 흡수장치의 기본설계를 이해할 수 있다. 2. 흡착장치의 기본설계를 이해할 수 있다. 3. 기타 처리장치의 기본설계를 이해할 수 있다.
		❹ 환기 및 통풍장치 이해하기	1. 환기장치에 관한 사항을 이해할 수 있다. 2. 통풍장치에 관한 사항을 이해할 수 있다.
	❸ 입자처리	❶ 입자의 기본이론 이해하기	1. 입자의 기초이론을 이해할 수 있다. 2. 입자상물질의 종류 및 특징을 파악할 수 있다.
		❷ 집진원리 이해하기	1. 집진의 기초이론을 이해할 수 있다. 2. 집진장치별 집진율 등을 산정할 수 있다.
		❸ 집진기술 파악하기	1. 집진기 연결형태에 따른 집진기술을 파악할 수 있다. 2. 통과율 및 집진효율 등을 계산할 수 있다.

실기과목명	주요항목	세부항목	세세항목
		❹ 집진장치 설계 이해하기	1. 중력식집진장치의 기본설계를 이해할 수 있다. 2. 관성력집진장치의 기본설계를 이해할 수 있다. 3. 원심력집진장치의 기본설계를 이해할 수 있다. 4. 세정식집진장치의 기본설계를 이해할 수 있다. 5. 여과집진장치의 기본설계를 이해할 수 있다. 6. 전기집진장치의 기본설계를 이해할 수 있다. 7. 기타집진장치의 기본설계를 이해할 수 있다.
	❹ 대기오염 측정 및 관리	❶ 시료채취방법 이해하기	1. 시료채취를 위한 일반적인 사항을 파악할 수 있다. 2. 가스상 물질의 시료채취방법을 파악할 수 있다. 3. 입자상 물질의 시료채취방법을 파악할 수 있다.
		❷ 시료측정 및 분석하기	1. 일반시험방법에 의거 측정 및 분석할 수 있다. 2. 배출허용기준시험방법에 의거 측정 및 분석할 수 있다. 3. 환경기준시험방법에 의거 측정 및 분석할 수 있다. 4. 기타시험방법에 의거 측정 및 분석할 수 있다.
		❸ 대기오염관리 실무 파악하기	1. 대기오염관리 및 방지실무를 파악할 수 있다.
		❹ 기타 오염원 관리 이해하기	1. 악취관리 업무를 이해할 수 있다. 2. 실내공기질 관리업무를 이해할 수 있다. 3. 이동오염원 관리업무를 이해할 수 있다. 4. 기타 오염원 관리업무를 이해할 수 있다.

GUIDE 출제기준(실기)

직무분야	환경·에너지	중직무분야	환경	자격종목	대기환경기사	적용기간	2025.1.1. ~ 2025.12.31

◉ **직무내용** : 대기오염으로 인한 국민건강이나 환경에 관한 위해를 예방하기 위해 대기환경관리 계획수립, 시설인·허가 및 관리, 실내공기질 관리, 악취관리, 이동오염원 관리, 측정분석·평가를 통해 대기환경을 적정하고 지속가능하도록 관리·보전하는 직무이다.

◉ **수행준거** : 대기오염에 대한 전문적 지식을 토대로 하여
  1. 대기오염 현황을 정확히 측정 및 분석할 수 있다.
  2. 대기오염의 측정자료를 토대로 대기질을 평가 및 예측할 수 있다.
  3. 대기오염 대책을 수립하여 방지시설을 적절하게 설계, 시공, 관리할 수 있다.

실기검정방법	필답형	시험시간	3시간

실기과목명	주요항목	세부항목	세세항목
대기오염 방지실무	❶ 대기오염방지기술	❶ 오염물질 확산 및 예측하기	1. 확산이론을 이해할 수 있다. 2. 안정도에 따른 연기확산을 파악할 수 있다. 3. 바람과 대기오염의 관계, 오염도를 예측할 수 있다.
		❷ 연소이론, 연소계산, 연소설비 이해하기	1. 연소이론을 이해할 수 있다. 2. 연소생성물을 계산할 수 있다. 3. 연소설비를 파악할 수 있다.
	❷ 가스처리	❶ 유체역학적 원리 이해하기	1. 유체의 흐름을 이해할 수 있다. 2. 입자동력학을 이해할 수 있다.
		❷ 가스처리 및 반응 이해하기	1. 유해가스의 처리이론 및 장치를 파악할 수 있다. 2. 유해가스의 처리기술을 이해할 수 있다.
		❸ 처리장치설계 이해하기	1. 흡수장치의 설계를 이해할 수 있다. 2. 흡착장치의 설계를 이해할 수 있다. 3. 기타 처리장치의 설계를 이해할 수 있다.
		❹ 환기 및 통풍장치 이해하기	1. 환기장치에 관한 사항을 이해할 수 있다. 2. 통풍장치에 관한 사항을 이해할 수 있다.
	❸ 입자처리	❶ 입자의 기본이론 이해하기	1. 입자의 기초이론을 이해할 수 있다. 2. 입자상물질의 종류 및 특징을 파악할 수 있다.
		❷ 집진원리 이해하기	1. 집진의 기초이론을 이해할 수 있다. 2. 집진장치별 집진율 등을 산정할 수 있다.
		❸ 집진기술 파악하기	1. 집진기 연결형태에 따른 집진기술을 파악할 수 있다. 2. 통과율 및 집진효율 등을 계산할 수 있다.

실기과목명	주요항목	세부항목	세세항목
		④ 집진장치 설계 이해하기	1. 중력식집진장치의 설계를 이해할 수 있다. 2. 관성력집진장치의 설계를 이해할 수 있다. 3. 원심력집진장치의 설계를 이해할 수 있다. 4. 세정식집진장치의 설계를 이해할 수 있다. 5. 여과집진장치의 설계를 이해할 수 있다. 6. 전기집진장치의 설계를 이해할 수 있다. 7. 기타집진장치의 설계를 이해할 수 있다.
	④ 대기오염 측정 및 관리	① 시료채취방법 이해하기	1. 시료채취를 위한 일반적인 사항을 파악할 수 있다. 2. 가스상 물질의 시료채취방법을 파악할 수 있다. 3. 입자상 물질의 시료채취방법을 파악할 수 있다.
		② 시료측정 및 분석하기	1. 일반시험방법에 의거 측정 및 분석할 수 있다. 2. 배출허용기준시험방법에 의거 측정 및 분석할 수 있다. 3. 환경기준시험방법에 의거 측정 및 분석할 수 있다. 4. 기타시험방법에 의거 측정 및 분석할 수 있다.
		③ 대기오염관리 실무 파악하기	1. 대기오염관리 및 방지실무를 파악할 수 있다.
		④ 기타 오염원 관리 이해하기	1. 악취관리 업무를 이해할 수 있다. 2. 실내공기질 관리업무를 이해할 수 있다. 3. 이동오염원 관리업무를 이해할 수 있다. 4. 기타 오염원 관리업무를 이해할 수 있다.

PART 1

제 1 편
필답형 핵심요약

01. 대기오염방지기술
02. 가스처리
03. 입자처리
04. 대기오염 측정 및 관리

01 대기오염방지기술

UNIT 01 오염물질 확산 및 예측하기

1 확산이론

(1) Fick's law(픽의 법칙)

확산은 물질의 농도가 높은 쪽에서 낮은 쪽으로 이동한다. 따라서 농도차가 클수록 물질의 확산정도가 커진다. (분산모델의 기초)

> 💡 **가정조건**
> - 풍향, 풍속, 온도, 시간에 따른 농도변화가 없는 정상상태 분포를 가정한다.
> - 바람에 의한 오염물의 주 이동방향은 x축이며 풍속 U는 일정하다.
> - 바람이 부는 방향(x축)의 확산은 이류에 의한 이동량에 비하여 무시할 수 있을 정도로 적다.
> - 풍하측의 대기안정도와 확산계수는 변하지 않는다.
> - 오염물질은 점배출원으로부터 연속적으로 방출된다.
> - 오염물질은 플룸(plume) 내에서 소멸되거나 생성되지 않는다.
> - 배출오염물질은 기체(입경이 미세한 에어로졸은 포함)이다.

(2) 상자모델

오염물질의 질량보존을 기본으로 오염대상공간을 상자로 가정하고 시간에 따른 농도의 변화를 물질수지로 나타낸 모델이다.(0차 모델)

> 💡 **가정조건**
> - 상자 내의 풍향, 풍속 분포도는 균일하다.
> - 바람은 상자의 측면에서 수직단면에 직각방향으로 불며 그 속도는 일정하다.
> - 상자 내의 농도는 균일하며, 배출원은 지면 전역에 균일하게 분포되어 있다.
> - 배출된 오염물질은 즉시 공간 내에 균일하게 혼합된다.
> - 오염물질의 분해가 있는 경우는 1차 반응으로 취급한다.

(3) 수용모델(receptor model)과 분산모델의 비교

구분	분산모델	수용모델
장점	㉠ 미래의 대기질을 예측할 수 있다. ㉡ 대기오염 정책입안에 도움을 준다. ㉢ 2차 오염원의 확인이 가능하다. ㉣ 오염원의 운영 및 설계요인의 효과를 예측할 수 있다. ㉤ 점·선·면 오염원의 영향을 평가할 수 있다.	㉠ 지형·기상정보가 없어도 사용이 가능하다. ㉡ 오염원의 조업 및 운영상태에 대한 정보가 없어도 사용이 가능하다. ㉢ 새로운 오염원과 불확실한 오염원, 불법 배출오염원에 대한 정량적인 확인 평가가 가능하다. ㉣ 수용체 입장에서 영향평가가 현실적으로 이루어 질 수 있다. ㉤ 입자상, 가스상 물질, 가시도 문제 등 환경전반에 응용할 수 있다.
단점	㉠ 기상의 불확실성과 오염원이 미확인될 때 많은 문제점을 갖는다. ㉡ 오염물의 단기간 분석시 문제가 된다. ㉢ 지형, 오염원의 조업조건에 따라 영향을 받는다. ㉣ 새로운 오염원이 있을 때마다 재평가할 필요가 있다.	㉠ 현재나 과거에 일어났던 일을 추정, 미래를 위한 전략은 세울 수 있으나 미래예측은 어렵다. ㉡ 특정자료를 입력자료로 사용하므로 시나리오 작성이 곤란하다.

(4) 가우시안 확산방정식

가우시안 확산방정식에서는 오염물질의 확산이 x, y, z방향으로 정규분포형태로 확산된다고 가정하고, 일반적으로 모델링에서 지면에서의 반사를 기준으로 하므로, 식으로 나타내면 다음과 같다.

$$C = \frac{Q}{2\pi\sigma_y\sigma_z u}exp\left[-\left(\frac{y^2}{2\sigma_y^2}\right)\right]\left[\exp\left\{-\left(\frac{(z-H)^2}{2\sigma_z^2}\right)\right\}+\exp\left\{-\left(\frac{(z+H)^2}{2\sigma_z^2}\right)\right\}\right]$$

- x : 배출원과 도착한 오염원의 거리
- z : 도착한 오염원의 높이
- u : 풍속
- y : 도착한 오염원의 수평상의 거리
- H : 배출원의 유효굴뚝높이
- Q : 배출총량(유량 × 농도)

2 대기안정도의 판정

(1) 정적안정도

① **매우 불안정(과단열)** : 지표가 매우 가열된 상태에서 발생, 대기의 수직이동흐름이 활발, 한낮에 잘 발생, 대기오염도 낮음 ($\gamma_d < \gamma$)

② **중립** : 햇빛이 없고 바람이 많은 흐린날 잘 발생, 바람(기계적 난류)에 의한 대기확산만 존재 ($\gamma = \gamma_d$)

③ **등온** : 고도에 따른 기온변화가 없는 상태 ($\gamma = 0℃/100m$)

④ 역전 : 대기의 수직이동이 없는 상태, 지표가 냉각된 밤~새벽 사이에 잘 발생, 대기오염도 높음 ($\gamma_d \gg \gamma$)
⑤ 약한 불안정(준단열, 미단열, 약한 안정) : 대기의 수직흐름이 약하게 존재하는 상태, 지표면이 약하게 가열된 상태에서 발생($\gamma_d > \gamma > 0$)
⑥ 조건부 불안정 : 감률의 정도가 건조단열감률보다는 작고, 습윤단열감률보다는 큰 상태 ($\gamma_d > \gamma > \gamma_w$)

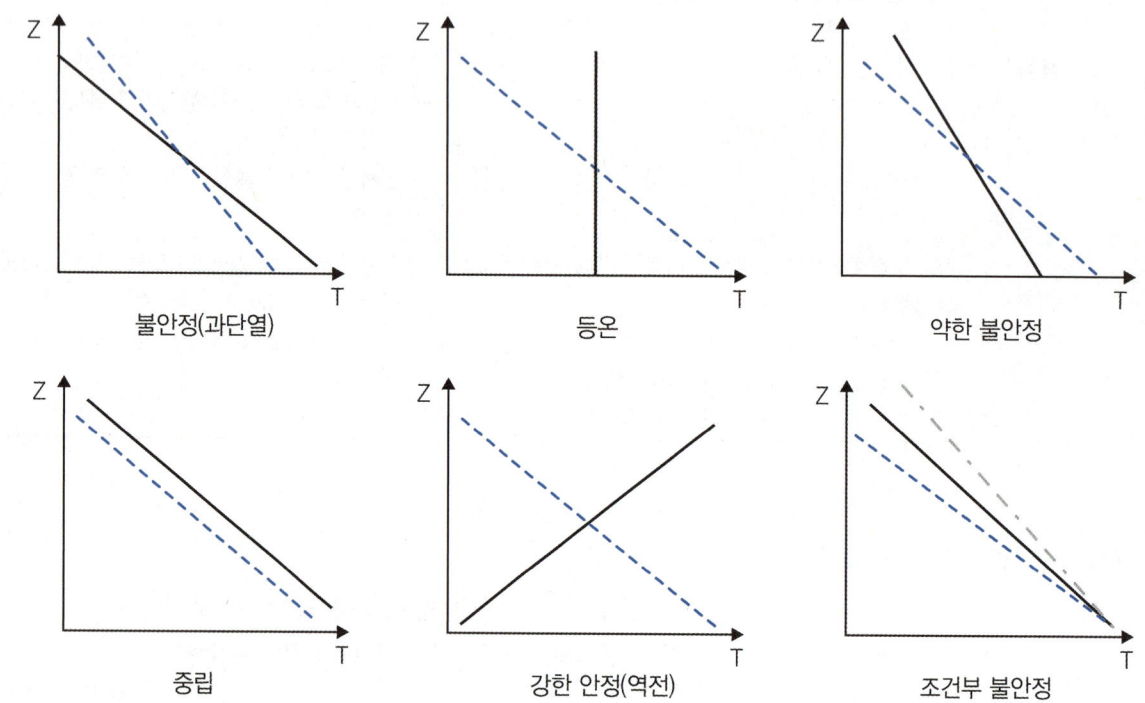

- γ_w : 습윤단열감률(일점쇄선)
- γ_d : 건조단열감률(점선)
- γ : 환경감률(실선)

> 💡 **용어정리**
>
> - 건조단열감률 : 고도가 높아짐에 따라 온도가 낮아지는 것을 기온체감률이라 하고, 이론적인 기온체감률을 건조단열감률이라고 한다. 건조단열감률에서 복사에너지의 출입과 수증기 잠열은 고려하지 않는다. 건조단열 감률에서 고도가 100m 상승하면 온도가 0.98℃만큼 낮아진다. ($\gamma_d = -0.98℃/100m$)
> - 습윤단열감률 : 포화된 공기의 기온체감률을 말한다. 고도가 100m 상승하면 온도가 0.5℃만큼 낮아진다. ($\gamma_w = -0.5℃/100m$)

> 💡 **온위**
> - 온위가 양(+)의 값을 가지면 대기는 안정
> - 온위가 음(−)의 값을 가지면 대기는 불안정
> - 온위가 고도증가에도 일정하면 대기는 중립
>
> 식 $\theta = T\left(\dfrac{1000}{P}\right)^{0.288}$

(2) 리차드슨 수(Ri)

대류난류를 기계적인 난류로 전환시키는 율

식 $R_i = \dfrac{g}{T_m}\left[\dfrac{(\Delta T/\Delta Z)}{(\Delta U/\Delta Z)^2}\right]$

- ΔT : 온도차
- ΔZ : 고도차
- ΔU : 풍속차
- T_m : 평균온도(K)

암기TIP 우는 아이 달래기! → 제티타조? 유자 두 번 타조?

1) 판정

리차드슨 수 값이 클수록 안정한 대기를 나타낸다.
- $-0.04 > R_i$: 대류난류가 지배적(대기가 매우 불안정)
- $-0.03 < R_i < 0$: 대류난류와 기계적 난류가 공존하나 기계적 난류가 우세
- $R_i = 0$: 기계적 난류에 의해서만 혼합이 이루어짐(중립)
  (넓은 범위에서는 $-0.01 < R_i < 0.01$ 까지 중립으로 판단한다.)
- $0 < R_i < 0.25$: 성층에 의해 기계적 난류가 약화됨
- $0.25 < R_i$: 수평상의 소용돌이만이 존재(역전)

※ 기계적 난류 : 대기의 수평상의 흐름
 대류 난류 : 대기의 수직흐름

(3) 역전의 종류

1) 지표역전 : 땅이 차가워서 발생!

① **복사역전** : 지구복사로 인한 지표가 냉각되는 밤부터~새벽 사이에 발생, 여름을 제외한 계절에서 잘 발생, 일교차가 클 때 잘 발생(맑고, 일사량이 많고, 습도가 적고, 바람이 적을 때)
② **이류역전** : 찬 지표면 위에 따뜻한 공기가 불어오면서 형성 (예 높새바람)

2) 공중역전 : 윗 공기가 뜨거울 때 발생!

① **침강역전** : 고기압의 정체로 상층의 기단이 압축되면서, 단열승온현상으로 인해 발생, 장기간 지속
(예 LA 스모그)

② **전선역전** : 온난전선이 한랭전선 위로 위치하면서 발생, 기상현상 동반, 대기오염도 낮음

③ **난류역전** : 난류로 인해 하단 공기가 일시적으로 냉각되면서 발생, 지속시간 짧음, 역전으로 인한 대기오염도 낮음 (예 해풍역전)

(4) 혼합고의 개념 및 특성

1) **혼합고** : 지표에서부터 역전층 하부까지의 고도 → 현재 대류 가능 정도

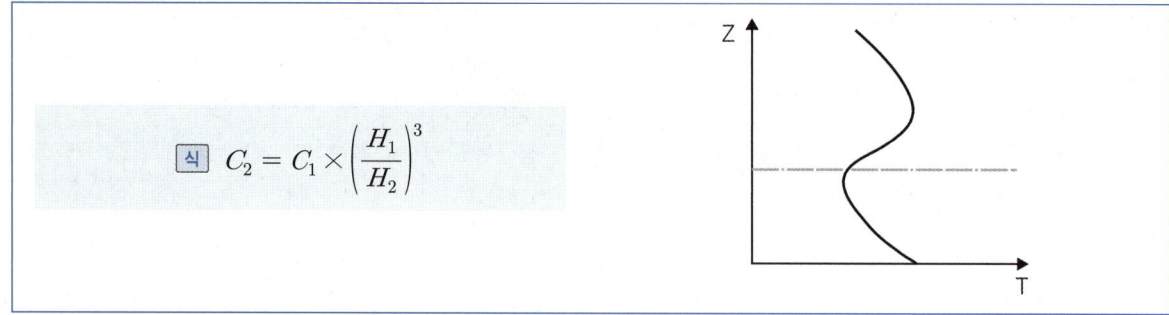

식 $C_2 = C_1 \times \left(\dfrac{H_1}{H_2}\right)^3$

2) **최대혼합고** : 건조단열감률선과 환경감률선이 만나는 점까지의 고도 → 최대 대류 가능 정도

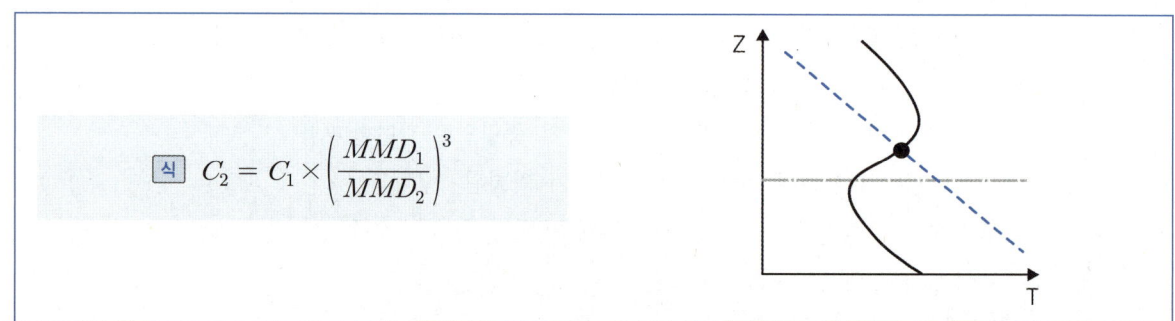

식 $C_2 = C_1 \times \left(\dfrac{MMD_1}{MMD_2}\right)^3$

💡 **혼합고의 특징**
- 혼합고는 여름에 최대, 겨울에 최소(위도에 따른 차이 있음)
- 한낮에 최대 2~3km, 야간에는 0m일 때도 있음

3 안정도에 따른 연기확산

(1) 환상형(Looping)

대기가 매우 불안정할 때 발생
① 햇빛이 많고, 바람이 다소 존재하거나 강할 때 잘 발생
② 최대지표농도가 가장 크고, 최대착지거리는 가장 작음
③ 대기오염도는 낮음

(2) 추형(Coning)

대기가 중립(또는 미단열, 준단열)상태일 때 발생
① 구름이 많고, 흐리고, 바람이 많은 날 잘 발생
② 모델링에 가장 많이 이용
③ 가우시안형 또는 K-이론모델이라고 불리기도 함

(3) 부채형(Fanning)

대기가 매우 안정상태일 때 발생
① 복사역전 시 잘 발생
② 대기오염도는 높음
③ 최대착지거리가 가장 김

(4) 훈증형(Fumigation)

대기가 상층은 안정, 하층은 불안정일 때 발생
① 일출 후 잘 발생
② 대기오염도는 낮지만, 연원(연기)에 의한 오염도는 높음
③ 오래 지속되지는 않음

(5) 지붕형(Lofting)

대기가 상층은 불안정, 하층은 안정일 때 발생
① 일몰 후 잘 발생
② 대기오염도는 높고, 연원(연기)에 의한 오염도는 낮음
③ 오래 지속되지는 않음

(6) 구속형(Trapping)

공중역전과 지표역전이 공존할 때 발생

① 대기오염도는 최대
② 아주 드물게 발생

> 💡 **시간별 굴뚝의 연기모형의 변화** ★★
> 부채형 – 훈증형 – 추형 – 환상형 – 추형 – 지붕형 – 부채형
> (▶ 유튜브 "초록별엔진" 참고)

4 바람과 대기오염의 관계

(1) 바람의 종류

① **지상풍** : 마찰력이 존재하는 층(행성경계층)에서의 바람

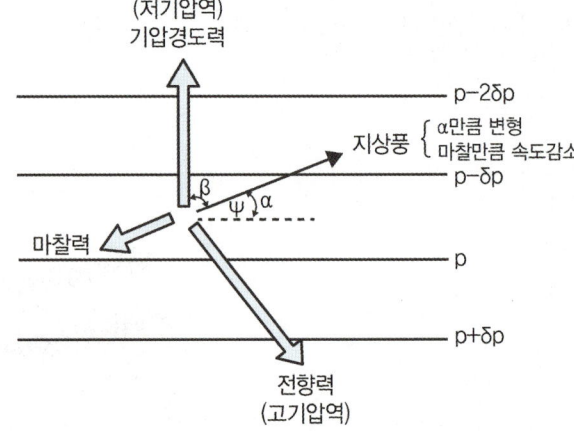

② **지균풍** : 마찰력이 존재하지 않는 층(자유대기층)에서 경도력과 전향력이 두 힘이 평형을 이룰 때, 등압선과 평행하게 부는 직선의 바람
(기압경도력 = 전향력)

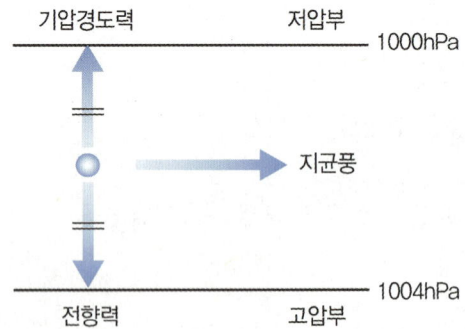

③ 경도풍 : 마찰력이 존재하지 않는 층(자유대기층)에서 경도력이 전향력과 원심력의 합과 평형을 이룰 때, 등압선을 따라(가로질러) 부는 곡선의 바람
(기압경도력 = 원심력+전향력)

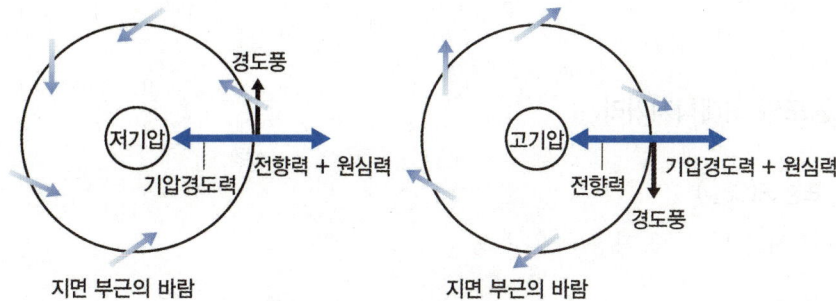

(2) 국지풍

① 해륙풍 : 육지와 바다의 비열차로 인해 발생
  ㉠ 낮에는 해풍, 밤에는 육풍이 발생
  ㉡ 비열차가 큰 해풍의 세기가 육풍보다 강함(영향범위 : 해풍 8~15km, 육풍 5~6km)
② 산곡풍 : 산과 계곡의 가열정도(일사량 차)로 인해 발생
  ㉠ 낮에는 곡풍, 밤에는 산풍이 발생
  ㉡ 중력의 영향으로 인해 산풍이 더 강함
③ 전원풍 : 도시의 교외지역의 열용량 차이로 인해 발생
  ㉠ 열섬현상의 원인이 됨
  ㉡ 대도시일수록 잘 발생

5 오염도 예측

(1) 유효굴뚝높이(H_e)

1) $H_e = H + \Delta H$
   - H : 굴뚝높이
   - ΔH : 유효상승고(ΔH=운동력에 의한 상승높이 + 열부력 상승높이)

2) 유효굴뚝높이 상승요건
   ① 배출가스온도를 높인다.
   ② 굴뚝의 단면적을 줄인다.

③ 송풍기를 설치한다.
④ 외기의 온도차를 크게 한다.
⑤ 굴뚝 내 마찰력을 감소시킨다.

(2) 최대지표농도와 최대착지거리

1) 최대지표농도(C_{max})

지표에 착지한 연기 중 가장 높은 농도

$$C_{max} = \frac{2Q}{H_e^2 \cdot \pi \cdot e \cdot U} \times \frac{C_z}{C_y}$$

- Q : 배출량
- U : 풍속
- C_y : 수평확산계수
- H_e : 유효굴뚝높이
- C_z : 수직확산계수

암기TIP 2층집에~헤헤 파이에유!

2) 최대착지거리(X_{max})

발생원부터 C_{max}까지의 거리

$$X_{max} = \left(\frac{H_e}{C_z}\right)^{\frac{2}{2-n}}$$

- H_e : 유효굴뚝높이
- n : 대기안정도
- C_z : 수직확산계수

암기TIP Xmas(크리스마스)에 산타헬(He)베를 기다려요.

(3) 다운워시와 다운드래프트

1) 다운워시(Down wash)

연기가 굴뚝의 아래로 휘말려 떨어지는 현상

① 원인
  ㉠ 연기의 배출속도가 작아서
  ㉡ 풍속이 너무 커서

② 대책

　ⓐ 연기의 배출속도를 풍속의 **2배** 이상으로 유지한다.

　ⓑ 굴뚝의 단면적을 줄인다.

　ⓒ 송풍기를 설치한다.

2) 다운드래프트(Down draft)

연기가 건물이나 지형 뒤쪽으로 휘말려 떨어지는 현상

① 원인

　ⓐ 유효굴뚝높이가 낮아서

　ⓑ 지형이나 건물의 높이가 높아서

② 대책

　ⓐ 유효굴뚝높이를 높인다. → 유효굴뚝높이 상승요건 모두 해당!
　　(굴뚝의 높이를 지형이나 건물의 높이보다 **2.5배** 이상으로 유지한다.)

(4) 통풍력 계산

$$\boxed{식}\ Z(\mathrm{mmH_2O}) = 273\,H\left(\frac{\gamma_a}{273+t_a} - \frac{\gamma_g}{273+t_g}\right)$$

- H : 굴뚝의 높이
- γ_a : 외기(공기)의 비중량(kg/m³)
- γ_g : 가스의 비중량(kg/m³)
- t_a : 외기(공기)의 온도(℃)
- t_g : 가스의 온도(℃)

※ 외기와 가스의 비중량이 제시되지 않을 때는 1.3kg/m³으로 적용한다.

(5) 가시거리

1) 산란

① 레일라이 산란 : 파장보다 입자의 크기가 매우 작을 때 일어나는 산란

② 미산란 : 파장과 입자의 크기가 비슷할 때 일어나는 산란, 가시거리에 주로 영향을 주는 산란(입자크기 0.1~1㎛)

2) 계산

① 상대습도 70%에서 가시거리 계산

$$L_v = \frac{A \times 10^3}{C}$$

- A : 상수
- C : 농도

② 분산면적비(K)에 의한 가시거리 계산

$$L_m(m) = \frac{5.2\rho r}{KC}$$

- r : 반경
- K : 분산면적비

③ 헤이즈 계수(Coh)

$$Coh_{1000} = \frac{(\log 1/t)/0.01}{L} \times 10^3$$

- t : 빛 전달률
- L : 이동거리

기출문제로 다지기 — UNIT 01 오염물질의 확산 및 예측하기

01. 500m³의 용적을 갖는 방안에서 5명이 있고, 그중에서 4명이 담배를 피우고 있다. 1명당 1시간 동안 2개비의 담배를 피운다고 할 때, 담배 1개비당 3.6mg의 포름알데하이드가 발생한다면, 1시간 후 방안의 포름알데하이드 농도(ppm)를 계산하시오. (단, 포름알데하이드는 완전 혼합되고, 담배를 피우기 전의 농도는 0이며, 실내온도는 20℃로 가정한다.)

해설 식 $X_{HCHO}(ppm) = \dfrac{HCHO}{실내용적}$

- $HCHO = \dfrac{3.6mg}{1개비} \times \dfrac{2개비}{1명} \times 4명 \times \dfrac{22.4SmL}{30mg} \times \dfrac{273+20}{273}$
  $= 23.0793 mL$
- 실내용적 = 500m³

$\therefore X_{HCHO}(ppm) = \dfrac{23.0793mL}{500m^3} = 0.05 mL/m^3$

정답 0.05mL/m³

02. 실내의 용적이 200m³인 복사실에서 오존(O_3)의 배출량이 초당 6.667×10^{-3}mg인 복사기를 연속 사용하고 있다. 복사기 사용 전 실내의 오존농도가 0.15ppm일 때, 3시간 30분 복사기를 사용한 후 복사실의 오존농도(ppb)는?

해설 식 복사실의 오존농도 = C_1(사용 전 농도) + C_2(사용 후 증가농도)

- $C_1 = 0.15 ppm$
- $C_2 = \dfrac{6.667 \times 10^{-3}mg}{sec} \times \dfrac{60sec}{1min} \times 210min \times \dfrac{22.4mL}{48mg} \times \dfrac{1}{200m^3}$
  $= 0.1960 mL/m^3 (ppm)$

$\therefore$ 복사실의 오존농도 = $0.15 + 0.1960 = 0.3460 ppm \fallingdotseq 346 ppb$

정답 346ppb

03. 분산모델과 수용모델 특징을 각각 3가지 쓰시오.

해설 [수용모델(Receptor model)]
① 기상조건이나 조업조건의 변동이 있어도 사용이 가능하다.
② 오염원의 조업 및 운영상태에 대한 정보 없이도 사용이 가능하다.
③ 수용체 입장에서 영향평가가 현실적으로 이루어 질 수 있다.

[분산모델(Dispersion model)]
① 정책입안의 자료로서 사용하기 적합하다.
② 미래의 대기질을 예측할 수 있어 시나리오 작성이 가능하다.
③ 점, 선, 면 오염원의 영향을 평가할 수 있다.

04. 태양에너지 복사와 관련하여 다음 물음에 답하시오.

(1) 알베도(albedo)

(2) 비인의 변위법칙, 관련식(변수 포함하여 기재할 것)

해설 (1) 알베도(albedo) 설명
물체가 빛을 받았을 때 반사하는 정도를 나타내는 단위이다.
반사율은 입사되는 전자기파에 대한 반사량으로 계산되며 기후학이나 천문학 분야에서 널리 사용하고 있으며, 일반적으로 가시광선 영역의 평균값을 의미한다.

(2) 비인의 변위법칙 설명, 관련식(변수 포함하여 기재할 것)
최대에너지 파장과 흑체표면의 절대온도는 반비례하다는 법칙이다.

정답 $\lambda_m = \dfrac{2,897}{T}$ (여기서, 2,897: 상수)

05. 가우시안의 확산방정식을 적용할 때, 지표면에 있는 점오염원으로부터 바람이 부는 방향으로 500m 떨어진 연기의 중심선상 지상 오염농도(mg/m³)는? (단, 오염물질의 배출량 = 12g/sec, 풍속 = 8m/sec, σ_y = 25m, σ_z = 15m)

해설 식 $C = \dfrac{Q}{2\pi\sigma_y\sigma_z u} exp\left[-\left(\dfrac{y^2}{2\sigma_y^2}\right)\right]\left[exp\left\{-\left(\dfrac{(z-H)^2}{2\sigma_z^2}\right)\right\} + exp\left\{-\left(\dfrac{(z+H)^2}{2\sigma_z^2}\right)\right\}\right]$

- 지상(지표) 오염농도를 구하므로 → z = 0
- 중심축상의 오염농도를 구하므로 → y = 0
- 지면상에 있는 배출원이므로 → H = 0
  ㄴ, 위의 조건을 적용하여 정리하면 아래 식과 같이 간략하게 됨.

식 $C = \dfrac{Q}{\pi\sigma_y\sigma_z U}$

∴ $C = \dfrac{12g/\sec}{\pi \times 25m \times 15m \times 8m/\sec} \times \dfrac{10^3 mg}{1g} = 1.27 mg/m^3$

정답 1.27 mg/m³

06. 산곡풍, 해륙풍, 경도풍에 대하여 서술하시오. (단, 정의, 발생원인, 낮과 밤에서의 바람의 차이 등을 중심으로 서술하시오.)

해설 ① **산곡풍** : 산에 조사되는 일사량차에 의해서 경사면에 밤과 낮에 그 방향이 반대인 바람이 교대로 부는 바람. 낮에는 골짜기에서 산 정상으로 부는 곡풍, 밤에는 산 정상에서 골짜기로 산풍이 분다.
② **해륙풍** : 바다와 육지의 비열차 또는 비열용량차에 의해 발달하는 바람. 낮에는 바다에서 육지로 부는 해풍, 밤에는 육지에서 바다로 부는 육풍이 분다.
③ **경도풍** : 마찰력이 존재하지 않는 자유대기층에서 원심력과 전향력의 합이 기압경도력과 같을 때 등압선을 가로질러 불어가는 바람. 곡선풍이라고도 불린다.

07. 대기오염물질 농도를 추정하기 위한 상자모델(Box model or Mixing Cell model)이론을 전개할 때 필요한 가정을 4가지만 기술하시오.

해설 ① 상자공간에서 오염물의 농도는 균일하다.
② 오염배출원은 이 상자가 차지하고 있는 지면 전역에 균등하게 분포되어 있다.
③ 상자 안 밑면에서 방출되는 오염물질이 상자 높이인 혼합층까지 즉시 균등하게 혼합된다.
④ 바람은 이 상자의 측면에서 일정한 속도로 불기 때문에 환기량이 일정하다.
⑤ 오염물의 분해는 1차 반응에 한한다.
⑥ 배출된 오염물질은 다른 물질로 변하지도 않고 지면에 흡수되지 않는다.

08. 파장이 5520 Å 인 빛 속에서 ρ(밀도)가 0.95g/cm³이고, 직경이 0.6μm인 기름방울의 K(분산면적비)가 4.1이었다. 먼지의 농도가 0.4mg/m³이라면 가시거리는 몇 m인지 구하시오.

해설 **식**
$$L(m) = \frac{5.2 \times \rho \times \gamma}{K \times C} = \frac{5.2}{4.1} \times \frac{0.95g}{cm^3} \times 0.3\mu m \times \frac{m^3}{4 \times 10^{-4}g}$$
$$= 903.66m$$

정답 903.66m

09. 온실가스의 감축을 위한 교토메커니즘의 주요 3가지 제도(명)을 쓰시오.

해설
① 공동이행제도(JI)
② 청정개발체제(CDM)
③ 배출권 거래제도(ETS)

10. 유효굴뚝높이 100m인 연돌에서 배출되는 가스량은 10m³/sec, SO₂의 농도가 1,500ppm일 때 Sutton식에 의한 최대지표농도(ppm)와 최대착지거리(m)를 구하시오. (단, $K_y = K_z = 0.05$, 평균풍속 10m/sec, 대기안정도는 0.25)

해설 (1) 최대지표농도(ppm)

식 $C_{max} = \dfrac{2Q}{H_e^2 \times \pi \times e \times U} \times \left(\dfrac{K_z}{K_y}\right)$

- $Q = \dfrac{1500mL}{m^3} \times \dfrac{10m^3}{sec} = 15,000 mL/m^3$

∴ $C_{max} = \dfrac{2 \times 15,000}{100^2 \times 3.14 \times 2.718 \times 10} \times \left(\dfrac{0.05}{0.05}\right) = 0.035 ppm$

정답 0.035ppm

(2) 최대착지거리(m)

식 $X_{max} = \left(\dfrac{H_e}{K_z}\right)^{\frac{2}{2-n}}$

∴ $X_{max} = \left(\dfrac{100}{0.05}\right)^{\frac{2}{2-0.25}} = 5923.87m$

정답 5923.87m

11. 리차드슨 수의 정의를 간단히 설명하고, 다음 범위의 안정도를 판단하시오.

① $-0.03 < Ri < 0$　　② $0 < Ri < 0.25$　　③ $Ri < -0.04$

(1) 리차드슨 수(Ri)

(2) 안정도 판단

해설 (1) 리차드슨 수(Ri)
　대류난류를 기계적인 난류로 전환시키는 율
　식 $R_i = \dfrac{g}{T_m}\left[\dfrac{(\Delta T/\Delta Z)}{(\Delta U/\Delta Z)^2}\right]$
　• ΔT : 온도차　• ΔU : 풍속차　• ΔZ : 고도차　• T_m : 평균온도(K)

(2) 안정도 판단
　① $-0.03 < Ri < 0$: 대류난류와 기계적 난류가 공존하나 기계적 난류가 우세, 약한 불안정 상태
　② $0 < Ri < 0.25$: 성층에 의해 기계적 난류가 약화되는 안정상태
　③ $Ri < -0.04$: 대류난류가 지배적(대기가 매우 불안정)

12. 불안정한 조건에서 가스 속도가 10m/sec, 굴뚝의 안지름이 5m, 가스온도가 173℃, 기온이 23℃, 유효굴뚝높이가 100m이고, 굴뚝의 높이가 70m일 때, 풍속(m/sec)을 구하시오. (단, F는 부력임)

$$\Delta H = 150 \times \dfrac{F}{U^3}, \quad F = g \times V_s \times \left(\dfrac{D}{2}\right)^2 \times \left(\dfrac{T_s - T_a}{T_a}\right)$$

해설 **식** $\Delta H = 150 \times \dfrac{F}{U^3}$

• $F = g \times V_s \times \left(\dfrac{D}{2}\right)^2 \times \left(\dfrac{T_s - T_a}{T_a}\right)$
　$= 9.8 \times 10 \times \left(\dfrac{5}{2}\right)^2 \times \left(\dfrac{446 - 296}{296}\right) = 310.3885 \text{m}^4/\text{sec}^3$

• $H_e = \Delta H + H$
　$100 = \Delta H + 70, \quad \Delta H = 30m$
　$30 = 150 \times \dfrac{310.3885}{U^3}$
　$\therefore U = 11.58 m/\text{sec}$

정답 11.58m/sec

13. 가우시안의 확산방정식을 적용할 때, 유효굴뚝높이(H_e)가 60m인 굴뚝으로부터 오염물질이 배출되고 있다. 바람이 부는 방향으로 500m 떨어진 연기의 중심선상 지상 오염농도(mg/m³)는? (단, 오염물질의 배출량 8g/sec, 풍속 10m/sec, σ_y는 25m, σ_z = 15m)

[해설] [식]
$$C = \frac{Q}{2\pi\sigma_y\sigma_z u} exp\left[-\left(\frac{y^2}{2\sigma_y^2}\right)\right]\left[exp\left\{-\left(\frac{(z-H)^2}{2\sigma_z^2}\right)\right\} + exp\left\{-\left(\frac{(z+H)^2}{2\sigma_z^2}\right)\right\}\right]$$

- 지상(지표) 오염농도를 구하므로 → z = 0
- 중심축상의 오염농도를 구하므로 → y = 0
  ↳ 위의 조건을 적용하여 정리하면 아래 식과 같이 간략하게 됨.

[식]
$$C = \frac{Q}{\pi\sigma_y\sigma_z U} \times \left[exp-\left(\frac{H^2}{2\sigma_z^2}\right)\right]$$

$$\therefore C = \frac{8g/sec}{\pi \times 25m \times 15m \times 10m/sec} \times \frac{10^3 mg}{1g} \times \left[exp-\left(\frac{(60m)^2}{2\times(15m)^2}\right)\right] = 2.28\times 10^{-4} mg/m^3$$

[정답] $2.28 \times 10^{-4} mg/m^3$

---

14. 지표면 근처의 CO_2 농도는 350ppm이다. 지구의 반지름이 약 6,380km일 때 지표에서 지상 150m 사이에 있는 CO_2 무게(ton)를 구하시오.

[해설] [식] CO_2(무게) = CO_2 농도 × 대기체적

- 대기체적 = $\dfrac{\pi \times (12760.3km)^3}{6} - \dfrac{\pi \times (12,760km)^3}{6}$
  = $76727790.32 km^3$

$$\therefore CO_2 = \frac{350mL}{m^3} \times 76727790.32km^3 \times \frac{44mg}{22.4mL} \times \frac{1톤}{10^9 mg} \times \frac{10^9 m^3}{1km^3} = 5.28\times 10^{10} 톤$$

[정답] 5.28×10^{10}톤

---

15. 지표에서 온도가 15℃, 1,000m에서 10℃이다. 이 달의 지표 최고온도는 20℃이다. 최대혼합고(m)를 구하시오.

[해설] [식] $\gamma \times MMD + t = \gamma_d \times MMD + t_{max}$

$\rightarrow -\dfrac{0.5\,°C}{100m} \times MMD + 15℃ = -\dfrac{0.98\,°C}{100m} \times MMD + 20℃$

$\therefore MMD$(최대혼합고) = 1041.67m

[정답] 1041.67m

16. Coh의 정의를 쓰고 공식과 그에 따른 조건을 설명하시오.

(1) Coh 정의

(2) Coh 구하는 공식 및 설명

> [해설] (1) Coh 정의
> 빛 전달률을 측정하였을 때 광화학적 밀도가 0.01이 되도록 하는 여과지 상의 빛을 분산시키는 고형물질의 양
>
> (2) Coh 공식 및 설명
> $$\text{Coh} = \frac{(\text{OD})}{0.01} = \frac{\log(\frac{1}{I_t/I_o})}{0.01} = 100\log(\frac{I_o}{I_t}) = 100\log(\frac{1}{t})$$
>
> - Coh : 광화학적 밀도(OD)를 0.01로 나눈 값
> - 광화학적 밀도(OD: Optical Density) : 불투명도의 log값
> - 불투명도(opacity) : 빛 전달률(투과도: t)의 역수
> - 빛 전달률(투과도: t) : 투과광의 강도(I_t)/입사광의 강도(I_0)

17. 용량비로 CO 45%, H₂ 55%인 기체혼합물이 있다. 다음에 답하시오.

(1) 중량비(%)

(2) 기체혼합물의 평균분자량

> [해설] (1) 중량비%
> $$\text{CO}(w/w\%) = \frac{\text{CO}}{\text{CO} + \text{H}_2} \times 100 = \frac{28 \times 0.45}{28 \times 0.45 + 2 \times 0.55} \times 100 = 91.97\%$$
> $$\text{H}_2(w/w\%) = \frac{\text{CO}}{\text{CO} + \text{H}_2} \times 100 = \frac{2 \times 0.55}{28 \times 0.45 + 2 \times 0.55} \times 100 = 8.03\%$$
>
> [정답] 91.97%, 8.03%
>
> (2) 기체혼합물의 평균분자량
> $M_w = 28 \times 0.45 + 2 \times 0.55 = 13.7g$
>
> [정답] 13.7g

18. 다음 두 혼합물질의 TLV(ppm)을 구하시오.

	조성	TLV(ppm)
Heptane	50%	480
Tolunene	50%	160

해설 식 $TLV_m = \dfrac{1}{\dfrac{f_1}{TLV_1} + \cdots + \dfrac{f_n}{TLV_2}}$

$\therefore TLV_m = \dfrac{1}{\dfrac{0.5}{480} + \dfrac{0.5}{160}} = 240\,mg/m^3$

정답 $240\,mg/m^3$

19. 한계가시도의 값이 0.05(가시한계거리에서 빛의 강도/최초의 빛의 강도)이고 소광계수가 $0.9\,km^{-1}$일 때 가시한계거리(km)를 계산하시오.

해설 식 $I = I_o \times \exp^{(-\sigma_{ext} \times X)}$

- I : 거리 X를 통과한 후의 농도
- $\exp$: 광원으로부터 광도
- σ_{ext} : 빛의 소광계수
- X : 거리

$\therefore X = \dfrac{\ln(I/I_o)}{-\sigma_{ext}} = \dfrac{\ln(0.05)}{-0.9/km} = 3.3286 = 3.33\,km$

정답 3.33km

20. 다음과 같은 조건일 때 리차드슨 수와 대기안정도를 판단하시오.

고도(m)	풍속(m/sec)	온도(℃)
3	3.9	14.7
2	3.3	15.4

해설 식 $R_i = \dfrac{g}{T_m}\left[\dfrac{\Delta t/\Delta Z}{(\Delta U/\Delta Z)^2}\right]$

$\therefore R_i = \dfrac{9.8}{288.05} \times \left[\dfrac{-0.7/1}{(0.6/1)^2}\right] = -0.0661 = -0.07$

정답 대기상태는 매우 불안정 or 불안정

21. 배기가스의 온도 300℃, 대기온도 25℃일 때, 통풍력은 40mmH₂O이었다. 연돌의 높이(m)는? (단, 연소 배기가스와 공기의 밀도는 1.3kg/Sm³)

해설 $Z(mmH_2O) = 273H \times \left[\dfrac{\gamma_a}{273+t_a} - \dfrac{\gamma_g}{273+t_g} \right]$

$40 = 273H \times \left[\dfrac{1.3}{273+25} - \dfrac{1.3}{273+300} \right]$

∴ $H = 69.98m$

정답 69.98m

22. 유효 굴뚝높이(H)가 60m인 굴뚝으로부터 SO₂가 160g/sec의 질량속도로 배출되고 있다. 굴뚝높이에서의 풍속은 6m/sec이고 풍하거리 500m에서 대기안정조건에 따라 편차 σ_y는 36m, σ_z는 18.5m이었다. 굴뚝으로부터 풍하거리 500m의 중심선상에 지표면 농도($\mu g/m^3$)를 구하시오.

해설 식 $C = \dfrac{Q}{2\pi\sigma_y\sigma_z u} exp\left[-\left(\dfrac{y^2}{2\sigma_y^2}\right)\right] \left[\exp\left\{-\left(\dfrac{(z-H)^2}{2\sigma_z^2}\right)\right\} + \exp\left\{-\left(\dfrac{(z+H)^2}{2\sigma_z^2}\right)\right\}\right]$

- 지상(지표) 오염농도를 구하므로 → z = 0
- 중심축상의 오염농도를 구하므로 → y = 0
  ↳ 위의 조건을 적용하여 정리하면 아래 식과 같이 간략하게 됨.

$C = \dfrac{Q}{\pi\sigma_y\sigma_z U} \times \left[\exp-\left(\dfrac{H^2}{2\sigma_z^2}\right)\right]$

∴ $C = \dfrac{160 g/\sec}{\pi \times 36m \times 18.5m \times 6m/\sec} \times \dfrac{10^6 \mu g}{1g} \times \left[\exp-\left(\dfrac{(60m)^2}{2\times(18.5m)^2}\right)\right] = 66.26 mg/m^3$

정답 66.26μg/m³

23. 지균풍의 정의를 서술하시오.

해설 기압경도력, 전향력의 힘이 평형이 될 때, 등압선에 평행하게 직선운동을 하는 수평의 바람으로 마찰력이 작용하지 않는 고공에서 발생하기 때문에 고공풍이라고도 한다.

24. 데포짓 게이지(Depusit gauge)를 이용해 포집한 강하분진이 2.34g일 때 강하분진량[ton/km²/30일]을 계산하시오. (단, 분진 포집깔때기의 반경이 10cm이고 실제측정일수는 27일이다.)

해설 식 $Q = \dfrac{포집분진(톤)}{포집면적(km^2)} \times \dfrac{30}{측정일수}$

- 포집분진(톤) $= 2.34g \times \dfrac{1톤}{10^6 g} = 2.34 \times 10^{-6}$ 톤
- 포집면적 $= \dfrac{\pi \times (0.2m)^2}{4} \times \dfrac{1km^2}{10^6 m^2} = 3.1415 \times 10^{-8} km^2$

∴ $Q = \dfrac{2.34 \times 10^{-6}}{3.1415 \times 10^{-8}} \times \dfrac{30}{27} = 82.76$ 톤/$km^2 \cdot 30$일

정답 82.76ton/km² · 30일

25. 복사역전과 침강역전의 발생원인과 발생사건을 기술하시오.

(1) 복사역전

(2) 침강역전

해설 (1) 복사역전
  - 발생원인 : 지표의 방사냉각
  - 관련사건 : 런던스모그
(2) 침강역전
  - 발생원인 : 침강공기의 단열승온
  - 관련사건 : LA스모그 사건

26. 다운워시의 정의와 방지대책에 대하여 쓰시오.

해설 (1) 다운워시 : 배출구의 풍하방향에 연기가 휘말려 떨어지는 현상
(2) 방지대책
  ① 배출구의 가스유속을 풍속보다 2배 이상 높게 유지한다.
  ② 굴뚝의 높이를 높인다.
  ③ 배연의 온도를 증가시킨다.

UNIT 02 연소

1 이론산소량

이론산소량 산출의 기초는 연소반응식

(1) 연료 성상별 이론산소량 산출

① $O_o = \sum$ 각 기체별 산소요구량(m^3/m^3) → 이론산소 부피/기체연료
② $O_o = 1.8667C + 5.6H + 0.7S - 0.7O \, (m^3/kg)$ → 이론산소 부피/액·고체연료
③ $O_o = 2.6667C + 8H + S - O \, (kg/kg)$ → 이론산소 무게/액·고체연료

2 이론공기량

(1) 이론공기량(부피)

식 $A_o = O_o \times \dfrac{1}{0.21}$

(2) 이론공기량(무게)

식 $A_o = O_o \times \dfrac{1}{0.232}$

3 공기비(m)

(1) 실제공기량/이론공기량

식 $m = \dfrac{A}{A_o}$

(2) 배기가스 조성

$$m = \frac{N_2}{N_2 - 3.76 O_2} \text{ (완전연소 시)}$$

$$m = \frac{N_2}{N_2 - 3.76(O_2 - 0.5CO)} \text{ (불완전연소 시)}$$

- N_2 : 배기가스 중 질소
- O_2 : 배기가스 중 산소
- CO : 배기가스 중 일산화탄소

> **💡 등가비(ϕ)**
>
> (실제의 연료량/산화제)÷(완전연소를 위한 이상적 연료량/산화제)
>
> $$\phi = \frac{1}{m}$$

4 연소가스의 종류

(1) G_{od}(이론 건조 연소가스 = 이론건조가스)

$$God = (1 - 0.21)A_o + CO_2 + SO_2 + N_2 (m^3/kg)$$
$$God = (1 - 0.232)A_o + CO_2 + SO_2 + N_2 (kg/kg)$$

(2) G_{ow}(이론 습윤 연소가스 = 이론습가스)

$$Gow = (1 - 0.21)A_o + CO_2 + H_2O + SO_2 + N_2 (m^3/kg)$$
$$Gow = (1 - 0.232)A_o + CO_2 + H_2O + SO_2 + N_2 (kg/kg)$$

(3) G_d(실제 건조 연소가스 = 건조가스)

$$Gd = (m - 0.21)A_o + CO_2 + SO_2 + N_2 (m^3/kg)$$
$$Gd = (m - 0.232)A_o + CO_2 + SO_2 + N_2 (kg/kg)$$

(4) G_w(실제 습윤 연소가스 = 연소가스)

$$G_w = (m - 0.21)A_o + CO_2 + H_2O + SO_2 + N_2 (m^3/kg)$$
$$G_w = (m - 0.232)A_o + CO_2 + H_2O + SO_2 + N_2 (kg/kg)$$

※ 반응식으로 알아보는 연소가스 산출

[식] $C_xH_y + \left(x + \dfrac{y}{4}\right)O_2 \rightarrow xCO_2 + \dfrac{y}{2}H_2O$ (이론산소로 연소)

[식] $C_xH_y + \left(x + \dfrac{y}{4}\right) \times (O_2 + 3.76N_2) \rightarrow xCO_2 + \dfrac{y}{2}H_2O + \left(x + \dfrac{y}{4}\right) \times (3.76N_2)$ (이론공기로 연소)

[식] $C_xH_y + m \times \left(x + \dfrac{y}{4}\right) \times (O_2 + 3.76N_2) \rightarrow xCO_2 + \dfrac{y}{2}H_2O + m \times \left(x + \dfrac{y}{4}\right) \times (3.76N_2) + \left(x + \dfrac{y}{4}\right) \times (m-1)O_2$
(실제공기로 연소)

5 농도산출

(1) 대기오염농도 : 배출가스 중 X 물질의 함량(mg/m³, mL/m³)

(2) 먼지농도 : $X_{dust} = \dfrac{\text{먼지중량}(mg)}{\text{가스량}(m^3)}$

(3) 수분량 : $X_{H_2O} = \dfrac{\text{수분량}}{\text{가스량}} = \dfrac{\text{수분량}}{\text{건조가스} + \text{수증기}}$

※ 수증기 = 1.244W (W: 수분)

(4) 아황산가스, 염소가스, 불소가스 등 : $X_c = \dfrac{C}{G}$

(5) 최대탄산가스율 계산

① 연료분석치로 산출 : [식] $CO_{2\max} = \dfrac{CO_2}{G_{od}} \times 100$

② 배기가스분석치로 산출 : [식] $CO_{2\max} = m \times (CO_2)$

6 공연비

공기와 연료의 비, 기준은 AFR 무게기준으로 한다.

(1) AFR(무게) $= \dfrac{\text{공기 무게}}{\text{연료 무게}} = \dfrac{\text{공기몰수} \times \text{공기분자량}}{\text{연료몰수} \times \text{연료분자량}}$

(2) AFR(부피) $= \dfrac{\text{공기 부피}}{\text{연료 부피}} = \dfrac{\text{공기몰수} \times 22.4}{\text{연료몰수} \times 22.4}$

7 고위발열량과 저위발열량

(1) **고위발열량** : 열량계로 측정한 열량

$$Hh = 8100C + 34{,}000\left(H - \frac{O}{8}\right) + 2500S \text{ (kcal/kg)}$$

(2) **저위발열량(진발열량)** : 고위발열량 − 물의 증발잠열

$$Hl = Hh - 600(9H + W) \text{ (kcal/kg)}$$
$$Hl = Hh - 480\sum iH_2O \text{ (kcal/m}^3\text{)}$$

※ iH_2O : 물의 몰수

(3) **생성과 반응을 이용한 발열량 산출**

발열량 = 생성열량 − 반응열량

(4) **열량 계산**

$$\theta(\text{열량}) = G \cdot C_p \cdot \Delta t$$

- G : 유량(또는 총량)
- C_p : 비열
- Δt : 온도차

→ 한 매체에서 다른 매체로 열에너지가 이동하는 경우 두 매체의 열량은 같다.
(예) 절탄기에서 가스가 통과하며 급수가 예열되는 경우, 가스열량(θ_g)과 급수열량(θ_l)은 같다.)

8 연소실 열발생율 및 연소온도

(1) **연소효율** = $\dfrac{\text{실제연소열량}}{\text{이론연소열량}} = \dfrac{\text{이론연소열량} - \text{손실열량}}{\text{이론연소열량}}$

(2) **연소실 열부하** = $\dfrac{\text{발열량} \times \text{연료투입량}}{\text{연소실 용적}}$

(3) **화격자 연소율** = $\dfrac{\text{연료투입량}}{\text{화격자 면적}}$

(4) **연소온도** = $\dfrac{\text{발열량}}{\text{가스량} \times \text{가스비열}} + \text{초기온도(예열온도)}$

9 연료의 종류 및 특성

(1) 고체연료의 장단점

장점	단점
• 연소성이 늦어 특수용도에 사용한다. • 저장, 운반이 용이하다. • 인화, 폭발의 위험성이 적다. • 연소 장치가 간단하다. • 가격이 저렴하다.	• 연소 시 매연 발생이 심하고 회분이 많다. • 부하 변동에 응답하기 어렵다. • 점화 및 소화가 힘들고 연소 관리가 어렵다. • 연소 시 재가 많고 대기오염이 심하다. • 사용 전에 건조 및 분쇄 등의 전처리가 필요하다.

(2) 액체연료의 장단점

장점	단점
• 품질이 균일하고 발열량이 높다. • 연소효율과 열효율이 높다. • 계량이 용이하다. • 회, 분진의 생성량이 적다. • 점화, 소화 및 연소조절이 용이하다. • 운반, 저장이 용이하다.	• 연소 온도가 높아 국부적인 과열을 일으키기 쉽다. • 인화 및 역화의 위험이 크다. • 사용 버너의 종류에 따라 소음이 심하다. • 국내 생산이 안 되므로 가격이 비싸다. • 유황 함유량이 많아 황산화물 발생이 많다. (중유, 경유만 해당)

(3) 기체연료의 장단점

장점	단점
• 적은 과잉공기로 완전연소가 가능하다. • 연소효율이 높고 안정된 연소가 가능하다. • 점화, 소화가 용이하고 연소조절이 용이하다. • 연료의 예열이 쉽고, 저질 연료도 고온을 얻을 수 있다. • 회분이나 매연 발생이 없어 청결하다. • 발열량이 크다. • 대기오염도가 낮다.	• 취급시 위험성이 크다. (폭발위험) • 설비비가 많이 들고 가격이 비싸다. • 수송이나 저장이 불편하다.

⑩ 연소설비

(1) 화격자 연소장치

장점	단점
• 대량 소각 가능 • 수분이 많거나 발열량이 낮은 것도 처리 가능 • 운전경험에 따른 풍부한 데이터가 있음	• 수분이 너무 많으면 흘러내림 • 플라스틱류 등은 Grate를 막거나 손상, 고장의 원인 • 로 내 온도가 높을 경우 클링커 발생 • 교반력이 약함 • 과잉공기투입량이 많음

(2) 미분탄 연소장치

장점	단점
• 석탄연소보다 연소효율이 좋음 • 적은 과잉공기로 연소가능 • 균일한 연료로 전환 • 클링커 발생이 없음	• 대형시설에서만 사용가능 (소형, 중형 사용불가) • 분진발생이 많아 집진설비 필요

(3) 유동층 연소장치

장점	단점
• 구동부분이 적어 고장이 적음 • 수분이 많은 슬러지류 등 다양한 성상의 폐기물 소각이 가능 • 로 내에서 산성가스의 제거가 가능(SO_x, NO_x 등) • 유동 매체의 축열량이 많아 정지 후 가동이 빠름 • 과잉공기율이 적어 보조연료 사용량과 배출 가스량이 적음 • 연소시간이 짧고 미연분이 적어 연소효율이 좋음 • 교반력이 좋아 클링커가 발생하지 않음	• 유동매체를 공급해야 하고 폐기물을 파쇄해야 함 • 분진 발생률이 높고 운전기술이 요구되며 정비시 냉각시간이 필요 • 압력손실이 높음 • 부하변동에 따른 대응성이 낮음

(4) 로터리 킬른

장점	단점
• 건조효과가 좋아 착화, 연소가 쉽고 구조가 간단하고 취급이 용이 • 수분이 많은 폐기물, 다양한 종류의 슬러지 소각에 적합 • 파쇄처리가 불필요함	• 점착성 물질이나 얽히기 쉬운 섬유상 물질은 연소가 어려움 • 부지가 넓게 소요됨 • 압력손실이 높음 • 연소효율이 낮아 2차 연소실이 필요함

(5) 다단식(상) 연소장치

장점	단점
• 균등하게 건조시킬 수 있고 국부연소를 피할 수 있어 클링커 생성 방지에 유효 • 열 전달이 유효하게 이루어져 열효율이 좋음 • 파쇄처리가 불필요함 • 동력이 적게 소요되고 분진발생이 적음	• 섬유상 고형 폐기물은 Arm의 틈에 끼어 고장을 발생시킬 수 있음 • 가동부분이 많아 고장이 많고, 다른 설비에 비해 유지보수가 어려움

(6) 확산연소

기체연료와 연소용 공기를 로내에 따로 따로 분출시킨 후 로내에서 혼합하여 연소시키는 방식이다.

> **특징**
> - 역화의 위험이 없다.
> - 가스와 공기를 예열할 수 있다.
> - 화염이 길고 그을음이 발생하기 쉽다.

(7) 예혼합연소

기체연료와 연소용 공기를 미리 혼합하여 버너로 로내에 분출시켜 연소시키는 방식이다.

> **특징**
> - 화염온도가 높아 연소부하가 큰 경우에도 사용가능하다.
> - 화염길이가 짧고, 연소조절이 쉽다.
> - 그을음 생성이 없다.
> - 혼합기의 분출속도가 느릴 경우 역화의 위험이 있다.

기출문제로 다지기 — UNIT 02 연소

01. 코크스의 연료조성(1kg 기준)은 C : 85%, H : 10%, O : 2%, N : 1%, S : 2%이었다. 공기비 1.2일 때, 이론공기량(Sm^3/kg)과 실제습배기가스량(Sm^3/kg)을 구하시오.

(1) 이론공기량(Sm^3/kg)

(2) 실제습배기가스량(Sm^3/kg)

[해설] (1) 이론공기량(Sm^3/kg)

[식] $A_o = \dfrac{1}{0.21}(1.867C + 5.6H + 0.7S - 0.7O)$

∴ $A_o = \dfrac{1}{0.21}(1.867 \times 0.85 + 5.6 \times 0.1 + 0.7 \times 0.02 - 0.7 \times 0.02)$

$= 10.223 Sm^3/kg$

[정답] 10.223 Sm^3/kg

(2) 실제습연소가스량(Sm^3/kg)

[식] $G_w = (m - 0.21)A_o + CO_2 + SO_2 + H_2O + N_2$

$= (1.2 - 0.21)10.223 + 1.5869 + 0.014 + 1.12 + 8 \times 10^{-3}$

$= 12.85 Sm^3/kg$

[정답] 12.85 Sm^3/kg

02. 탄소 87%, 수소 11%, 황 0.2%로 이루어진 중유가 있다. 최대탄산가스율(%)을 구하시오.

해설 식 $CO_{2\max}(\%) = \dfrac{CO_2}{G_{od}} \times 100(\%)$

- $A_o = \dfrac{1}{0.21}(1.867C + 5.6H + 0.7S - 0.7O)$

  $= \dfrac{1}{0.21}(1.867 \times 0.87 + 5.6 \times 0.11 + 0.7 \times 0.002)$

  $= 10.6747 \, Sm^3/kg$

- $G_{od} = (1-0.21)A_o + CO_2 + SO_2$

  $= (1-0.21)10.6747 + 1.6242 + 1.4 \times 10^{-3}$

  $= 10.0586 \, Sm^3/kg$

∴ $CO_{2\max}(\%) = \dfrac{1.6242}{10.0586} \times 100(\%) = 16.15\%$

정답 16.15%

03. 미분탄 연소장치의 장단점을 3가지씩 서술하시오.

해설 (1) 장점
　　① 적은 과잉공기로 연소 가능함
　　② 균일한 연료로 전환이 가능하고, 연소조절이 용이해짐
　　③ 대형·대용량 설비에 적합함
(2) 단점
　　① 부대시설이 많고, 설비비 및 유지비가 많이 듦
　　② 비산분진의 배출량이 많고, 고효율 집진기를 요함
　　③ 소형·소용량 시설에 적용할 수 없음

04. C_3H_8(프로판)과 C_2H_6(에탄)의 혼합가스 $1Nm^3$을 완전연소시킨 결과 배기가스 중 CO_2의 생성량이 $2.6Nm^3$이었다. 이 혼합가스의 mole비(C_3H_8/C_2H_6)는 얼마인가?

해설 **식** $R = \dfrac{C_3H_8}{C_2H_6}$

- $CO_2 = 3C_3H_8 + 2C_2H_6 = 2.6m^3$
- $C_3H_8 + C_2H_6 = X + Y = 1$

반응식
$C_3H_8 + 5O_2 \rightarrow 3CO_2 + 4H_2O$
$\quad 1 \quad : \quad 3$
$\quad X \quad : \quad 3X$
$C_2H_6 + 3.5O_2 \rightarrow 2CO_2 + 3H_2O$
$\quad 1 \quad : \quad 2$
$\quad Y \quad : \quad 2Y$
$CO_2 = 3X + 2Y = 3X + 2(1-X) = 2.6m^3$
$\therefore X(C_3H_8) = 0.6, \ Y(C_2H_6) = 0.4$
$\therefore R = \dfrac{0.6}{0.4} = 1.5$

정답 1.5

05. 가솔린에 미량으로 함유된 방향족 화합물 중 벤젠의 이론 연소반응식과 AFR_m(무게기준)을 구하시오.

해설 (1) 벤젠의 이론 연소 반응식
반응식 $C_6H_6 + 7.5O_2 \rightarrow 6CO_2 + 3H_2O$

(2) 벤젠의 AFR_m(무게기준)

식 $AFR = \dfrac{m_a \times M_a}{m_f \times M_f}$

- $m_a = 7.5 \times \dfrac{1}{0.21} = 35.7142 mol$
- $m_f = 1 mol$
- $M_a = 29$
- $M_f = 78$

$\therefore AFR = \dfrac{35.7142 \times 29}{1 \times 78} = 13.28$

정답 13.28

06. A액체연료를 완전연소 했을 때 습윤연소가스량이 16.6Sm³/kg이었다. 이 때 공기비를 구하시오. (단, 이 연료의 이론공기량은 11.4Sm³/kg, 이론 습윤연소가스량은 12.2Sm³/kg이다.)

해설 **식** $G_w = (m-1)A_o + G_{ow}$
$16.6 = (m-1) \times 11.4 + 12.2$
$\therefore m = 1.39$

정답 1.39

07. 프로판과 부탄의 조성비가 1:1인 혼합연료를 연소시킨 결과 건조연소가스내의 CO_2 농도가 10%라면, 이 연료 3m³을 연소할 때 생성되는 건조연소가스량(Sm³)을 구하시오.

해설 **식** $X_{CO_2}(\%) = \dfrac{CO_2}{G_d} \times 100(\%)$

$10(\%) = \dfrac{CO_2}{G_d} \times 100(\%)$

반응식 $C_3H_8 + 5O_2 \rightarrow 3CO_2 + 4H_2O$
반응식 $C_4H_{10} + 6.5O_2 \rightarrow 4CO_2 + 5H_2O$

• $CO_2 = 3C_3H_8 + 4C_4H_{10} = 3 \times 0.5 + 4 \times 0.5 = 3.5 m^3/m^3$

$10(\%) = \dfrac{3.5}{G_d} \times 100(\%), \ G_d = 35 m^3/m^3$

$\therefore G_d^* = 35 \times 3 = 105 m^3$

정답 105m³

08. 어떤 석탄을 공업 분석한 결과 휘발분이 12%, 수분이 5% 그리고 회분이 7%일 때 석탄의 연료비를 구하고, 그 연료비에 해당하는 고체연료를 쓰시오.

(1) 석탄의 연료비

(2) 고체연료

해설 (1) 석탄의 연료비

$$연료비 = \frac{고정탄소}{휘발분}$$

- 고정탄소 = 100 − (수분 + 휘발분 + 회분)
  = 100 − (5 + 12 + 7) = 76

$$\therefore 연료비 = \frac{76}{12} = 6.33$$

정답 6.33

(2) 고체연료
연료비가 6.33이므로 이에 해당하는 고체연료는 역청탄이다.

정답 역청탄

09. 용적이 294m³ 되는 방에서 문을 닫고 91%의 탄소를 가진 숯을 최소 몇 kg 이상을 태우면 해로운 상태가 되겠는가? (단, 표준상태를 기준으로 하며, 공기 중에 탄산가스의 부피가 5.8% 이상일 때 인체에 해롭다고 한다.)

해설 **식** $X_{CO_2}(\%) = \dfrac{CO_2(m^3)}{실내용적(m^3)} \times 100$

$5.8(\%) = \dfrac{CO_2(m^3)}{294(m^3)} \times 100$, $CO_2 = 17.05 m^3$

식 $C + O_2 \rightarrow CO_2$

12kg : 22.4m³
X(탄소) : 17.05m³, X(탄소) = 9.1339kg

$\therefore$ 숯의 연소량 = $9.1339 \times \dfrac{1}{0.91} = 10.04$ kg

10. 질량조성으로 탄소 85%, 수소 14%, 황 1%인 중유를 시간당 5kg의 비율로 공기비 1.2로 연소시키고 있다. 건조연소가스 중 SO_2 농도를 ppm으로 구하시오.

해설 **식** $X_{SO_2}(ppm) = \dfrac{SO_2(m^3/kg)}{G_d(m^3/kg)} \times 10^6$

- $G_d = (m - 0.21)A_o + CO_2 + SO_2$
- $A_o = \dfrac{1}{0.21}(1.867C + 5.6H + 0.7S - 0.7O)$

  $= \dfrac{1}{0.21}(1.867 \times 0.85 + 5.6 \times 0.14 + 0.7 \times 0.01)$

  $= 11.3235 Sm^3/kg$
- $G_d = (1.2 - 0.21) \times 11.3235 + 1.5869 + 7 \times 10^{-3}$

  $= 12.8041 Sm^3/kg$

∴ $X_{SO_2}(ppm) = \dfrac{7 \times 10^{-3}}{12.8041} \times 10^6 = 546.7 ppm$

정답 546.7ppm

11. 탄소 85%, 수소 15%로 구성된 액체연료 1kg을 공기비 1.1로 연소 시 탄소의 1%가 그을음으로 되었다. 건조 연소배기가스 $1Sm^3$ 중 그을음의 농도(g/Sm^3)를 구하시오.

해설 그을음발생시 배출가스량은 질소 + 과잉산소 + 기타가스로 구성되고 여기서 과잉산소는 공급산소 - 소모산소로 물질수지를 이용하여 계산한다.

식 $m_d(g/Sm^3) = \dfrac{그을음(g/kg)}{G_d(Sm^3/kg)}$

식 $G_d = N_2 + (O_{2(a)} - O_{2(b)}) + CO_2$

- 그을음 $= 1kg \times 0.85 \times 0.01 \times 10^3 g/kg = 8.5 g/kg$
- O_o : 이론산소량 $= 1.867 \times 0.85 + 5.6 \times 0.15 = 2.4269 Sm^3/kg$
- $O_{2(a)}$: 공급 산소량 $= m \times O_o = 1.1 \times 2.4269 = 2.6695 m^3/kg$
- $O_{2(b)}$: 소모산소량 $= 1.867 \times 0.85 \times 0.99 + 5.6 \times 0.15 = 2.4110 Sm^3/kg$
- $N_2 = m \times O_o \times \dfrac{79}{21} = 1.1 \times 2.4269 \times 3.76 = 10.0376 Sm^3/kg$
- $CO_2 = 1.867 \times 0.85 \times 0.99 = 1.5710 Sm^3/kg$

∴ $G_d = 10.0376 + (2.6695 - 2.4110) + 1.5710 = 11.8671 Sm^3/kg$

∴ $m_d(g/Sm^3) = \dfrac{8.5 g/kg}{11.8671 Sm^3/kg} = 0.72 g/Sm^3$

정답 $0.72 g/Sm^3$

12. SO_2를 2.5mgSO_2/kcal 이하의 기준으로 하려면 석탄발열량이 6,000kcal/kg일 때, 기준치를 넘지 않기 위한 황함유량(%)은?

> **해설** **식** SO_2발생량 = 황함량 × 연소되는 연료량
>
> $$\Rightarrow \frac{2.5mg(SO_2)}{kcal} = \frac{1kg(석탄)}{6,000kcal} \times \frac{S(\%)}{100(석탄)} \times \frac{64kg(SO_2)}{32kg(S)} \times \frac{10^6 mg}{1kg}$$
>
> ∴ S = 0.75%
>
> **정답** 0.75%

13. 연소실의 규모가 가로 1.2m, 세로 2.0m, 높이 1.5m인 시설에 저위발열량 10,000kcal/kg의 중유를 1시간에 100kg 연소시키고 있다. 이 연소시설의 연소실 열발생률(kcal/m³·hr)을 구하시오.

> **해설** **식** 연소실 열부하율(Q_v) = $\frac{Hl \times G_f}{V}$
>
> • 연소실 용적(V) = 1.2 × 2.0 × 1.5 = 3.6m³
> • 연소되는 연료량(G_f) = 100kg/hr
>
> ∴ $Q_v = \frac{10,000 \times 100}{3.6} = 277,777.78 kcal/m^3 \cdot hr$

14. C_xH_y의 기체연료 1mol이 이론공기량으로 연소할 때, 이론 습연소가스량(mol)을 구하시오.

> **해설** **식** $G_w = (1-0.21)A_o + CO_2 + H_2O$
>
> **반응식** $C_xH_y + (x+\frac{y}{4})O_2 \rightarrow xCO_2 + \frac{y}{2}H_2O$
>
> • $A_o = O_o \times \frac{1}{0.21} = (x+\frac{y}{4}) \times \frac{1}{0.21} = 4.7619x + 1.1904y (mol)$
> • $CO_2 = x(mol)$
> • $H_2O = \frac{y}{2}(mol)$
>
> ∴ $G_{ow} = (1-0.21) \times (4.7619x + 1.1904y) + x + \frac{y}{2} = 4.76x + 1.44y(mol/mol)$
>
> **정답** 4.76x + 1.44y (mol/mol)

15. H₂S를 0.3%를 함유하는 메탄가스를 공기비 1.05로 연소시킬 때 건조 연소가스 중의 SO_2 농도(ppm)를 구하시오. (단, 황화수소 중의 황은 연소하면 전부 SO_2로 된다고 한다.)

해설 **식** $X_{SO_2}(ppm) = \dfrac{SO_2}{G_d} \times 10^6$

반응식 $CH_4 + 2O_2 \rightarrow CO_2 + 2H_2O$

$0.997m^3 : 2 \times 0.997m^3 : 0.997m^3 : 2 \times 0.997m^3$

반응식 $H_2O + 1.5O_2 \rightarrow SO_2 + H_2O$

$0.003m^3 : 1.5 \times 0.003m^3 : 0.003m^3 : 0.003m^3$

- $A_o = O_o \times \dfrac{1}{0.21} = (2 \times 0.997 + 1.5 \times 0.003) \times \dfrac{1}{0.21} = 9.5166 m^3/m^3$
- $G_d = (m - 0.21)A_o + CO_2 + SO_2$

∴ $G_d = (1.05 - 0.21)9.5166 + 0.997 + 0.003 = 8.9939 m^3/m^3$

∴ $X_{SO_2}(ppm) = \dfrac{0.003}{8.9939} \times 10^6 = 333.56 ppm$

정답 333.56ppm

16. C_4H_{10} $1Sm^3$ 연소하였을 때 건조배기가스 중 CO_2가 11%였다. 공기비는 얼마인가?

해설 **식** $X_{CO_2}(\%) = \dfrac{CO_2}{G_d} \times 100(\%)$

식 $C_4H_{10} + 6.5O_2 \rightarrow 4CO_2 + 5H_2O$

$1m^3 : 6.5m^3 : 4m^3 : 5m^3$

- $A_o = O_o \times \dfrac{1}{0.21} = 6.5 \times \dfrac{1}{0.21} = 30.9523 m^3/m^3$
- $CO_2 = 4 m^3/m^3$
- $G_d = (m - 0.21)A_o + CO_2$

$11(\%) = \dfrac{4}{(m - 0.21) \times 30.95 + 4} \times 100(\%)$

∴ $m = 1.26$

정답 1.26

17. 가솔린($C_8H_{17.5}$)을 완전연소할 때의 공연비(AFR)를 중량비, 체적비로 각각 구하시오.

(1) 무게비 계산

(2) 부피비 계산

해설 (1) 무게비 계산

식 $AFR = \dfrac{m_a \times M_a}{m_f \times M_f}$

[연소반응] $C_8H_{17.5} + 12.375O_2 \rightarrow 8CO_2 + 8.75H_2O$

- m_a : 공기 mol수 $= 12.375 \times \dfrac{1}{0.21} = 58.93 mol$
- m_f : 연료 mol수 $= 1 mol$
- M_a : 공기의 g분자량 $= 29$
- M_f : 연료의 g분자량 $= 113.5$

$\therefore AFR = \dfrac{58.93 \times 29}{1 \times 113.5} = 15.06$

(2) 부피비 계산

식 $AFR = \dfrac{m_a \times 22.4}{m_f \times 22.4}$

[연소반응] $C_8H_{17.5} + 12.375O_2 \rightarrow 8CO_2 + 8.75H_2O$

- m_a : 공기 mol수 $= 12.375 \times \dfrac{1}{0.21} = 58.93 mol$
- m_f : 연료 mol수 $= 1 mol$

$\therefore AFR = \dfrac{58.93 \times 22.4}{1 \times 22.4} = 58.93$

18. 홉벤젠(C_6H_6)을 20%의 과잉공기를 이용하여 완전연소하였을 때, 연소가스 중의 CO_2, H_2O, O_2, N_2의 조성을 무게(Wt%)와 부피(V%)로 각각 구하시오.

(1) CO_2, H_2O, O_2, N_2의 각 부피(V%)

(2) CO_2, H_2O, O_2, N_2의 각 무게(Wt%)

해설 **반응식** $C_6H_6 + 7.5O_2 \rightarrow 6CO_2 + 3H_2O$

- $G_w = (1.2 - 0.21) \times \dfrac{7.5}{0.21} + 6 + 3 = 44.3571 (Sm^3/Sm^3)$

(1) CO_2, H_2O, O_2, N_2의 각 부피(V%)

① $CO_2 = \dfrac{CO_2}{G_w} \times 100 = \dfrac{6}{44.3571} \times 100 = 13.53\%$

② $H_2O = \dfrac{H_2O}{G_w} \times 100 = \dfrac{3}{44.3571} \times 100 = 6.76\%$

③ $N_2 = \dfrac{N_2}{G_w} \times 100 = \dfrac{0.79mA_o}{G_w} \times 100$

$= \dfrac{0.79 \times 1.2 \times \dfrac{7.5}{0.21}}{44.3571} \times 100 = 76.33\%$

④ O_2의 체적% $= \dfrac{(m-1)A_o \times 0.21}{44.3571} \times 100$

$= \dfrac{(1.2-1) \times \dfrac{7.5}{0.21} \times 0.21}{44.3571} = 3.38\%$

(2) CO_2, H_2O, O_2, N_2의 각 무게(Wt%)

혼합기체의 습가스(질량) = 혼합기체의 부피분율 × 분자량

$= 0.1353 \times 44 + 0.0676 \times 18 + 0.7633 \times 28 + 0.0338 \times 32$

$= 29.624$

① $CO_2 = \dfrac{CO_2(\text{질량})}{G_w(\text{질량})} \times 100 = \dfrac{0.1353 \times 44}{29.624} \times 100 = 20.10\%$

② $H_2O = \dfrac{H_2O(\text{질량})}{G_w(\text{질량})} \times 100 = \dfrac{0.0676 \times 18}{29.624} \times 100 = 4.11\%$

③ $N_2 = \dfrac{N_2(\text{질량})}{G_w(\text{질량})} \times 100 = \dfrac{0.7633 \times 28}{29.624} \times 100 = 72.15\%$

④ $O_2 = \dfrac{O_2(\text{질량})}{G_w(\text{질량})} \times 100 = \dfrac{0.0338 \times 32}{29.624} \times 100 = 3.65\%$

19. 저위 발열량이 12,500kcal/kg인 중유의 이론 가스량과 이론 공기량을 계산하시오. (단, Rosin식을 이용하여 계산할 것)

[해설] 이론가스량$(G_o) = 1.1 \times \dfrac{\text{저위발열량(kcal/kg)}}{1,000}$

$\qquad\qquad\qquad = 1.1 \times \dfrac{12,500\text{kcal/kg}}{1,000} = 13.75 Sm^3/kg$

이론공기량$(A_o) = 0.85 \times \dfrac{\text{저위발열량(kcal/kg)}}{1,000} + 2$

$\qquad\qquad\qquad = 0.85 \times \dfrac{12,500\text{kcal/kg}}{1,000} + 2$

$\qquad\qquad\qquad = 12.63 Sm^3/kg$

[정답] 13.75Sm^3/kg, 12.63Sm^3/kg

20. 다음의 각 연소에 대해 간단히 설명하시오. (단, 연소에 해당하는 물질을 반드시 1가지 언급하여 설명할 것)

(1) 증발연소
(2) 분해연소
(3) 표면연소
(4) 확산연소
(5) 내부연소(자기연소)

[해설] ① **증발연소** : 증발하기 쉬운 액체연소인 휘발유, 등유, 알코올, 벤젠 등은 화염으로부터 열을 받으면 가연성 증기가 발생하여 연소가 되는데 이것을 증발연소라 한다.
② **분해연소** : 목재, 석탄, 타르 등은 연소초기에 열분해에 의하여 가연성가스가 생성되고 이것이 긴 화염을 발생시키면서 연소하는데 이러한 연소를 분해연소라고 하며, 고체 및 액체연료의 연소형태에 속한다.
③ **표면연소** : 코크스나 목탄 등이 고온으로 되면 그 표면이 빨갛게 빛을 내면서 연소되는 형태로 휘발성분이 없는 고체연료의 연소형태이다.
④ **확산연소** : LNG, LPG 등의 기체연료는 공기와 혼합하여 확산연소된다.
⑤ **내부연소** : 니트로글리세린과 같은 물질은 공기 중의 산소공급 없이 그 물질의 분자자체에 함유하고 있는 산소를 이용하여 연소한다.

21. H_2 : 75%, CO_2 : 25%인 기체가 있다. 공기비가 1.1일 때 습배출가스 중 CO_2(%)는?

해설 **식** $X_{CO_2}(\%) = \dfrac{CO_2}{G_w} \times 100(\%)$

반응식 $H_2 + 0.5O_2 \rightarrow H_2O$
  1 : 0.5 : 1
  $0.75m^3$: $0.375m^3$: $0.75m^3$

- $O_o = 0.375m^3$
- $A_o = 0.375 \times \dfrac{1}{0.21} = 1.7857m^3$
- $G_w = (1.1 - 0.21)A_o + CO_2 + H_2O$
  $= (1.1 - 0.21) \times 1.7857 + 0.25 + 0.75 = 2.5892 m^3/m^3$

$\therefore X_{CO_2}(\%) = \dfrac{0.25 m^3/m^3}{2.589 m^3/m^3} \times 100(\%) = 9.66\%$

정답 9.66%

22. 어느 공장의 중유 보일러에서 탄소 86%, 수소 12%, 황 1.5%, 회분 0.5% 성분을 갖는 중유를 시간당 100kg씩 완전연소시킨다. 공기비 1.1, 회분은 전부 먼지로 배출된다고 할 때, 실제 건조가스량 중 SO_2의 농도(ppm)를 구하시오.

해설 **식** $X_{SO_2}(ppm) = \dfrac{SO_2(Sm^3/kg)}{G_d(Sm^3/kg)} \times 10^6$

- $O_o = 1.867C + 5.6(H - \dfrac{O}{8}) + 0.7S$
  $= 1.867 \times 0.86 + 5.6(0.12 - \dfrac{0}{8}) + 0.7 \times 0.015$
  $= 2.2881 Sm^3/kg$
- $A_o = O_o \times \dfrac{1}{0.21}$
  $= 2.2881 \times \dfrac{1}{0.21}$
  $= 10.8958 Sm^3/kg$
- $G_d = (m - 0.21)A_o + CO_2 + SO_2$
  $= (1.1 - 0.21)10.8958 + 1.6056 + 0.0105$
  $= 11.3133 Sm^3/kg$

$\therefore X_{SO_2}(ppm) = \dfrac{0.7 \times 0.015}{11.3133} \times 10^6 = 928.11 ppm$

정답 928.11ppm

23. 탄소 85%, 수소 2%, 산소 5%, 질소 3%, 황 5%로 된 연료유를 완전연소시킨다면, 이때 연돌에서 배출된 이론 습연소가스량 (Sm^3/kg)은? (단, 배기가스 분석치는 CO_2 : 10%, O_2 : 5%, 나머지는 질소성분이다.)

해설 식 $G_{ow} = (1-0.21)A_o + CO_2 + H_2O + N_2 + SO_2$

- $A_o = \dfrac{1}{0.21}(1.867C + 5.6H + 0.7S - 0.7O)$

  $= \dfrac{1}{0.21}(1.867 \times 0.85 + 5.6 \times 0.02 + 0.7 \times 0.05 - 0.7 \times 0.05)$

  $= 8.0902 \, Sm^3/kg$

∴ $G_{ow} = (1-0.21) \times 8.0902 + 1.5869 + 0.224 + 0.024 + 0.035$

  $= 8.26 \, Sm^3/kg$

24. 프로판의 저위발열량은 50,151.43kcal/Sm^3이다. 프로판의 고위발열량(kcal/m^3)은 얼마인가? (단, 물의 증발잠열은 600kcal/kg)

해설 식 $Hl = Hh - 480 \times \sum iH_2O$

반응식 $C_3H_8 + 5O_2 \rightarrow 3CO_2 + 4H_2O$

$50,151.43 = Hh - 480 \times 4$

∴ $Hh = 52,071.43 \, kcal/Sm^3$

정답 52,071.43kcal/Sm^3

25. 부탄을 공기비 1.2로 연소 시 연소용 공기 중 부탄의 질량분율(%)을 구하시오.

해설 식 $X_{C_4H_{10}}(w/w\%) = \dfrac{m_f \times M_f}{m_a \times M_a \times m}$

반응식 $C_4H_{10} + 6.5O_2 \rightarrow 4CO_2 + 5H_2O$

$58kg : 6.5 \times \dfrac{1}{0.21} \times 29kg$

$X_{C_4H_{10}}(w/w\%) = \dfrac{1 \times 58}{6.5 \times \dfrac{1}{0.21} \times 29 \times 1.2} \times 100(\%)$

$= 5.38(w/w\%)$

정답 5.38(%)

26. 열효율이 50%인 석탄 화력발전소에서 연간 4.2×10^6 Watt의 전기를 생산하고 있다. 석탄의 발열량이 250kcal/kg이고, 재의 함량이 10%일 때 연간 재 발생량을 구하시오(kg/yr). (단, 1watt = 0.238kcal/sec)

[해설] 열효율(%) = $\dfrac{출열}{입열} \times 100$

$0.5 = 4.2 \times 10^6 \text{Watt} \times \dfrac{0.238\text{kcal/sec}}{1\text{watt}} \times \dfrac{kg}{250 kcal} \times \dfrac{\text{sec}}{(석탄사용량)kg}$

- 석탄사용량(kg) = 7996.8kg/sec

∴ 재 발생량(kg/year) = $\dfrac{7996.8 kg}{\text{sec}} \times \dfrac{86400 \text{sec}}{1 day} \times \dfrac{365 day}{1 year} \times \dfrac{1}{10}$

$= 2.523 \times 10^{10} kg/year$

[정답] 2.523×10^{10} kg/년

27. 혼합기체 $1 Sm^3$의 조성이 CO_2 : 3%, CO : 8%, CH_4 : 30%, C_2H_4 : 4%, H_2 : 50%, N_2 : 5%이다. 이 연료 $100 Sm^3$를 완전연소하였을 때 발생하는 습연소 가스량과 건연소 가스량의 차는 몇 Sm^3인지 계산하시오.

[해설] [식] $G_w - G_d = H_2O$

[식] $H_2O = 2CH_4 + 2C_2H_4 + H_2$

[반응식]
$CH_4 + 2O_2 \rightarrow CO_2 + 2H_2O$
$C_2H_4 + 3.5O_2 \rightarrow 2CO_2 + 2H_2O$
$H_2 + 0.5O_2 \rightarrow H_2O$
$H_2O = (2 \times 0.3 + 2 \times 0.04 + 0.5) \times 100 = 118 Sm^3$

[정답] $118 Sm^3$

28. Octane 10L의 이론 공기량(kg)을 구하시오. (단, Octane의 비중은 0.7이다.)

[해설] [식] $A_o(kg) = O_o \times \dfrac{1}{0.232}$

[반응식] $C_8H_{18} + 12.5O_2 \rightarrow 8CO_2 + 9H_2O$

$114 kg : 12.5 \times 32 kg$
$10 L \times 0.7 kg/L : X(kg)$

∴ $O_o = 24.56 kg$

∴ $A_o = O_o \times \dfrac{1}{0.232} = 24.56 kg \times \dfrac{1}{0.232} = 105.87 kg$

[정답] 105.87kg

29. 프로판 1Sm³를 공기비 1.2로 완전연소시켰을 때 생성되는 습배출가스량(G_w)과 건조배출가스량(G_d)과의 비(G_w/G_d)를 구하시오.

해설 **식** $R = \dfrac{G_w}{G_d}$

[연소반응] $C_3H_8 + 5O_2 \rightarrow 3CO_2 + 4H_2O$

- $m = 1.2$
- $A_o = O_o \times \dfrac{1}{0.21} = 5 \times \dfrac{1}{0.21} = 23.8095 m^3$
- $G_d = (m - 0.21)A_o + CO_2$
  $G_d = (1.2 - 0.21) \times 23.8095 + 3 = 26.5714 m^3/m^3$
- $G_w = G_d + H_2O$
  $G_w = 26.5714 + 4 = 30.5714 m^3/m^3$

$\therefore R = \dfrac{30.5714}{26.5714} = 1.15$

정답 1.15

30. 도시가스 1Sm³의 함량은 CO : 0.05Sm³, CH_4 : 0.25Sm³, C_2H_4 : 0.05Sm³, C_3H_6 : 0.08Sm³, O_2 : 0.01Sm³, CO_2 : 0.2Sm³, N_2 : 0.16Sm³이었다. 이론공기량(Sm³/Sm³)을 계산하시오. (단, 탄화수소는 모두 CO_2와 H_2O가 생성되며, 질소는 일산화질소로 반응한다.)

해설 **식** $A_o = O_o \times \dfrac{1}{0.21}$

- $O_o = 0.5CO + 2CH_4 + 3C_2H_4 + 4.5C_3H_6 + N_2 - O_2$

반응식
$CO + 0.5O_2 \rightarrow CO_2$
$CH_4 + 2O_2 \rightarrow CO_2 + 2H_2O$
$C_2H_4 + 3O_2 \rightarrow 2CO_2 + 2H_2O$
$C_3H_6 + 4.5O_2 \rightarrow 3CO_2 + 3H_2O$
$N_2 + O_2 \rightarrow 2NO$

- $O_2 = 0.01 Sm^3$
$O_o = 0.5 \times 0.05 + 2 \times 0.25 + 3 \times 0.05 + 4.5 \times 0.08 + 0.16 - 0.01$
$= 1.185 m^3/m^3$

$\therefore A_o = 1.185 \times \dfrac{1}{0.21} = 5.64 m^3/m^3$

정답 5.64Sm³

31. 이론적으로 탄소 1kg을 연소시키면 30,000kcal의 열이 생기고, 수소 1kg을 연소시키면 34,100kcal의 열이 생긴다고 한다. 프로판(C_3H_8) 1kg을 연소시키면 얼마의 열(kcal/kg)이 생기는지 계산하시오.

> **해설** $H_f = H_c + H_H$
> - H_c(탄소열량) $= \dfrac{30,000\text{kcal}}{\text{kg}} \times \dfrac{(12\times3)\text{kg}}{44\text{kg}}$
> $= 24,545.4545\,kcal/kg$
> - H_H(수소열량) $= \dfrac{34,100\text{kcal}}{\text{kg}} \times \dfrac{(1\times8)\text{kg}}{44\text{kg}} = 6,200\text{kcal/kg}$
> $\therefore H_f = 24,545.4545 + 6,200 = 30,745.45\text{kcal/kg}$
>
> **정답** 30,745.45kcal/kg

32. 공기비가 낮을 경우 발생하는 문제점을 4가지 이상 서술하시오.

> **해설**
> ① 매연 및 검댕이 발생한다.
> ② 불완전연소로 인한 열손실이 있다.
> ③ CO 및 HC의 농도가 증가한다.
> ④ 연소실벽에 미연탄화물 부착이 늘어난다.
> ⑤ 연소효율이 감소하여 배출가스의 온도가 불규칙하게 증가 및 감소를 반복한다.
> ※ 제시된 항목 중 4가지 기술

02 CHAPTER 가스처리

UNIT 01 유체역학

1 유체의 흐름판단

- 흐름판별 : 레이놀드수(N_{Re})

  $$N_{Re} = \frac{관성력}{점성력} = \frac{DV\rho}{\mu}$$

  $$N_{Rep} = \frac{관성력}{점성력} = \frac{D_p V\rho}{\mu} \text{ (입자레이놀드수)}$$

- D_p : 입자 직경
- D : 관 직경
- V : 유속
- ρ : 유체의 밀도
- μ : 유체의 점도

판단기준

$2100 > N_{Re}$: 층류, $4000 < N_{Re}$: 난류
$1 \geq N_{Rep}$: 층류, $1 < N_{Rep}$: 난류

2 입자동력학

(1) 입자에 작용하는 힘의 평형식

$$F_g(중력) = F_b(부력) + F_d(항력)$$

$$\frac{1}{6}\pi d_p^3 \rho_p\, g(중력) = \frac{1}{6}\pi d_p^3 \rho\, g(부력) + \frac{3\pi\mu d_p V_s}{C_c}(항력) \text{ (층류 기준)}$$

- d_p : 입자의 직경(입경)
- ρ_p : 입자의 밀도
- ρ : 가스(공기)의 밀도
- μ : 가스(공기)의 점도
- V_s : 침강속도
- C_c : 커닝험보정계수

㉠ 입자의 종말침강속도 산정 : 위의 평형식을 침강속도로 정리하면 종말침강속도 식이 산출된다.

$$\text{식} \quad V_g = \frac{d_p^2(\rho_p - \rho_g)g}{18\mu} \times C_c \text{ (층류 기준)}$$

㉡ 커닝험보정계수(C_c)

미세입자의 경우 기체분자가 입자에 충돌할 때 입자표면에서 미끄러지는 현상이 일어나기 때문에 입자에 작용하는 항력이 작아져 입자의 종말침강속도는 계산값보다 커지게 된다. 이 현상은 입경이 3㎛보다 작을 때부터 발생하고, 1㎛ 이하부터 현저하다. 커닝험 보정계수는 이 현상을 보정하기 위해 적용되는 계수이다.
- 압력과 커닝험 보정계수는 반비례
- 온도와 커닝험 보정계수는 비례
- 입자의 크기와 커닝험 보정계수는 반비례

(2) Stoke경

대상입자와 침강속도와 밀도가 같은 구형입자의 직경

(3) 공기동력학경

대상입자와 침강속도가 같고 단위밀도를 갖는 구형입자의 직경

※ 단위밀도 $= 1g/cm^3 = 10^3 kg/m^3 =$ 물의 밀도

> 💡 **Stoke경과 공기동력학경의 상관관계**
> $V_s = V_{s(a)}$
> $$\frac{d_p^2(\rho_p - \rho_g)g}{18\mu} = \frac{d_{p(a)}^2(1g/cm^3 - \rho_g)g}{18\mu}$$
> $$d_p \times \sqrt{\frac{(\rho_p - \rho_g)}{(1g/cm^3 - \rho_g)}} = d_{p(a)}$$

3 입자의 비표면적(S_v, S_m)

(1) $S_v = \dfrac{\text{표면적}}{\text{체적}} = \dfrac{6}{d_p}$ (m²/m³, 부피기준)

(2) $S_m = \dfrac{\text{표면적}}{\text{질량}} = \dfrac{6}{d_p \times \rho_p}$ (m²/kg, 질량기준)

기출문제로 다지기 — UNIT 01 유체역학

01. 레이놀즈수 계산 및 층류/난류 판별과 판단근거를 서술하시오.

[해설] [식] $N_{Re} = \dfrac{관성력}{점성력} = \dfrac{DV\rho}{\mu}$

- D_p : 입자 직경
- D : 관 직경
- V : 유속
- ρ : 유체의 밀도
- μ : 유체의 점도

[판단기준] $2100 > N_{Re}$: 층류, $4000 < N_{Re}$: 난류

02. 직경이 10μm인 분진의 침강속도가 0.05m/sec라면, 직경이 20μm인 분진의 침강속도는 얼마인가? (단, 다른 조건 일정)

[해설] [식] $V_s = \dfrac{d_p^2(\rho_p - \rho)g}{18\mu}$

직경을 제외하고, 다른 조건은 일정하므로, K로 정리하면,

$\rightarrow V_s = K \times d_p^2$

$0.05\text{m/s} = K \times (10)^2, \quad K = 5 \times 10^{-4}$

$\therefore V_s(20\mu m) = 5 \times 10^{-4} \times (20)^2 = 0.2\text{m/sec}$

[정답] 0.2m/sec

03. 높이와 폭이 각각 3m인 중력집진장치로 함진공기가 0.1m/sec로 들어오고 있다. 레이놀드 수를 구하시오. (단, 20℃, 1atm에서 μ = 1.18×10⁻⁵kg/m·sec이다.)

[해설] [식] $N_{Re} = \dfrac{D_o \times V \times \rho}{\mu}$

- $D_o = \dfrac{2ab}{a+b} = \dfrac{2 \times 3 \times 3}{3+3} = 3\text{m}$
- $\rho = \dfrac{1.3\text{kg}}{\text{Sm}^3} \times \dfrac{273}{273+20} \times \dfrac{1}{1} = 1.21\text{kg/m}^3$

$\therefore N_{Re} = \dfrac{3 \times 0.1 \times 1.21}{1.18 \times 10^{-5}} = 30,762.71$

[정답] 30,762.71

04. 입자의 직경이 5μm이고, 밀도가 6g/cm³이다. 공기역학적 직경을 구하시오. (단, Stoke's와 공기역학적 상관관계를 이용하시오.)

해설 식 $d_a = d_p \times \sqrt{\dfrac{\rho_p}{1g/cm^3}}$

∴ $d_a = 5 \times \sqrt{\dfrac{6g/cm^3}{1g/cm^3}} = 12.25 \mu m$

정답 12.25μm

05. 단수가 30이고, 폭과 높이가 2m인 중력집진장치를 사용하여 분진을 제거하고 있다. 처리가스 유량은 72Sm³/min, 가스의 밀도 1.0kg/m³, 가스의 점도 2.0×10⁻⁵kg/m·sec일 때 레이놀즈수를 구하고 흐름상태를 구분하시오.

해설 식 $N_{Re} = \dfrac{D_o \times V \times \rho}{\mu}$

- $D_o = \dfrac{2ab}{a+b} = \dfrac{2 \times 2 \times (2/30)}{2 + (2/30)} = 0.1290 m$

- $V = \dfrac{Q}{A} = \dfrac{72 Sm^3}{min} \times \dfrac{1 min}{60 sec} \times \dfrac{1}{2m \times 2m} = 0.3 m/sec$

∴ $N_{Re} = \dfrac{0.1290 \times 0.3 \times 1}{2.0 \times 10^{-5}} = 1935$

∴ $N_{Re} < 2,000$ 이므로 층류흐름

정답 층류

06. 밀도 1500kg/m³이고 직경이 $3\mu m$인 구형입자의 비표면적(단위질량당 표면적)과 입자의 질량합계가 1kg일 때 입자의 수를 계산하시오.

해설 (1) 비표면적(m²/kg)

식 $S_v = \dfrac{6}{d_p \times \rho_p} = \dfrac{6}{3\mu m \times \dfrac{1m}{10^6 \mu m} \times \dfrac{1500 kg}{m^3}} = 1333.33 m^2/kg$

(2) 입자의 수

식 $N_d = \dfrac{총질량}{단위 입자 질량} = \dfrac{1 kg}{\dfrac{\pi \times (3 \times 10^{-6} m)^3}{6} \times \dfrac{1500 kg}{m^3}}$

   $= 4.72 \times 10^{13}$ 개

07. 1기압(760mmHg) 온도 20℃일 때 공기 동점성계수 $\nu = 1.5 \times 10^{-5} m^2/\sec$ 일 때 관의 지름 50mm로 하면, 그 관로의 풍속(m/sec)은? (단, $Re = 3 \times 10^4$ 이다.)

해설 식) $N_{Re} = \dfrac{D \times V \times \rho}{\mu} = \dfrac{D \times V}{\nu}$

$3 \times 10^4 = \dfrac{(50 \times 10^{-3} m) \times V}{1.5 \times 10^{-5} m^2}$, $\therefore V = 9 \text{m/sec}$

정답) 9m/sec

08. 공기역학적 직경을 스토크직경과 비교하여 설명하시오.

해설 (1) **공기역학적 직경** : 원래의 분진과 침강속도는 동일하고, 단위밀도($\rho_a = 1g/cm^3$)를 갖는 구형입자의 직경을 말한다.
(2) **스토크 직경** : 대상밀도를 갖는 본래의 분진과 동일한 침강속도를 갖는 입자의 직경을 말한다. 대상입자의 밀도를 고려한다는 점이 동역학적 직경과는 차이가 있다.

09. 0.7μm 직경을 가진 물 입자 하나에 포함되어 있는 물 분자수를 구하시오.

해설 물 분자 수 = 물 입자의 질량 $\times \dfrac{1mol}{\text{분자량}(g)} \times \dfrac{6.02 \times 10^{23} \text{개}}{1mol}$

- 물 입자의 질량 = 물 입자의 부피 × 물의 밀도
$= \dfrac{\pi \times (0.7 \times 10^{-6} m)^3}{6} \times \dfrac{1,000 kg}{m^3} = 1.7959 \times 10^{-16} kg$

$\therefore$ 물 분자 수 $= 1.7959 \times 10^{-16} kg \times \dfrac{10^3 g}{1kg} \times \dfrac{1mol}{18g} \times \dfrac{6.02 \times 10^{23} \text{개}}{1mol}$

$= 6.01 \times 10^9$ 개

정답) 6.01×10^9 개

UNIT 02 가스처리 이론

1 흡수이론

(1) 헨리의 법칙
기체의 용해도는 기체 위에 가해지는 압력에 비례한다는 법칙, 난용성인 기체에만 적용된다.

$$P = H \times C$$

- P(atm) : 압력
- $H(atm \cdot m^3/kmol)$: 헨리상수
- $C(kmol/m^3)$: 농도

(2) 흡수장치
① 액분산형 : 충전탑, 분무탑, 벤투리 스크러버, 사이클론 스크러버, 제트 스크러버 → 용해도가 큰 가스에 적용(헨리상수가 작다, 가스측 저항이 지배적)
② 가스분산형 : 포종탑, 다공판탑, 기포탑 → 용해도가 작은 가스에 적용(헨리상수가 크다, 액측 저항이 지배적)

(3) 충전물의 구비조건
① 표면적이 클 것
② 충전밀도가 클 것
③ 압력손실이 낮을 것
④ 홀드업이 낮을 것
⑤ 화학적으로 안정적일 것
⑥ 내구성이 좋을 것

(4) 흡수액의 구비조건
① 용해도가 클 것
② 휘발성이 낮을 것
③ 부식성이 없을 것
④ 점도가 낮을 것
⑤ 화학적으로 안정적일 것
⑥ 독성이 없을 것

(5) 충전탑의 높이

$$h = H_{OG} \times N_{OG} = H_{OG} \times \ln\left(\frac{1}{1-E}\right)$$

- N_{OG} : 기상총괄이동단위수
- H_{OG} : 기상총괄이동단위높이
- E : 효율

(6) 충전탑의 용량
① 홀드업(Hold-up) : 탑 내의 액보유량

② 부하점(Loading Point) : 홀드업이 급격히 증가하기 시작하는 점
③ 범람점(Flooding Point) : 흡수액이 탑 밖으로 흘러 넘치는 지점
→ 운전유속은 범람점유속에 40~70%로 유지하여야 한다.

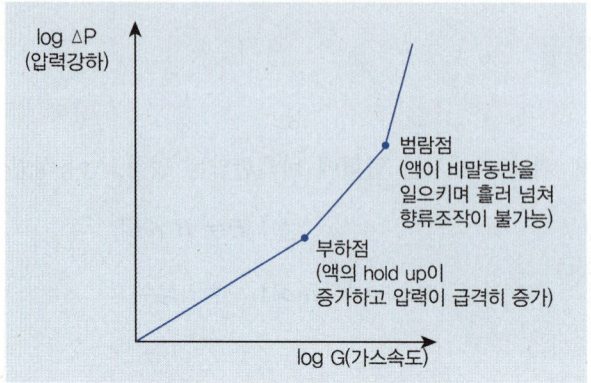

〈충전탑의 부하점과 범람점〉

> 💡 **충전탑에 불화수소 유입 시 문제점**
> 충전탑에 불화수소가 유입 시 규소와 결합하여 규불산을 형성하여 충전층 내의 유로폐색을 유발할 수 있다.
>
> 식 $2HF(불화수소) + SiF_4(사불화규소) \rightarrow H_2SiF_6(규불산)$

(7) 단탑(다공판탑, 포종탑)

유해가스와 흡수제가 충전상 전체를 통하여 접촉하는 형태의 처리공정
① 액분산형에 비해 압력손실이 크다.
② 고형물형성에 대한 대응성이 좋다.
③ 직경이 2ft 이상인 경우 충전탑보다 비용이 더 든다.
④ 홀드업이 크다.
⑤ 편류현상이 적다.
⑥ 온도변화에 대한 대응성이 좋다.
⑦ 발생하는 용해열 제거 시 냉각오일을 설치하기 쉽다.

2 흡착이론

(1) 흡착의 적용

① 비연소성 가스
② 회수가치가 큰 가스
③ 분자량이 큰 가스
④ 저농도 가스
⑤ 고효율의 처리가 필요한 가스

(2) 물리적 흡착과 화학적 흡착

흡착형태	물리적 흡착	화학적 흡착
계	개방계	폐쇄계
흡착제의 재생여부	재생가능	재생불가
흡착형태	다분자층	단분자층
선택성	비선택적	선택적
흡착온도	낮을수록	높을수록
발열량	낮음	높음

(3) 흡착식

① Langmuir(랭뮤어)식 : 화학적 흡착 가정

$$\text{식} \quad Q = aP(1+bP)^{-1}$$

② Freundlich(프로인들리히)식 : 물리적 흡착 가정

$$\text{식} \quad Q = \frac{X}{M} = kC^{\frac{1}{n}}$$

(4) 흡착능

① 포화 : 흡착제가 흡착질을 최대로 흡착할 수 있는 능력
② 보전력 : 탈착되지 않고 남아있는 흡착질의 양

$$\text{식} \quad 보전력 = 탈착되지 \ 않고 \ 흡착제에 \ 남아있는 \ 가스 \ / \ 흡착제의 \ 무게$$

③ 파괴점 : 출구가스 중에 유해가스 성분의 농도가 나타나기 시작하는 점(=유출농도가 급격히 증가하기 시작하는 지점)
④ 종말점 : 유입농도와 유출농도가 같아지는 점

(5) 흡착제의 구비조건

① 표면적이 클 것
② 압력손실이 작을 것
③ 강도가 있을 것
④ 내식성, 내열성이 좋을 것

(6) 활성탄의 재생방법

① 세척법
② 수증기 탈착법
③ 감압진공 탈착법
④ 고온공기 탈착법
⑤ 불활성가스 탈착법
⑥ 환원법

기출문제로 다지기 — UNIT 02 가스처리 이론

01. 다공판탑의 장·단점을 3가지씩 서술하시오.

해설 [장점]
① 액분산형 장치에 비해 용해도가 작은 가스처리에 용이하다.
② 부유물을 함유하는 가스처리에 대응이 유리하다.
③ 흡수열 발생시 대응이 용이하다.
[단점]
① 충전탑에 비해 압력손실이 크다.
② 흡수액의 Hold-up이 높다.
③ 충전탑보다 경제성이 낮다.

02. 활성탄 흡착에는 물리적 흡착과 화학적 흡착이 있다. 이 중 물리적 흡착의 기전을 3가지 쓰시오.

해설 ① 흡착제와 흡착물질간의 반데르발스의 분자간 인력으로 제거된다.
② 흡착이 다분자층에서 일어난다.
③ 흡착과정이 가역현상(개방계)을 갖기 때문에 흡착제의 재생이나 오염가스 회수에 매우 편리하다.
④ 반응온도가 낮다.

03. NO를 처리하기 위하여 흡착제로 활성탄을 사용하였다. NO 70ppm인 배기가스에 활성탄을 31ppm 주입시켜 처리했더니, NO 농도가 8ppm이 되었고, 66ppm을 주입시켰더니 4ppm이 되었다. NO 농도를 6ppm으로 만들기 위해서는 활성탄을 얼마나 주입시켜야 하는가?

해설 식 $\dfrac{X}{M} = K \cdot C^{\frac{1}{n}}$

(1) $\dfrac{70-8}{31} = K \times 8^{\frac{1}{n}}$

$2 = K \times 8^{\frac{1}{n}}$

(2) $\dfrac{70-4}{66} = K \times 4^{\frac{1}{n}}$

$1 = K \times 4^{\frac{1}{n}}$

(1)/(2)를 하면, $2 = 2^{\frac{1}{n}}$, n = 1

$1 = K \times 4^{\frac{1}{n}}$ 에 n을 대입하면, K = 0.25

$\dfrac{70-6}{X} = 0.25 \times 6^{\frac{1}{1}}$, ∴ $X = 42.67$ppm

정답 42.67ppm

04. 어떤 유해가스와 물이 일정의 온도에서 평형상태에 있다. 가상의 유해가스 분압이 38mmHg이며 수중의 유해가스의 농도가 2.5kmol/m³이었다. 이 경우 헨리정수(atm · m³/ kmol)를 구하시오.

해설 $P = C \times H$ → $H = \dfrac{P}{C}$

∴ $H = \dfrac{38\text{mmHg}}{2.5\text{kmol/m}^3} \times \dfrac{1\text{atm}}{760\text{mmHg}} = 0.02\text{atm} \cdot \text{m}^3/\text{kmol}$

정답 0.02atm · m³/kmol

05. 유해가스처리장치 중 액분산형 흡수장치의 종류 4가지를 쓰시오.

해설 ① 충전탑   ② 분무탑
③ 벤츄리 스크러버   ④ 사이클론 스크러버
⑤ 제트 스크러버
※ 위의 항목 중 4가지 기술

06. H_{OG}가 0.7m이고 제거율이 99%일 때, N_{OG}와 흡수탑의 충전높이를 구하시오.

해설 (1) N_{OG}

식 $N_{OG} = \ln\dfrac{1}{(1-E)}$

∴ $N_{OG} = \ln\dfrac{1}{(1-0.09)} = 4.6051 ≒ 4.61$

(2) 흡수탑의 충전높이

식 $h = H_{OG} \times N_{OG} = 0.7 \times 4.61 = 3.22\text{m}$

07. 다음 충전탑에 사용하는 각 용어를 설명하고, 유속증가에 따른 압력강하의 증가를 그래프로 나타내시오.

① Hold up
② Loading
③ Floading
④ 그래프로 표현

해설 (1) 홀드업(hold-up)
충전층 내의 액보유량을 말함.
(2) 로딩(loading)
충전층 내의 유량속도가 증가할 때 액의 홀드업이 급속히 증가하는 상태를 말함.
(3) 플러딩(flooding)
충전층 내의 유량속도가 과도하여 향류로 접촉되던 흡수액이 가스에 밀려 흡수탑 밖으로 범람하는 현상을 말함.
(4) 그래프

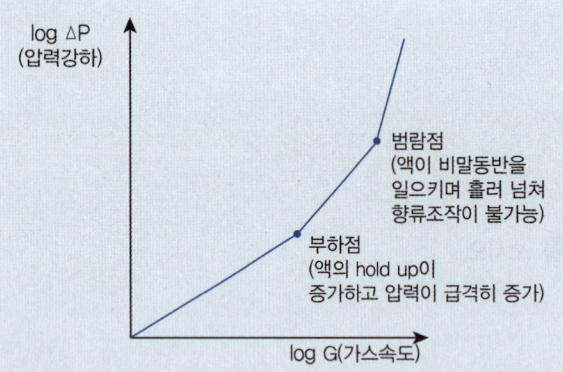

08. 어느 기체의 흡착실험을 통해서 흡착제의 단위질량당 흡착된 용질의 양($\frac{X}{M}$)에 대한 출구 기체농도(Co)의 데이터를 얻었다. 이 경우 Freundlich 등온흡착식 $\frac{X}{M} = K \times C^{\frac{1}{n}}$을 만족할 때, 실험으로부터 얻은 데이터를 이용하여 등온상수 n과 K를 구하는 방법에 대해 기술하시오.

> **해설** **식** $\frac{X}{M} = K \times C^{\frac{1}{n}}$
> - X : 농도차(입구농도-출구농도)
> - M : 활성탄의 주입농도
> - K, n : 경험적인 상수
> - C : 출구농도
>
> 식의 양변에 log를 취한다.
> $\log \frac{X}{M} = \log K + \frac{1}{n} \log C$
> 위 식으로 log그래프를 그리면, 기울기(1/n)와 절편(logK)을 이용하여 등온상수 n과 K를 구할 수 있다.

09. 단탑과 충전탑의 차이점 3가지를 쓰시오.

> **해설** ① 충전탑은 탑 내가 충전물로 채워져 있으며, 단탑은 트레이(tray)가 다단으로 설치되어 있다.
> ② 충전탑은 흡수액의 hold-up이 단탑에 비하여 적다.
> ③ 충전탑은 충전물이 고가이므로 초기 설치비가 많이 들며, 단탑은 모든 조건이 동일할 경우 충전탑에 비해 비경제적이다.
> ④ 충전탑은 단탑보다 압력손실이 적다.
> ⑤ 단탑은 충전탑에 비해 적은 액가스비로 운용된다.
> ⑥ 가스량의 변동에 대한 적응성은 충전탑이 우수하다.
> ⑦ 단탑은 부유물을 함유하는 가스를 처리하는 데 충전탑에 비해 우수하다.

10. 오염가스를 활성탄 흡착층에 의해 처리하고자 한다. 오염가스는 100m³/min, 30℃ 1atm으로 흡착층에 유입되며, 이 가스 중에는 다이옥신 200ppm이 들어있다. 흡착층의 깊이는 0.5m, 공탑의 속도는 0.55m/sec, 활성탄의 겉보기 밀도는 270kg/m³, 활성탄 흡착층의 운전용량은 주어진 [Yaws의 식]에 의해 나타난 흡착용량의 60%라 할 때, 활성탄 흡착층의 운전흡착용량(kg/kg)을 계산하시오.

[Yaws의 식]
$$\log X = -1.189 + 0.288 \log Ce - 0.0238 [\log Ce]^2$$
여기서 X : 흡착용량(오염물 g/ 탄소 g), Ce : 오염농도(ppm)

해설 **식** $\log X = -1.189 + 0.288 \log Ce - 0.0238 [\log Ce]^2$
 $\log X = -1.189 + 0.288 \log(200\text{ppm}) - 0.0238 [\log(200\text{ppm})]^2$
 $\log X = -0.652$, $X = 10^{-0.652} = 0.2228$
 ∴ 활성탄 흡착층의 운전용량 $= 0.2228 \times 0.6 = 0.13\text{kg/kg}$
정답 0.13kg/kg

11. 흡착제의 구비조건 5가지를 쓰시오.

해설 ① 흡착제의 사용시간이 길어야 한다.
② 흡착제의 재생이 용이해야 한다.
③ 화학적으로 안정적이어야 한다.
④ 흡착력이 좋아야 한다.
⑤ 비용이 저렴해야 한다.

12. 가스 흡수제가 갖추어야 할 조건 6가지를 쓰시오.

해설 ① 용해도가 클 것
② 휘발성이 적을 것
③ 부식성이 없을 것
④ 점성이 작을 것
⑤ 화학적으로 안정할 것
⑥ 독성이 없을 것
⑦ 가격이 저렴하고, 용매의 화학적 성질이 비슷할 것

13. 배기가스를 흡착법으로 처리할 때 사용되는 활성탄의 재생방법을 5가지만 쓰시오.

해설 ① 수세 탈착법　　② 수증기 탈착법
　　③ 감압진공 탈착법　④ 고온공기 탈착법
　　⑤ 불활성가스에 의한 탈착법

14. 흡수에 관해 다음 물음에 답하시오.

(1) 헨리의 법칙을 설명하시오.

(2) 흡수탑으로 유입되는 HF 농도가 112ppm이고, 처리 후 HF 농도가 5mg/Sm³ 일 때 이 흡수탑의 이동단위수는?

해설 (1) 일정한 온도에서 일정량의 액체에 용해되는 기체의 질량은 그 압력에 비례한다는 법칙이다.

(2) 식 $N_{OG} = \ln \dfrac{1}{(1-E)}$ ←… 흡수율$(E) = 1 - \dfrac{C_o}{C_i}$

- C_o : 처리후농도 = 5mg/m³
- C_i : 유입농도 = $\dfrac{112mL}{m^3} \times \dfrac{20mg}{22.4mL} = 100mg/m^3$
- E : 흡수효율 = $1 - \dfrac{C_o}{C_i} = 1 - \dfrac{5}{100} = 0.95$

∴ $N_{OG} = \ln \dfrac{1}{(1-0.95)} = 2.996$

15. 헨리법칙(Henry's Law)이 적용되는 가스의 대기 중 분압이 16mmHg일 때 수중 유해가스의 농도가 3.0kmol/m³이었다면, 동일한 조건에서 가스분압이 435mmH₂O일 경우 수중 유해가스의 농도(kmole/m³)는 얼마인가?

해설 식 $P = H \times C$

- $P = 16mmHg \times \dfrac{1atm}{760mmHg} = 0.0211atm$
- $C = 3.0kmole/m^3$

∴ $H = \dfrac{P}{C} = 0.0211atm \times \dfrac{m^3}{3.0kmole} = 7.03 \times 10^{-3} atm \times m^3/kmole$

식 $C = 435mmH_2O \times \dfrac{1atm}{10,332mmH_2O} \times \dfrac{kmole}{7.03 \times 10^{-3} atm \times m^3} = 6.0 kmole/m^3$

정답 6.0kmole/m³

UNIT 03 유해가스의 처리기술

1 황산화물의 제어

(1) 황산화물 억제기술

① 연료전환
② 친환경에너지 사용
③ 중유탈황(접촉수소화, 금속산화물, 미생물, 방사선 탈황)

(2) 황산화물 처리기술

1) 흡수법

황산화물과 세정액 또는 물질을 접촉시켜 처리하는 방법

- 석회석 주입법(건식) : $SO_2 + CaCO_3 + 0.5O_2 \rightarrow CaSO_4 + CO_2$

> **특징**
> ① 소규모의 보일러나 노후된 보일러에 추가로 설치할 때 사용
> ② 고온에서도 온도저감없이 사용가능
> ③ pH의 영향을 받지 않음
> ④ 분말이 부착되어 열전달률 저하 우려
> ⑤ 분진 생성 문제

- 가성소다 흡수법 : $SO_2 + 2NaOH \rightarrow Na_2SO_3 + H_2O$
- 소석회(수산화칼슘) 흡수법 : $SO_2 + Ca(OH)_2 + 0.5O_2 \rightarrow CaSO_4 + H_2O$
- NH₄OH에 의한 흡수법 (암모니아법) : 암모니아 수용액을 이용하여 SO₂를 흡수한다.

> **반응식**
> $SO_2 + 2NH_4OH \rightarrow (NH_4)_2SO_3 + H_2O$
> $(NH_4)_2SO_3 + H_2O + SO_2 \rightarrow 2NH_4HSO_3$

- Wellmann-Lord법(재생식 공정) : SO₂를 Na₂SO₃를 이용하여 NaHSO₃으로 제거한 후, NaHSO₃를 가열하여 Na₂SO₃로 재생하는 방법, 석고에 의한 스케일 문제를 극복하고, 높은효율로 운전이 가능하지만, 비용이 매우 비싸다.

2) 흡착법 : 흡착제를 이용하여 황산화물을 흡착하여 처리하는 방법, 주로 활성탄이 이용된다.

3) 산화법

황산화물을 산화시켜 안정화시키는 방법

- 접촉산화법 : $SO_2 + 0.5O_2 \xrightarrow{V_2O_5, K_2SO_4} SO_3$

   $SO_3 + H_2O \rightarrow H_2SO_4$

2 질소산화물의 제어

(1) **질소산화물 억제기술** : 질소산화물의 억제는 질소산화물의 생성조건의 반대의 조건을 형성하여 이루어진다. 주로 공략할 수 있는 부분은 Thermal NOx이므로 Thermal NOx 생성조건에 반하여, 연소온도를 낮추고 산소농도를 줄이며 체류시간을 짧게 함으로써 생성을 억제한다. 이 과정에서 Fuel NOx의 저감도 일어난다. (특히, 산소농도 저감에 따른 NOx 발생량 저하)

1) 연소 전 제어

① 연료전환
② 친환경에너지 사용

2) 연소과정 제어

① 운전조건의 변경에 의한 방법
   ㉠ 저산소연소
   ㉡ 연소실 열부하의 저감
   ㉢ 연소용 공기온도의 저감
   ㉣ 연소실 내 혼합특성의 변경
② 연소방법의 변경에 의한 방법
   ㉠ 2단연소
   ㉡ 저NOx 버너
   ㉢ 배기가스 재순환
   ㉣ 수증기 주입
   ㉤ 농담연소

(2) **질소산화물 처리기술**

1) 환원법

① 선택적 접촉(촉매) 환원법(SCR) : 300~400℃ 이하에서 질소산화물을 촉매존재하에 선택적 환원제(NH_3, H_2S)를 이용하여 질소와 물로 환원하는 방법

> 💡 **반응식**
> - $4NO + 4NH_3 + O_2 \rightarrow 4N_2 + 6H_2O$ (산소 공존)
> - $6NO + 4NH_3 \rightarrow 5N_2 + 6H_2O$ (산소 공존 ×)
> - $6NO_2 + 8NH_3 \rightarrow 7N_2 + 12H_2O$ (산소 공존 ×)
> - $NO + H_2S \rightarrow 0.5N_2 + H_2O + S$ (황으로 배출 시)
> - $3NO + H_2S \rightarrow 1.5N_2 + SO_2 + H_2O$ (SO_2로 배출 시)

② **선택적 비촉매 환원법(SNCR)** : 900℃ 이상에서 질소산화물을 선택적 환원제(NH_3, H_2S)를 이용하여 질소와 물로 환원하는 방법

> 💡 **반응식**
> - $4NO + 4NH_3 + O_2 \rightarrow 4N_2 + 6H_2O$ (산소 공존)
> - $4NO + 2(NH_2)_2CO + O_2 \rightarrow 4N_2 + 4H_2O + 2CO_2$ (요소 사용)

③ **비선택적 접촉(촉매) 환원법(NCR)** : 질소산화물을 촉매존재하에 비선택적 환원제(CH_4, CO, H_2)를 이용하여 질소와 물로 환원하는 방법

> 💡 **반응식**
> - $4NO + 4CO \rightarrow 2N_2 + 4CO_2$
> - $2NO_2 + 4CO \rightarrow N_2 + 4CO_2$
> - $4NO + CH_4 \rightarrow 2N_2 + CO_2 + 2H_2O$
> - $2NO_2 + CH_4 \rightarrow N_2 + CO_2 + 2H_2O$

④ SCR과 SNCR의 비교

구분	SCR	SNCR
온도	300~400℃	900~1000℃
규모	대형	소형, 중형
촉매	사용	사용하지 않음
압력손실	큼	작음
제거효율	90% 이상	70% 이상
암모니아슬립	거의 없음	있음

2) **흡수법** : 난용성 기체이므로 기체를 용해시키는 데 많은 비용과 에너지가 소모되어 잘 사용되지 않으나 적용할 경우 질소산화물뿐 아니라 황산화물, 염소화합물, 불소화합물까지 제거할 수 있는 방법이다.

① **황산흡수법** : 황산으로 질소산화물을 흡수하여 나이트로실황산($NOHSO_4$)로 만들어 제거하는 방법이다.

> 💡 **반응식**
>
> $H_2SO_4 + NO + NO_2 \rightarrow 2NOHSO_4 + H_2O$

② 수산화물 흡수법 : 금속수산화물을 이용하여 치환시켜 처리하는 방법이다.

> 💡 **반응식**
>
> $Ca(OH)_2 + NO + NO_2 \rightarrow Ca(NO_2)_2 + H_2O$
>
> $Mg(OH)_2 + NO + NO_2 \rightarrow Ca(NO_2)_2 + H_2O$

③ $FeSO_4$ 흡수법 : 황산제1철을 NO와 반응시켜 착염을 생성하는 방법

> 💡 **반응식**
>
> $NO + FeSO_4 \rightarrow Fe(NO)SO_4$

3) 흡착법

분자량이 작아 물리적 흡착이 어렵고, 처리가스 온도가 높아 재생이 어려워 잘 사용되지 않는다.

4) 산화법

일산화질소를 이산화질소 또는 질산으로 산화시켜 안정화하여 처리한다.

3 기타 오염가스제어

(1) HF/HCl/Cl_2의 제어

HF/HCl/Cl_2는 수용성이 매우 높은 가스이기 때문에 제어는 주로 세정법이 이용된다. 세정시에 물에 녹으면서 산을 형성하므로, 알칼리제를 섞어 처리하는 것이 일반적이다.

1) HF

- $2HF + Ca(OH)_2 \rightarrow CaF_2 + 2H_2O$
- $HF + NaOH \rightarrow NaF + H_2O$

2) HCl

물로 처리 → 세정 후 pH 계산, 용해된 HCl은 완전해리로 가정

> **식** $HCl \rightleftharpoons H^+ + Cl^-$
>
> [반응 전] 1 : 0 : 0
> [반응 후] 1 : 1 : 1

3) Cl_2

- $2Cl_2 + 2Ca(OH)_2 \rightarrow CaCl_2 + Ca(OCl)_2 + 2H_2O$
- $2NaOH + Cl_2 \rightarrow NaCl + NaOCl + H_2O$

(2) 악취/VOC/폐가스의 제어

1) **흡착처리** : 주로 활성탄을 이용하여 처리한다.

2) **연소**
   ① 직접연소
   - 650~850℃, 고농도·대유량 처리 적합
   - 보조연료 사용
   - NOx 발생 및 기타 유해가스 2차 발생 우려
   - 화재 및 폭발 우려
   - 체류시간 0.2~0.7초

   ② 가열연소
   - 500~700℃
   - 저농도·소유량 처리 적합
   - 보조연료 사용, 부산물 회수(고체, 액체, 기체연료 회수)

   ③ 촉매연소
   - 300~400℃, 저농도·소유량 처리 적합
   - 압력손실이 적음
   - 촉매독 문제(분진, Zn, Pb, S, Hg 존재 시 문제)

3) **화학적 산화**

   화학적 산화제를 이용하여 처리
   (화학적 산화제의 종류 : O_3, $KMnO_4$, $NaOCl$, Cl_2, ClO 등)

4) **생물학적 처리**
   ① 바이오필터 : 필터 안에 미생물을 부착하여 필터를 통과시키면서 악취를 제거하는 공정
   - 초기에 안정화하는데 시간이 오래 걸림
   - 2차오염이 없음
   - 온도, 수분, 독성에 영향을 많이 받음

   ② 토양탈취법 : 토양 내에 미생물을 이용하여 토양층에 악취를 통과시켜 제거하는 공정
   - 2차오염이 없음
   - 온도, 수분, 독성에 영향을 많이 받음
   - 넓은 부지면적 소요

UNIT 03 유해가스의 처리기술

01. 배기가스 질소탈질법에서 NO의 탈질반응식을 쓰시오. (단, 사용되는 환원제는 H_2, CO, H_2S, NH_3, CH_4이다.)

(1) H_2
(2) CO
(3) H_2S
(4) NH_3
(5) CH_4

해설 (1) H_2
$$2H_2 + 2NO \rightarrow N_2 + 2H_2O$$
(2) CO
$$2NO + 2CO \rightarrow N_2 + 2CO_2$$
(3) H_2S
$$3NO + H_2S \rightarrow 1.5N_2 + H_2O + SO_2$$
(4) NH_3
$$6NO + 4NH_3 \rightarrow 5N_2 + 6H_2O$$
(5) CH_4
$$4NO + CH_4 \rightarrow 2N_2 + 2H_2O + CO_2$$

02. 시간당 연소되는 중유의 양은 20ton/hr이고, 연소 후 발생되는 SO_2 gas를 NaOH로 배연탈황하여 부산물인 Na_2SO_3로 고정하려고 한다. 배연탈황에 소요되는 NaOH의 양(kg/day)을 구하시오. (단, 중유 중 황분은 5%, 탈황효율은 95%)

해설 **반응식** $SO_2 + 2NaOH \rightarrow Na_2SO_3 + H_2O$
    $22.4m^3$: $2 \times 40kg$

$$\frac{20톤}{hr} \times \frac{1,000kg}{톤} \times \frac{5}{100} \times \frac{22.4m^3}{32kg} \times \frac{95}{100} \times \frac{24hr}{1day} : X$$

∴ X(NaOH량) $= 57,000kg/day$

정답 57,000kg/day

03. 황분이 3%인 중유를 시간당 100ton 연소하는 보일러에서 배출되는 배기가스 중의 SO_2를 $CaCO_3$으로 배연탈황하여 $CaSO_4$로 고정할 때 이론적으로 필요한 $CaCO_3$의 양(ton/hr)은? (단, 중유 중 S성분은 모두 SO_2로 생성되고 탈황효율은 90%로 가정)

[해설] **[반응식]** $S + O_2 \rightarrow SO_2$

$\qquad$ 32kg : 22.4m³

$\dfrac{100톤}{hr} \times \dfrac{3}{100} \times \dfrac{10^3 kg}{1톤}$: X_1, ∴ $X_1 = 2100 \text{m}^3/\text{hr}$

[반응식] $SO_2 + CaCO_3 + 0.5O_2 \rightarrow CaSO_4 + CO_2$

$\qquad$ 22.4m³ : 100kg

$\qquad$ 2,100m³/hr : X_2,

∴ $X_2 = \dfrac{2100\text{m}^3}{hr} \times \dfrac{100\text{kg}}{22.4\text{m}^3} \times 0.9 \times \dfrac{1톤}{10^3 kg} = 8.44$톤/hr

[정답] 8.44톤/hr

04. 염화수소 0.05%가 포함된 가스 1,000m³/hr을 수산화칼슘으로 중화처리하고자 한다. 필요한 수산화칼슘의 소요량(kg/hr)을 구하시오.

[해설] **[반응식]** $2HCl + Ca(OH)_2 \rightarrow CaCl_2 + 2H_2O$

$\qquad$ 2×22.4m³ : 74kg

$\dfrac{1,000\text{m}^3}{hr} \times \dfrac{0.05}{100}$: $X(kg)$, ∴ $X(= Ca(OH)_2) = 0.83$kg/hr

[정답] 0.83kg/hr

05. 굴뚝에서 배출되는 가스량이 6,000Sm³/hr이며 불화수소(HF)의 농도는 900mL/Sm³이다. 이것을 수산화칼슘용액으로 침전제거하고자 할 때 1시간동안 사용된 수산화칼슘의 양(kg)을 계산하시오.

[해설] **[반응식]** $2HF + Ca(OH)_2 \rightarrow CaF_2 + 2H_2O$

$\qquad$ 2×22.4m³ : 74kg

$\dfrac{900\text{mL}}{\text{m}^3} \times \dfrac{10^{-6}\text{m}^3}{\text{mL}} \times \dfrac{6,000\text{Sm}^3}{hr}$: $X(kg)$, ∴ $X(= Ca(OH)_2) = 8.92$kg/hr

[정답] 8.92kg/hr

06. 악취물질을 제거하는 방법 중 바이오필터(Bio filter)의 장단점을 2가지씩 나열하시오.

(1) 장점

(2) 단점

해설 (1) 장점
- 장치가 간단, 운전비용이 저렴
- 2차오염이 없음

(2) 단점
- 유지관리 어려움(온도, 습도, pH 조절)
- 독성유입 시 급격한 효율저하
- 초기 안정화 시간이 오래 걸림

07. 염소가스 농도가 0.62%인 배기가스 15Sm³/hr를 수산화소듐흡수액으로 처리하고 있다. 필요한 수산화소듐의 양(kg/hr)을 구하시오.

해설 반응식 $Cl_2 + 2NaOH \rightarrow NaCl + NaOCl + H_2O$

$\quad\quad\quad\quad\quad$ 22.4m³ : 2×40kg

$\dfrac{15Sm^3}{hr} \times \dfrac{0.62}{100}$: X, ∴ $X = 0.33$ kg/hr

정답 0.33kg/hr

08. 1,000Sm³/hr의 배기가스를 배출하는 연소시설에서 석회(CaO) 주입법으로 발생되는 SO₂를 제거하고자 한다. 농도가 2,000ppm일 때 생성되는 황산칼슘(kg/hr)을 구하시오. (단, SO₂는 황산칼슘으로 모두 변함, 처리효율 80%, Ca 분자량은 40)

해설 반응식 $SO_2 + CaO + 0.5O_2 \rightarrow CaSO_4$

$\quad\quad\quad\quad\quad$ 22.4m³ : 136kg

$\dfrac{2,000mL}{m^3} \times \dfrac{1,000m^3}{hr} \times \dfrac{1m^3}{10^6 mL} \times \dfrac{80}{100}$: X(kg/hr)

∴ $X = 9.71 kg/hr$

정답 9.71kg/hr

09. 다이옥신류 제어를 위한 소각 후 처리기술에 대해 3가지를 기술하고, 각 방법에 대하여 간단히 설명하시오.

해설 ① 여과집진기 + SCR : 여과집진기로 다이옥신의 전구물질은 분진을 집진 후에 SCR로 다이옥신을 제거한다.
② 촉매처리 시스템 : 티타늄, 바나듐, 백금, 팔라듐 같은 촉매를 사용하여 다이옥신을 분해시키는 방법
③ 광분해법 : 자외선(파장 250~340nm)을 배기가스에 조사시켜 다이옥신의 결합을 파괴하는 방법
④ 흡착처리 : 활성탄을 이용하여 다이옥신을 흡착한 후 흡착제를 분진제거 장치로 제거하는 방법
⑤ 생물학적 분해법 : 미생물을 이용하여 다이옥신을 생물학적으로 분해시켜 제거하는 방법
⑥ 초임계유체 분해법 : 초임계유체를 이용하여 다이옥신을 흡수 제거하는 방법

10. SO_2 농도가 400ppm이고 처리가스량이 50,000m³/hr인 어느 연소시설에서 배기가스 중의 SO_2를 석회석을 이용한 습식세정법으로 처리하고 있다. 황산칼슘(이수염)의 생성량(kg/hr)을 구하시오. (단, 흡수처리에 사용되는 석회석의 순도는 15%(질량기준))

해설 반응식 $SO_2 + CaCO_3 + 2H_2O + 0.5O_2 \rightarrow CaSO_4 \cdot 2H_2O + CO_2$
　　　　　　22.4m³　　　　　　　　　　　：　　　　172kg

$$\frac{400\text{mL}}{\text{m}^3} \times \frac{10^{-6}\text{m}^3}{\text{mL}} \times \frac{50,000\text{m}^3}{\text{hr}} : X(\text{kg/hr}) \times \frac{15}{100}$$

∴ $X = 1023.81$kg/hr

정답 1023.81kg/hr

11. 황산화물을 처리하는 방법 중 건식법 3가지를 쓰고, 건식법이 습식법에 비하여 어떤 장점이 있는지 3가지를 쓰시오.

해설 (1) 건식법
① 건식 석회석주입법
② 활성산화망간법
③ 활성탄흡착법
(2) 장점
① 배기가스 온도가 저하되지 않는다.
② 폐수 및 슬러지가 발생되지 않는다.
③ 부식문제가 적다.
④ pH의 영향을 많이 받지 않는다.

12. NO 224ppm, NO₂ 22.4ppm을 함유한 배기가스 100,000m³/hr를 NH₃로 선택적 접촉환원법에 의해 처리할 경우 NO_x를 제거하기 위한 NH₃의 이론량(kg/hr)을 구하시오.

해설 식 암모니아 총 소요량 = X₁(NO₂ 제거 소요량) + X₂(NO 제거 소요량)

① NO₂ 제어
반응식 $6NO_2 + 8NH_3 \rightarrow 7N_2 + 12H_2O$
$6 \times 22.4m^3 : 8 \times 17kg$

$$\frac{22.4mL}{m^3} \times \frac{10^{-6}m^3}{mL} \times \frac{100,000m^3}{hr} : X_1,$$

$X_1(NH_3 소요량) = 2.2666 kg/hr$

② NO 제어
반응식 $6NO + 4NH_3 \rightarrow 5N_2 + 6H_2O$
$6 \times 22.4m^3 : 4 \times 17kg$

$$\frac{224mL}{m^3} \times \frac{10^{-6}m^3}{mL} \times \frac{100,000m^3}{hr} : X_2,$$

$X_2(NH_3 소요량) = 11.3333 kg/hr$

정답 암모니아 총 소요량 = X₁ + X₂ = 13.6kg/hr

13. 충전탑의 충전층 높이가 4m이고 기상총괄 이동단위높이(H_{OG})가 0.6m일 때 충전탑으로 유입되는 HC의 농도는 90ppm이다. HCl의 출구 농도(mg/Sm³)를 구하시오.

해설 식 $C_o = C_i \times (1-\eta)$

식 충전높이$(h) = H_{OG} \times N_{OG} = H_{OG} \times \ln\left(\frac{1}{1-\eta}\right)$

$4m = 0.6m \times \ln\frac{1}{1-\eta}$, $\eta = 1 - \left(\frac{1}{e^{(4/0.6)}}\right) = 0.9987$

∴ $C_o = C_i \times (1-\eta) = 90 \times (1-0.9987) \times \frac{36.5}{22.4} = 0.19 mg/Sm^3$

정답 0.19mg/Sm³

14. A알루미늄 제조회사의 굴뚝의 배출가스량은 500m³/hr, HF의 농도는 30ppm이다. HF를 순환수로 세정한 다음 Ca(OH)₂로 침전시키려고 한다. 하루 10시간, 6일간 운전할 때 필요한 Ca(OH)₂의 이론적 소요량(kg)을 구하시오. (단, HF의 90%가 물에 흡수되며, Ca(OH)₂와의 반응률은 100%이며, 표준상태로 간주한다.)

해설 식 $2HF + Ca(OH)_2 \rightarrow CaF_2 + 2H_2O$

$2 \times 22.4 m^3 : 74 kg$

$$\frac{30mL}{m^3} \times \frac{1m^3}{10^6 mL} \times \frac{500m^3}{hr} \times \frac{90}{100} \times \frac{10hr}{day} \times 6day : X,$$

$\therefore X = 1.34 kg$

정답 1.34kg

15. A연도의 배기가스량은 1시간당 $10^5 Sm^3$이고 배기가스 중의 염화수소 농도는 50mL/m³이었다. 이때 염화수소를 제거하기 위하여 10m³의 물을 순환 사용하는 수세탑을 설치하여 1일 6시간 씩 5일간 가동하였을 때, 다음 물음에 답하시오. (단, 표준상태, 물의 증발손실은 없고 세정탑의 제거효율은 100%이다.)

(1) 순환수 중 염화수소의 규정 농도

(2) 순환수 pH

해설 (1) 순환수 중 염화수소의 규정농도

식 $HCl(eq/L) = \dfrac{HCl의 당량}{용액}$

$HCl = \dfrac{50ml}{m^3} \times \dfrac{36.5mg}{22.4ml} \times \dfrac{1g}{10^3 mg} \times \dfrac{1eq}{36.5g} \times \dfrac{10^5 Sm^3}{hr} \times \dfrac{6hr}{1day} \times 5day \times \dfrac{1}{10m^3} \times \dfrac{1m^3}{10^3 L} = 0.6696N$

정답 0.67N

(2) 순환수 pH

식 $pH = \log \dfrac{1}{[H^+]}$

$\therefore pH = \log \dfrac{1}{0.67} = 0.17$

정답 0.17

16. 배기가스량 500Sm³/hr HCl 농도 800ml/Sm³이다. 순환수량은 5m³이며, 세정효율은 85%인 Spray Tower를 8시간 조업한 후 순환수의 pH를 구하시오. (단, HCl은 완전히 해리된다고 가정한다.)

해설 **식** $pH = \log\dfrac{1}{[H^+]}$

반응식 $HCl \rightleftarrows H^+ + Cl^-$
  1 : 1 : 1

염화수소는 완전해리하므로 염화수소의 몰농도와 수소이온몰농도는 같다.

- $HCl(M) = \dfrac{800mL}{m^3} \times \dfrac{20 \times 10^{-3}g}{22.4mL} \times \dfrac{1mol}{20g} \times \dfrac{500m^3}{hr} \times \dfrac{85}{100} \times 8hr \times \dfrac{1}{5m^3} \times \dfrac{m^3}{1,000L} = 0.0243 mol/L$

∴ $pH = \log\dfrac{1}{0.0243} = 1.61$

정답 1.61

---

17. NO 224ppm, NO₂ 22.4ppm을 함유한 배기가스 200,000Sm³/hr를 NH₃로 선택적 접촉환원법에 의해 처리할 경우 NOx를 제거하기 위한 NH₃의 양(Sm³/day)을 계산하시오.

해설 ① NO 제어

반응식 $6NO + 4NH_3 \rightarrow 5N_2 + 6H_2O$
  $6 \times 22.4 Sm^3$: $4 \times 22.4 Sm^3$
  $200,000 Sm^3/hr \times 224ppm \times 10^{-6}$: X_1
  $X_1 = 29.8666 Sm^3/hr = 716.80 Sm^3/day$

② NO₂ 제어

반응식 $6NO_2 + 8NH_3 \rightarrow 7N_2 + 12H_2O$
  $6 \times 22.4 Sm^3$: $8 \times 22.4 Sm^3$
  $200,000 Sm^3/hr \times 22.4ppm \times 10^{-6}$: X_2
  $X_2 = 5.9733 Sm^3/hr = 143.36 Sm^3/day$

∴ NH₃량 = $X_1 + X_2$ = 716.80 + 143.36 = 860.16 Sm³/day

정답 860.16 Sm³/day

18. 굴뚝 배기량이 100Nm³/hr이고 HCl 농도가 200ppm일 때, 5,000L의 물에 2시간 흡수시켰다. 이 때 수용액의 OH⁻의 몰농도(mol/L)는 얼마인가? (단, 흡수율은 60%이었다.)

해설 pOH와 pH의 관계를 이용하여 답을 산출한다.

식 $[OH^-] = 10^{-pOH}$

- $pOH = 14 - pH$
- $pH = \log \dfrac{1}{[H^+]}$

반응식 $HCl \rightleftharpoons H^+ + Cl^-$

- $HCl(M) = \dfrac{200mL}{m^3} \times \dfrac{36.5 \times 10^{-3}g}{22.4mL} \times \dfrac{1mol}{36.5g} \times \dfrac{100m^3}{hr} \times \dfrac{60}{100} \times 2hr \times \dfrac{1}{5,000L} = 2.14 \times 10^{-4} mol/L$

$pOH = 14 - \log \dfrac{1}{2.14 \times 10^{-4}} = 10.3304$

$\therefore [OH^-] = 10^{-10.3304} = 4.67 \times 10^{-11} mol/L$

정답 $4.67 \times 10^{-11} mol/L$

19. NOx 선택적 촉매환원법 원리와 반응식 3가지를 쓰시오.

해설 (1) NOx 선택적 촉매환원법(SCR)의 원리
  티타늄, 바나듐, 백금 등 귀금속 촉매와 선택적 환원제인 암모니아를 사용하여 300~400℃ 이하에서 질소산화물(NOx)을 물(H_2O)과 질소(N_2)로 환원하는 방법이다. 제거율은 암모니아 주입량에 따라 달라지나, 최적운전조건에서 90% 이상이다.
(2) 반응식 3가지 기술
  ① $6NO_2 + 8NH_3 \rightarrow 7N_2 + 12H_2O$
  ② $6NO + 4NH_3 \rightarrow 5N_2 + 6H_2O$
  ③ $4NO + 4NH_3 + O_2 \rightarrow 4N_2 + 6H_2O$

20. 악취처리방법 중 촉매소각과 화학적 산화방법의 특징에 관해서 설명하시오.

(1) 촉매소각

(2) 화학적 소각(산화제 종류 2가지 포함)

해설 (1) 촉매소각

촉매를 사용하여, 약 300~400°C의 온도에서 산화분해시킨다. 저농도가스도 처리가 가능하며, 보조연료사용이 불필요하다. 또한 처리속도가 빠르며, NOx 발생이 적다. 촉매독 유발물질이 유입될 경우 촉매의 활성이 저하되는 문제가 있다.

(2) 화학적 소각(산화제 종류 2가지 포함)

O_3, $KMnO_4$, $NaOCl$, Cl_2, ClO_2 등의 산화제를 사용하여 냄새를 화학적으로 산화시키는 방법이다.

21. 배출가스량 10000m³/hr, 염소농도 4000ppm의 오염물질을 수산화칼슘 200kg으로 처리한 후 배출하고 있다. 배출되는 농도(ppm)는 얼마인가? (단, 수산화칼슘 농도는 60%이다.)

해설 식 $C(농도) = \dfrac{유출염소량}{유량}$

- 유출염소량 = 유입염소량 - 제거염소량
- 유입염소량 = $\dfrac{4000mL}{m^3} \times \dfrac{10000m^3}{hr} \times \dfrac{1m^3}{10^6 mL} = 40 m^3/hr$

반응식 $2Cl_2 + 2Ca(OH)_2 \rightarrow CaCl_2 + Ca(OCl)_2 + 2H_2O$

$22.4 Sm^3$: $74 kg$

X_1 : $\dfrac{200kg}{hr} \times 0.6$

X_1(제거염소량) $= 36.3243 m^3/hr$

유출염소량 $= 40 - 36.3243 = 3.6757 m^3/hr$

$\therefore C(농도) = \dfrac{3.6757}{10000} \times 10^6 = 367.57 ppm$

정답 367.57ppm

22. 유입가스가 100m³인 흡수탑에서 CO_2 20%, NH_3 55%, 공기 25%의 혼합가스가 흡수처리되고 있을 때, CO_2 40%, (NH_3+공기)가 60%가 되게 하려고 한다. CO_2의 출구가스량과 장치 내에서 NH_3 흡수율(%)을 구하라. (CO_2와 공기량은 처리전후가 동일하다)

(1) CO_2의 출구 가스량 계산(m³)

(2) NH_3의 흡수율(%)

해설 (1) CO_2의 출구 가스량 계산(m^3)
CO_2의 유입가스량과 유출가스량은 동일하므로,
∴ $CO_2 = 20m^3$
NH_3의 양은 $5m^3$이다.

(2) NH_3의 흡수율(%)
식 $\eta = \left(1 - \dfrac{C_o}{C_i}\right) \times 100$

$20m^3(CO_2)$: 40% = $Xm^3(NH_3 + Air)$: 60%,
$X(NH_3 + Air) = 30m^3$
- $Air = 25m^3$
- $NH_3 = 5m^3$
$(NH_3 + Air) = 30m^3$
∴ $\eta = \left(1 - \dfrac{5}{55}\right) \times 100 = 90.91\%$

정답 90.91%

23. 벤츄리스크러버 적용 시 액가스비를 크게 하는 이유를 3가지만 쓰시오.

해설 ① 분진의 입경이 작을 때
② 분진의 농도가 높을 때
③ 분진입자의 친수성이 적을 때
④ 처리가스의 온도가 높을 때
⑤ 분진 입자의 점착성이 클 때

24. 메탄을 염소로 치환하여 C_2Cl_4를 만들고자 한다. 메탄 $1Sm^3$당 발생되는 염화수소의 이론적인 양(Sm^3)을 계산하시오.

해설 반응식 $CH_4 + 3Cl_2 \rightarrow 0.5C_2Cl_4 + 4HCl$
  1   :   4
  $1Sm^3$:   X,   ∴ $X = 4Sm^3$

정답 $4Sm^3$

25. NOx의 생성기구를 각각 서술하시오.

> 해설 (1) Thermal NOx
>   연소온도가 높고, 체류시간이 길 때, 질소분자, 산소분자가 분해되고, 상호결합되면서 NOx 발생
> (2) Fuel NOx
>   연료 중 질소성분이 연소과정에서 산소와 결합하여 NOx 생성
> (3) Prompt NOx
>   연료에서 배출된 탄화수소가 공기 중의 질소와 반응하여 생성

26. 질소산화물 제어방법에서 연소조절법과 배연탈질방법이 있다. 이 중 연소조절법에 의한 질소산화물 발생을 억제시키는 방법을 4가지 쓰시오.

> 해설 ① 저산소 연소법 ② 2단 연소방법
> ③ 연소실 열부하 저감법 ④ 배기가스 재순환방법
> ⑤ 저NOx 버너의 사용 ⑥ 연소실 구조의 변경

UNIT 04 환기 및 통풍

1 환기장치에 관한 사항 이해

(1) 전체환기와 국소환기
 ① **전체환기** : 공간 전체를 환기
 ② **국소환기** : 오염원 공간 주위를 환기

	전체환기	국소환기
적용	• 오염물질의 농도가 낮을 때 • 오염원이 이동성일 때 • 오염원이 분산되어 있을 때 • 작업 특성상 국소배기장치의 설치가 경제적, 기술적으로 매우 곤란하다고 인정될 경우	• 오염물질의 농도가 높을 때 • 오염원이 고정되어 있을 때 • 독성물질이나 감염성물질이 존재할 때 • 법적으로 규제하는 공간일 때 • 높은 증기압의 유기용제를 사용할 경우

(2) 환기관련용어
 ① **제어속도(포착속도)(V_c)** : 유해물질이 후드에 포집될 수 있는 최저 흡입풍속을 말한다.
 ② **무효점(null point)** : 운동량이 소실되어 속도가 0에 이르는 점

(3) 후드의 종류
 ① **포위형** : 장갑부착상자형, 드래프트챔버형
  • 특징 : 오염공기의 밀폐가 가능하여, 고농도, 독성물질의 환기에 적용된다. 환기량을 줄일 수 있으나, 작업영역을 방해하는 단점이 있다.
  ※ **부스형(부분포위)** : 한 면을 제외하고 나머지 면을 전부 에워싼 형태
 ② **외부형** : 루버형, 슬로트형, 그리드형 등
  • 특징 : 외부공기흐름에 방해를 받으며, 원활한 포집을 위해서는 오염원과의 거리를 60cm 이하로 유지하여야 한다. 환기량이 많이 소요되나, 작업영역을 방해하지 않는다.
 ③ **수형(리시버형)** : 그라인더커버형, 캐노피형
  • 특징 : 오염기류를 예측하여 포집하는 형태로, 열기류 또는 관성기류를 예측하여 포집한다.

(4) 후드의 흡인요령 (암기TIP) 개 발 국 충)

① 개구면적을 작게 할 것
② 발생원에 접근시킬 것
③ 국소적 흡인방식을 취할 것
④ 충분한 흡인속도를 유지할 것

(5) 환기 관련공식

① 후드의 흡인유량(Q_c) = $(10X^2 + A) \times V_c$

    ㉠ 테이블(바닥) 위에 설치되어 있을 때 : $Q_c = 0.5(10X^2 + 2A) \times V_c$

    ㉡ 플랜지를 부착한 경우 : $Q_c = 0.75(10X^2 + A) \times V_c$

② 후드의 압력손실(ΔP_h) = $F_i \times P_v = \left(\dfrac{1 - C_e^2}{C_e^2}\right) \times P_v$

- F_i : 유입손실계수
- C_e : 유입계수
- P_v : 동압(속도압) = $\dfrac{\gamma V^2}{2g}$

③ 덕트의 압력손실(ΔP)

    ㉠ 장방형(ΔP) = $f \times \dfrac{L}{D_o} \times \dfrac{\gamma V^2}{2g}$

    ㉡ 원형(ΔP) = $4f \times \dfrac{L}{D} \times \dfrac{\gamma V^2}{2g} = \lambda \times \dfrac{L}{D} \times \dfrac{\gamma V^2}{2g}$

    ※ $4f = \lambda$

    ※ D_o(환산직경, 상당직경) = $\dfrac{2ab}{a+b}$

2 통풍장치에 관한 사항 이해

(1) 송풍기의 종류

① **원심력 송풍기**

㉠ 터보형 : 효율이 좋고 적은 동력으로 운전가능, 고온, 고압 대용량에 적합
㉡ 평판형(레디알형, 비행기 날개형) : 강도가 크고 마모부식에 강하며, 대형으로 설비가 비쌈
㉢ 다익형 : 전향날개형으로 소형이며 경량이고, 고온, 고압, 고속에 부적당

> 💡 **효율순서** : 비행기 날개형 > 터보형 > 방사날개형 > 다익형

[암기TIP] 비행기 터보 발사 다!

② **축류형 송풍기**

선풍기처럼 원통형의 케이싱 안에 날개를 회전시켜서 기류를 축 방향으로 흡입, 배풍하는 형식이다. 비교적 큰 풍량을 취급한다.

㉠ 프로펠러형 : 효율은 낮으나, 설치비용이 저렴함, 송풍관을 사용하지 않고 배기하거나, 전체환기에 적합함
㉡ 튜브형 : 효율은 낮으나, 송풍관 내에 넣을 수 있어 설치장소에 구애를 받지 않음, 저렴함
㉢ 베인형(고정날개형) : 비교적 고효율이고, 날개의 마모나 오염된 경우 청소나 교환이 가능

(2) 송풍기 관련공식

① **소요동력**

$$[식]\ P(kW) = \frac{\Delta P \cdot Q}{102 \cdot \eta} \times \alpha$$

- ΔP : 압력손실(mmH$_2$O)
- Q : 유량(m^3/sec)
- η : 효율
- α : 여유율

⇨ 모든 단위를 MKS로 통일하자!
⇨ 축동력을 구할 때는 여유율을 무시하자!
⇨ 이론동력을 구할 때는 효율을 100%로 대입하자!

② **상사법칙** : 송풍기 회전수 변화에 따른 인자의 변화 [암기TIP] 요압동 123동

㉠ 회전수변화에 유량은 1승에 비례

$$[식]\ Q_2 = Q_1 \times \left(\frac{N_2}{N_1}\right)$$

ⓒ 회전수변화에 압력은 2승에 비례

$$P_{s2} = P_{s_1} \times \left(\frac{N_2}{N_1}\right)^2$$

ⓒ 회전수변화에 동력은 3승에 비례

$$P_2 = P_1 \times \left(\frac{N_2}{N_1}\right)^3$$

③ 통풍력 계산

$$Z(\mathrm{mmH_2O}) = 273\,H\left(\frac{\gamma_a}{273+t_a} - \frac{\gamma_g}{273+t_g}\right)$$

- H : 굴뚝의 높이
- γ_a : 외기(공기)의 비중량(kg/m³)
- γ_g : 가스의 비중량(kg/m³)
- t_a : 외기(공기)의 온도(℃)
- t_g : 가스의 온도(℃)

※ 외기와 가스의 비중량이 제시되지 않을 때는 1.3kg/m³으로 적용한다.

(3) 송풍기의 유량조절

① 회전수 조절법 : 회전수를 조절하여 송풍기의 유량, 압력, 동력을 조절한다.
② 안내익 조절법 : 흡입구에 방사상 날개를 부착하여, 날개의 각도를 변경하여 유량을 조절한다.
③ 저항조절 평형법(Damper 부착법) : Damper(막이판)을 부착하여 압력을 조절하여 평형을 유지하는 방법이다.
  ㉠ 쉽게 압력조절이 가능하다.
  ㉡ 현장에서 적용하기 쉽다.
  ㉢ 분진의 퇴적문제가 있다.
④ 정압조절 평형법 : 덕트의 직경을 조절하여, 한쪽은 크게, 한쪽은 작게 하면서 평형을 유지하는 방법
  ㉠ 설계에 어려움이 있다.(정교한 설계가 요구됨)
  ㉡ 분진의 퇴적문제가 없다.

UNIT 04 환기 및 통풍

01. 송풍기의 입구 흡입정압이 58mmH₂O, 배출구 정압이 30mmH₂O 입구쪽 평균유속이 1200m/min일 때 필요한 송풍기의 유출정압(kgf/cm²)을 구하시오.

해설 식 $P_{sf} = (P_{so} - P_{si}) - P_{vi}$

- 평균유속 : $\dfrac{1,200\text{m}}{\text{min}} \times \dfrac{1\text{min}}{60\text{sec}} = 20\text{m/sec}$
- 입구동압 $(P_{vi}) = \dfrac{\gamma V^2}{2g} = \dfrac{1.2 \times 20^2}{2 \times 9.8} = 24.49\text{mmH}_2\text{O}$

$\therefore P_{sf} = (30 - 58) - 24.49 = -52.49\text{mmH}_2\text{O} \times \dfrac{1\text{kgf/m}^2}{10^4\text{mmH}_2\text{O}}$

$= -5.25 \times 10^{-3} kg_f/cm^2$

정답 -5.25×10^{-3} kg/cm²

02. 어떤 송풍기 정압 60mmH₂O에서 200m³/min의 공기를 이동시키고 있다. 이 때 소요동력이 6HP이고, 회전수는 200rpm이었다. 만약 회전수를 400rpm으로 증가시킬 경우 이송되는 공기량, 정압, 동력(마력)은 얼마인지 각각 구하시오.

(1) 공기량

(2) 정압

(3) 동력(마력)

해설 (1) 공기량

식 $Q_2 = Q_1 \times \left(\dfrac{N_2}{N_1}\right)^1$

$Q_2 = 200 \times \left(\dfrac{400}{200}\right)^1 = 400\text{m}^3/\text{min}$

정답 400m³/min

(2) 정압

식 $P_{s_2} = P_{s_1} \times \left(\dfrac{N_2}{N_1}\right)^2$

$P_{s_2} = 60 \times \left(\dfrac{400}{200}\right)^2 = 240\text{mmH}_2\text{O}$

정답 240mmH₂O

(3) 동력(마력)

식 $P_2 = P_1 \times \left(\dfrac{N_2}{N_1}\right)^3$

$P_2 = 6 \times \left(\dfrac{400}{200}\right)^3 = 48\text{HP}$

정답 48HP

03. 실내공간에 CO_2가 $0.9\text{m}^3/\text{min}$으로 생성된다. 이 공간의 CO_2를 5,000ppm으로 유지하기 위해 필요한 환기량(m^3/hr)은? (단, 대기의 CO_2 기준농도는 350ppm이다.)

해설 식 $Q = \dfrac{G}{C_{TLV} - C_o} \times 100$

- G : 오염물질 발생량 $= 0.9\text{m}^3/\text{min} = 54\text{m}^3/\text{hr}$
- C_{TLV} : 허용농도 $= 5{,}000\text{ppm} = 0.5\%$
- C_o : 배경농도(외기농도) $= 350\text{ppm} = 0.035\%$

$\therefore Q = \dfrac{54}{0.5 - 0.035} \times 100 = 11{,}612\text{m}^3/\text{hr}$

정답 $11{,}612\text{m}^3/\text{hr}$

04. 후드 압력손실이 $150\text{mmH}_2\text{O}$이고, 가스속도가 10m/sec, 밀도가 2.5kg/m^3일 때 유입계수를 구하시오.

해설 식 $\Delta P_h = F_i \times P_v$

- $F_i = \dfrac{1 - C_e^2}{C_e^2}$

- $P_v = \dfrac{\gamma V^2}{2g} = \dfrac{2.5 \times 10^2}{2 \times 9.8} = 12.7551\text{mmH}_2\text{O}$

$150 = \dfrac{1 - C_e^2}{C_e^2} \times 12.7551$

$\therefore C_e = \sqrt{\dfrac{1}{1 + 12.7551}} = 0.28$

정답 0.28

05. 후드 선정시 발생원 근처의 공간으로 먼지가 비산되는 적정범위가 있다. 이 범위 내의 먼지를 전부 흡입할 수 있는 크기와 방향, 형식 등이 반드시 고려되어야 하는데, 이와 같이 배출원에서 발생하는 오염물질을 후드에 흡입할 때 고려하여야 할 사항 5가지를 쓰시오.

> **[해설]** ① 발생원과의 거리(통제거리)
> ② 배출오염물질의 확산 및 운동방향
> ③ 방출속도 및 무효점
> ④ 주변의 기류상태
> ⑤ 오염물질의 성상, 발생원의 규모
> ⑥ 오염물질의 유해성
> ⑦ 외부작업의 필요성 및 작업빈도

06. 처리가스량 78000m³/hr 배출원에서 집진장치를 포함한 송풍기까지의 압력손실을 150mmH₂O라 할 때 송풍기의 소요동력(kW)을 구하시오. (단, 송풍기효율 0.7)

> **[해설] [식]** $P(kW) = \dfrac{\Delta P \times Q}{102 \times \eta} \times \alpha$
> - Q : 처리가스량 $= 78000\mathrm{m^3/hr} = 21.6\mathrm{m^3/sec}$
> - η : 효율 $= 0.7$
>
> $\therefore P = \dfrac{150 \times 21.6}{102 \times 0.7} = 45.38 kW$
>
> **[정답]** 45.38kW

07. 아래 조건에서 외부식 장방형 후드의 유량을 구하시오. (m³/min)

| 개구면적 : 0.5m² |
| 개구면으로부터 포측점 거리 : 0.4m |
| 제어속도 : 0.25m/s |

> **[해설] [식]** $Q_c = (10X^2 + A) \times V_c$
> - $X = \sqrt{a^2 + b^2} = \sqrt{0.4^2 + 0.4^2} = 0.5656\mathrm{m}$
> - $V_c = 0.25\mathrm{m/sec}$
>
> $\therefore Q_c = (10 \times 0.5656^2 + 0.5) \times 0.25 = 0.92\mathrm{m^3/sec}$

08. 장방형 송풍관의 단변의 길이가 0.13m, 장변의 길이가 0.25m, 송풍관의 길이 16m, 속도압 14mmH₂O, 마찰계수(f) 0.004일 때 송풍관의 압력손실(mmH₂O)을 구하시오.

해설 식 $\Delta P = f \times \dfrac{L}{D_o} \times P_v$

- D_o : 상당직경 $= \dfrac{2ab}{a+b} = \dfrac{2 \times 0.13 \times 0.25}{0.13 + 0.25} = 0.17\text{m}$
- f : 마찰손실계수 $= 0.004$

∴ $\Delta P = 0.004 \times \dfrac{16}{0.17} \times 14 = 5.24 \text{mmH}_2\text{O}$

09. 전연소 내 배출가스의 온도가 227°C에서 127°C로 떨어진다면 통풍력은 초기 통풍력의 몇 %로 감소하는가? (단, 대기의 온도는 27°C, 가스밀도와 공기밀도는 1.3kg/Sm³이다.)

해설 식 $Z = 273 \times H \times \left[\dfrac{\gamma_a}{(273+t_a)} - \dfrac{\gamma_g}{(273+t_g)} \right]$

- $Z_1 = 273 \times H \left(\dfrac{1.3}{273+27} - \dfrac{1.3}{273+227} \right) = 0.473H$
- $Z_2 = 273 \times H \left(\dfrac{1.3}{273+27} - \dfrac{1.3}{273+127} \right) = 0.296H$

∴ $\dfrac{Z_2}{Z_1} \times 100 = \dfrac{0.296H}{0.473H} \times 100 = 62.5\%$

∴ 초기 통풍력의 62.5%로 감소하였다.

10. 후드의 흡인요령을 3가지 쓰시오.

해설 (1) 후드의 개구면적을 작게 한다.
(2) 발생원을 후드에 가까이 한다.
(3) 국소적 흡인방식을 취한다.
(4) 충분한 포착속도를 유지한다.

11. 굴뚝의 직경이 1/3배로 감소할 때 압력손실의 변화를 구하시오. (단, 다른 조건은 동일)

해설 식) $\Delta P = 4f \times \dfrac{L}{D} \times \dfrac{\gamma V^2}{2g}$ ← ⟨D 이외의 조건 = K(일정)⟩

$\Delta P = K \times \dfrac{1}{D} \times V^2$

$\Delta P = K \times \dfrac{1}{D} \times \left(\dfrac{Q}{A}\right)^2 = K \times \dfrac{1}{D} \times \left(\dfrac{Q \times 4}{\pi D^2}\right)^2 = K \times \dfrac{1}{D^5}$

• $\Delta P_1 = K \times \dfrac{1}{D^5}$

• $\Delta P_2 = K \times \dfrac{1}{(1/3D)^5}$

∴ $\dfrac{\Delta P_2}{\Delta P_1} = \dfrac{K \times \dfrac{1}{(1/3D)^5}}{K \times \dfrac{1}{D^5}} = 243$배

정답 243배

12. 전체환기에 비해 국소환기의 장점 3가지를 쓰시오.

해설 ① 독성물질의 유입시
② 잉여공기의 흡인량을 삭감할 수 있다.
③ 국소환기는 전체환기에 비해 설치면적이 작다.
④ 처리가스량이 적어 소요동력을 적게 할 수 있다.

13. 무효점과 제어속도에 대하여 설명하시오.

해설 ① **무효점**(null point)
운동량이 소실되어 속도가 0에 이르는 점
② **제어속도**(control velocity)
발생원으로부터 비산되는 오염물질을 비산한계점 범위 내에서 포착하여 후드로 몰아넣기 위하여 필요한 최소의 속도를 포착속도 또는 제어속도라 한다.

14. 발생원에서 오염물질의 제어속도가 0.3m/sec이고, 발생원에서 Hood까지의 거리가 0.7m, Hood 개구면적 0.6m²인 외부식 C를 설치하였다. 다음 물음에 답하시오. (단, 공기온도는 80℃, 공기밀도는 1.3kg/Sm³, 후드의 유입계수는 0.82, 덕트의 반송속도는 12m/sec이고, 후드는 플랜지가 없으며, 자유공간에 설치되어 있다.)

    (1) 후드의 흡인풍량(m³/sec)을 계산하시오.

    (2) 후드의 압력손실(mmH₂O)을 구하시오.

해설 (1) **식** $Q_c = (10X^2 + A) \times V_c$

∴ $Q_c = (10 \times 0.7^2 + 0.6) \times 0.3 = 1.65 \text{m}^3/\text{sec}$

(2) **식** $\Delta P = F_i \times P_v$

• $F_i = \dfrac{1 - C_e^2}{C_e^2} = \dfrac{1 - 0.82^2}{0.82^2} = 0.487$

• $P_v = \dfrac{rV^2}{2g} = \dfrac{1.0 \times 12^2}{2 \times 9.8} = 7.35 \text{mmH}_2\text{O}$

∴ $\Delta P = 0.487 \times 7.35 = 3.58 \text{mmH}_2\text{O}$

정답 흡인풍량 : 1.65m³/sec, 압력손실 : 3.58mmH₂O

03 CHAPTER 입자처리

UNIT 01 입자의 기본이론

1 입경의 분류

(1) 기하학적 특성에 의한 입경

현미경을 이용하여 기하학적인 특성으로부터 그 크기를 직접 측정한 것으로 광학직경이라고도 한다.
① **마틴경** : 입자의 투영면적을 2등분하는 선의 거리
② **헤이후드경(등면적 직경)** : 입자의 투영상과 같은 투영면적을 갖는 원의 직경
③ **페레트경** : 입자의 투영면적 가장자리에 접하는 가장 긴 선의 거리

> 💡 크기순서 : 마틴경 < 헤이후드경 < 페레트경

(2) 운동특성에 의한 입경

① **Stoke경** : 대상입자와 침강속도와 밀도가 같은 구형입자의 직경
② **공기동력학경** : 대상입자와 침강속도가 같고 단위밀도를 갖는 구형입자의 직경

> 💡 단위밀도 = $1g/cm^3$ = $10^3 kg/m^3$ = 물의 밀도

2 입경 측정방법

(1) 직접측정법
① 표준체측정법
② 현미경법

(2) 간접측정법

① 공기투과법
② 액상침강법
③ 광산란법
④ 관성충돌법(Cascade impactor)
⑤ Bahco 원심기체 침강법

(3) 입경분포

1) 산술평균 : 모든 입자의 입경의 합을 총 분진의 개수로 나눈 값

2) 최빈값 : 입경별로 분류했을 때 발생빈도가 가장 높은 입경

3) 중앙값 : 입경을 크기순으로 나열했을 때 그 중앙에 위치한 입자의 입경

4) 대수정규누적분포

① **기하평균입경** : 누적치가 50%에 해당하는 입경
② **기하표준편차**
  ㉠ 체상기준 : (84.13% 입경)/(50% 입경) = (50% 입경)/(15.87% 입경)
  ㉡ 체하기준 : (50% 입경)/(84.13% 입경) = (15.87% 입경)/(50% 입경)

5) 체하누적분포

Rosin-Rammler 분포(R-R 분포)

> 식 $R(\%) = 100\exp(-\beta d_p^n)$, $Y(\%) = 100 - R$
>
> - R : 체상누적분포
> - Y : 체하누적분포
> - β : 입경계수
> - n : 입경지수
>   - β가 커지면 미세한 분진이 많아짐
>   - n이 커지면 일정한 입경분포 내에 많은 입자가 존재함

3 집진효율 및 통과율 계산

(1) 집진효율(η)

$$\eta = \frac{S_c}{S_i} = \frac{S_i - S_o}{S_i} = \frac{C_i - C_o}{C_i} = \left(1 - \frac{C_o}{C_i}\right)$$

- S_i : 유입총량 = 유입농도×유입유량
- S_o : 유출총량 = 유출농도×유입유량
- C_i : 유입농도
- C_o : 유출농도

(2) 통과율(P)

$$P = \frac{C_o}{C_i} = \frac{S_o}{S_i} = 1 - \eta$$

(3) 부분집진율(η_f)

$$\eta_f = \left(1 - \frac{C_o \times f_o}{C_i \times f_i}\right)$$

- f_i : 유입분율(전체 분진 중 유입되는 해당분진의 비율)
- f_o : 유출분율(전체 분진 중 유출되는 해당분진의 비율)

(4) 총집진율(η_T)

$$\eta_T = 1 - [(1-\eta_1)(1-\eta_2)\cdots(1-\eta_n)]$$

(5) 입경분포에 따른 집진율

$$\eta_T(\%) = \sum R_i \cdot \eta_f$$

UNIT 01 입자의 기본이론

01. 중위경이 50μm일 때 25μm 이상인 입자의 분포비율(%)을 구하시오. (단, 입경지수(n) = 1이다.)

해설 식 $R = 100\exp(-\beta d_p^n)$
 $50 = 100\exp(-\beta \times 50^1)$, $\beta = 0.0138$
 $\therefore R = 100\exp(-0.0138 \times 25^1) = 70.82\%$

정답 70.82%

02. 입자직경을 측정하는 방법에서 직접측정법과 간접측정법을 두 가지씩 쓰고, 설명하시오.

해설 (1) 직접측정법
 ① 현미경측정법 : 광학현미경 또는 전자현미경을 사용하여 측정하는 방법
 ② 체걸름법 : 표준체로 걸러 입자의 크기를 구하는 방법
(2) 간접측정법
 ① 관성충돌법 : 입자의 관성충돌을 이용하여 입도를 구하는 방법
 ② 침강법 : 공기나 물과 같은 유체 속에 분산시킨 입자가 침강하는 최종종말속도의 크기를 이용하여 입경을 구하는 방법

03. 광학현미경을 이용하여 투영면적으로부터 측정하는 직경을 '입자상 물질의 끝과 끝을 연결한 선 중 가장 긴 선'인 직경은?

해설 Feret경 (장축경)

04. 집진장치의 유출입 먼지농도를 측정한 결과 입구측의 농도 20g/Sm³, 출구측 농도 200mg/m³이었고, 함진가스의 입출구 압력은 1기압, 온도는 입구쪽에서는 150℃, 출구쪽에서는 50℃이다. 먼지시료 중에 포함된 0~15㎛의 입경분포의 중량백분율이 입구측에서는 30%, 출구측에서는 60%이었다면, 이 집진장치의 0~15㎛의 입경범위에 대한 부분 집진율(%)은 얼마인가?

해설 식 $\eta_f(\%) = \left(1 - \dfrac{C_o \times f_o}{C_i \times f_i}\right) \times 100$

- $f_i = 30\% = 0.3$
- $f_o = 60\% = 0.6$
- $C_i = 20\text{g/Sm}^3$
- $C_o = \dfrac{200\text{mg}}{\text{m}^3} \times \dfrac{1\text{g}}{10^3\text{mg}} \times \dfrac{273+50}{273} = 0.2366\text{g/Sm}^3$

$\therefore \eta_f(\%) = \left(1 - \dfrac{0.2366 \times 0.6}{20 \times 0.3}\right) \times 100 = 97.63\%$

정답 97.63%

05. 3개의 집진장치를 직렬로 연결한 집진 시스템에서 1차 집진장치의 효율이 50%, 2차 집진장치의 효율이 80%, 3차 집진장치의 효율이 90%일 때, 총 집진효율은 얼마인가?

해설 식 $\eta_T = 1 - [(1-\eta_1) \times (1-\eta_2) \times (1-\eta_3)] \times 100\%$

$\therefore \eta_T = 1 - [(1-0.5) \times (1-0.8) \times (1-0.9)] \times 100(\%) = 99\%$

정답 99%

06. 레미콘 공장의 먼지배출량은 3.25g/m³이고, 배출허용기준은 0.10g/m³으로 설정하였다. 이 배출허용기준의 준수와 관련하여 집진장치를 설치하고자 한다. 다음 물음에 답하시오.

(1) 배출허용기준을 준수하기 위하여 한 대의 집진장치를 설치한다면 집진장치의 효율은 최소 얼마인가?

(2) 효율이 동일한 집진장치 두 대를 직렬로 연결한다면 한 대의 집진장치의 효율은 최소 얼마인가?

(3) 직렬연결한 집진장치의 두 번째 장치효율이 75%였다면, 나머지 한 대의 효율은 얼마인가?

해설 (1) 식 $\eta(\%) = (1 - \dfrac{C_o \times Q_o}{C_i \times Q_i}) \times 100$

$\therefore \eta = (1 - \dfrac{0.1}{3.25}) \times 100 = 96.92\%$

(2) 식 $\eta_T = 1 - (1-\eta_1)(1-\eta_2)$

$0.9692 = 1 - (1-\eta)^2$

$\therefore \eta_1 = 0.8245 \times 100 = 82.45\%$

(3) 식 $\eta_T = 1 - (1-\eta_1)(1-0.75)$

$\therefore \eta_1 = 1 - \dfrac{(1-0.9692)}{(1-0.75)} = 0.8768 \times 100 = 87.68\%$

07. 어떠한 집진장치가 효율 99.5%로 운전되고 있다. 그러나 운전미숙으로 인하여 효율이 95.5%까지 떨어진다면 배출되는 오염물질의 농도는 처음의 몇 배가 되는가?

해설 식 $P(\%) = (1-\eta) \times 100$

- 정상 통과율(%) = $(1-0.995) \times 100 = 0.5\%$
- 비정상 통과율(%) = $(1-0.955) \times 100 = 4.5\%$

$\therefore \dfrac{P_2}{P_1} = \dfrac{4.5}{0.5} = 9$

정답 9배

UNIT 02 집진장치설계

1 집진방법

(1) 직렬 및 병렬연결

① **직렬연결** : 집진기 후단에 집진기를 연결하는 방식, 입경분포 폭이 넓고, 조대한 입자를 응집효과를 증대시킴으로 효율적으로 제거할 수 있다. 후단에 고효율집진장치를 두는 식으로 설치하고, 앞단의 집진기가 전처리역할을 하여 후단의 집진기의 효율향상과 고장 및 운전장애를 방지하여준다.

② **병렬연결** : 집진기를 병렬로 설치하여 유입가스를 분할하여 처리하는 방식, 입경분포 폭이 좁고, 유량이 많으며, 미세한 분진을 압력손실을 일정하게 유지하며 고효율로 집진할 수 있는 방식이다.

(2) 건식집진과 습식집진 등

① **건식집진** : 대량가스처리시 사용된다. 유지관리가 간편하고, 유지비가 적게 들지만, 습식에 비해 대체로 효율이 떨어진다.

② **습식집진** : 중·소량가스처리시 사용된다. 유지관리가 까다롭고, 유지비가 많이 든다. 효율이 좋고, 집진 및 유해가스처리가 동시에 가능하다.

2 중력집진장치의 원리 및 특징

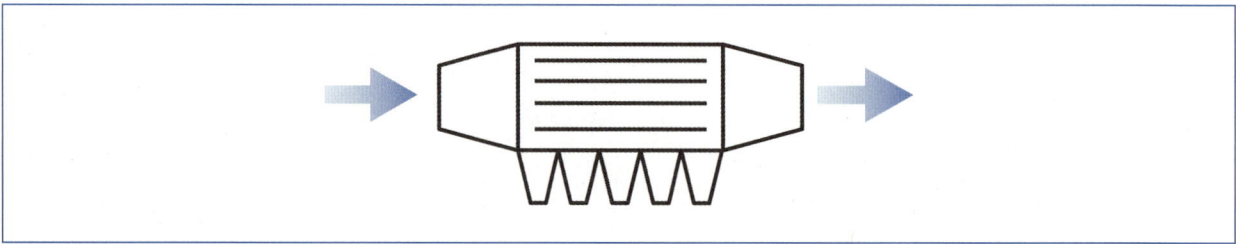

(1) 효율향상조건

① 장치 길이 길게
② 수평유속 느리게
③ 높이 짧게
④ 교란 방지

(2) 관련 공식을 이용하여 답 산출

1) 부분집진율(η_f) : 유입되는 입자 중 대상입자의 집진율

$$\boxed{식}\ \eta_f = \frac{V_g}{V} \times \frac{L}{H}\ (층류),\ \eta_f = 1 - \exp\left[\frac{V_g}{V} \times \frac{L}{H}\right]\ (난류)$$

2) 부분집진율 공식의 변형

$$\boxed{식}\ \eta_f = \frac{V_g}{V} \times \frac{L}{H} = \frac{d_p^2(\rho_p - \rho_g)gL}{18\mu VH} = \frac{d_p^2(\rho_p - \rho_g)gBL}{18\mu Q}$$

※ $A(단면적) = B(폭) \times H(높이)$

3) 최소제거입경

$$\boxed{식}\ d_{pmin}(\mu m) = \sqrt{\left[\frac{18\mu VH}{(\rho_p - \rho_g)gL}\right]}$$

(3) 장단점

1) 장점

① 다른 집진장치에 비하여 압력손실이 적음
② 전처리장치로 이용하기 용이
③ 구조 간단, 운전비 · 설치비 적음
④ 고온가스 처리용이
⑤ 조대한 입자 선별포집 가능

2) 단점

① 미세한 입자의 포집곤란, 효율 낮음
② 먼지부하 및 유량변동에 적응성이 낮음
③ 처리가스량에 비해 설치면적을 많이 소요

3 관성력집진장치의 원리 및 특징

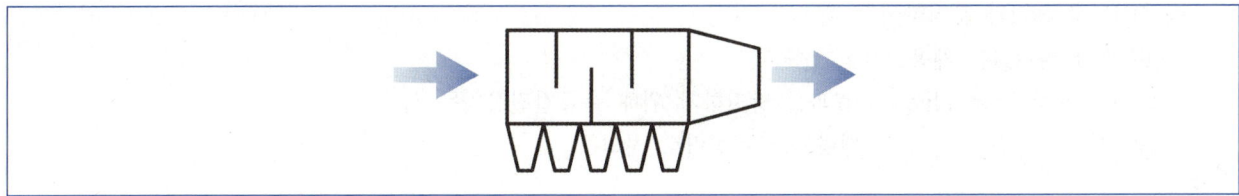

(1) 효율향상조건

① 충돌식은 일반적으로 충돌직전의 처리가스 속도가 크고, 처리 후 출구 가스속도는 느릴수록 미립자의 제거가 쉽다.
② 반전식은 기류의 방향전환 시 곡률반경이 작을수록, 방향전환 횟수는 많을수록, 압력손실은 커지나 집진효율은 좋다.
③ 호퍼(Dust Box)는 적당한 모양과 크기가 필요하다.
④ 출구의 가스속도가 작을수록 집진효율이 좋다.
⑤ 충돌식의 경우 충돌직전의 각속도가 클수록 집진율이 높아진다.

(2) 특징

① 충돌식과 반전식이 있으며, 방해판(Baffle)이 있으면 충돌식, 없으면 반전식이다.
② 일반적으로 고온가스의 처리가 가능하므로 굴뚝 또는 배관 내에 적용될 때가 있다.
③ 액체입자의 포집에 사용되는 multibaffle형을 1μm 전후의 미립자 제거가 가능하나, 완전하게 처리하기 위해 가스출구에 충전층을 설치하는 것이 좋다.
④ 집진가능한 입자는 주로 10μm 이상의 조대입자이며 일반적으로 집진율은 50~70% 정도이다.

4 원심력집진장치의 원리 및 특징

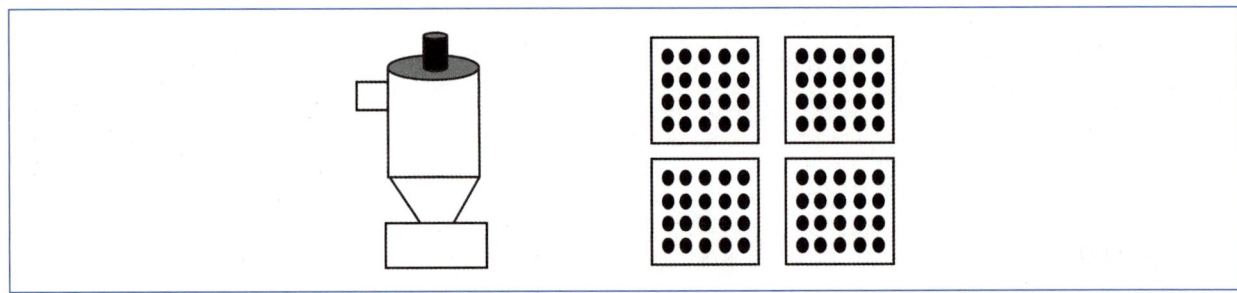

(1) 효율향상조건

① 장치 높이 높게
② 유속 빠르게(적정 범위 내에서) → **적정범위** : 접선유입식 7~15m/sec, 축류식 10m/sec 전후
③ 장치 내경 짧게
④ 교란 방지
⑤ Dust Box와 분리하여 설계
⑥ 멀티 싸이클론 채용
⑦ 먼지폐색(dust plaque) 효과를 방지하기 위해 축류집진장치를 사용
⑧ 고농도 분진은 직렬로, 대량가스는 병렬로 처리

(2) 관련 공식을 이용하여 답 산출

1) 100% 제거입경

$$d_{p\min} = \sqrt{\frac{9\mu B}{\pi V(\rho_s - \rho)N}} \times 10^6 \, (\mu m)$$

2) 50% 제거입경

$$d_{p\,cut} = \sqrt{\frac{9\mu B}{2\pi V(\rho_s - \rho)N}} \times 10^6 \, (\mu m)$$

3) 부분집진율

$$\eta_f = \frac{d_p^2 \pi V(\rho_s - \rho)N}{9\mu B} \times 100 \, (\%)$$

4) 분리계수(S)

$$S = \frac{\text{원심력의 분리속도}}{\text{중력의 침강속도}} = \frac{V^2}{R \times g}$$

5) 사이클론에서 외부선회류의 회전수

$$N = \frac{1}{H_A} \times \left(H_B + \frac{H_c}{2}\right)$$

- N : 회전수
- H_A : 유입구 높이(m)
- H_B : 원통부 높이(m)
- H_C : 원추부 높이(m)

〈표준원심력집진장치 제원(Dimension)〉
- 유입구 폭 Bc : 0.25D$_o$
- 유입구 높이 H : 0.5D$_o$
- 몸통직경 : D$_o$
- 원통부 길이 : 1.5D$_o$
- 원추부길이 : 2.5D$_o$
- 출구 직경(내통 직경) : 0.5D$_o$

(3) 장단점

1) 장점

① 구조가 간단하고 가동부가 없음
② 전처리장치로 이용하기 용이
③ 고온가스 처리 가능
④ 먼지입경에 대하여 사용범위 넓음(3~100㎛)

2) 단점
① 미세한 입자의 포집곤란
② 압력손실이 비교적 높음
③ 먼지부하, 유량변동에 민감
④ 점착성, 조해성, 부식성 가스에 부적합

💡 Blow Down(블로우 다운) 방식

(1) Blow Down 효과의 정의

사이클론의 집진효율을 높이는 방법으로 하부의 더스트 박스(Dust Box)에서 처리가스량의 5~10%를 처리하여 사이클론 내의 난류현상을 억제시킴으로 먼지의 재비산을 막아주며, 장치내벽 부착으로 일어나는 먼지의 축적도 방지하는 효과이다.

(2) Blow Down의 장점

① 원추하부에 가교현상을 억제시켜 재비산을 방지한다.
② 분진내통의 더스트 플러그 및 폐색을 방지한다.
③ 유효원심력을 증가시킨다.
④ 원추하부 또는 출구에 분진이 퇴적되는 것을 방지한다.

💡 Lapple의 효율곡선

Lapple의 효율곡선은 입경이 어느 이상의 입경범위에서는 그 크기에 따른 부분집진율의 차이가 거의 없기 때문에 임계입경보다는 절단입경을 사용하여 집진성능을 평가한다.

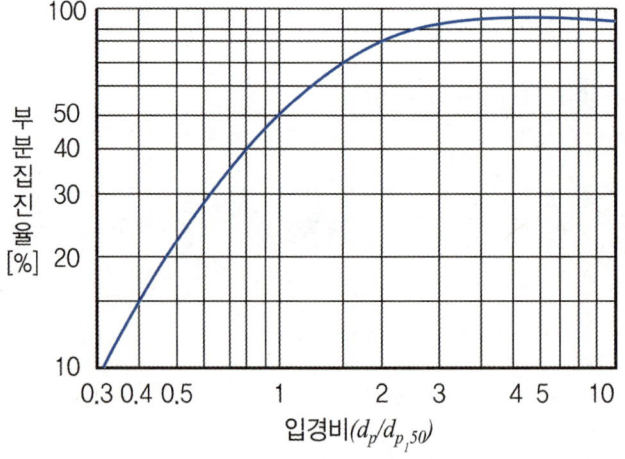

[그림] Lapple의 효율예측곡선

<표> Lapple의 효율곡선에 따른 입경별 효율

d_p/d_{pcut}	부분집진효율
1	50
2	80
3	90

5 세정집진기의 원리 및 특징

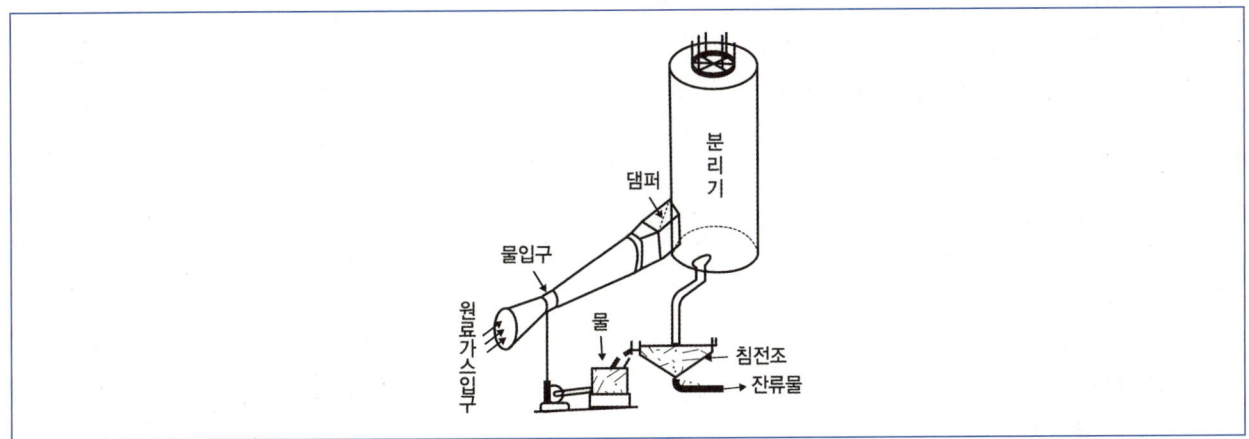

(1) 메커니즘

① 관성충돌(1㎛ 이상)

② 접촉차단(0.1~1㎛)

③ 확산(0.1㎛ 이하)

④ 중력(5㎛ 이상)

⑤ 증습에 의한 응집효과(세정 특화 메커니즘)

(2) 효율향상조건

1) 관성충돌계수를 크게 하기 위한 특성 및 운전조건 ← 효율 증가 조건

① 분진입자 크기가 클수록

② 입자의 밀도가 클수록

③ 유속이 빠를수록

④ 가스의 점도가 작을수록

⑤ 액적의 직경이 작을수록(분사압력이 클수록)

2) 액가스비를 크게 하는 요인 ← 효율 감소 조건

① 처리입자가 난용성일 경우
② 처리입자가 미세입자일 경우
③ 액적의 직경이 클 경우
④ 가스와 세정액과의 접촉이 좋지 못할 경우

(3) 장단점

1) 장점

① 가연성, 폭발성 먼지 처리 가능
② 가스 및 분진 동시 처리 가능
③ 소형으로 집진효율 우수
④ 고온가스 냉각기능
⑤ 소요설치면적이 대체로 적게 듦
⑥ 설치비용 저렴
⑦ 구조가 간단하고 가동부가 적음

2) 단점

① 폐수처리 필요
② 압력손실이 크고, 동력소비량이 많음
③ 운전비가 많이 듦
④ 부식 잠재성이 있음
⑤ 포집분진회수가 어려움
⑥ 소수성 입자 처리효율 낮음
⑦ 한랭기간에 동결방지 필요

(4) 관련 공식으로 답 산출

① 노즐과 수압관계 : $n\left(\dfrac{d_n}{D_t}\right)^2 = \dfrac{V_t L}{100 \sqrt{P}}$ (MKS)

② 수적경 계산 : $D_w = \dfrac{4980}{V_t} + 29L^{1.5}$, $D_w = \dfrac{200}{N\sqrt{R}} \times 10^4$ (반경(cm), 회전수(rpm))

〈최적비〉 분진 : 물방울 = 1 : 150

6 여과집진기의 원리 및 특징

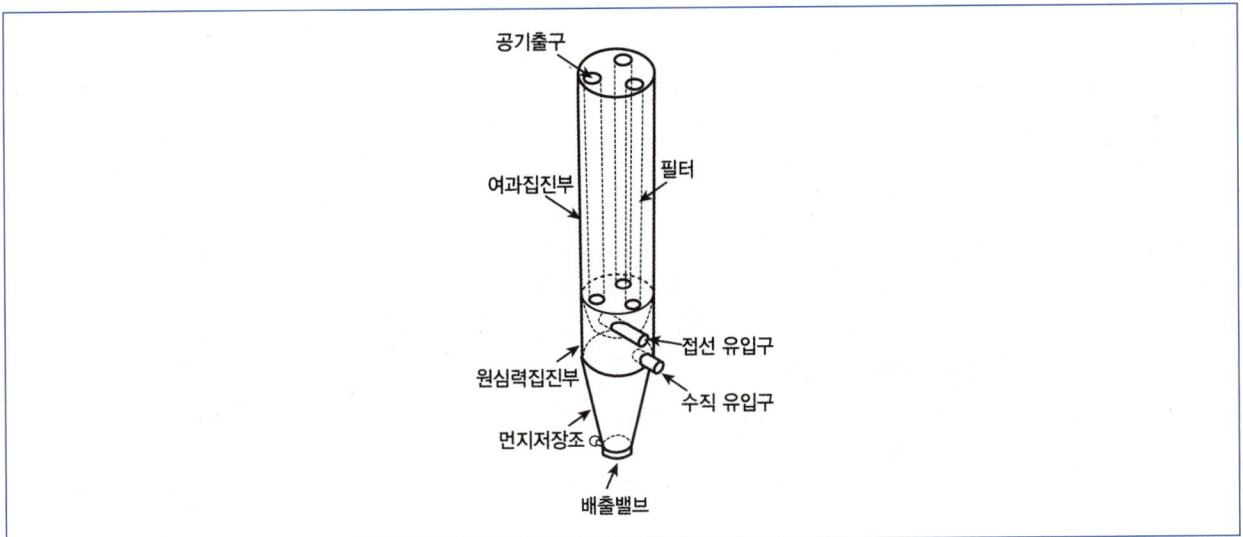

(1) 메커니즘(세정집진과 같음)

① 관성충돌
② 접촉차단
③ 확산
④ 중력
⑤ 체거름(가교현상) ← 여과집진만 하는 메커니즘

(2) 효율향상조건

① 분진입자크기와 밀도가 클수록
② 유속이 느릴수록
③ 적당한 여과포를 설치

(3) 탈진방식

1) 간헐식 : 여과를 중지한 상태에서 탈진이 진행되는 방식(예 진동식, 역기류식, 역기류 진동식)

① 재비산이 거의 없음
② 여포 수명이 김
③ 여과 효율이 좋음
④ 대용량처리에 부적합

2) 연속식 : 여과와 탈진을 동시에 진행하는 방식(예 펄스 제트, 리버스 제트)

① 재비산이 많음
② 여포 수명이 짧음
③ 여과 효율이 낮음
④ 대용량처리에 적합

> 💡 **펄스 제트(Pulse jet)**
> 외면(표면)여과방식에서 적용되는 방식으로, 여포 아래에서 제트기류를 분사하여 여과기류보다 강력한 기류를 반대방향으로 분사하여 탈진하는 방식, 대용량 여과에 적용된다.

> 💡 **리버스 제트(Reverse jet)**
> 내면여과방식에서 적용되는 방식으로, 여포에 부착된 탈진장치가 여포 위아래로 이동하여 탈진이 진행되는 방식, 소·중용량 여과에 적용된다.

(4) 관련 공식으로 답 산출

① 여과포 개수 계산

$$n = \frac{\text{총 여과면적}}{\text{단위 여과포 면적}} = \frac{A_f}{A_i} = \frac{Q_f}{Q_i} = \frac{Q_f}{\pi D L V_f}$$

- V_f : 여과속도
- D : 여과포 직경
- Q_f : 여과유량
- L : 여과포 길이(높이)

② 분진부하 계산

$$L_d = C_i \times V_f \times \eta \times t$$

③ 탈진주기 계산

$$t = \frac{L_d}{C_i \times V_f \times \eta}$$

※ 포집분진 $= C_i \times \eta = (C_i - C_o)$

④ 압력손실 계산

$$\Delta P = K_1 V_f + K_2 L_d V_f$$

- K_1 : 여과포 압력손실 계수
- K_2 : 먼지 압력손실 계수

⑤ 여과시간

$$t_f = N(t_r + t_c) - t_c$$

- N : 단위집진실의 총 숫자
- t_r : 운전시간(min) (집진시간 + 탈진시간)
- t_c : 탈진시간(min)

예 운전시간이 15분, 탈진시간이 5분인 여과집진기 3개로 구성된 집진실의 총 운전시간(여과시간)은?

식 $t_f = N(t_r + t_c) - t_c$

식 총 운전시간(여과시간) = [(집진시간 + 탈진시간) + 탈진시간] × 3 − 탈진시간
 총 운전시간(여과시간) = 집진시간 × 3 + 탈진시간 × 6 − 탈진시간
 총 운전시간(여과시간) = 집진시간 × 3 + 탈진시간 × 5
 ∴ 총 운전시간(여과시간) = 10 × 3 + 5 × 5 = 55min
 ∴ $t_f = N(t_r + t_c) - t_c$ = 3 × (15 + 5) − 5 = 55min

문제를 풀어서 설명드리면,
집진실이 3개, 탈진은 간헐식으로 한개씩 진행
(집진시간 = 운전시간 − 탈진시간 = 15 − 5 = 10)

💡 **Time table**

1) 집진시간 10분
2) 탈진시간 5분 (첫번째 집진기 탈진), (현재 소요시간 = 15분)
3) 집진시간 10분 (현재 소요시간 = 25분)
4) 탈진시간 5분 (두번째 집진기 탈진, 나머지 집진 진행중), (현재 소요시간 = 30분)
5) 집진시간 10분 (현재 소요시간 = 40분)
6) 탈진시간 5분 (세번째 집진기 탈진, 나머지 집진 진행중), (현재 소요시간 = 45분)
7) 탈진시간 5분 (첫번째 집진기 마무리 탈진), (현재 소요시간 = 50분)
8) 탈진시간 5분 (두번째 집진기 마무리 탈진), (현재 소요시간 = 55분)

(5) 장단점

1) 장점

① 미세입자에 대한 집진효율이 높음
② 여러 가지 형태의 분진을 포집할 수 있음
③ 다양한 용량의 가스를 처리할 수 있음
④ 부하변동에 대한 대응성이 좋음
⑤ 유용한 입자 회수가능

2) 단점

① 소요면적이 많이 듦
② 폭발성, 점착성 분진제거가 곤란함
③ 유지비용 많이 듦
④ 가스의 온도에 제한을 받음
⑤ 수분, 여과속도에 적응성이 낮음

> **블라인딩 현상(눈막힘 현상)**
> 점착성 또는 부착성이 강한 분진을 처리할 때 함진배기가스 중에 함유된 수분의 응결로 인하여 여과포에 부착된 분진이 탈리되지 않고 그대로 부착되어 압력손실을 증가시키게 되는 현상을 말한다.
> → 대책 : 산노점(120℃) 이상으로 처리가스온도 유지, 처리가스수분제어, 점착성분진 유입배제

7 전기집진기(EP)의 원리 및 특징

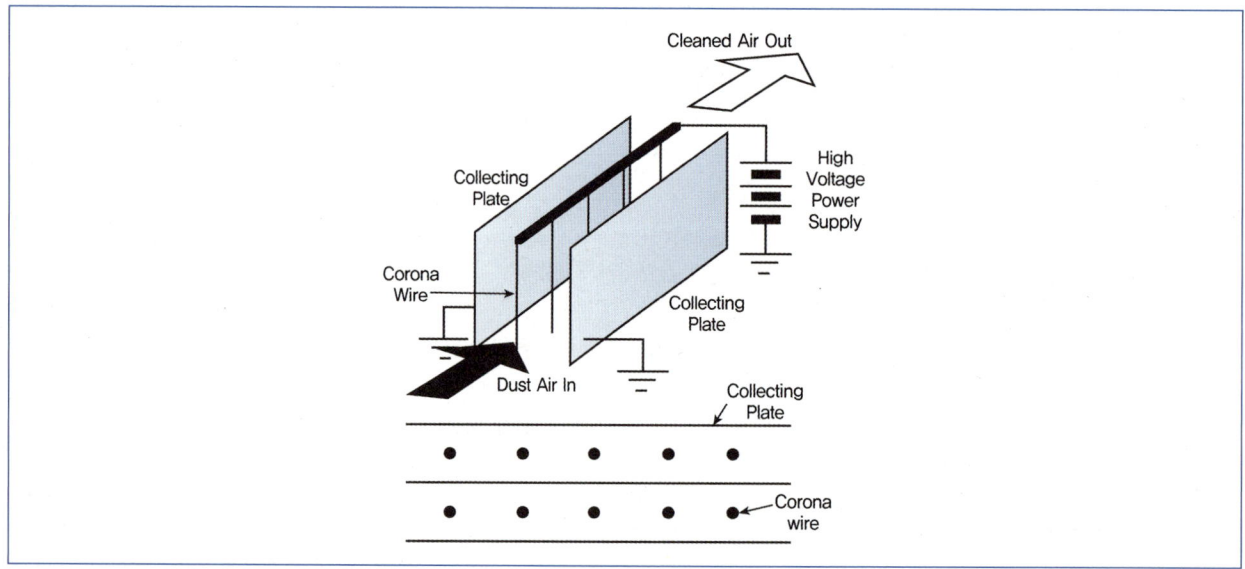

(1) 메커니즘

방전극에는 음(-)극으로 집진판을 양(+)극으로 하여 강전계를 형성하여 먼지를 음(-)으로 대전시켜 집진판에 부착 후 탈진하여 제거하는 방식이다.
① 정전기적인 인력(쿨롱력)
② 전계경도에 의한 힘(유전력)
③ 입자간의 흡입력
④ 전기풍에 의한 힘

(2) 효율향상조건

① 유속을 적정하게 유지
② 전기저항이 큰 먼지입자는 배제하거나, 저항을 낮춤
③ 균일한 전계형성
④ 수분과 온도를 알맞게 조절

> 💡 **겉보기 전기저항에 따른 집진성능**
> - 전기저항이 높을 때($10^{11} \Omega \cdot cm$ 이상) → 역전리 발생
>   [대책] SO_3 주입, 황함량이 높은 연료 혼소, 온도 및 습도 조절, 습식 집진, 2단식 채용
> - 전기저항이 낮을 때($10^4 \Omega \cdot cm$ 이하) → 재비산현상(점핑현상)
>   [대책] 암모니아 주입, 온도 및 습도 조절, 습식 집진, 1단식 채용

(3) 장치 종류

1) 집진판 탈진방식에 따라

① 습식 : 집진판에 계속적으로 물이 흐르는 형태, 먼지가 부착되는 즉시 탈진된다.
   ㉠ 재비산 및 역전리가 발생하지 않음
   ㉡ 강전계 형성가능, 효율이 높음
   ㉢ 처리가스속도를 두 배 정도 높게 할 수 있음
   ㉣ 폐수처리 문제
   ㉤ 대용량의 가스처리 부적합

② 건식 : 집진판에 진동을 주어 탈진하는 형태
   ㉠ 재비산 및 역전리가 발생
   ㉡ 대용량의 가스처리 적합
   ㉢ 구조가 간단하여 유지관리 용이

2) 하전형식에 따라

① 1단식 : 집진판 사이에 방전극이 위치하는 형태, 음코로나 사용
   ㉠ 재비산발생이 적음
   ㉡ 역전리문제
   ㉢ 다량의 오존 발생

② 2단식 : 방전극이 집진판 앞단에 위치하는 형태, 양코로나 사용
   ㉠ 역전리발생이 적음
   ㉡ 재비산문제
   ㉢ 오존 발생이 적음

3) 집진판(극)의 모양에 따라

① 평판형 : 대용량, 건식집진에 주로 채용

② 원통형(관형) : 습식집진에 많이 채용

(4) 유지관리

1) 시동시

① 고전압 회로의 절연저항이 100MΩ 이상되어야 한다.
② 배출가스 도입 최소 6시간 전에 애관용 히터를 가열하여 애자관 표면에 수분이나 분진의 부착을 방지한다.
③ 집진극과 방전극의 타봉장치는 통기와 동시에 자동운전이 되도록 한다.
④ 집진실 내부가 충분히 건조된 후에 하전한다.

2) 운전시

① 전극간 거리를 균일하게 유지한다.
② 2차 전류가 적을 때 조습용 스프레이의 수량을 늘리거나, 겉보기 저항을 낮추어야 한다.
③ 조습용 스프레이 노즐이 막히지 않도록 잘 관리한다.

3) 정지시

① 접지저항을 연 1회 이상 점검하고, 10Ω 이하로 유지한다.
② 고압 절연부를 깨끗하게 청소한다.
③ 장치 각부의 부식 정도를 점검한다.

(5) 각종 장애현상과 그 대책

1) 1차 전압이 낮고 과도한 전류가 흐를 때

① 원인 : 고압부의 절연상태가 좋지 않을 때
② 대책 : 고압부의 절연회로를 점검한다.

2) 2차 전류가 주기적으로 변하거나 불규칙적으로 흐를 때

① 원인 : 부착된 분진으로 스파크가 빈발할 때
② 대책 : 분진을 충분하게 탈진시킨다, 1차 전압을 낮춘다.
③ 원인 : 방전극과 집진극의 간격이 이완됐을 때
④ 대책 : 방전극과 집진극을 점검한다.

3) 2차 전류가 현저하게 떨어질 때

① 원인 : 분진의 농도가 너무 높을 때
② 대책 : 입구 분진농도를 적절히 조절한다.
③ 원인 : 분진의 비저항이 비정상적으로 높을 때
④ 대책 : 조습용 스프레이 수량을 늘린다, 스파크 횟수를 늘린다.

4) 2차 전류가 많이 흐를 때

① 원인 : 분진의 농도가 너무 낮을 때
② 대책 : 입구 분진농도를 적절히 조절한다.

(6) 관련 공식으로 답 산출

① 효율 계산

$$\text{식}\quad \eta = 1 - e^{\left(-\frac{A \times We}{Q}\right)}$$

- A : 집진면적
- W_e : 입자의 이동속도
- Q : 처리유량

② 길이 계산

$$\text{식}\quad \frac{A}{Q} = \frac{1}{We},\ \frac{L}{R \times V} = \frac{1}{We},\ L = \frac{R \times V}{We}$$

- L : 집진판 길이
- R : 방전극과 집진판 사이의 거리

③ 평판형 집진기 개수 산출

$$\text{식}\quad A_E = 2(n-1)A_i$$

(7) 장단점

1) 장점

① 미세입자 제거 및 집진효율이 높음
② 낮은 압력손실로 대량가스 처리가능
③ 광범위한 온도범위에서 설계가능
④ 비교적 운영비가 적게 듦

2) 단점

① 소요면적이 많이 듦
② 설치비가 많이 듦
③ 운전조건의 변화에 따른 대응성이 낮음
④ 비저항이 큰 분진 제거 어려움

기출문제로 다지기 — UNIT 02 집진장치설계

01. 전기집진장치의 집진성능에 먼지입자의 비저항은 매우 중요한 영향을 미치고 있다. 정상적인 집진율을 얻기 위해서 입자의 비저항은 $10^4 \sim 10^{11}(\Omega \cdot cm)$ 범위로 알려져 있다. 여기에서 $10^4(\Omega \cdot cm)$ 이하인 저비저항일 때와 $10^{11}(\Omega \cdot cm)$ 이상의 고비저항일 때 발생되는 현상을 각각 설명하시오. (단, 부분점수 없음)

> [해설] ① $10^4(\Omega \cdot cm)$ 이하일 때
>   : 재비산현상 → 집진율 저하
> ② $10^{11}(\Omega \cdot cm)$ 이상일 때
>   : 역전리현상 → 집진성능 저하

02. 블로우 다운(Blow down) 방식에 대한 정의를 서술하고, 효과를 3가지 이상 쓰시오.

(1) 정의

(2) 효과

> [해설] (1) 정의 : Dust Box에서 유입유량의 약 10% 함진가스를 추출하여 처리하는 방식을 말한다.
> (2) 효과
>   ① 난류 억제   ② 유효 원심력 증대
>   ③ 재비산 방지   ④ 집진율 증대
>   ⑤ 출구 내통의 폐색 방지

03. 세정집진장치의 액가스비를 크게 하는 요인 5가지를 서술하시오.

> [해설] ① 처리가스의 온도가 높을 때   ② 분진의 농도가 높을 때
> ③ 분진 입자의 친수성이 적을 때   ④ 분진 입자의 점착성이 클 때
> ⑤ 분진의 입경이 작을 때

04. 먼지를 함유한 배출가스 15m³/sec를 사이클론으로 처리하고자 한다. 처리가스 점도가 0.0748kg/m·hr, 외반경이 1.5m, 분진의 밀도가 1.8g/cm³이다. 다음 물음에 답하시오.

〈설계조건〉	
L_1	$2D_o$
L_2	$2D_o$
H_c	$D_o/2$
B_c	$D_o/4$

(1) 처리가스 유속(m/sec)

(2) $d_{p50}(\mu m)$

해설 (1) 처리가스 유속(m/sec)

식 $V = \dfrac{Q}{A}$

- $A = B_c \times H_c = 0.75\text{m} \times 1.5\text{m} = 1.125\text{m}^2$
- $B_c = D_o/4 = \dfrac{1.5m \times 2}{4} = 0.75m$
- $H_c = D_o/2 = \dfrac{1.5m \times 2}{2} = 1.5m$

$\therefore V = \dfrac{15m^3}{\sec} \times \dfrac{1}{1.125m^2} = 13.33 m/\sec$

정답 13.33m/sec

(2) $d_{p50}(\mu m)$

식 $d_{p50} = \sqrt{\dfrac{9\mu B_c}{2(\rho_p - \rho)\pi N_e V}} \times 10^6 \, (\mu m)$

- $N_e = \dfrac{L_1 + L_2/2}{H_c} = \dfrac{6 + 6/2}{1.5} = 6$
- $\mu = \dfrac{0.0748 kg}{m \cdot hr} \times \dfrac{hr}{3600 \sec} = 2.077 \times 10^{-5} kg/m\cdot\sec$
- $\rho_p = \dfrac{1.8g}{cm^3} \times \dfrac{kg}{10^3 g} \times \dfrac{10^6 cm^3}{1m^3} = 1{,}800 kg/m^3$

$\therefore d_{p50} = \sqrt{\dfrac{9 \times 2.077 \times 10^{-5} \times 0.75}{2(1800 - 1.3) \times \pi \times 6 \times 13.33}} \times 10^6 \, (\mu m)$

$= 12.45 \mu m$

정답 12.45μm

05. 전기집진장치에서 발생하는 장애현상 4가지를 쓰고, 그 원인과 대책을 1가지씩 기술하시오.

> **해설** (1) 먼지의 비저항이 $10^4 \Omega \cdot cm$ 이하로 떨어질 때 → NH_3를 주입한다. 유입속도를 줄인다.
> (2) 먼지의 비저항이 $10^{11} \Omega \cdot cm$ 이상으로 증가할 때 → SO_3를 주입한다. 탈진빈도를 늘린다.
> (3) 먼지 농도 및 비저항이 높을 때 → 조습용 스프레이의 수량을 늘린다.
> (4) 방전극의 변형, 부착분진의 스파크 → 1차 전압을 안정할 때까지 낮추어 준다. 방전극의 관리
> (5) 분진의 농도가 너무 낮을 때 → 입구 분진농도를 적절히 조절한다.
> (6) 고압회로 절연불량 → 고압부 절연회로를 점검한다.

06. 세정집진장치에서 관성충돌계수를 크게 하기 위한 입자 배출원의 특성 또는 운전조건 6가지를 기술하시오.

> **해설** ① 분진의 직경이 클수록　　② 액적의 직경이 작을수록
> ③ 입자가 친수성일수록　　　④ 가스의 유속이 빠를수록
> ⑤ 가스의 점도가 작을수록　　⑥ 분진의 밀도가 클수록

07. 유입농도 $2g/m^3$, 유입유량 $1,000m^3/hr$, 효율 70%, 세정액량 $2m^3$일 때 세정액이 $10g/L$ 농도가 되면 방출할 때의 방류시간(hr) 간격을 구하시오.

> **해설** **식** $L_c = \dfrac{C_i \times Q_i \times \eta \times t}{\forall} \rightarrow t = \dfrac{L_c \times \forall}{C_i \times Q_i \times \eta}$
>
> $\therefore t = \dfrac{10g/L \times 2m^3 \times (10^3 L/m^3)}{2g/m^3 \times 1000 m^3/hr \times 0.7} = 14.29 hr$

08. 원심력 집진장치의 운전조건이 다음과 같을 때 집진효율의 일반적인 변화를 증가, 감소, 불변 중 한 가지를 써 넣으시오.

(1) 입구유속이(한계 내에서) 증가할수록 효율은 (　　)한다.

(2) Blow down 효과는 효율을 (　　)시킨다.

(3) 먼지의 밀도가 증가할수록 효율은 (　　)한다.

(4) 입구의 크기가 작아지면 효율은 (　　)한다.

(5) 원통직경이 클수록 효율은 (　　)한다.

해설 (1) 입구유속이(한계 내에서) 증가할수록 효율은 (증가)한다.
(2) Blow down 효과는 효율을 (증가)시킨다.
(3) 먼지의 밀도가 증가할수록 효율은 (증가)한다.
(4) 입구의 크기가 작아지면 효율은 (증가)한다.
(5) 원통직경이 클수록 효율은 (감소)한다.

09. 벤츄리 스크러버 목부분의 직경이 0.2m, 수압이 20,000mmH₂O, 목부의 유속이 60m/sec, 노즐 직경이 3.8mm인 경우 노즐의 개수가 8개일 때, 필요한 세정수량(L/min)을 구하시오.

해설 식 세정수량$(L/\min) = L \times Q$

식 $n\left(\dfrac{d_n}{D_t}\right)^2 = \dfrac{V_t \cdot L}{100\sqrt{P}}$

$8 \times \left(\dfrac{0.0038}{0.2}\right)^2 = \dfrac{60 \times L}{100 \times \sqrt{20,000}}$, $L = 0.68 L/m^3$

- $Q = A \times V = \dfrac{\pi \times (0.2m)^2}{4} \times \dfrac{60m}{\sec} \times \dfrac{60\sec}{1\min}$

   $= 113.0973 m^3/\min$

∴ 세정수량$(L/\min) = 0.68 \times 113.0973 = 76.91 L/\min$

정답 76.91L/min

10. 유입구 폭이 14.5cm, 유효회전수가 5회인 원심분리기에 입자의 밀도가 2.15g/cm³인 배기가스가 15m/s의 속도로 유입된다. 배기가스의 온도를 350K로 가정할 때 50%의 효율로 제거되는 먼지의 입경(μm)을 구하시오. (단, 공기의 밀도는 무시하고 가스의 점도는 350K에서 처리가스 점도 0.0748kg/m · hr이다.)

해설 식 $d_{p50}(\mu m) = \sqrt{\dfrac{9\mu B_c}{2(\rho_p - \rho_g)\pi N_e V}} \times 10^6$

- $\mu = 0.0748 kg/m \cdot hr = 2.0777 \times 10^{-5} kg/m \cdot hr$

∴ $d_{p50}(\mu m) = \sqrt{\dfrac{9 \times 2.0777 \times 10^{-5} \times 0.145}{2 \times 2150 \times \pi \times 5 \times 15}} \times 10^6 = 5.17 \mu m$

11. 전기집진장치의 효율 $\eta = 1 - \exp[-\dfrac{A \times W_e}{Q}]$으로 나타낸다. 처리가스 유량 Q=500m³/min이고, 반경 12cm, 길이 15m인 집진극의 수는 24개이다. 유입분진의 농도 10g/m³, 출구 농도 0.1g/m³일 때 분진입자의 겉보기 이동속도 $W_e\,(m/\sec)$는 얼마인가?

해설 식 $\eta = 1 - \exp\left(-\dfrac{A \times W_e}{Q}\right)$

- $Q = 500 m^3/\min = 8.3333 m/\sec$
- $A = \pi D L n = \pi \times 0.24 \times 15 \times 24 = 271.4336 m^2$
- $\eta = \left(1 - \dfrac{C_o}{C_i}\right) = \left(1 - \dfrac{0.1}{10}\right) = 0.99$

$0.99 = 1 - \exp\left(-\dfrac{271.4336 \times W_e}{8.3333}\right)$, ∴ $W_e = 0.14 m/\sec$

12. 면적 1m²인 여과집진장치를 먼지농도가 1g/m³인 배출가스가 100m³/min으로 통과하고 있다. 먼지가 모두 여과포에서 제거되었으며 집진된 먼지층의 밀도가 1g/cm³일 때 1시간 후의 여과된 먼지층의 두께(mm)를 구하시오.

해설 식 분진두께$(mm) = \dfrac{분진부피}{여과포의 면적}$

- 분진부피 $= C_i \times Q \times \eta \times t \times \dfrac{1}{\rho}$

  $= \dfrac{1g}{m^3} \times \dfrac{100 m^3}{\min} \times 1 \times 60\min \times \dfrac{1 cm^3}{1g}$

  $= 6000 cm^3$

- 여과포의 면적 $= 1 m^2$

∴ 분진두께$(mm) = \dfrac{6000 cm^3}{1 m^2} \times \dfrac{1 m^3}{10^6 cm^3} \times \dfrac{10^3 mm}{1 m} = 6 mm$

13. 원심력집진장치에 2m³/sec(300K, 1atm 기준)의 함진가스를 처리한다. 분진의 밀도는 1.8g/cm³일 때, 다음 물음에 따라 답하시오. (단, 점성계수 μ = 1.85×10⁻⁵kg/m · sec)

Diameter(D_0)	100cm
height of enterance	$D_0/2$
width of enterance	$D_0/4$

(1) 유입가스의 유속(m/sec)을 구하시오.

(2) 유효회전수(N_e)가 5일 때 집진효율이 50%가 되는 입자의 직경(μm)을 구하시오.

해설 (1) **식** $V = \dfrac{Q}{A} = \dfrac{Q}{B_c \times H_c}$

∴ $V = \dfrac{Q}{A} = \dfrac{2\text{m}^3/\text{sec}}{0.25\text{m} \times 0.5\text{m}} = 16 m/\text{sec}$

정답 16m/sec

(2) **식** $d_{p50}(\mu m) = \sqrt{\dfrac{9\mu B_c}{2(\rho_p - \rho_g)\pi N_e V}} \times 10^6$

• $\rho_g = \dfrac{1.3\text{kg}}{\text{Sm}^3} \times \dfrac{273}{300} \times \dfrac{1}{1} = 1.183 \text{kg/m}^3$

∴ $d_{p50}(\mu m) = \sqrt{\dfrac{9 \times 1.85 \times 10^{-5} \times 0.25}{2 \times (1{,}800 - 1.183) \times 3.14 \times 16 \times 5}} \times 10^6$

$= 6.78 \mu m$

정답 6.78μm

14. 지름 200mm, 유효높이 3m인 원통형 백필터를 사용하여 먼지 농도 10g/m³인 배기가스를 4.78×10⁶cm³/sec로 처리한다. 이 때 필요한 백필터의 수를 구하시오. (단, 여과속도는 4cm/sec이다.)

해설 개수(n) = $\dfrac{Q_f}{Q_i} = \dfrac{Q_f}{A_i V_f} = \dfrac{Q_f}{\pi D L V_f}$

• $V_f = 4 cm/\text{sec}$ • $Q_f = 4.78 \times 10^6 cm^3/\text{sec}$
• $D = 200mm = 20cm$ • $L = 3m = 300cm$

∴ n = $\dfrac{4.78 \times 10^6}{\pi \times 20 \times 300 \times 4} = 63.40 = 64$개

정답 64개

15. 정전집진극에서 집진판의 간격이 25cm이고, 가해진 전압이 50kV이다. 집진극 사이를 통과하는 함진가스의 유속이 1.5m/sec이다. 입경 0.5㎛의 분진을 100% 제거하기 위하여 요구되는 집진판의 길이는 몇 m인가?
(단, $W_e = (1.1 \times 10^{-14} \times P \times E^2 \times d_p)/\mu$, $P=2$, $\mu = 8.63 \times 10^{-2}$ kg/m·hr)

[해설] **[식]** $\dfrac{2L}{SV} = \dfrac{1}{W_e}$

- $W_e = (1.1 \times 10^{-14} \times P \times E^2 \times d_p)/\mu$
- $E = \dfrac{50 \times 10^3 \, V}{0.125m} = 400,000 \, V/m$
- $d_p = 0.5 \mu m$
- $\mu = 8.63 \times 10^{-2}$ m/hr

$$W_e = \dfrac{1.1 \times 10^{-14} \times 2 \times (400,000)^2 \times 0.5}{8.63 \times 10^{-2}} = 0.02 \, m/sec$$

- $S = 25cm = 0.25m$

$$\dfrac{2L}{0.25 \times 1.5} = \dfrac{1}{0.0203}, \quad \therefore L = 9.24m$$

[정답] 9.24m (W_e 값을 소수점 넷째자리까지 정리하여 산출된 값)

---

16. 높이가 1.5m, 폭이 1.5m인 침강실에 바닥을 포함하여 10개의 평행판을 설치하였다. 이 침강실에 점도가 1.75×10^{-5} kg/m·sec인 함진가스를 10m³/sec의 유량으로 유입시킬 때 밀도가 2,000kg/m³이고, 입경이 50㎛인 분진입자를 완전히 처리하는데 필요한 침강실의 길이를 구하시오. (단, 침강실의 가스흐름은 층류라 한다.)

[해설] **[식]** $\dfrac{V_g}{V} = \dfrac{H}{L}$

- $V = \dfrac{Q}{A} = \dfrac{Q}{B \times h} = \dfrac{10m^3}{sec} \times \dfrac{1}{1.5m \times 1.5m} = 4.4444 \, m/sec$

- $V_g = \dfrac{d_p^2(\rho_p - \rho)g}{18\mu} = \dfrac{(50 \times 10^{-6})^2 \times (2,000 - 1.3) \times 9.8}{18 \times 1.75 \times 10^{-5}}$

  $= 0.1554 \, m/sec$

- $H = \dfrac{h}{n} = \dfrac{1.5m}{10} = 0.15m$

$$\therefore L = \dfrac{VH}{V_g n} = \dfrac{4.44 \times 0.15}{0.1554} = 4.29m$$

[정답] 4.29m

17. 전기집진장치의 장애현상 중 역전리현상의 방지대책 5가지를 서술하시오.

> **해설** ① 황 함량이 높은 연료 채용
> ② H_2SO_4, NaCl, Soda Lime 주입
> ③ 습식 집진 채용
> ④ 탈진빈도 증가
> ⑤ 조습 수량 증가
> ⑥ SO_3를 주입

18. 사이클론(Cyclone)에서 유입 가스유속을 3배 증가시키고 유입구의 폭을 2배로 증가시키면 Lapple의 절단입경(Cut Size Diameter)인 d_{p50}은 처음 값에 비해 몇 배가 되는지 계산하시오.

> **해설** **식** $d_{p50} = \sqrt{\dfrac{9\mu B_c}{2\pi N_e V(\rho_p - \rho)}}$
>
> 유속(V)과 입구폭(B_c)를 제외한 다른 조건이 동일하므로,
>
> $\rightarrow d_{p50} = K \times \sqrt{\dfrac{B_c}{V}}$
>
> $\therefore \dfrac{d_{p50(2)}}{d_{p50(1)}} = \dfrac{K \times \sqrt{2B_c/3V}}{K \times \sqrt{B_c/V}} = 0.82$
>
> **정답** 0.82배

19. 여과집진장치 입구분진 농도가 $12g/m^3$이고, 배기가스 유량이 $300m^3/min$인 함진가스를 여재비 $3m^3/min/m^2$로 처리하고 있다. 집진효율이 98%일 때 압력손실이 $200mmH_2O$에서 탈진한다면 탈진주기는 몇 분(min)인가?
(단, $K_1 = 59.8mmH_2O/m/min$이고, $K_2 = 127mmH_2O/(kg/m^2)/(m/min)$일 때, $\Delta P = K_1V_f + K_2C_iV_f^2\eta t$ 이다.)

> **해설** **식** $\Delta P = K_1 V_f + K_2 C_i V_f^2 \eta t$
> - $C_i = 12g/m^3 = 12 \times 10^{-3} kg/m^3$
> - V_f(공기여재비) = 3m/min
>
> $\therefore t = \dfrac{\Delta P - (K_1 V_f)}{K_2 C_i \eta V_f^2} = \dfrac{200 - (59.8 \times 3)}{127 \times 12 \times 10^{-3} \times 0.98 \times 3^2}$
>
> $= 1.53 min$
>
> **정답** 1.53min

20. 집진극 사이의 거리가 30cm인 평판형 전기집진기가 있다. 방전극과 집진극 사이의 유효 전압은 50kV이고, 평균가스속도는 0.5m/sec이다. 이를 통과하는 가스의 분진입자는 $0.5\mu m$이고, 온도는 553K이다. 아래의 물음에 답하시오. (단, P = 2, 기체의 점도는 0.0863kg/m · hr, 방전극과 집진극의 전기장의 세기는 같다.)

(1) 집진극으로 끌려가는 입자의 표류(분리)속도(Migration velocity)를 구하시오.

(단, 입자의 표류속도는 $W_e = \dfrac{1.1 \times 10^{-14} \times P \times E^2 \times d_p}{\mu_g}$, 소수점 넷째자리에서 반올림할 것)

(2) 100%의 포집효율을 얻기 위하여 집진극의 길이를 7.5m로 할 때, 극간거리(집진극의 간격)를 처음의 몇 배로 늘려야 하는지 계산하시오.

해설 (1) **식** $W_e = \dfrac{1.1 \times 10^{-14} \times P \times E^2 \times d_p}{\mu_g}$

- $E = \dfrac{50 \times 10^3 \, V}{0.15 \mathrm{m}} = 333,333.3333 \, V/\mathrm{m}$
- $d_p = 0.5\mu m$
- $\mu = 0.0863 \mathrm{kg/m \cdot hr}$

$\therefore W_e = \dfrac{1.1 \times 10^{-14} \times 2 \times (333,333.3333)^2 \times 0.5}{0.0863} = 0.014$

정답 0.014m/sec

(2) **식** $\dfrac{2 \times 7.5}{S \times 0.5} = \dfrac{1}{0.014}$, $S = 0.42$, $\dfrac{2L}{SV} = \dfrac{1}{W_e}$

$\therefore \dfrac{S_2}{S_1} = \dfrac{0.42}{0.3} = 1.4$

정답 1.4배 증가

21. 전기집진장치의 효율증가를 위한 방법 6가지를 서술하시오.

해설 ① 집진면적 증가 ② 재비산 방지
③ 역전리현상 방지 ④ 강한 전계강도 유지
⑤ 습식 채용 ⑥ 전하시간을 길게 유지
⑦ 공간 내 전류밀도 안정하게 유지

22. 20개의 백(bag)을 사용하는 여과집진장치의 집진율이 95%이었다. 가동중 1개의 구멍이 열리고, 처리가스량의 1/5이 그대로 통과할 때 출구의 먼지 농도는 150℃에서 4.1g/m³이었다. 여과집진장치로 유입되는 먼지의 농도(g/m³)를 구하시오. (단, 입구 온도는 180℃이다.)

해설 식 $C_o = C_{o1}$(비정상배출) $+ C_{o2}$(정상배출)

- $C_{o1} = C_i \times \dfrac{1}{5}$

- $C_{o2} = C_i \times \dfrac{4}{5} \times (1-0.95)$

$4.1 = \left[(C_i \times \dfrac{1}{5}) + C_i \times \dfrac{4}{5} \times (1-0.95) \right]$

$\therefore C_i = \dfrac{17.08g}{m^3} \times \dfrac{273+150}{273+180} = 15.95g/m^3$

정답 $15.95g/m^3$

23. 입구에서 유량이 200Sm³/sec인 함진가스를 원심력집진장치를 이용하여 먼지를 제거하였더니 집진효율이 70%이었다. 만약 다른 조건은 일정하고 입구에서의 유량만 100Sm³/sec으로 감소시켰다면 이 때 집진효율은 얼마인가?

해설 식 $\eta(\%) = \dfrac{d_p^2(\rho_p-\rho)\pi N_e V}{9\mu B_c}$

→ $\eta(\%) = \dfrac{d_p^2(\rho_p-\rho)\pi N_e Q}{9\mu B_c^2 H_c}$

〈유량(Q)을 제외한 조건이 일정(K)하면〉

$\eta(\%) = K \times Q$

따라서, 이를 비례식으로 산식을 만들면,

70% : 200(Sm³/sec) = X(%) : 100(Sm³/sec)

$\therefore$ X = 35%

정답 35%

24. 1단식 전기집진장치에서 전류밀도는 2.5×10^{-8} A/cm²이고, 전계강도는 5.5×10^{3} V/cm이었다. 분진의 겉보기 전기저항률($\Omega \cdot cm$)을 구하시오.

[해설] [식] 전기저항률($ohm \cdot cm$) = $\dfrac{\text{전계강도}}{\text{전류밀도}}$

- 분진층의 전계강도 = 5.5×10^{3} V/cm
- 전류밀도 = 2.5×10^{-8} A/cm²

∴ 전기저항률 = $\dfrac{5.5 \times 10^{3}}{2.5 \times 10^{-8}} = 2.2 \times 10^{11} \Omega \cdot cm$

25. 분진의 평균직경이 $40 \mu m$일 때 침강속도는 1.5m/sec이다. 분진입경이 $20 \mu m$일 때 요구되는 중력집진장치의 침강실 높이(m)를 구하시오. (단, 침강실 길이는 8m이고, 배기가스의 유입속도는 2m/sec이다.)

[해설] [식] $\dfrac{V_g}{V} = \dfrac{H}{L}$

← $V_g = \dfrac{d_p^2(\rho_p - \rho)g}{18\mu} = Kd_p^2$

➡ 1.5m/sec : 40² = V_g : 20²에서 ⇒ $V_g = 0.375$ m/sec

⇒ $\dfrac{0.375}{2} = \dfrac{H}{8}$, ∴ $H = 1.5$ m

[정답] 1.5m

26. 전기집진장치에서 먼지에 작용하는 전기력의 종류 4가지를 쓰시오.

[해설] ① 하전에 의한 쿨롱력
② 입자간에 작용하는 흡인력
③ 전계경도에 의한 힘
④ 전기풍에 의한 힘

27. 오염공기 1,995m³/min를 전기집진장치로 처리하려고 한다. 높이 4m, 길이 3m인 집진판을 사용하여 96%의 집진율을 얻으려면 필요한 집진판의 개수가 몇 개인지 계산하시오.
(단, Deutsch Anderson식 이용, 모든 내부 집진판은 양면, 두 개의 외부 집진판은 각 하나의 집진면을 가지며, 유효분리속도는 4m/min이다.)

해설 식 $\eta = 1 - \exp\left(-\dfrac{A \times We}{Q}\right)$

- $A = 2(n-1)A_i$

$0.96 = 1 - \exp\left(-\dfrac{A \times 4\text{m/min}}{1{,}995\text{m}^3/\text{min}}\right)$, $A = 1{,}605.4143\text{m}^2$

$1{,}605.4143 = 2(n-1) \times (4 \times 3)$

$\therefore n = 67.89 \fallingdotseq 68$개

28. 다음 조건을 이용하여 중력집진장치를 이용하여 배기가스 중 분진을 제거하려고 한다. 다음 물음에 답하시오.

〈조건〉
- 유량 : 80m³/min
- 길이 : 5m
- 입자의 직경 : 50μm
- 점성도 : 0.3×10⁻³g/cm·sec
- 침강실의 폭 : 3m
- 입자의 밀도 : 1.5g/cm³
- 높이 : 4m

층류	난류
$V_s = \dfrac{d_p^2(\rho_p - \rho_g)g}{18\mu}$	$V_s = 0.117\left[g \cdot d_p\left(\dfrac{\rho_p}{\rho_g}\right)\right]^{1/2}$

(1) 집진효율(%)을 계산하시오.

(2) 기존의 중력집진장치 길이에서 집진효율이 90%가 되기 위해서 추가적으로 늘려야 하는 길이(m)를 계산하시오.

해설 (1) 집진효율은 배기가스의 상태에 따라 달라지므로 층류인지 난류인지를 먼저 판별한다.

식 $N_{Re} = \dfrac{D_o \times V \times \rho}{\mu}$

• $D_o = \dfrac{2 \times B \times H}{B+H} = \dfrac{2 \times 3m \times 4m}{3m+4m} = 3.43m$

• $V = \dfrac{Q}{A} = \dfrac{80m^3/min}{3m \times 4m} = 6.6666 m/min$

$N_{Re} = 3.43m \times \dfrac{6.6666m}{min} \times \dfrac{1.3kg}{m^3} \times \dfrac{m \times \sec}{0.03 \times 10^{-3} kg} \times \dfrac{1min}{60\sec}$

$= 16514.65$

$N_{Re} > 4000$이므로 난류이다.

난류상태에서 집진효율은

식 $\eta = 1 - \exp\left(-\dfrac{V_g}{V} \times \dfrac{L}{H}\right) \times 100(\%)$

• $V_s = 0.117 \sqrt{\left[g \cdot d_p \left(\dfrac{\rho_p}{\rho_g}\right)\right]}$

$= 0.117 \times \sqrt{\left[9.8 \times (50 \times 10^{-6}) \times \left(\dfrac{1500}{1.3}\right)\right]}$

$= 0.0879 m/\sec$

• $V = \dfrac{Q}{A} = \dfrac{Q}{B \times H} = \dfrac{80m^3}{min} \times \dfrac{1}{(3m \times 4m)} \times \dfrac{1min}{60\sec}$

$= 0.1111 m/\sec$

$\eta = 1 - \exp\left(-\dfrac{0.0879}{0.1111} \times \dfrac{5}{4}\right) \times 100(\%) = 62.80\%$

정답 62.80%

(2) **식** $\eta = 1 - \exp\left(-\dfrac{V_g}{V} \times \dfrac{L}{H}\right) \times 100(\%)$

$0.9 = 1 - \exp\left(-\dfrac{0.0879}{0.1111} \times \dfrac{L}{4}\right)$, $L = 11.6412m$

∴ 추가하여야 할 길이 = 11.6412 - 5 = 6.64m

정답 6.64m

29. 여과집진장치 중에서 간헐식 탈진방식과 연속식 탈진방식의 장점을 각각 2가지씩 쓰시오.

해설 (1) 간헐식 탈진방식
  • 분진의 재비산이 적다.
  • 높은 집진율을 얻을 수 있다.
  • 여과포의 수명이 길다.
(2) 연속식 탈진방식
  • 고농도, 대용량 처리가 가능하다.
  • 포집과 탈진이 동시에 이루어지므로 압력손실이 거의 일정하다.

30. 세정집진장치에서 회전원판의 반경이 4cm, 회전수가 3,600rpm일 때 물방울 직경(d_w)은?

해설 식 $d_w(\mu m) = \dfrac{200}{N\sqrt{R}} \times 10^4$

∴ $d_w(\mu m) = \dfrac{200}{3{,}600\sqrt{4}} \times 10^4 = 277.78 \mu m$

정답 277.78μm

31. 싸이클론 집진장치의 집진율 향상조건 4가지를 쓰시오.

해설 ① 배기관경이 작을수록 집진율이 증가한다.
② 선회류의 유속이 적절히 빠를수록 집진율이 증가한다.
③ 선회 와류수가 많을수록 집진율이 증가한다.
④ 입구폭이 작을수록, 원추부의 길이가 길수록, 소형 싸이클론일수록 집진율은 증가한다.

32. 싸이클론 집진장치에 관한 다음 물음에 답하시오.

(1) 분리계수의 정의 및 적용식

(2) 원추 하부의 반경이 0.1m, 원추 하부 배출가스의 접선속도가 10m/sec일 때, 분리계수는?

해설 (1) 분리계수의 정의 및 적용식
① **정의** : 입자에 작용하는 중력과 원심력의 크기의 비를 취함으로써 원심력에 의한 입자의 분리능력을 파악
② **적용식**

식 $S = \dfrac{V^2}{R \times g}$

(2) 식 $S = \dfrac{V^2}{R \times g} = \left(\dfrac{10m}{\sec}\right)^2 \times \dfrac{1}{0.1m} \times \dfrac{\sec^2}{9.8m} = 102.04$

정답 102.04

33. 여과집진장치에 관하여 다음 물음에 답하시오.

(1) 눈막힘 현상(Blinding Effect)

(2) 3개의 단위 집진실로 구성된 여과집진장치의 총 여과시간이 50분이고, 위 집진실의 탈진시간이 6분이라면 단위 집진실의 운전시간(분)을 구하시오.

해설 (1) 처리가스 중에 수분이 있는 먼지나, 점착성 분진이 유입될 경우 여과포 사이 눈이 막혀 압력손실이 증대되는 현상을 말하며, 이를 방지하기 위해서는 배출가스를 산노점 이상으로 유지하고, 유입가스의 수분을 배제하여야 한다.

(2) **식** $t_f = \left(\dfrac{T+t_c}{N}\right) - t_c$

$t_f = \left(\dfrac{50+6}{3}\right) - 6 = 12.67 \text{min}$

여기서, t_f : 총여과시간
 T : 집진실의 운전시간
 t : 탈진시간
 N : 집진실의 수

정답 12.67min

34. 높이가 10m 되는 곳에 직경이 100μm의 분진이 있다. 이들의 속도가 5m/sec인 바람이 수평으로 불면 이 지점으로부터 몇 m 전방의 지점에 낙하하는지 계산하시오. (단, 동종의 분진으로 직경이 10μm인 것의 낙하속도는 0.6cm/sec이다.)

해설 **식** $\dfrac{V_g}{V} = \dfrac{H}{L} \rightarrow L = \dfrac{H \times V}{V_g}$

dp 이외의 나머지 인자는 일정하므로 K로 정리하면,

• $V_s = \dfrac{d_p^2(\rho_p - \rho_g)g}{18\mu} = d_p^2 \times K$

$0.006 m/s = (10 \times 10^{-6} m)^2 \times K$, $K = 60,000,000$

$V_g(100\mu m) = (100 \times 10^{-6})^2 \times 60,000,000 = 0.6 m/\text{sec}$

∴ $L = \dfrac{10 \times 5}{0.6} = 83.3333 ≒ 83.33$

정답 83.33m

35. 전기집진장치 내부를 전기구획하는 이유는?

> [해설] 입구에는 먼지농도가 높고 출구에는 먼지농도가 낮기 때문에 효율적인 전력사용을 위해 독립적인 하전설비를 가진 구획을 나누어 운영한다. 설계효율을 만족하는 범위 내에서 입구쪽에는 전력량을 많이 투입하고 출구쪽에는 전력량을 적게 투입한다.

36. 배출가스량이 25,000Sm³/hr, 목부 가스유속 85m/sec인 벤츄리 스크러버로 함진가스를 처리할 경우 스크러버의 목부직경(m)을 구하시오. (단, 가스의 온도는 100℃)

[해설] [식] $A = \dfrac{Q}{V}$

$$A = \dfrac{\dfrac{25,000 Sm^3}{hr} \times \dfrac{1hr}{3,600 sec} \times \dfrac{273+100}{273}}{\dfrac{85m}{sec}} = 0.1116 m^2$$

$0.1116 = \dfrac{\pi D^2}{4}$, $\therefore D = \sqrt{\dfrac{0.1116 \times 4}{\pi}} = 0.38m$

[정답] 0.38min

04 CHAPTER 대기오염 측정 및 관리

UNIT 01 시료채취방법

1 시료채취를 위한 일반적인 사항

(1) 측정 위치
① 수직굴뚝 하부 끝단으로부터 위를 향하여 그곳의 굴뚝 내경의 **8배** 이상이 되는 지점
② 상부 끝단으로부터 아래를 향하여 그곳의 굴뚝내경의 **2배** 이상이 되는 지점
③ 수평굴뚝에서 배출가스 시료채취를 하는 경우 굴뚝의 방향이 바뀌는 지점으로부터 굴뚝내경의 **2배** 이상 떨어진 곳을 측정 위치로 선정할 수 있다.

암기TIP 8 2 측정하자! (아래서 위로 8배, 위에서 아래로 2배 이상부터 측정)

(2) 규격
① 채취관의 지름은 6~25mm 정도의 것을 쓴다.
② 연결관(도관)의 규격은 4~25mm 정도의 것을 쓴다.
③ 연결관의 길이는 되도록 짧게 하고, 부득이 길게 해서 쓰는 경우에는 이음매가 없는 배관을 써서 접속 부분을 적게 하고 받침 기구로 고정해서 사용해야 하며, **76m**를 넘지 않도록 한다.
④ 연결관은 가능한 한 수직으로 연결해야 하고 부득이 구부러진 관을 쓸 경우에는 응축수가 흘러나오기 쉽도록 경사지게 (5° 이상)하고 시료가스는 아래로 향하게 한다.

(3) 채취부
① **수은 마노미터** : 대기와 압력차가 100mmHg 이상인 것을 쓴다.
② **펌프** : 배기능력 0.5~5L/min인 밀폐형인 것을 쓴다.
③ **바이패스용액** : 시료가 산성일 때에는 수산화소듐 용액(NaOH 20%)을, 알칼리성일 때에는 황산(H_2SO_4, 특급) (질량분율 25%)을 각각 50mL 넣은 세척병을 흡입 펌프 앞에 넣는다.

(4) 흡인유량 계산

1) 습식가스 미터를 사용할 시

$$V_s = V \times \frac{273}{273+t} \times \frac{P_a + P_m - P_v}{760}$$

2) 건식가스 미터를 사용할 시(흡인시 수분 배제)

$$V_s = V \times \frac{273}{273+t} \times \frac{P_a + P_m}{760}$$

- V : 가스미터로 측정한 흡입가스량(L)
- t : 가스미터의 온도(℃)
- P_m : 가스미터의 게이지압(mmHg)
- V_s : 건조시료가스 채취량(L)
- P_a : 대기압(mmHg)
- P_v : t℃에서의 포화수증기압(mmHg)

❷ 채취관 및 연결관

(1) 분석물질의 종류별 채취관 및 연결관 등의 재질

분석물질, 공존가스	채취관, 연결관의 재질	여과재	비고
암모니아	①②③④⑤⑥	ⓐ ⓑ ⓒ	① 경질유리
일산화탄소	①②③④⑤⑥⑦	ⓐ ⓑ ⓒ	② 석영
염화수소	①② ⑤⑥⑦	ⓐ ⓑ ⓒ	③ 보통강철
염소	①② ⑤⑥⑦	ⓐ ⓑ ⓒ	④ 스테인리스강 재질
황산화물	①② ④⑤⑥⑦	ⓐ ⓑ ⓒ	⑤ 세라믹
질소산화물	①② ④⑤⑥	ⓐ ⓑ ⓒ	⑥ 플루오린수지
이황화탄소	①② ⑥	ⓐ ⓑ	⑦ 염화비닐수지
포름알데히드	①② ⑥	ⓐ ⓑ	⑧ 실리콘수지
황화수소	①② ④⑤⑥⑦	ⓐ ⓑ ⓒ	⑨ 네오프렌
불소화합물	④ ⑥	ⓒ	
시안화수소	①② ④⑤⑥⑦	ⓐ ⓑ ⓒ	
브롬	①② ⑥	ⓐ ⓑ	ⓐ 알칼리 성분이 없는 유리솜 또는 실리카솜
벤젠	①② ⑥	ⓐ ⓑ	ⓑ 소결유리
페놀	①② ④ ⑥	ⓐ ⓑ	ⓒ 카보런덤
비소	①② ④⑤⑥⑦	ⓐ ⓑ ⓒ	

(2) 시료채취시 채취관을 보온 또는 가열하는 이유

① 가스 중의 수분, 응축으로 인한 채취관의 부식 방지를 위하여
② 여과재의 막힘 방지를 위하여
③ 분석 대상가스의 응축으로 인한 오차 방지를 위하여

(3) 시료채취관의 재질 선택시 고려사항

① 화학반응이나 흡착작용 등으로 배출가스의 분석결과에 영향을 주지 않는 것
② 배출가스 중의 부착성 성분에 의하여 잘 부식되지 않는 것
③ 배출가스의 온도, 유속 등에 견딜 수 있는 충분한 기계적 강도를 갖는 것

(4) 여과재의 재질

① 무알칼리 유리솜
② 실리카솜
③ 소결유리

❸ 가스상 물질의 시료채취방법 (암기TIP) 직 용 용 고 저 채)

(1) 직접 채취법

구성 : 채취관 – 분석장치 – 흡입펌프

(2) 용기 채취법

구성 : 채취관 – 용기 – 유량조절기 – 흡입펌프 – 용기

(3) 용매 채취법

구성 : 채취관 – 여과재 – 채취부 – 흡입펌프 – 유량계

(4) 고체흡착법

구성 : 흡착관 – 유량계 – 흡입펌프

(5) 저온 농축법

구성 : 탄산기체 및 수분제거관 – 냉각농축관 – 흡입펌프 – 유량계

(6) 채취용 여과지에 의한 방법

구성 : 여과지홀더 – 흡입펌프 – 유량계

4 입자상 물질의 시료채취방법

(1) 등속흡입

등속흡입(isokinetic sampling)은 먼지시료를 채취하기 위해 흡입 노즐을 이용하여 배출가스를 흡입할 때, 흡입노즐을 배출가스의 흐름방향으로 배출가스와 같은 유속으로 가스를 흡입하는 것을 말한다.

- 등속흡입 정도를 알기 위하여 다음 식에 의해 구한 값이 (90~110)% 범위여야 한다.

$$\boxed{식} \quad I(\%) = \frac{V'_m}{q_m \times t} \times 100$$

- I : 등속흡입계수(%)
- V'_m : 흡입가스량(습식가스미터에서 읽은 값)(L)
- q_m : 가스미터에 있어서의 등속 흡입유량(L/min)
- t : 가스 흡입시간(min)

(2) 비산먼지 측정

1) 비산먼지 농도산출

$$\boxed{식} \quad C = (C_H - C_B) \times W_D \times W_S$$

- C_H : 포집먼지량이 가장 많은 위치에서의 먼지농도
- C_B : 대조위치에서의 먼지농도
- W_D : 풍향보정계수
  - 전 시료채취 기간 중 풍향이 90° 이상 변하면 1.5
  - 전 시료채취 기간 중 풍향이 45~90° 변하면 1.2
  - 전 시료채취 기간 중 풍향이 45° 미만 변하면 1.0
- W_S : 풍속보정계수
  - 풍속이 0.5m/sec 미만 또는 10m/sec 이상되는 시간이 전 채취시간의 50% 미만일 때 1.0
  - 풍속이 0.5m/sec 미만 또는 10m/sec 이상되는 시간이 전 채취시간의 50% 이상일 때 1.2

2) 디포지트게이지

포집깔때기를 이용하는 강하 분진 측정 장비로, 실외에서 측정하며, 1개월에 1회 측정한다.

$$\boxed{식} \quad Q = \frac{포집분진(톤)}{포집면적(km^2)} \times \frac{30}{측정일수}$$

5 시료채취지점수의 결정

(1) 인구비례에 의한 방법

$$\text{측정점수} = \frac{\text{그 지역 가주지면적}}{25\,km^2} \times \frac{\text{그 지역 인구밀도}}{\text{전국 평균인구밀도}}$$

(2) 대상지역의 오염정도에 따라 공식을 이용하는 방법

$$N = N_x + N_y + N_z$$

- $N_x = (0.095) \cdot \left(\dfrac{C_n - C_s}{C_s}\right) \cdot (x)$
- $N_y = (0.0096) \cdot \left(\dfrac{C_s - C_b}{C_s}\right) \cdot (y)$
- $N_z = (0.0004) \cdot (z)$

- N = 채취지점수
- C_n = 최대농도
- C_s = 환경기준(행정기준)
- C_b = 최저농도(자연상태)
- x = 환경기준보다 농도가 높은 지역(km^2)
- y = 환경기준보다 농도가 낮으나 자연농도보다 높은 지역(km^2)
- z = 자연상태의 농도와 같은 지역(km^2)

(3) 중심점에 의한 동심원을 이용하는 방법

측정하려고 하는 대상지역을 대표할 수 있다고 생각되는 한 지점을 선정하고 지도 위에 그 지점을 중심점으로 0.3~2km의 간격으로 동심원을 그린다. 또 중심점에서 각 방향(8 방향 이상)으로 직선을 그어 각각 동심원과 만나는 점을 측정점으로 한다.

(4) TM좌표에 의한 방법

TM좌표에 따라 해당지역의 1 : 25,000 이상의 지도 위에 2~3km 간격으로 바둑판 모양의 구획을 만들고 그 구획마다 측정점을 선정한다.

(5) 기타 방법

과거의 경험이나 전례에 의한 선정 또는 이전부터 측정을 계속하고 있는 측정점에 대하여는 이미 선정되어 있는 지점을 측정점으로 할 수 있다.

UNIT 02 시료측정 및 분석

1 일반시험방법

① 표준온도 0℃
② 상온 15~25℃
③ 실온 1~35℃
④ 찬곳 0~15℃
⑤ 냉수는 15℃ 이하, 온수는 60~70℃, 열수는 약 100℃
⑥ "수욕상 또는 수욕 중에서 가열한다."라 함은 따로 규정이 없는 한 수온 100℃에서 가열함을 뜻하고 약 100℃ 부근의 증기욕을 대응할 수 있다.
⑦ "약"이란 그 무게 또는 부피에 대하여 ±10% 이상의 차가 있어서는 안 된다.
⑧ "방울수"라 함은 20℃에서 정제수 20방울을 떨어뜨릴 때 그 부피가 약 1mL 되는 것을 뜻한다.
⑨ "밀폐용기"라 함은 물질을 취급 또는 보관하는 동안에 이물이 들어가거나 내용물이 손실되지 않도록 보호하는 용기를 뜻한다.
⑩ "기밀용기"라 함은 물질을 취급 또는 보관하는 동안에 외부로부터의 공기 또는 다른 가스가 침입하지 않도록 내용물을 보호하는 용기를 뜻한다.
⑪ "밀봉용기"라 함은 물질을 취급 또는 보관하는 동안에 기체 또는 미생물이 침입하지 않도록 내용물을 보호하는 용기를 뜻한다.
⑫ "차광용기"라 함은 광선을 투과하지 않은 용기 또는 투과하지 않게 포장을 한 용기로서 취급 또는 보관하는 동안에 내용물의 광화학적 변화를 방지할 수 있는 용기를 뜻한다.
⑬ "정확히 단다"라 함은 규정한 양의 검체를 취하여 분석용 저울로 0.1mg까지 다는 것을 뜻한다.
⑭ 액체성분의 양을 "정확히 취한다"라 함은 홀피펫, 눈금플라스크 또는 이와 동등 이상의 정도를 갖는 용량계를 사용하여 조작하는 것을 뜻한다.
⑮ "항량이 될 때까지 건조한다 또는 강열한다"라 함은 따로 규정이 없는 한 보통의 건조방법으로 1시간 더 건조 또는 강열할 때 전후 무게의 차가 매 g당 0.3mg 이하일 때를 뜻한다.
⑯ "즉시"란 30초 이내에 표시된 조작을 하는 것을 뜻한다.
⑰ "감압 또는 진공"이라 함은 따로 규정이 없는 한 15mmHg 이하를 뜻한다.

2 기기분석법

(1) 기체크로마토그래피

1) 원리 : 이 법은 기체시료 또는 기화한 액체나 고체시료를 운반가스(carrier gas)에 의하여 분리, 관내에 전개시켜 기체상태에서 분리되는 각 성분을 크로마토그래피 적으로 분석하는 방법이다.

2) **적용범위** : 일반적으로 무기물 또는 유기물의 대기오염 물질에 대한 정성, 정량 분석에 이용한다.

3) **관련식**

$$\text{이론단수}(n) = 16 \times \left(\frac{t_R}{W}\right)^2$$

- t_R : 시료도입점으로부터 봉우리 최고점까지의 길이(보유시간)
- W : 봉우리의 좌우 변곡점에서 접선이 자르는 바탕선의 길이
- $HETP = \dfrac{L}{n}$
- L : 분리관의 길이(mm)

- 분리능

$$\text{분리계수}(d) = \frac{t_{R2}}{t_{R1}} \qquad \text{분리도}(R) = \frac{2(t_{R2} - t_{R1})}{W_1 + W_2}$$

- t_{R1} : 시료도입점으로부터 봉우리 1의 최고점까지의 길이
- t_{R2} : 시료도입점으로부터 봉우리 2의 최고점까지의 길이
- W_1 : 봉우리 1의 좌우 변곡점에서의 접선이 자르는 바탕선의 길이
- W_2 : 봉우리 2의 좌우 변곡점에서의 접선이 자르는 바탕선의 길이

4) **정량법**

- 절대검정곡선법
- 상대검정곡선법(내부표준법)
- 표준물첨가법
- 보정넓이 백분율법
- 넓이 백분율법

암기TIP 정양에게 절대 상표 보이지 마라!

(2) 자외선/가시선분광법

1) **원리**

시료물질이나 시료물질의 용액 또는 여기에 적당한 시약을 넣어 발색시킨 용액의 흡광도를 측정하여 시료 중의 목적성분을 정량하는 방법으로 파장 200~1,200nm에서의 액체의 흡광도를 측정함으로써 목적성분을 정량한다.

2) 적용범위

대기 중이나 굴뚝배출 가스 중의 오염물질 분석에 적용한다. 파장은 근적외부, 가시부, 자외부로 구분된다.

3) 관련식

식 $I_t = I_0 \cdot 10^{-\epsilon c \ell}$

식 $\log \dfrac{1}{t} = A = \epsilon C \ell$

흡광도(A) : 투과도의 역수의 상용대수

4) 시료부

① 플라스틱셀 : 근적외부
② 유리셀 : 가시부 및 근적외부
③ 석영셀 : 자외부

5) 흡수셀의 준비

① 시료액의 흡수파장이 약 370nm 이상일 때는 석영 또는 경질유리 흡수셀을 사용하고 약 370nm 이하일 때는 석영흡수셀을 사용한다.
② 흡수셀은 탄산소듐용액에 소량의 음이온 계면활성제를 가한 용액에 흡수셀을 담가 놓는다.
③ 급히 사용하고자 할 때는 물기를 제거한 후 에틸알코올로 씻고 다시 에틸에테르로 씻은 후 드라이어로 건조해도 무방하다.
④ 빈번하게 사용할 때는 물로 잘 씻은 다음 증류수를 넣은 용기에 담가 두어도 무방하다.

암기TIP 항상 **탄**산음료 먹고, **급**할 때 **알콜**먹어야 한다면, **빈**번하게 **물** 먹자!

6) 장치의 보정

① **파**장 눈금의 교정 : **홀**뮴유리 (파울)
② **흡**광도 눈금의 보정 : 다이**크**롬산칼륨 (보크)

(3) 원자흡수분광광도법

1) 원리

이 시험방법은 시료를 적당한 방법으로 해리시켜 중성원자로 증기화하여 생긴 **기저상태**(Ground State or Normal State)의 원자가 이 원자 증기층을 투과하는 특유파장의 빛을 흡수하는 현상을 이용하여 광전측광과 같은 개개의 특유 파장에 대한 흡광도를 측정하여 시료중의 원소농도를 정량하는 방법이다.

2) 적용범위

대기 또는 배출 가스중의 유해 중금속, 기타 원소의 분석에 적용한다.

(4) 비분산적외선분광분석법

1) 원리

이 시험법은 적외선 영역에서 고유 파장 대역의 흡수 특성을 갖는 성분가스의 농도 분석을 비분산적외선 분석법으로 측정하는 방법에 대해 규정하며, 비분산적외선 분석법의 표준분석절차를 기술함으로서 비분산적외선분석법에 의한 측정의 정확성과 통일성을 갖추도록 함을 목적으로 한다.

2) 적용범위

이 시험법은 적외선 영역에서 고유 파장 대역의 흡수 특성을 갖는 성분가스의 농도 분석에 적용된다.
(예 CO, 탄화수소 등)

(5) 이온크로마토그래피법

1) 원리 및 적용범위

이 방법은 이동상으로는 액체, 그리고 고정상으로는 이온교환수지를 사용하여 이동상에 녹는 혼합물을 고분리능 고정상이 충전된 분리관내로 통과시켜 시료성분의 용출상태를 전도도 검출기 또는 광학 검출기로 검출하여 그 농도를 정량하는 방법으로 일반적으로 강수(비, 눈, 우박 등), 대기먼지, 하천수 중의 이온성분을 정성, 정량 분석하는데 이용한다.

(6) 흡광차분광법

1) 원리 및 적용범위

이 방법은 일반적으로 빛을 조사하는 발광부와 50m ~ 1,000m 정도 떨어진 곳에 설치되는 수광부 (또는 발·수광부와 반사경)사이에 형성되는 빛의 이동경로(Path)를 통과하는 가스를 실시간으로 분석하며, 측정에 필요한 광원은 180nm ~ 2,850nm 파장을 갖는 제논(Xenon) 램프를 사용하여 아황산가스, 질소산화물, 오존 등의 대기오염물질 분석에 적용한다.

(7) 고성능 액체크로마토그래피

1) 개요 : 고성능 액체크로마토그래피(HPLC)는 비휘발성 화학종 또는 열적으로 불안정한 물질을 분리할 수 있으며 유기물과 무기물의 대기오염물질에 대한 정성분석, 정량분석에 사용된다.

2) 기기장치구성 암기TIP 용 펌 시 분 검 기

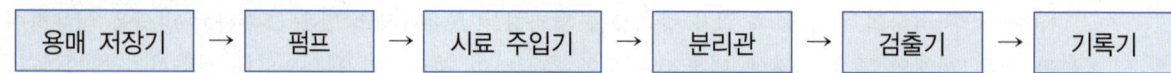

(8) X-선 형광분광법

1) **개요** : X-선 형광분광법(XRF)은 산소의 원자번호보다 큰 원자번호를 가지는 원소를 정성적으로 확인하기 위해 가장 널리 사용되는 분석법 중의 하나이며 원소의 반정량 또는 정량분석에 이용된다. XRF의 특별한 장점은 시료를 파괴하지 않는다는 데 있으며, 필터에 채취한 먼지 시료의 원소 분석(정성, 정량분석)에 유용하게 사용되기도 한다.

3 배출오염물질시험방법

(1) 분석방법의 종류

분석대상가스	분석방법	암기법
암모니아	인도페놀법	암 인
일산화탄소	정전위전해법, 비분산적외선분광분석법, GC법	일 정 비 가스
염화수소	싸이오시안산제이수은법, 이온크로마토그래피	염 싸 이
염소	오르토톨리딘법, 4-피리딘카복실산-피라졸론법	염 오 4
황산화물	자동측정법, 침전적정법	황 자 침
질소산화물	아연환원나프틸에틸렌디아민법, 자동측정법	질 나 자
이황화탄소	자외선/가시선분광법(UV/VIS법, 흡광광도법), 가스크로마토그래피	이황 흡 가스
폼알데하이드	아세틸아세톤, 크로모트로핀산법, 액체크로마토그래피법	폼 아크 액체
황화수소	메틸렌블루법(UV/VIS법), 가스크로마토그래피	황수 메 가스
플루오린화합물	란타넘-알리자린컴플렉션법(UV/VIS법), 이온선택전극법, 이온크로마토그래피, 연속흐름법	플 란 이 연
사이안화수소	4-피리딘카복실산-피라졸론법(UV/VIS법), 연속흐름법	사 피 연
브로민화합물	싸이오시안산제2수은법(UV/VIS법), 이온크로마토그래피, 차아염소산염법(적정법)	브 싸 이 차
벤젠	기체크로마토그래피(GC, 가스크로마토그래피)	벤 가스
페놀	4-아미노안티피린법(UV/VIS법), 가스크로마토그래피	페 4 가스
먼지	수동식, 반자동식, 자동식	먼 수자반
총탄화수소	비분산형적외선분석법, 불꽃이온화검출기법(FID)	탄 비 F
하이드라진	• HCl 흡수액 - 자외선/가시선 분광법 • 황산함침여지채취 - 고성능액체크로마토그래피 • HCl 흡수액 - 고성능액체크로마토그래피 • HCl 흡수액 - 기체크로마토그래피	하 자 고 기

(2) 자외선/가시선 분광법 측정파장 정리

> 💡 "건강관리 Story"
>
> 폼알데하이드는 몸에 침투하면 염증 이왕 브롬 / 미리 염습페 질나폰 상태로 황사불면 사소한 기침에도 / 암 걸려 노력해도 말짱 황!

"건강관리 Story 해설"

폼(몸)(폼알데하이드) - 아세틸아세톤법(420)에 침투하면 염소(435)증 이왕(이황화탄소(435)) 브롬(460) 미리 염습(염화수소 460) 페(페놀 510) 질나(질소산화물 나프틸에틸렌디아민법(545)) 폰(폼알데하이드 - 크로모트로프산법(570))상태로 황사(황산화물 - 광도적정법(600) 불(플)(플루오르 620)면 사(사이안화수소 - 4-피리딘카복실산-피라졸론법)소(염소 - 4-피리딘카복실산-피라졸론법)한 기침에도 암(암모니아 640)걸려 노력해도 말짱 황(황화수소 670)

물질, 분석방법	파장(nm)
폼알데하이드(아세틸아세톤법)	420
염소(오르토톨리딘법)	435
이황화탄소(흡광광도법)	435
브로민(싸이오시안산 제2수은법)	460
염화수소(싸이오시안산 제2수은법)	460
페놀(4-아미노안티피린법)	510
질소산화물(아연환원 나프틸에틸렌디아민법)	545
폼알데하이드(크로모트로프산법)	570
황산화물(광도적정법)	600
플루오린(란타넘-알리자린 컴플렉션법)	620
사이안화수소(4-피리딘카복실산-피라졸론법)	638
염소(4-피리딘카복실산-피라졸론법)	638
암모니아(인도페놀법)	640
황화수소(메틸렌블루우법)	670

(3) 중금속시료의 전처리

① 유기물을 함유하지 않는 것 : 마이크로파 산분해법, 질산법
② 타르 기타 소량의 유기물을 함유하는 것 : 질산-과산화수소수법, 마이크로파 산분해법, 질산-염산법
③ 다량의 유기물 및 유리탄소를 함유하는 것 : 저온회화법(200℃)
④ 셀룰로오스 섬유제 여과지를 사용하는 것 : 저온회화법(200℃)

(4) 중금속 분석 자외선/가시선 분광법 주요 암기내용 정리

① 비소 수산시장 DDTC 510만원 적자
→ 비소 DDTC의 클로로폼용액에 흡수, 적자색용액의 흡광도를 510nm에서 측정(수산화철 공침가능)

4 환경기준시험방법

(1) 대기환경기준

항목	기준	측정방법
미세먼지 (PM-10)	연간 평균치 - 50μg/m³ 이하 24시간 평균치 - 100μg/m³ 이하	베타선 흡수법 (β-Ray Absorption Method)
미세먼지 (PM-2.5)	연간 평균치 - 15μg/m³ 이하 24시간 평균치 - 35μg/m³ 이하	중량농도법 또는 이에 준하는 자동 측정법
이산화질소 (NO_2)	연간 평균치 - 0.03ppm 이하 24시간 평균치 - 0.06ppm 이하 1시간 평균치 - 0.10ppm 이하	화학 발광법 (Chemiluminescence Method)
아황산가스 (SO_2)	연간 평균치 - 0.02ppm 이하 24시간 평균치 - 0.05ppm 이하 1시간 평균치 - 0.15ppm 이하	자외선 형광법 (Pulse U.V. Fluorescence Method)
벤젠	연간 평균치 - 5μg/m³ 이하	가스크로마토그래피 (Gas Chromatography)
납 (Pb)	연간 평균치 - 0.5μg/m³ 이하	원자흡광 광도법 (Atomic Absorption Spectrophotometry)
일산화탄소 (CO)	8시간 평균치 - 9ppm 이하 1시간 평균치 - 25ppm 이하	비분산적외선 분석법 (Non-Dispersive Infrared Method)
오존 (O_3)	8시간 평균치 - 0.06ppm 이하 1시간 평균치 - 0.1ppm 이하	자외선 광도법 (U.V Photometric Method)

5 연속자동측정방법

(1) SOx 연속자동측정방법 (암기TIP 용 적 자 불 정)
① 용액전도율법
② 적외선흡수법
③ 자외선흡수법
④ 불꽃광도법
⑤ 정전위전해법

(2) 질소산화물 (암기TIP 화 정 적 자)
① 화학발광법 – 주 시험법
② 정전위전해법
③ 적외선흡수법
④ 자외선흡수법

(3) 피토우관

1) **원리** : 관내 유체의 전압과 정압과의 차인 동압을 측정하여 유속을 구하고 유량을 산출한다.

2) 피토우관 유속공식

$$V = C \times \sqrt{\frac{2gP_v}{\gamma}}$$

- V : 배출가스 유속
- P_v : 배출가스 속도압(mmH$_2$O)
- C : 피토우관 계수
- γ : 배출가스 밀도(kg/m^3)

6 매연 측정

(1) 측정위치의 선정

될 수 있는 한 바람이 불지 않을 때 굴뚝 배경의 검은 장해물을 피해 연기의 흐름에 직각인 위치에 태양광선을 측면으로 받는 방향으로부터 농도표를 측정치의 앞 16m에 놓고 200m 이내 (가능하면 연도에서 16m)의 적당한 위치에 서서 굴뚝배출구에서 (30~45)cm 떨어진 곳의 농도를 측정자의 눈높이의 수직이 되게 관측 비교한다.

(2) 링겔만 매연 농도

보통 가로 14cm, 세로 20cm의 백상지에 각각 0mm, 1.0mm, 2.3mm, 3.7mm, 5.5mm 전폭의 격자형 흑선을 그려 백상지의 흑선부분이 전체의 0%, 20%, 40%, 60%, 80%, 100%를 차지하도록 하여 이 흑선과 굴뚝에서 배출하는 매연의 검은 정도를 비교하여 각각 (0~5)도까지 6종으로 분류한다.

$$매연농도(\%) = \frac{\sum 도수 \times 횟수}{\sum 횟수} \times 20$$

UNIT 03 기타 오염원 관리 이해하기

1 악취관리

(1) 복합악취

구분	배출허용기준(희석배수)		엄격한 배출허용기준의 범위(희석배수)	
	공업지역	기타지역	공업지역	기타지역
배출구	1000 이하	500 이하	500~1000	300~500
부지경계선	20 이하	15 이하	15~20	10~15

(2) 지정악취물질

구분	배출허용기준(ppm)		엄격한 배출허용 기준의 범위(ppm)	적용시기
	공업지역	기타 지역	공업지역	
암모니아	2 이하	1 이하	1~2	
메틸메르캅탄	0.004 이하	0.002 이하	0.002~0.004	
황화수소	0.06 이하	0.02 이하	0.02~0.06	
다이메틸설파이드	0.05 이하	0.01 이하	0.01~0.05	
다이메틸다이설파이드	0.03 이하	0.009 이하	0.009~0.03	
트라이메틸아민	0.02 이하	0.005 이하	0.005~0.02	2005년 2월 10일부터
아세트알데하이드	0.1 이하	0.05 이하	0.05~0.1	
스타이렌	0.8 이하	0.4 이하	0.4~0.8	
프로피온알데하이드	0.1 이하	0.05 이하	0.05~0.1	
뷰틸알데하이드	0.1 이하	0.029 이하	0.029~0.1	
n-발레르알데하이드	0.02 이하	0.009 이하	0.009~0.02	
i-발레르알데하이드	0.006 이하	0.003 이하	0.003~0.006	

톨루엔	30 이하	10 이하	10~30	
자일렌	2 이하	1 이하	1~2	2008년 1월 1일부터
메틸에틸케톤	35 이하	13 이하	13~35	
메틸아이소뷰틸케톤	3 이하	1 이하	1~3	
뷰틸아세테이트	4 이하	1 이하	1~4	
프로피온산	0.07 이하	0.03 이하	0.03~0.07	
n-뷰틸산	0.002 이하	0.001 이하	0.001~0.002	2010년 1월 1일부터
n-발레르산	0.002 이하	0.0009 이하	0.0009~0.002	
i-발레르산	0.004 이하	0.001 이하	0.001~0.004	
i-뷰틸알코올	4.0 이하	0.9 이하	0.9~4.0	

❷ 실내공기질 관리

(1) 실내 공기질 유지기준 (암기TIP 일 군 폼 먼 산 : 일산화탄소, 총부유세균, 폼알데하이드, 먼지, 이산화탄소)

실내공기질 유지기준(제3조 관련)

다중이용시설 \ 오염물질 항목	미세먼지 (PM-10) ($\mu g/m^3$)	미세먼지 (PM-2.5) ($\mu g/m^3$)	이산화탄소 (ppm)	폼알데하이드 ($\mu g/m^3$)	총부유세균 (CFU/m^3)	일산화탄소 (ppm)
지하역사, 지하도상가, 여객자동차터미널의 대합실, 철도역사의 대합실, 공항시설 중 여객터미널, 항만시설 중 대합실, 도서관·박물관 및 미술관, 장례식장, 목욕장, 대규모점포, 영화상영관, 학원, 전시시설, 인터넷컴퓨터게임시설제공업 영업시설	100 이하	50 이하	1,000 이하	100 이하	—	10 이하
의료기관, 어린이집, 노인요양시설, 산후조리원	75 이하	35 이하		80 이하	800 이하	
실내주차장	200 이하	—		100 이하	—	25 이하
실내 체육시설, 실내 공연장, 업무시설, 둘 이상의 용도에 사용되는 건축물	200 이하	—	—	—	—	—

(2) 실내 공기질 권고기준 (암기TIP) 복(voc) 곰밥 라 이 스 : VOC, 곰팡이, 라돈, 이산화질소)

실내공기질 권고기준(제4조 관련)

다중이용시설 \ 오염물질 항목	이산화질소 (ppm)	라돈 (Bq/m³)	총휘발성유기화합물 (μg/m³)	곰팡이 (CFU/m³)
지하역사, 지하도상가, 여객자동차터미널의 대합실, 철도역사의 대합실, 공항시설 중 여객터미널, 항만시설 중 대합실, 도서관·박물관 및 미술관, 장례식장, 목욕장, 대규모점포, 영화상영관, 학원, 전시시설, 인터넷컴퓨터게임시설제공업 영업시설	0.1 이하	148 이하	500 이하	—
의료기관, 어린이집, 노인요양시설, 산후조리원	0.05 이하		400 이하	500 이하
실내주차장	0.30 이하		1,000 이하	—

(3) 신축 공동주택의 실내공기질 권고기준

다중이용시설 \ 오염물질 항목	폼알데하이드	벤젠	톨루엔	에틸벤젠	자일렌	스티렌	라돈
100세대 이상 신축 공동주택	210 이하	30 이하	1000 이하	360 이하	700 이하	300 이하	148 이하

※ 라돈의 단위(Bq/m³), 나머지는 μg/m³

(4) 건축자재에서 방출되는 오염물질

구분 \ 오염물질종류	폼알데하이드	톨루엔	총휘발성유기화합물
접착제	0.02 이하	0.08 이하	2.0 이하
페인트			2.5 이하
실란트			1.5 이하
퍼티			20.0 이하
벽지			4.0 이하
바닥재			4.0 이하
목질판상제품	0.05 이하		0.4 이하

③ 이동오염원 관리

(1) 자동차

1) 삼원촉매장치의 촉매 3가지와 제거오염물질 3가지

① 촉매 3가지

㉠ 산화촉매 : 백금(Pt), 팔라듐(Pd)
㉡ 환원촉매 : 로듐(Rh)

② 제거오염물질 3가지

NOx(질소산화물), HC(탄화수소), CO(일산화탄소)

(2) 광화학스모그

1) 광화학부산물(2차오염물질)

오존(O_3), PAN($CH_3COOONO_2$), H_2O_2, 아크로레인(CH_2CHCHO), NOCl

2) 오염물질의 순환

① NOx의 광화학적 순환

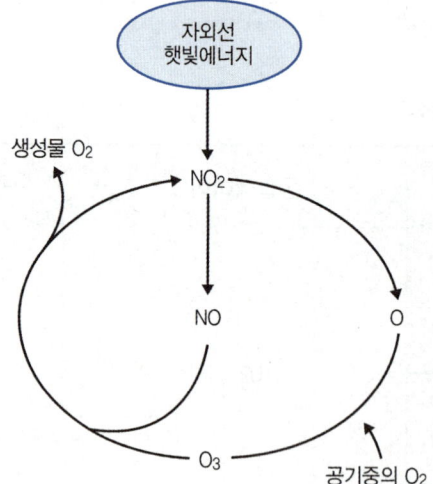

② 일중 스모그의 형성

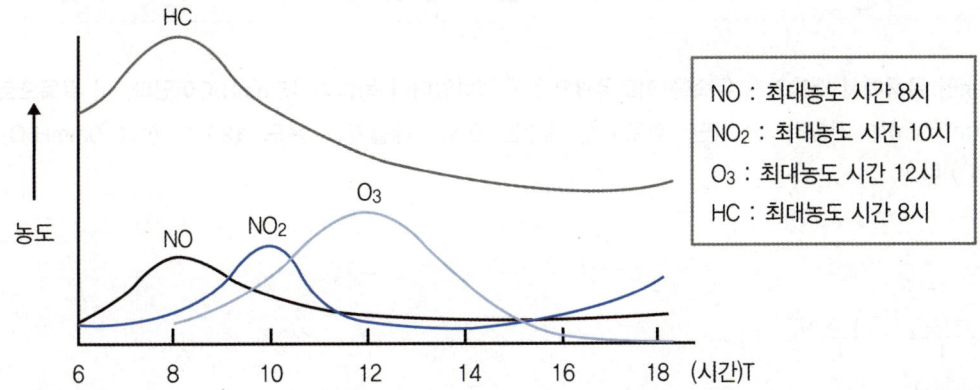

[출처 : 최신환경공학, 이광호 외 6인(동화기술)]

기출문제로 다지기 — CHAPTER 04 대기오염 측정 및 관리

01. 직경이 1.2m인 굴뚝에서 배출가스 유속을 피토우관으로 측정하였더니 동압이 15mmH$_2$O이었다. 이 굴뚝으로부터 배출되는 배출가스량(m^3/min)을 계산하시오. (단, 피토우관 계수는 0.85, 배출가스 온도 120℃, 정압 0mmH$_2$O, 표준가스밀도 1.29kg/Sm^{3}이다.)

[해설] [식] $Q = A \times V$

- $A = \dfrac{\pi D^2}{4} = \dfrac{\pi \times (1.2m)^2}{4} = 1.13 m^2$

- $\gamma = \dfrac{1.29 kg}{Sm^3} \times \dfrac{273}{273 + 120} \times \dfrac{1}{1} = 0.8961 kg/m^3$

- $V = C \times \sqrt{\dfrac{2gP_v}{\gamma}}$

  $V = 0.85 \times \sqrt{\dfrac{2 \times 9.8 \times 15}{0.8961}} = 15.4 m/\sec$

∴ $Q(m^3/\min) = 1.13 m^2 \times \dfrac{15.4 m}{\sec} \times \dfrac{60 \sec}{1 \min} = 1044.12 m^3/\min$

[정답] 1044.12m^3/min

---

02. 가스상 포집할 때 시료채취관의 재질 선택 시 고려사항 3가지를 서술하고, 또한 폼알데하이드를 포집할 때의 여과재의 재질 2가지에 대해 기술하시오.

(1) 시료채취관의 재질 선택 시 고려사항

(2) 여과재의 재질

[해설] (1) 시료채취관의 재질 선택시 고려사항
① 화학반응이나 흡착작용 등으로 배출가스의 분석결과에 영향을 주지 않는 것
② 배출가스 중의 부착성 성분에 의하여 잘 부식되지 않는 것
③ 배출가스의 온도, 유속 등에 견딜 수 있는 충분한 기계적 강도를 갖는 것
(2) 여과재의 재질 : 무알칼리 유리솜 또는 실리카솜, 소결유리

03. A대기오염물질 배출업소에서 입자상물질의 농도를 측정하고자 흡습관법, 경사마노미터, 피토우관 및 습식가스미터를 이용하여 아래 표의 값을 얻었다. 다음을 계산하시오.

- 시료채취흡인가스량 : 20L
- 흡습수분의 질량 : 1.5g
- 배출가스의 밀도 : 1.3kg/Sm³
- 포집먼지의 질량 : 4.2mg
- 가스미터 게이지압 : 13.6mmH₂O
- 가스미터에서의 흡인가스온도 : 17℃
- 측정시 대기압 : 760mmHg
- 정압 : 5mmHg
- 피토우관계수 : 0.8614
- 17℃에서의 물의 포화수증기압 : 25.21mmHg
- 경사마노미터 액주이동거리 : 15cm
- 경사마노미터 경사각 : 30°
- 배출가스온도 : 150℃

(1) 배출가스 중의 수분농도(%)

(2) 배출가스의 유속(m/sec)

(3) 배출가스 중 먼지농도(mg/Sm³)

해설 (1) 배출가스 중의 수분농도(%)

식 $X_w(\%) = \dfrac{수분}{습윤가스} \times 100$

- $V_s = 20L \times \dfrac{273}{273+17} \times \dfrac{760+(13.6 \times 760/10332)-25.21}{760}$
  $= 18.2278L$

- $X_w(\%) = \dfrac{1.5g \times \dfrac{22.4L}{18g}}{18.2278 + 1.5g \times \dfrac{22.4L}{18g}} \times 100$
  $= 9.2894 = 9.29\%$

정답 9.29%

(2) 배출가스의 유속(m/sec)

식 $V = C\sqrt{\dfrac{2gP_v}{\gamma}}$

- P_v = 경사마노미터 액주이동거리$(mm) \times \sin\theta$
  = $15\text{cmH}_2\text{O} \times \dfrac{10\text{mm}}{1\text{cm}} \times \sin 30 = 75 mmH_2O$

- $\gamma = \dfrac{1.3\text{kg}_f}{\text{Sm}^3} \times \dfrac{273}{273+150} \times \dfrac{760+5}{760} = 0.8445\text{kg}_f/\text{Am}^3$

∴ $V = 0.8614 \times \sqrt{\dfrac{2 \times 9.8 \times 75}{0.8445}} = 35.94\text{m/sec}$

정답 35.94m/sec

(3) 먼지농도(mg/Sm³)

식 먼지농도(mg/Sm³) = $\dfrac{\text{포집먼지량}}{\text{배출가스}}$

- 포집먼지량 = 4.2mg
- 배출가스 = $V_s + H_2O$ = 18.2278 + 1.8666 = 20.0944L

∴ 먼지농도(mg/Sm³) = $\dfrac{4.2mg}{20.0944L} \times \dfrac{10^3 L}{1 m^3} = 209.01 mg/m^3$

정답 209.01mg/m³

04. 유속은 1m/sec이고, 확대율이 10배인 경사마노미터의 동압이 25mmH₂O일 때, 유속이 1.4m/sec로 증가한다면, 이 때의 동압은 얼마인가?

해설 식 $V = C \times \sqrt{\dfrac{2gh}{\gamma}}$

$V : \sqrt{h}$, 유속은 루트동압에 비례한다.

- $h = 25/10 = 2.5\text{mmH}_2\text{O}$ ⇨ $1\text{m/s} : \sqrt{2.5} = 1.4\text{m/s} : \sqrt{X}$

∴ X = 4.9mmH₂O

정답 4.9mmH₂O

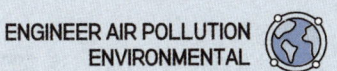

05. 시료채취시 채취관을 보온 또는 가열하는 이유 3가지를 쓰시오.

> [해설] ① 가스 중의 수분, 응축으로 인한 채취관의 부식 방지를 위하여
> ② 여과재의 막힘 방지를 위하여
> ③ 분석 대상가스의 응축으로 인한 오차 방지를 위하여

06. 가스크로마토그래피에서의 다음의 용어를 설명하시오.

(1) 보정넓이 백분율법

(2) 상대검정곡선법

(3) 표준물 첨가법

> [해설] (1) 보정넓이 백분율법
>   목적성분의 상대감도를 적용하여 정량하는 방법
> (2) 상대검정 곡선법
>   목적성분의 순물질에 내부표준물질 일정량을 가한 혼합시료를 사용하여 정량하는 방법
> (3) 표준물 첨가법
>   시료의 일정량에 피검성분 및 기지량을 추가하여 도출되는 비례상수를 활용하여 정량하는 방법

07. SO_2 자동연속측정방법 4가지를 서술하시오.

> [해설] ① 용액전도율법   ② 적외선흡수법
> ③ 자외선흡수법   ④ 불꽃광도법
> ⑤ 정전위전해법

08. 용제의 증발, 화학반응, 연소 등에 의해 굴뚝 등에서 배출되는 배출가스 중의 염화비닐을 분석하는 방법 2가지를 쓰고 각각 설명하시오.

(1) 열탈착법

(2) 용매추출법

> [해설] (1) **열탈착법**
> 흡착제를 충진한 흡착관에 염화비닐을 흡착시킨 후 흡착시킨 방향과 반대방향으로 열탈착하여 가스크로마토그래피를 이용하여 분석하는 방법
> (2) **용매추출법**
> 이황화탄소를 사용하여 흡착관에 흡착된 염화비닐을 추출한 후 이 추출액 중 일정량을 가스크로마토그래피에 주입하여 분석하는 방법

09. 이론단수가 1,800인 분리관이 있다. 보유시간 10분이고, 기록지의 이동속도가 1.5cm/min일 경우 바탕선의 길이(mm)를 구하시오.

> [해설] [식] $n = 16 \times (\dfrac{t_R}{W})^2$
>
> • $t_R = \dfrac{1.5cm}{min} \times 10min \times \dfrac{10mm}{cm} = 150mm$
>
> $\Rightarrow 1,800 = 16 \times (\dfrac{150}{W})^2$, ∴ $W = \dfrac{150}{\sqrt{1,800/16}} = 14.14mm$

10. 다음 ( ) 안에 알맞은 말을 쓰시오.

> • 방울수라 함은 ( )℃에서 정제수 ( )방울 떨어뜨릴 때 그 부피가 약 1mL 되는 것을 뜻한다.
> • ( )라 함은 물질을 취급 또는 보관하는 동안 기체 또는 미생물이 침입하지 않도록 내용물을 보호하는 용기를 뜻한다.
> • 상온은 ( )℃, 실온은 1~35℃, 찬곳은 따로 규정이 없는 한 ( )℃의 곳을 말한다.

> [해설] • 방울수라 함은 (20)℃에서 정제수 (20)방울 떨어뜨릴 때 그 부피가 약 1mL 되는 것을 뜻한다.
> • (밀봉용기)라 함은 물질을 취급 또는 보관하는 동안 기체 또는 미생물이 침입하지 않도록 내용물을 보호하는 용기를 뜻한다.
> • 상온은 (15~25)℃, 실온은 1~35℃, 찬 곳은 따로 규정이 없는 한 (0~15)℃의 곳을 말한다.

11. 다음에서 설명하고 있는 먼지의 측정법과 ( ) 안에 알맞은 말을 쓰시오.

> 이 방법은 대기 중 부유하고 있는 입자상 물질을 일정시간(1시간 이상) 여과지 위에 포집한 후 파장이 ( )인 빛을 조사해서 빛의 두 파장을 측정하고 그 값으로부터 입자상 물질의 농도를 구하는 방법이다.

[해설]
- 먼지의 측정법 : 광투과법
- 파장 : 400nm

12. 대기오염공정기준상 시안화수소(HCN)의 분석법 2가지를 쓰고 간단히 설명하시오.

(1) 피리딘피라졸론법

(2) 연속흐름법

[해설] (1) 피리딘피라졸론법
시안화수소를 흡수액에 흡수시킨 다음 이것을 발색시켜 얻은 발색액에 대하여 흡광도를 620nm 부근에서 측정하여 시안화수소를 정량하는 방법으로 시료채취량 100~1000mL인 경우 시안화수소의 농도가 0.5~100ppm인 것의 분석에 적합하다.
(2) 연속흐름법
배출가스 중 사이안화수소를 수산화소듐 용액으로 흡수하여 완충 용액을 첨가한 후자외선 분해 및 가열 증류 방식 또는 자외선 분해 및 소수성 막에 의한 가스 확산 방식으로 다시 사이안화수소로 유출시키고 완충 용액 및 클로라민-T 용액을 첨가하여 염화사이안으로 전환시킨 후 발색 용액을 첨가하여 발색시키고 흡광도를 측정하여 사이안화수소를 정량한다.

13. 대기오염공정시험기준상 비분산적외선분석법(NDIR법)의 장치의 구성성분 중 (1) 회전섹터와 (2) 광학필터에 대해서 설명하시오.

(1) 회전섹터

(2) 광학필터

[해설] (1) 회전섹터
시료광속과 비교광속을 일정주기로 단속시켜, 광학적으로 변조시키는 것으로 단속방식에는 1~20Hz의 교호단속방식과 동시단속방식이 있다.
(2) 광학필터
시료가스 중에 포함되어 있는 간섭성분가스의 흡수파장역의 적외선을 흡수제거하기 위하여 사용하며, 가스필터와 고체필터가 있는데 이것은 단독 또는 적절히 조합하여 사용한다.

14. 비분산적외선분석법에서의 다음 설명에 적합한 용어를 쓰시오.

(1) ( ) : 시료셀에서 적외선 흡수를 측정하는 경우 대조가스로 사용하는 것으로 적외선을 흡수하지 않는 가스
(2) ( ) : 분석계의 최저 눈금값을 교정하기 위하여 사용하는 가스
(3) ( ) : 계기의 눈금스팬에 대응하는 지시치의 일정 기간 내의 변동

> **해설** (1) (비교가스) : 시료셀에서 적외선 흡수를 측정하는 경우 대조가스로 사용하는 것으로 적외선을 흡수하지 않는 가스
> (2) (제로가스) : 분석계의 최저 눈금값을 교정하기 위하여 사용하는 가스
> (3) (스팬 드리프트) : 계기의 눈금스팬에 대응하는 지시치의 일정 기간 내의 변동

15. 다음은 배출가스 중 황화수소를 분석하는 방법이다. 빈 칸을 채우시오.

> 배출가스 중 황화수소를 (①)에 흡수시켜, (②)과 (③)을 가하여, 생성되는 메틸렌블루의 흡광도(파장 [④]nm 부근)을 측정하여 황화수소를 정량한다.

> **해설** ① 아연아민착염용액, ② P-아미노디메틸아닐린 용액, ③ 염화철(Ⅲ) 용액, ④ 670nm

16. 다음은 VOC 관련 공정시험기준이다. ( ) 안에 알맞은 내용을 작성하시오.

(1) 측정될 개별 화합물에 대한 기기의 반응인자(Response factor)는 ( )보다 작아야 한다.
(2) 기기의 응답시간은 ( )보다 작거나 같아야 한다.
(3) 교정 정밀도는 교정용 가스값의 ( )%보다 작거나 같아야 한다.

> **해설** (1) 측정될 개별 화합물에 대한 기기의 반응인자(Response factor)는 (10)보다 작아야 한다.
> (2) 기기의 응답시간은 (30초)보다 작거나 같아야 한다.
> (3) 교정 정밀도는 교정용 가스값의 (10)%보다 작거나 같아야 한다.

17. A소각시설의 굴뚝에서 실측한 배출가스를 측정한 결과 실측 SO₂ 농도가 120ppm이었고, 실측 산소농도가 8%이었다. 이 시설에서 표준산소농도가 12%이었다면, 이 소각시설의 배출가스 중 환산된 SO₂의 농도(ppm)를 구하시오.

> **해설** **식** $C = C_a \times \dfrac{21 - O_s}{21 - O_a}$
>
> - C_a : 현재 실측 농도 = $120 ppm$
> - O_s : 환산 산소 농도(표준산소농도) = 12%
> - O_a : 실측된 산소 농도 = 8%
>
> $\therefore C = 120 \times \dfrac{21 - 12}{21 - 8} = 83.08 ppm$
>
> **정답** 83.08ppm

18. 다음을 설명하시오.

  (1) 검량선법

  (2) 표준첨가법

  (3) 내부표준법

> **해설** (1) **검량선법** : 3종류 이상의 농도의 표준시료용액에 대하여 흡광도를 측정하여 표준물질의 농도를 가로, 흡광도를 세로에 취하여 그래프를 그려서 작성하며, 검량선은 일반적으로 저농도 영역에서 양호한 직선을 나타낸다.
> (2) **표준첨가법(표준물 첨가법)** : 같은 양의 분석시료를 여러 개 취하고, 여기에 표준물질이 각각 다른 농도로 함유되도록 표준용액을 첨가하여 용액열을 만든다. 여기에 각각의 용액에 대한 흡광도를 측정하여 가로측에 표준액의 농도를, 세로측에 흡광도를 표시하여 검량선을 작성한다.
> (3) **내부표준법(상대검정곡선법)** : 분석시료 중에 다량으로 함유된 공존원소 또는 내부표준원소와 목적원소와의 흡광의 비를 구하는 방법이다.

19. 다음 각 항목의 대기환경기준의 농도를 작성하시오.

항목	기간	농도
SO_2	1시간	
CO	8시간	
NO_2	24시간	
O_3	1시간	
납	연간	
벤젠	연간	

해설

항목	기간	농도
SO_2	1시간	0.15ppm 이하
CO	8시간	9ppm 이하
NO_2	24시간	0.06ppm 이하
O_3	1시간	0.1ppm 이하
납	연간	0.5$\mu g/m^3$ 이하
벤젠	연간	5$\mu g/m^3$ 이하

20. 다음은 환경정책기본법상 대기환경기준이다. ( ) 안에 알맞은 말을 쓰시오.

(1) 이산화질소의 연간 평균치 ( )ppm 이하

(2) 오존의 1시간 평균치 ( )ppm 이하

(3) 벤젠의 연간 평균치 ( )$\mu g/m^3$ 이하

해설 (1) 0.03 (2) 0.1 (3) 5

21. 다음 각 항목의 대기환경기준의 농도를 작성하시오.

① SO_2의 1시간 평균치 : (   )ppm 이하

② CO의 8시간 평균치 : (   )ppm 이하

③ NO_2의 24시간 평균치 : (   )ppm 이하

④ O_3의 1시간 평균치 : (   )ppm 이하

⑤ Pb의 연간평균치 : (   )$\mu g/m^3$ 이하

⑥ 벤젠의 연간평균치 : (   )$\mu g/m^3$ 이하

> **해설** ① SO_2의 1시간 평균치 : (0.15)ppm 이하
> ② CO의 8시간 평균치 : (9)ppm 이하
> ③ NO_2의 24시간 평균치 : (0.06)ppm 이하
> ④ O_3의 1시간 평균치 : (0.1)ppm 이하
> ⑤ Pb의 연간평균치 : (0.5)$\mu g/m^3$ 이하
> ⑥ 벤젠의 연간평균치 : (5)$\mu g/m^3$ 이하

22. 광화학스모그 현상에서 생성되는 2차 오염물질의 종류를 3가지 쓰시오.

> **해설** ① 오존(O_3)   ② PAN($CH_3COOONO_2$)
> ③ H_2O_2 ④ 아크로레인(CH_2CHCHO)

23. 광화학 반응인자 중 O_3, HC, NO, NO_2의 일중 농도 변화를 그래프로 나타내시오.

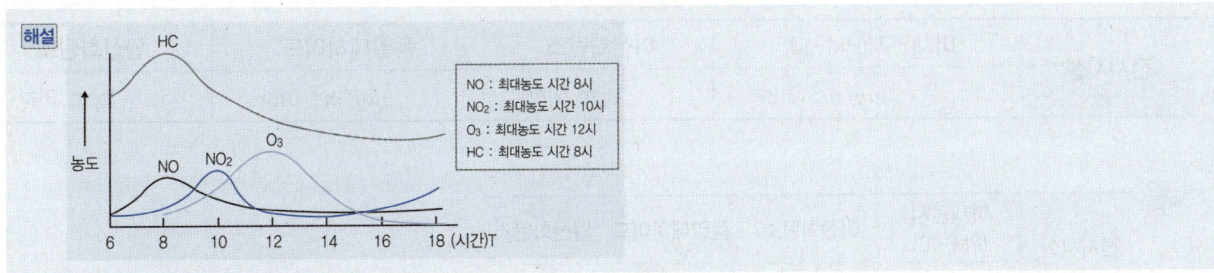

24. 굴뚝 배출가스 중 무기 플루오린화합물을 플루오린이온으로 분석하는 방법을 쓰시오.

> [해설] 이온선택전극법

25. 신축 공동주택의 에틸벤젠, 벤젠, 폼알데하이드, 자일렌, 스티렌에 대한 실내공기질 권고기준을 기술하시오. (단, 100세대 이상 공동주택에 적용)

항목	권고기준
에틸벤젠	
벤젠	
폼알데하이드	
자일렌	
스티렌	

> [해설]
>
> | 항목 | 권고기준 |
> |---|---|
> | 에틸벤젠 | $360\,\mu g/m^3$ 이하 |
> | 벤젠 | $30\,\mu g/m^3$ 이하 |
> | 폼알데하이드 | $210\,\mu g/m^3$ 이하 |
> | 자일렌 | $700\,\mu g/m^3$ 이하 |
> | 스티렌 | $300\,\mu g/m^3$ 이하 |

26. 다중이용시설의 실내공기질 유지기준 항목이다. (   ) 안에 알맞은 농도를 써 넣으시오. (전시시설 기준)

전시시설	미세먼지(PM-10)	이산화탄소	폼알데하이드	일산화탄소
	( )$\mu g/m^3$ 이하	( )ppm 이하	( )$\mu g/m^3$ 이하	( )ppm 이하

> [해설]
>
> | 전시시설 | 미세먼지(PM-10) | 이산화탄소 | 폼알데하이드 | 일산화탄소 |
> |---|---|---|---|---|
> | | $100\,\mu g/m^3$ 이하 | 1000ppm 이하 | $100\,\mu g/m^3$ 이하 | 10ppm 이하 |

27. 삼원촉매장치의 촉매 3가지와 제거오염물질 3가지를 서술하시오.

　(1) 촉매 3가지

　(2) 제거오염물질 3가지

> **해설** (1) 촉매 3가지
> 　　　　백금(Pt), 로듐(Rh), 팔라듐(Pd)
> 　　(2) 제거오염물질 3가지
> 　　　　NOx(질소산화물), HC(탄화수소), CO(일산화탄소)

28. 다음 표는 지정악취물질의 배출허용기준이다. (　) 안을 바르게 채우시오.

	뷰티르알데하이드	n-뷰티르산	I-발레르산
공업지역	(①)ppm 이하	(③)ppm 이하	(⑤)ppm 이하
기타지역	(②)ppm 이하	(④)ppm 이하	(⑥)ppm 이하

> **해설** ① 0.1 ② 0.029 ③ 0.002 ④ 0.001 ⑤ 0.004 ⑥ 0.001

29. 고용량시료채취법을 이용하고자 한다. 채취 전 유량 1.6m³/min이고, 채취 후 유량은 1.4m³/min일 때, 흡인 공기량(m³)은 얼마인가? (단, 채취시간은 25시간이다.)

> **해설 식** $Q = \dfrac{\text{채취 전 유량}(Q_1) + \text{채취 후 유량}(Q_2)}{2} \times \text{채취시간}(t)$
>
> ∴ $Q = \dfrac{(1.6+1.4)\,m^3/\min}{2} \times 25hr \times \dfrac{60\min}{1hr} = 2,250\,m^3$
>
> **정답** 2,250m³

PART 2

제 2 편
과년도 필답형 기출문제

2017년도 제1회 산업기사 필답형

01. 각 기기별 원리 및 적용범위를 서술하시오.

(1) 이온크로마토그래프법

(2) 비분산적외선분광분석법

(3) 흡광차분광법

02. 벤츄리 스크러버 목부분의 직경이 0.24m, 수압이 20,000mmH₂O, 목부의 유속이 60m/sec, 노즐 직경이 4mm인 경우 노즐의 개수가 6개일 때, 필요한 세정수량(L/sec)을 구하시오.

03. 분산모델과 수용모델의 장점을 4가지씩 기술하시오.

04. 시료채취시 유의사항 중 다음의 물음에 답하시오.

(1) 채취관을 보온 및 가열하는 이유 3가지

(2) 브롬 채취 시 채취관의 재질 3가지

05. 유량이 200m³/min, 액가스비 1.5L/m³, 목부 가스유속 50m/sec인 벤츄리 스크러버로 함진가스를 처리할 경우 스크러버의 목부 직경(m)과 압력손실(mmH$_2$O)을 구하시오. (단, 가스의 온도는 20℃)

(1) 목부직경

(2) 압력손실

06. 아래의 데이터를 보고, 링겔만 매연 농도(%)를 구하시오.

도수	0도	1도	2도	3도	4도	5도
측정횟수	100회	50회	25회	30회	10회	7회

07. 연도 배출가스는 10000m³/hr으로 배출되고 있고, 배출가스 중의 염화수소 농도는 407ppm이었다. 현재 배출가스 중의 산소농도는 13%, 산소기준 농도는 11%이다. 산소기준 농도로 보정시 배출가스의 유량과 배출가스 내 염화수소의 농도를 산출하시오.

(1) 배출가스 유량

(2) 염화수소 농도

08. 원통형 여과집진기를 설치하여, 분진농도 20g/Sm³, 출구농도 1g/Sm³, 겉보기 여과속도 1cm/sec, 분진부하 450g/m²로 가동할 때, 탈진주기를 구하시오.

09. 굴뚝 배출가스량이 100Sm³/h이고 HCl 농도 200ppm인 경우 5000L의 물에 5시간 흡수시켰을 때 수용액의 노르말 농도와 pOH를 각각 구하시오. (단, 흡수율은 60%이다.)

(1) 노르말 농도

(2) pOH

10. 후드 압력손실이 150mmH₂O이고, 유속이 10m/sec, 밀도가 2.5kg/m³일 때 유입계수를 구하시오.

11. 아래의 조건을 이용하여 50% 제거되는 입경(절단입경)(μm)을 구하시오.

〈조건〉
- 배기가스의 점도 : 0.018cP
- 입자의 비중 : 2
- 유입구 직경 : 50cm
- 배기가스 속도 : 12m/sec
- 몸통직경 : 2m
- 유효회전수 : 7회

CHAPTER 02 2017년도 제2회 산업기사 필답형

01. 세정집진장치에서 관성충돌계수를 크게 하기 위한 입자 배출원의 특성 또는 운전조건 6가지를 기술하시오.

02. NOx 선택적 촉매환원법 원리와 환원제의 종류 2가지, 촉매의 종류 2가지를 쓰시오.

03. 후드에 대한 다음 물음에 답하시오.
   (1) 외부식 후드의 장단점 1가지씩 쓰시오.

   (2) 무효점

   (3) 제어속도

04. 열효율이 50%인 석탄 화력발전소에서 연간 4.2×10^6 Watt의 전기를 생산하고 있다. 석탄의 발열량이 2,500kcal/kg이고, 재의 함량이 10%일 때 연간 재 발생량을 구하시오.(kg/yr) (단, 1watt = 0.238kcal/sec)

05. 유량이 200m³/min, 액가스비 0.59L/m³, 목부 가스유속 50m/sec인 벤투리 스크러버로 함진가스를 처리할 경우 스크러버의 목부 직경(m)과 압력손실(mmH_2O)을 구하시오. (단, 가스의 온도는 20℃)

06. 블로우 다운(Blow down) 방식에 대한 정의를 서술하고, 효과를 3가지 이상 쓰시오.

07. 굴뚝에서 배출되는 가스량이 6,000Sm³/hr이며 불화수소(HF)의 농도는 900mL/Sm³이다. 이것을 수산화칼슘용액으로 침전제거하고자 할 때 1시간 동안 사용된 수산화칼슘의 양(kg)을 계산하시오.

08. 어떤 유해가스와 물이 일정의 온도에서 평형상태에 있다. 가상의 유해가스 분압이 30mmHg이며 수중의 유해가스의 농도가 1.3mol/m³이었다. 이 경우 헨리정수(atm · m³/kmol)를 구하시오.

09. 코크스의 연료조성(1kg 기준)은 C : 85%, H : 10%, O : 2%, N : 1%, S : 2%이었다. 공기비가 1.3일 때, 실제 습배기가스량 중 SO_2의 농도(%)를 구하시오.

10. HF가 100ppm 배출되는 배출원 주위에서 허용기준이 5mg/Sm³라고 할 때, 허용기준을 만족하기 위한 HF 처리효율을 구하시오.

11. 고로가스 1m³의 이론 습배기가스량을 구하시오.

〈조성〉
N_2 : 60%, CO : 20%, CO_2 : 15%, H_2 : 5%

2017년도 제4회 산업기사 필답형

01. 흡착제 종류와 흡착제 재생방법을 3가지씩 쓰시오.

(1) 흡착제의 종류

(2) 활성탄의 재생방법

02. 활성탄 흡착에는 물리적 흡착과 화학적 흡착이 있다. 이 중 물리적 흡착의 기전을 3가지 쓰시오.

03. 각 기기별 원리 및 적용범위를 서술하시오.

(1) 기체크로마토그래피법

(2) 이온크로마토그래피법

04. 실내의 용적이 10m³이고, 실내에 페놀의 농도가 $6\mu g/m^3$일 때, 실내에 존재하는 페놀의 분자수를 구하시오.

05. 탄화도의 증가에 따라 증가하는 인자와 감소하는 인자를 3가지씩 쓰시오.

(1) 증가하는 인자

(2) 감소하는 인자

06. 탄소 85%, 수소 15%로 구성된 액체연료 1kg을 공기비 1.1로 연소 시 탄소의 0.5%가 그을음으로 되었다. 건조 연소배기가스 1Sm³ 중 그을음의 농도(g/Sm³)를 구하시오.

07. 옥탄의 이론연소반응식을 쓰고, AFR(무게 기준)을 구하시오.

(1) 옥탄의 이론 연소 반응식

(2) 옥탄의 AFR(무게 기준) 계산

08. 단단 침강실의 폭 2m, 높이 2.5m, 길이 6m인 중력집진장치로 밀도 1.6g/cm³, 점성계수 0.2×10^{-3} g/cm·sec인 배기가스 300m³/min을 처리하고자 할 때, 다음을 계산하라.

(1) 층류영역에서 입경 $60\mu m$인 입자의 종말침강속도(cm/sec)

(2) 층류영역에서 입경 $70\mu m$인 입자의 부분집진효율(%)

09. C_3H_8(프로판)과 C_2H_6(에탄)의 혼합가스 $1Nm^3$을 완전연소시킨 결과 배기가스 중 CO_2의 생성량이 $2.6Nm^3$이었다. 이 혼합가스의 mole비(C_3H_8/C_2H_6)는 얼마인가?

10. 전기집진장치의 처리가스 유량은 $500m^3/min$이고, 높이 2m, 길이 10m인 집진극의 수는 24개이다. 유입분진의 농도 $10g/m^3$, 출구 농도 $0.1g/m^3$일 때 분진입자의 겉보기 이동속도 $W_e(cm/\sec)$는 얼마인가? (단, 내부 집진판은 양면, 외부 집진판은 단면이 집진된다.)

11. 흡수장치에 대한 물음에 답하시오.

(1) 액분산형 흡수장치의 종류 3가지

(2) 부하점(loading point)

12. 화력발전소에서 배출되는 분진을 사이클론과 전기집진장치를 직렬로 연결하여 제거하고자 한다. 사이클론에서의 유입농도가 $80g/m^3$, 유량이 $30000m^3/hr$, 전기집진장치에서의 유입농도가 $15g/m^3$, 유량이 $36000m^3/hr$, 최종출구 농도가 $1.0g/m^3$일 때, 이 집진장치의 총 효율은 몇 %인가?

2018년도 제1회 산업기사 필답형

01. 힘의 평형관계로부터 Stoke's 침강속도식을 유도하시오. (단, 항력(F_d)= $3\pi\mu d_p V_s$ (kg·m/sec^2) 이다.)

02. SO$_2$의 환경기준을 쓰시오.

(1) 1시간 평균치

(2) 24시간 평균치

(3) 연간 평균치

03. 분진농도 50g/Sm^{3}의 함진가스를 정상 운전상태에서 집진율 93%로 처리하는 cyclone이 있다. 이 cyclone의 원추하부 부근에서 처리가스의 10%에 해당하는 외부 공기가 유입된다면 분진 통과율은 외부 공기유입이 없는 정상운전시의 2배에 달한다고 한다. 이 때 출구가스의 분진농도를 구하시오.

04. 다음의 각 연소에 대해 간단히 설명하시오. (단, 연소에 해당하는 물질을 반드시 1가지를 언급하여 설명할 것)

(1) 증발연소

(2) 분해연소

(3) 표면연소

(4) 확산연소

(5) 내부연소(자기연소)

05. 악취제거에 사용되는 촉매연소법에서 사용하는 촉매의 종류 2가지와 온도에 따른 변화를 설명하고, 촉매연소법의 장·단점을 2가지씩 쓰시오.

06. 인화점과 착화점에 대하여 설명하시오.

(1) 인화점

(2) 착화점

07. 연소가능한 물질이 반응기를 통해서 99.9%까지 연소되기 위한 반응시간(sec)을 1차 반응속도식을 활용하여 계산하시오. (단, 반응속도상수(k)는 0.015/sec)

08. 전기집진기에서 집진극과 방전극의 간격 4cm, 가스유속 2.4m/sec로서 먼지 입자를 100% 제거하기 위해 요구되는 이론적인 전기집진극의 길이(m)를 구하시오. (단, 입자의 집진극으로 표류(분리)속도는 0.06m/sec임)

09. 질소산화물 제어방법에서 연소조절법과 배연탈질방법이 있다. 이 중 연소조절법에 의한 질소산화물 발생을 억제시키는 방법을 4가지 쓰시오.

10. 기체크로마토 그래프법에서 사용되는 검출기 2가지를 설명하시오.

11. 어느 도시지역이 대기오염으로 인하여 시골지역보다 태양의 복사열량이 10% 감소한다고 한다. 도시지역의 지상온도가 255K일 때 시골지역의 지상온도는 얼마가 되겠는가? (단, 스테판-볼츠만의 법칙을 이용한다.)

12. 등가비에 대해 설명하고, 다음 문장 중 ( ) 속에 들어갈 말을 쓰시오.

> 등가비가 1인 연소기의 등가비를 1 이하로 낮추게 되면 배기가스 중의 CO는 (①)이 되고, NO는 (②)한다.

CHAPTER 05 2018년도 제2회 산업기사 필답형

01. 500초 동안 반응물의 1/2이 분해되었다면 반응물이 1/10이 남을 때까지는 얼마의 시간(sec)이 필요한가? (단, 1차 반응 기준)

02. 악취처리방법의 종류 4가지를 쓰시오.

03. 리차드슨 수의 정의를 간단히 설명하고, 다음 범위의 안정도를 판단하시오.

① $-0.03 < Ri < 0$　　② $0 < Ri < 0.25$　　③ $Ri < -0.04$

(1) 리차드슨 수(Ri)

(2) 안정도 판단

04. 대기오염공정시험기준상 비분산적외선분석법(NDIR법)의 장치의 구성성분 중 (1) 회전섹터와 (2) 광학필터에 대해서 설명하시오.

(1) 회전섹터

(2) 광학필터

05. 높이가 4m, 폭이 1m인 침강실에 바닥을 포함하여 20개의 평행판을 설치하였다. 이 침강실에 함진가스를 $1m^3/sec$의 유량으로 유입시킬 때, 분진입자를 완전히 처리하는데 필요한 침강실의 길이를 구하시오. (단, 침강실의 가스흐름은 층류이고, 침강속도는 0.02m/sec)

06. 내연기관의 연료를 평가하는 옥탄가와 세탄가에 대해 설명하시오.

(1) 옥탄가

(2) 세탄가

07. 질소산화물 제어방법에서 연소조절법과 배연탈질방법이 있다. 이 중 연소조절법에 의한 질소산화물 발생을 억제시키는 방법을 4가지 쓰시오.

08. 정전집진극에서 집진판의 간격이 25cm이고, 가해진 전압이 50kV이다. 집진극 사이를 통과하는 함진가스의 유속이 1.5m/sec이다. 입경 0.5㎛의 분진을 100% 제거하기 위하여 요구되는 집진판의 길이는 몇 m인가?
(단, $W_e = (1.1 \times 10^{-14} \times P \times E^2 \times d_p)/\mu$, P = 2, μ = 8.63×10⁻²kg/m·hr)

09. 중력집진장치의 장단점을 각각 3가지씩 쓰시오.

10. 여과집진장치의 단점 4가지를 쓰시오.

11. 후드의 압력손실계수가 0.82이고 속도압이 30mmH₂O일 때, 압력손실(mmH₂O)을 구하시오.

12. 비산먼지의 농도를 구하기 위해 측정한 조건 및 결과가 다음과 같을 때 비산먼지농도(mg/m^3)를 계산하시오.

〈측정조건 및 결과〉
- 포집먼지량이 가장 많은 위치에서의 먼지농도 : $8.8mg/m^3$
- 대조위치선정할 수 없다.
- 전 시료채취 기간 중 주 풍향이 90° 이상 변한다.
- 풍속이 0.5m/sec 미만 또는 10m/sec 이상이 되는 시간이 전 채취시간의 50% 미만이다.

13. 어떤 석탄을 공업 분석한 결과 휘발분이 10%, 수분이 5% 그리고 회분이 5%일 때 석탄의 연료비를 구하시오.

CHAPTER 06 2018년도 제4회 산업기사 필답형

01. 관성력 집진장치의 장단점을 각각 2가지씩 쓰시오.

02. 도시가스 1Sm³의 함량은 CO : 0.1Sm³, CH₄ : 0.3Sm³, C₂H₄ : 0.05Sm³, C₃H₆ : 0.08Sm³, O₂ : 0.02Sm³, CO₂ : 0.2Sm³, N₂ : 0.16Sm³이었다. 이론공기량(Sm³/Sm³)을 계산하시오. (단, 탄화수소는 모두 CO_2와 H_2O가 생성되며, 질소는 일산화질소로 반응한다.)

03. 전기집진기의 방전극과 집진극과의 거리가 4cm, 공기유속이 2m/sec, 입자의 이동속도가 4cm/sec일 때, 이 입자를 100% 제거하기 위한 이론적인 집진극 길이(m)를 구하시오.

04. 집진효율이 50%, 70%, 80%인 3개의 집진장치를 직렬로 연결할 때 이 장치를 통해 배출되는 먼지의 농도가 48(mg/Sm³)일 때, 입구먼지 농도를 구하시오.

05. 실내의 용적이 200m³인 복사실에서 오존(O_3)의 배출량이 초당 0.08mg인 복사기를 연속 사용하고 있다. 복사기 사용 전 실내의 오존농도가 0.15ppm일 때, 2시간 동안 복사기를 사용한 후 복사실의 오존농도(ppb)는?

06. 충전탑에 관한 아래의 용어에 대해 간단히 설명하시오.

  (1) 홀드업(Hold-up)

  (2) 부하점(Loading Point)

  (3) 범람점(Flooding point)

07. 전기집진장치의 장점 및 단점을 2가지씩 쓰시오.

(1) 장점

(2) 단점

08. 먼지의 입경(d_p, μm)을 Rosin-Rammler 분포에 의해 체상분포 R(%) = $100\exp(-\beta d_p^n)$으로 나타낸다. 이 먼지는 입경 40μm 이하가 전체의 약 몇 %를 차지하는가? (단, β = 0.063, n = 1)

09. 다음 설명에서 (   ) 안을 채우시오.

"전기집진장치에서 분진입자의 겉보기 이동속도는 커닝햄 보정계수(C_m)에 비례한다. $C_m \geq 1$이 되기 위해서 분진의 입경이 (①)수록, 가스의 온도가 (②)수록 가스압력이 낮을수록, 가스분자가 작을수록 커진다."

10. 다음 물음에 답하시오.

(1) 등가비를 산출하는 식을 쓰고 설명하시오.

(2) 연소상태와 그에 따른 등가비의 관계를 3가지 형태로 서술하시오.

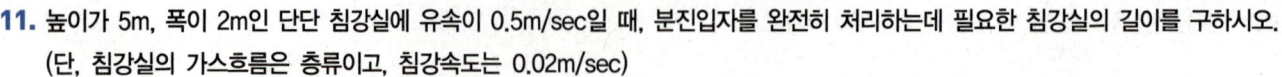

11. 높이가 5m, 폭이 2m인 단단 침강실에 유속이 0.5m/sec일 때, 분진입자를 완전히 처리하는데 필요한 침강실의 길이를 구하시오.
(단, 침강실의 가스흐름은 층류이고, 침강속도는 0.02m/sec)

12. 80%의 효율로 제진하는 전기집진장치의 집진효율을 99.2%로 향상시키려고 할 때 집진면적은 현재 면적의 몇 배로 증가시켜야 하는가?

13. 송풍기 풍량조절법 3가지를 쓰시오.

CHAPTER 07 2019년도 제1회 산업기사 필답형

01. 헨리법칙(Henry's Law)이 적용되는 가스의 대기 중 분압이 16mmHg일 때 수중 유해가스의 농도가 3.0kmol/m³이었다면, 동일한 조건에서 가스분압이 290mmH₂O일 경우 수중 유해가스의 농도(kmole/m³)는 얼마인가?

02. 연소실 통풍방식 3가지를 쓰시오.

03. 가압수식 세정집진장치의 효율향상 조건 5가지를 쓰시오.

04. 연소실 내에서 온도저하 시 발생하는 저온부식의 원인과 대책 두 가지를 기술하시오.

(1) 저온부식 발생원인

(2) 방지대책

05. 기체크로마토 그래프 검출기 종류 4가지를 쓰시오.

06. 백필터에서 먼지부하 360g/m²에 도달할 때마다 간헐적으로 탈진한다. 지금 입구에서의 먼지농도가 10g/m³, 겉보기 여과속도가 1cm/s일 때 탈락시간 간격(sec)을 구하시오. (단, 백필터의 효율은 98.5%이다.)

07. 침강역전과 복사역전의 원리를 쓰시오.

(1) 침강역전

(2) 복사역전

08. 전기집진장치의 먼지 비저항이 비정상적으로 낮아졌을 때 발생할 수 있는 장애현상을 쓰고 대책 2가지를 쓰시오.

09. 프로판의 저위발열량은 28,825.45kcal/Sm³이다. 프로판의 고위발열량(kcal/m³)은 얼마인가? (단, 물의 증발잠열은 600kcal/kg)

10. 로진-레믈러 분포(Rosin-Rammler distribution)는 일반적으로 산업 활동과정에서 발생하는 입도분포에 잘 적용되는데, 이 식을 작성하고 이 식에 사용된 기호의 의미를 설명하시오.

11. 공기역학적 직경을 스토크 직경과 비교하여 설명하시오.

12. NOx의 생성기구 중 Thermal NOx와 Fuel NOx를 각각 서술하시오.

2019년도 제2회 산업기사 필답형

01. 복사역전과 침강역전에 대해 설명하시오.

(1) 복사역전

• 원인

• 피해 사건

(2) 침강역전

• 원인

• 피해 사건

02. 원심력 집진장치의 입경분포에 따른 효율이 아래와 같을 때, 총 집진효율(%)을 구하시오.

입경범위(μm)	0~5	5~10	10~15	15~20	20~25	25~30
중량분율(%)	5	25	30	20	15	5
부분집진율(%)	92	94	96	98	99	99

03. 벤츄리 스크러버 목부분의 직경이 0.24m, 수압이 20,000mmH$_2$O, 목부의 유속이 60m/sec, 노즐 직경이 4mm인 경우 노즐의 개수가 6개일 때, 필요한 세정수량(L/sec)을 구하시오.

04. 전기집진기의 비저항이 너무 높거나 작을 때의 대책으로 3가지씩 쓰시오.

　(1) 비저항이 낮을 때

　(2) 비저항이 높을 때

05. 다운워시와 다운드래프트의 원인과 대책을 서술하시오.

06. 블로우 다운(Blow down) 방식에 대한 정의를 서술하고, 효과를 3가지 이상 쓰시오.

07. 250m³의 사무실에서 흡연으로 인해 CO 농도가 50ppm이다. 회의를 중단하고 창문을 열어 환기하여 CO의 농도를 0.1ppm으로 낮추려고 할 때, 환기 소요시간을 구하시오. (단, 환기유량은 50m³/min이고, 외기의 CO 농도는 0ppm이다.)

08. 고무 제조공장에서 배출되는 유해가스는 흡수처리된다. 흡수탑에 유입되는 유해가스의 조성은 HCl 10%, 공기 90%이고, 이 때 유입되는 유량은 5m³/hr이며, 2시간 동안 유입된다. HCl의 흡수율은 99.5%, 혼합가스의 온도는 60℃, 압력 750mmHg일 때 유입된 가스 중 제거되는 HCl의 양(kg)을 구하시오. (단, 표준상태 기준)

09. 황분 1.6% 이하를 함유한 액체연료를 사용하는 연소시설에서 배출되는 황산화물(표준산소 농도를 적용받는 항목)을 측정한 결과 710ppm, 표준 산소농도는 4%이었다. 시험성적서에 명시해야 할 황산화물의 농도가 800ppm일 때, 배출가스 중 산소농도(%)를 구하시오.

10. 아래의 공정시험기준 용어의 정의를 쓰시오.

(1) 밀봉용기

(2) 방울수

(3) 즉시

11. 질량조성으로 탄소 85%, 수소 13%, 황 2%인 중유를 시간당 5kg의 율로 공기비 1.2로 연소시키고 있다. 건조연소가스 중 SO_2 농도를 ppm으로 구하시오.

12. 물리적 흡착 특징을 화학적 흡착과 비교하여 5가지를 설명하시오.

2019년도 제4회 산업기사 필답형

01. 블로우 다운(Blow down) 방식에 대한 정의를 서술하고, 효과를 3가지 이상 쓰시오.

(1) 정의

(2) 효과

02. 다음 입경측정방법에 대한 물음에 답하시오.

(1) 먼지의 간접측정법 3가지를 쓰시오.

(2) R-R에서 입경지수(n)이 미치는 영향을 쓰시오. (입경분포 폭의 관계)

(3) R-R에서 입경지수(β)가 미치는 영향을 쓰시오. (입경크기 관련)

03. 질소산화물 제어방법에서 연소조절법과 배연탈질방법이 있다. 이 중 연소조절법에 의한 질소산화물 발생을 억제시키는 방법을 4가지 쓰시오.

04. ECD 검출기의 검출원리를 쓰시오.

05. 세정집진장치의 단점을 쓰시오.

06. 비중이 1.84이고, 농도가 95wt%인 황산이 있다. 이 황산의 몰 농도와 노르말 농도를 구하시오.

(1) 몰 농도

(2) 노르말 농도

07. 중유 첨가제 3가지를 쓰고, 중유에 첨가제를 주입하는 목적에 대해 간단히 설명하시오.

08. 분산모델의 특징 5가지를 기술하시오.

09. 프로판과 부탄의 조성비가 2:1인 혼합연료를 연소시킨 결과 건조연소가스내의 CO_2 농도가 10%라면, 이 연료 $1m^3$을 연소할 때 생성되는 건조연소가스량(Sm^3)을 구하시오.

10. 사이클론(Cyclone)에서 유입 가스유속을 4배 증가시키고 유입구의 폭을 4배로 감소시키면 Lapple의 절단입경(Cut Size Diameter)인 d_{p50}은 처음 값에 비해 몇 배가 되는지 계산하시오.

11. 유효 굴뚝높이(H)가 60m인 굴뚝으로부터 SO_2가 6g/sec의 질량속도로 배출되고 있다. 굴뚝높이에서의 풍속은 5m/sec이고 풍하거리 500m에서 대기안전조건에 따라 편차 σ_y는 36m, σ_z는 18.5m이었다. 굴뚝으로부터 풍하거리 500m의 중심선상에 지표면 농도($\mu g/m^3$)를 구하시오.

2020년도 제5회 산업기사 필답형

01. 황분이 3%인 중유를 시간당 10ton 연소하는 보일러에서 배출되는 배기가스 중의 SO_2를 $CaCO_3$으로 배연탈황하여 $CaSO_4$로 고정할 때 이론적으로 필요한 $CaCO_3$의 양(ton/hr)은? (단, 중유 중 S성분은 모두 SO_2로 생성되고 탈황효율은 95%로 가정)

02. 3개의 집진장치를 직렬로 연결한 집진 시스템의 총 집진효율이 98%일 때 1차 집진장치의 효율을 구하시오. (단, 2차 집진장치의 효율은 70%, 3차 집진장치의 효율은 80%)

03. 광화학스모그 현상에서 생성되는 2차 오염물질의 종류 4가지를 쓰시오.

04. 굴뚝에서 배출되는 가스량이 10,000Sm³/hr이며 불화수소(HF)의 농도는 800mL/Sm³이다. 이것을 수산화칼슘용액으로 침전제거하고자 할 때 1시간 동안 사용된 수산화칼슘의 양(kg/hr)을 계산하시오.

05. 전기집진기의 고비저항 대책 3가지를 쓰시오.

06. 중력집진장치로 밀도 1.6g/cm³, 점성계수 0.2×10^{-3} g/cm·sec인 배기가스 300m³/min을 처리하고자 할 때, 입경 60μm인 입자의 종말침강속도(m/sec)를 구하시오.

07. 사이클론과 전기집진기를 직렬로 연결한 어느 집진장치에서 유입분진량은 500kg/hr이고 단위시간당 포집되는 분진량이 각각 100kg/hr, 67.5kg/hr일 때 아래 물음에 답하시오.

(1) 총 집진효율(%)

(2) 배출되는 분진량(kg/hr)

08. 환경대기 중 먼지를 채취하려고 할 때 채취용 여과지의 조건 3가지를 쓰시오.

09. 여과집진기의 탈진방식 3가지를 쓰시오.

10. 염화수소 0.5%가 포함된 가스 2,000m³/hr을 수산화칼슘으로 중화처리하고자 한다. 필요한 수산화칼슘의 소요량(kg/hr)을 구하시오.

11. 블로우 다운(Blow down) 방식에 대한 정의를 서술하고, 효과를 3가지 이상 쓰시오.

12. 어느 도시지역이 대기오염으로 인하여 시골지역보다 태양의 복사열량이 10% 감소한다고 한다. 도시지역의 지상온도가 255K일 때 시골지역의 지상온도는 얼마가 되겠는가? (단, 스테판-볼츠만의 법칙을 이용한다.)

13. 질소산화물 제어방법에서 연소조절법과 배연탈질방법이 있다. 이 중 연소조절법에 의한 질소산화물 발생을 억제시키는 방법을 4가지 쓰시오.

14. 전기집진장치의 입구분진 농도는 10g/Sm³, 출구분진 농도는 0.1g/Sm³, 입자의 표류속도는 10cm/sec이다. 360,000m³/hr의 함진가스를 처리하는 경우 필요한 집진면적은 얼마인가?

15. 굴뚝의 최대착지농도를 감소시키는 방법 3가지를 쓰시오.

16. 흡착제의 종류 5가지를 쓰시오.

17. 충전탑에 충진되는 충진제의 구비조건 5가지를 쓰시오.

18. 처리가스량 5,000m³/hr 배출원에서 집진장치를 포함한 송풍기까지의 압력손실을 100mmH₂O라 할 때 송풍기의 소요동력(kW)을 구하시오. (단, 송풍기효율은 0.7, 전동기 효율은 0.8)

19. 3개의 집진장치를 직렬로 연결한 집진 시스템에서 1차 집진장치의 효율이 50%, 2차 집진장치의 효율이 65%, 3차 집진장치의 효율이 80%일 때, 총 집진효율은 얼마인가?

20. 전기집진장치의 겉보기 이동속도(W_e)가 20m/hr, 유량이 1,000m³/hr, 집진면적이 120m²일 때 전기집진장치의 효율을 구하시오. (단, Deutsch-Anderson식을 이용하여 계산하고, 기타 조건의 변화는 없다.)

CHAPTER 11 2021년도 제1회 산업기사 필답형

01. 구형입자의 비표면적(부피기준)을 3배로 늘리면 직경은 처음의 몇 배가 되겠는가?

02. 옥탄의 이론연소반응식을 쓰고, AFR(무게 기준)을 구하시오.

(1) 옥탄의 이론 연소 반응식

(2) 옥탄의 AFR(무게 기준) 계산

03. 충전탑의 다음 용어에 대해 설명하시오.

(1) 홀드업(Hold up)

(2) 부하점(Loading point)

(3) 플러딩(Flooding)

04. 현재 유효굴뚝높이는 40m이다. 최대착지농도를 현재농도의 1/2로 하려고 할 때, 증가시켜야 할 유효굴뚝높이(m)를 구하시오.

05. 공기역학적 직경을 스토크 직경과 비교하여 설명하시오.

06. NOx의 생성기구를 각각 서술하고, 연소방법에 의한 NOx 방지대책 3가지를 쓰시오.

　(1) Thermal NOx

　(2) Fuel NOx

　(3) 연소방법에 의한 NOx 방지대책 3가지

07. 후드의 설치요령 5가지를 쓰시오.

08. 중력집진장치에서 처리되는 함진 분진의 평균 입자직경은 55μm이고, 최종침강속도는 15.5cm/sec, 장치의 높이는 1.55m, 함진 가스의 수평유속은 2.2m/sec이다. 분진을 완전히 제거하기 위한 침전실의 이론적인 길이(m)를 구하시오.

09. H_{OG}가 1m이고 제거율이 90%일 때, 흡수탑의 충전높이를 구하시오.

10. 반응물을 연소시켰을 때, 반응이 완료될 때까지 얼마의 시간(sec)이 필요한가? (단, 연소효율은 99.9%, K = 0.15/sec, 1차 반응 기준)

11. 면적 1m²인 여과집진장치를 먼지농도가 1g/m³인 배출가스가 100m³/min으로 통과하고 있다. 집진된 먼지층의 밀도가 1g/cm³이고 1시간 후의 여과된 먼지층의 두께는 5mm일 때 1시간 후의 출구먼지농도(g/m³)를 구하시오.

12. 80%의 효율로 제진하는 전기집진장치의 집진효율을 99.2%로 향상시키려고 할 때 집진면적은 현재 면적의 몇 배로 증가시켜야 하는가?

13. 질량조성으로 탄소 85%, 수소 14%, 황 1%인 중유를 시간당 5kg의 율로 공기비 1.2로 연소시키고 있다. 건조연소가스 중 SO_2 농도를 ppm으로 구하시오.

14. 관성력 집진장치의 장단점을 각각 2가지씩 쓰시오.

15. 밀도 1.6g/cm³, 점성계수 0.2×10^{-3} g/cm·sec인 입경 $60\mu m$ 입자의 종말침강속도(cm/sec)를 구하시오.

16. 분리도와 분리계수의 공식을 서술하고 각각을 설명하시오.

17. 블로우 다운(Blow down) 방식에 대한 정의를 서술하고, 효과를 3가지 이상 쓰시오.

18. 다음 물음에 답하시오.

(1) 등가비를 산출하는 식을 쓰고 설명하시오.

(2) 연소상태와 그에 따른 등가비의 관계를 3가지 형태로 서술하시오.

19. SO_2 농도가 400ppm이고 처리가스량이 50,000m³/hr인 어느 연소시설에서 배기가스 중의 SO_2를 석회석을 이용한 습식세정법으로 처리하고 있다. 황산칼슘(이수염)의 생성반응식과 생성량(kg/hr)을 구하시오. (단, 흡수처리에 사용되는 석회석의 순도는 15%(질량기준))

(1) 반응식

(2) 생성량(kg/hr)

20. 어떤 송풍기 정압 60mmH₂O에서 200m³/min의 공기를 이동시키고 있다. 이 때 소요동력이 6HP이고, 회전수는 200rpm이었다. 만약 회전수를 400rpm으로 증가시킬 경우 이송되는 공기량, 정압, 동력(마력)은 얼마인지 각각 구하시오.

(1) 공기량

(2) 정압

(3) 동력(마력)

2023년도 제1회 산업기사 필답형

01. 유입구 폭이 12cm, 유효회전수가 4회인 원심분리기에 입자의 밀도가 1.7g/cm³인 배기가스가 15m/s의 속도로 유입된다. 배기가스의 온도를 350K로 가정할 때 50%의 효율로 제거되는 먼지의 입경(μm)을 구하시오. (단, 공기의 밀도는 1.29kg/m³, 가스의 점도는 350K에서 처리가스 점도 0.0748kg/m·hr이다.)

02. 처리가스량 50,000m³/hr 배출원에서 집진장치를 포함한 송풍기까지의 압력손실을 150mmH₂O라 할 때 송풍기의 한달 소요동력비(원/월)를 구하시오. (단, 송풍기효율 0.7, 전력사용료는 120원/kWh, 1일 24시간 가동 기준)

03. 10개의 여과백을 사용한 여과집진장치에서 입구의 먼지농도가 30g/Sm³, 집진율은 95%였다. 가동중 1개의 백에 구멍이 생겨 처리가스량의 3/10이 그대로 통과한다면 출구의 분진농도(g/Sm³)를 계산하시오.

04. 충전탑에서 발생하는 편류현상과 방지대책을 쓰시오.

05. 동일한 3개의 집진장치를 직렬로 연결한 집진 시스템에서 집진장치 1개의 효율이 37%이라면, 총 집진효율은 얼마인가?

06. C_3H_8(프로판)과 C_2H_6(에탄)의 혼합가스 $1Nm^3$을 완전연소시킨 결과 배기가스 중 CO_2의 생성량이 $2.6Nm^3$이었다. 혼합가스 중 C_3H_8(프로판)의 부분압력(atm)을 구하시오. (단, 혼합가스의 압력은 1atm이다.)

07. 아래의 데이터를 보고, 링겔만 매연 농도(%)를 구하시오.

도수	0도	1도	2도	3도	4도	5도
측정횟수	100회	50회	25회	30회	10회	7회

08. 배출가스량 3,000m³/hr, 염소농도 4,000ppm의 오염물질을 수산화칼슘으로 처리한 후 배출하고 있다. 필요한 수산화칼슘(kg/hr)의 양을 구하시오. (단, 수산화칼슘 농도는 60%이다.)

09. 황성분이 2 %인 석탄 10톤/hr을 연소시키는 화력발전소에서 발생되는 배기가스 중의 SO_2를 석회석으로 흡수처리하여 석고를 생성시키고자 한다. 이때 얻을 수 있는 $CaSO_4 \cdot 2H_2O$(석고이수염)는 몇 kg인가?

10. 사이안화수소(HCN)의 처리방법 2가지를 쓰고 간략히 설명하시오.

11. 굴뚝 배출가스량이 10,000Sm³/h이고 HCl 농도가 98ppm인 경우 10,000L의 물에 3시간 흡수시켰을 때 수용액의 노르말농도와 pOH를 각각 구하시오. (단, 흡수율은 50%이다.)

12. 굴뚝높이가 100m, 대기온도 27℃, 배기가스의 평균온도가 105℃ 일 때, 통풍력을 2배 증가시키기 위해서 요구되는 배출가스의 온도를 구하시오. (단, 굴뚝의 높이는 일정하고, 배기가스와 대기의 비중량은 1.3kg/Nm³이다.)

13. A 배출시설에서 발생하는 분진의 농도는 50g/m³이고, 배출가스 유량은 2,000,000m³/min이다. 분진을 집진설비로 제거할 때 집진설비에 포집되는 분진량(톤/일)을 구하시오. (단, 집진효율은 90%)

14. 어떤 석탄을 공업 분석한 결과 휘발분이 6.7%, 수분이 10% 그리고 회분이 23.3%일 때 석탄의 연료비를 구하시오.

15. 탄화수소 $C_{2.2}H_{6.4}$를 완전연소할 때의 공연비(AFR)를 체적비로 구하시오.

16. 파장이 5520Å인 빛 속에서 ρ(밀도)가 0.95g/cm³이고, 직경이 1.6μm인 기름방울의 K(분산면적비)가 4.1 이었다. 가시거리가 950m 일 때, 먼지의 농도(μg/m³)를 구하시오

17. 흡착제 종류와 흡착제 재생방법을 3가지씩 쓰시오.

18. 메커니즘에 맞는 집진장치를 모두 쓰시오.
  (1) 중력
  (2) 관성력
  (3) 원심력
  (4) 정전기력

19. NO_2 1,000ppm을 함유한 배기가스 50,000Sm³/hr를 NH_3로 선택적 접촉환원법에 의해 처리할 경우 NO_2를 제거하기 위한 NH_3의 양(Sm³/hr)을 계산하시오. (단, 제거효율은 80%이다.)

20. A굴뚝 배출가스 중 염화수소농도를 측정하였더니 200ppm이었다. 이 때 염화수소농도를 80mg/Sm³로 저하시키기 위하여 제거해야 할 염화수소농도(mg/Sm³)는?

CHAPTER 13 2023년도 제2회 산업기사 필답형

01. 어떤 먼지의 입경분포가 다음 표와 같을 때, 빈도분포곡선과 체상누적빈도분포곡선을 그리고자 한다. 필요한 빈도와 체상누적분포율을 구하시오.

입경분포(μm)	입자수
0~2.5	200
2.5~5.5	180
5.5~7.5	400
7.5~10.5	560
10.5~20	380
20~30	160
30~60	120

(1) 20~30μm 입경범위에서의 빈도(f)(%/μm)

(2) 20~30μm 입경범위에서의 체상누적빈도분포율(R)(%)

02. SO_2가 760mmHg, 50°C에서 7ppm일 때, SO_2 농도(μg/m³)를 구하시오.

03. HF를 처리해서, CaF_2를 얻으려고 할 때, 투입해야 하는 응고제는?

04. 한 공장에서 직렬조합으로 원심력 집진장치와 여과집진장치를 설치하였다. 원심력 집진장치가 30%이고 전체 집진효율이 99.5%일 때, 해당 여과 집진장치의 효율을 구하시오.

05. 92%의 효율로 제진하는 전기집진장치의 집진효율을 99%로 향상시키려고 할 때 집진면적은 현재 면적의 몇 배로 증가시켜야 하는가?

06. 먼지입경이 감소할 때, 다음 인자들의 변화를 고르시오.

    A. 침강속도는 (증가, 감소, 변화없음)한다.
    B. 비표면적은 (증가, 감소, 변화없음)한다.
    C. 원심력은 (증가, 감소, 변화없음)한다.
    D. 부착력은 (증가, 감소, 변화없음)한다.

07. 최대 착지농도를 저감시키기 위한 방법 3가지를 서술하시오.

08. 다음과 같은 조건을 이용하여, A, B, C 각 물질의 질량 백분율(%)을 구하시오.

[질량 및 비율 표]

구분	질량	비율
A(g/mol)	24	24%
B(g/mol)	32	46%
C(g/mol)	48	30%

09. 높이가 10m 되는 곳에 직경이 100μm인 먼지가 있다. 이들의 속도가 5m/s인 바람이 수평으로 불 때, 다음 질문에 답하시오. (단, 동종의 먼지로 직경이 10μm의 것은 낙하속도가 0.6cm/s 이다.)

    A) 100μm일 때의 낙하속도(m/s)을 구하시오.

    B) 100μm일 때의 낙하지점(m)을 구하시오.

10. 비분산적외선 분광법 용어 및 분석기구에 대한 설명이다. 빈 칸을 채우시오.

> 비분산형적외선분석기에서 (㉠)는 시료가스 중에 간섭물질 가스의 흡수 파장역의 적외선을 흡수 제거하기 위하여 사용하며, (㉡)는 시료광속과 비교 광속을 일정 주기로 단속시켜 광학적으로 변조시키는 것이다.
> 제로 조정용 가스를 기준 유량으로 분석기에 도입하여, 그 농도를 눈금 범위 내의 어느 일정한 값으로부터 다른 일정한 값으로 갑자기 변화시켰을 때, 스텝(step) 응답에 대한 소비시간이 (㉢) 이내이어야 한다. 또 이때 최종 지시 값에 대한 90%의 응답을 나타내는 시간은 (㉣) 이내이어야 한다.

11. 직경이 50.3cm인 굴뚝에서 배출가스 유속을 피토우관으로 측정했더니, 동압이 10mmH$_2$O였다. 굴뚝으로부터 배출되는 가스량(m^3/hr)을 구하시오. (단, 피토우관 계수는 0.85, 배출가스 온도 108℃, 정압은 15mmH$_2$O, 표준가스밀도는 1.29kg/Sm^{3}이다.)

12. 도시지역의 복사열이 시골지역의 복사열의 10%일 때, 온도는 255k, 볼츠만 상수 5.867×10^{-8}일 때, 시골지역의 절대온도를 구하시오.

13. 직경이 40cm이며, 백필터가 500개인 원통형 백필터를 사용하여, 먼지 농도 5g/m³인 배기가스를 4,000m³/min으로 처리한다. 이때, 백필터의 길이(m)를 구하시오. (단, 여과속도 10cm/sec)

14. 건식 흡수법 중 석회석 주입법의 특징 4가지를 서술하시오.

15. 헨리법칙을 이용해서 처리할 수 있는 기체 5개를 쓰시오.

16. HF 150ppm인 배기가스가 시간당 29,340m³로 배출되는 경우, 이 HF를 처리하기 위해 필요한 NaOH의 양(kg/hr)를 구하시오.

17. 유입구 폭이 14.5cm, 유효회전수가 5회인 원심분리기에 입자의 밀도가 5.06g/cm³인 배기가스가 15m/s의 속도로 유입된다. 배기가스의 온도를 350K로 가정할 때, 50%의 효율로 제거되는 먼지의 입경(㎛)을 구하시오. (단, 공기의 밀도는 무시하고, 가스의 점도는 350K에서 0.0748kg/m·hr이다.)

18. Ringelmann chart를 사용하여, 어떤 굴뚝의 연기 농도를 271회 측정한 결과, 5도 10회, 4도 14회, 3도 20회, 2도 44회, 1도 54회, 0도가 129회 였다면, 연기의 농도(%)를 구하시오.

19. 부탄를 공기비 1.3으로 연소 시 CO_{2max}(%)값을 구하시오.

20. 시료채취시 채취관을 보온 또는 가열하는 이유 3가지를 쓰시오.

CHAPTER 14 2023년도 제4회 산업기사 필답형

01. [보기]에 있는 시간대에 알맞는 연기모양을 도식하고, 안정과 불안정으로 대기안정도를 판단하시오. (단, 상층과 하층이 다를 경우, 각각 기재하며, [예시]는 답란에서 제외하시오)

[예시] 야간 : fanning, 안정조건
[보기] (a) 아침   (b) 한낮   (c) 일몰 후 저녁

02. 중력침강실의 제거효율이 98%이고, 배출가스 중 먼지농도가 $2.75g/Sm^3$, 배출가스량이 $300m^3/hr$, 가스온도 200℃, 침전된 먼지 밀도가 $1.1kg/m^3$이다. Dust box 최대용량이 $1.2m^3$이 되면 청소를 해야 한다. 청소하는 시간(hr)주기를 계산하시오.

03. A 먼지 배출공장에서 사이클론과 전기집진장치를 직렬로 연결하여 쓰고 있다. 사이클론 입구 유량은 $30,000m^3/sec$, 출구유량은 $6,750m^3/sec$이고, 전기집진장치 입구 유량 $30,000m^3/sec$, 출구유량 $2,001m^3/sec$일 때, 총 집진율(%)을 구하시오.

04. 어느 연도를 6개의 등면적으로 구분하여 각 측정점에서 유속과 굴뚝 건조 배출가스 중 먼지농도를 수동식으로 측정한 결과가 다음과 같았다. 이 때, 가스배출 유속이 10m/sec이고, 전체 평균 먼지농도(g/Sm^3)가 0.33이라면, 3번째 먼지농도(g/Sm^3)는 얼마인가?

측정점 구분	1	2	3	4	5	6
측정점의 유속(m/sec)	5	5.1	4.6	4.7	4.9	5.3
측정점의 먼지농도(g/Sm^3)	0.1	0.25	x	0.48	0.42	0.3

05. 리차드슨수의 정의를 간단히 설명하고, 다음 범위의 안정도를 판단하시오.

(가) 리차드슨수의 정의를 쓰고, 공식의 각 인자를 설명하시오.

(나) 다음 주어진 범위의 안정도를 중립/불안정/안정 조건으로 판단하시오.
㉠ Ri < -1
㉡ Ri > 1
㉢ -0.01 < Ri < 0.01

06. 블로우 다운(Blow down)에 대한 설명 및 기대효과 3가지를 작성하시오.

07. 원자분광광도법의 측정원리 및 장치구성에 대해서 설명하시오.

08. 온도 25°C에 액적염산을 포함한 배출가스 4.47m³/sec를 폭 9m, 높이 6m, 길이 15m의 중력집진장치로 제거하고자 한다. 먼지의 비중이 1.60이라면, 이 중력집진기가 집진할 수 있는 이론적 최소제거입경(μm)을 계산하시오. (단, 공기밀도는 무시하고, 25°C 공기 점도는 0.0185cP이다.)

09. 유해가스와 물이 일정온도에서 평형상태에 있다. 유해가스의 분압이 기상에서 40mmHg일 때, 수중 유해가스 농도는 1.75kmol/m³이면, 헨리상수(atm·m³/kmol)를 계산하시오. (단, 전압은 1atm이다.)

10. 충전탑의 다음 용어에 대해 설명하시오.
1) 홀드업(Hold up)
2) 부하점(Loading point)
3) 플러딩(Flooding)

11. 직경이 1.128m인 벤츄리 스크러버를 이용하여 유입유량 5m³/sec를 처리하고 있다. 해당 장치의 속도압(kgf/m²)을 구하시오. (단, 처리가스의 비중량은 1.3kgf/m³이다.)

12. 유입계수가 0.82이고, 속도압이 20mmH$_2$O일 때, 후드의 압력손실을 구하시오.

13. 표준상태의 기체 1L를 100℃, 1.5L로 팽창시킬 때, 압력(atm)을 계산하시오.

14. 전기집진기에서 집진효율 90%에서 99.9%로 증가시키려면, 집진판의 면적을 몇 배로 증가시켜야 하는 지 계산하시오. (단, 유량 및 다른 조건은 변함이 없으며, 효율은 Deutsch-Anderson식을 이용해야 한다.)

15. 황 성분 2wt%를 함유한 석탄 10ton/day을 한 달 동안, Ca(OH)$_2$ 순도 98%로 탈황하고자 한다. 이 때, 필요한 Ca(OH)$_2$ 양 (kg/month)를 구하시오. (단, 한 달 가동일수는 30일이다.)

16. 전기집진장치에서 전기저항이 $10^{11}\Omega \cdot cm$ 이상일 때 방지대책 4가지를 쓰시오.

17. 이론적으로 탄소 1kg을 연소시키면 30,000kcal의 열이 생기고, 수소 1kg을 연소시키면 34,100kcal의 열이 생긴다고 한다. 프로판(C_3H_8) 1kg을 연소시키면 얼마의 열(kcal/kg)이 생기는지 계산하시오.

18. 프로판 40%과 부탄 60%로 구성되어 있는 연료 1Sm^{3}을 완전연소할 경우, 이론공기량(Sm^3/Sm^3)를 계산하시오.

19. 다음은 충전탑과 단탑에 대한 설명이다. 빈 칸에 알맞은 장치를 고르시오.

(1) 처리해야 할 가스량이 같을 때, (   )이 압력손실이 적다.
(2) 운전 시, 큰 온도 변화가 있는 곳은 (   )을 쓴다.
(3) 흡수액에 부유물이 포함되어 있는 경우, (   )을 사용하는 것이 유리하다.
(4) 운전 시 용매에 의하여 발생하는 용해열을 제거해야 하는 경우, 냉각오일을 설치하기 쉬운 (   )이 운영하기 편리하다.

20. 충전탑 높이 4m이고, 총괄이동단위높이(H_{OG})는 2m이고, HF의 초기농도가 150ppm, 유량이 100m³/hr일 때, HF의 출구농도를 계산하시오.

CHAPTER 15 2017년도 제1회 기사 필답형

01. 태양에너지 복사와 관련하여 다음 물음에 답하시오.

  (1) 알베도(albedo)의 정의

  (2) 비인의 변위법칙에 대한 설명과 관련식을 쓰시오.

02. 커닝햄 수정인자(Cunninghum correction factor)란 무엇인가?

03. 프로판과 부탄을 1:1로 혼합한 기체연료 $1m^3$를 연소시켰을 때, 이론공기량과 발생 탄산가스량을 구하시오.

  (1) 이론공기량(A_o)

  (2) 탄산가스량(CO_2)

04. 다음의 등온 흡착식을 기술하고, 각 상수의 의미를 설명하시오.

(1) Freundlich

(2) Langmuir

05. 굴뚝에 의한 자연통풍으로 연소하고 있다. 현재 굴뚝의 높이는 20m일 때, 통풍력을 20mmH$_2$O로 유지하려고 한다. 대기 온도가 27℃이고, 배기가스의 온도가 227℃일 때 높여야 할 굴뚝의 높이는 얼마인가?

06. 열섬효과의 영향인자를 쓰시오.

07. 광학현미경을 이용하여 투영면적으로부터 측정하는 직경을 '입자상 물질의 끝과 끝을 연결한 선 중 가장 긴 선'인 직경은?

08. 벤츄리 스크러버 목부분의 직경이 0.2m, 수압이 20,000mmH$_2$O, 목부의 유속이 60m/sec, 노즐 직경이 3.8mm인 경우 노즐의 개수를 구하시오. (단, 액가스비는 0.5L/m^3)

09. 높이 7m, 폭 10m, 길이 15m의 중력집진장치를 이용하여 처리 가스를 4m³/sec의 유량으로 비중이 1.5인 먼지를 처리하고 있다. 이 집진기가 포집할 수 있는 최소입자의 크기(d_p, μm)는? (단, 온도는 25℃, 점성계수는 1.85×10^{-5}kg/m·s이며, 공기의 밀도는 무시한다.)

10. 다음 각 항목의 대기환경기준의 농도를 작성하시오.

구분	NO₂	PM10	벤젠
연간			
24시간			
1시간			

11. 지름 200mm, 유효높이 10m인 원통형 백필터를 사용하여 먼지농도 5g/m³인 배기가스를 2,000m³/min로 처리한다. 이때 필요한 백필터의 수를 구하시오. (단, 겉보기 여과속도 10.0cm/sec)

CHAPTER 16 2017년도 제2회 기사 필답형

01. 등온 흡착식을 쓰고, 각 상수의 의미를 설명하시오.

02. 염화수소 5%가 포함된 가스 1,000m³/hr을 수산화칼슘으로 중화처리 하고자 한다. 필요한 수산화칼슘의 소요량(kg/hr)을 구하시오.

03. 가솔린($C_8H_{17.5}$)을 완전연소할 때의 공연비(AFR)를 중량비, 체적비로 각각 구하시오.

04. 다음은 환경정책기본법상 대기환경기준이다. (   ) 안에 알맞은 말을 쓰시오.

(1) 이산화질소의 연간 평균치 (   )ppm 이하

(2) 미세먼지(PM-10)의 연간 평균치 (   )μg/m³ 이하

(3) 아황산가스의 연간 평균치 (   )ppm 이하

05. 비분산적외선분석법에서의 다음 빈칸에 알맞은 말을 쓰시오.

(1) (　　) : 동일 조건에서 제로가스를 연속적으로 도입하여 고정형은 (　　)시간, 이동형은 (　　)시간 연속 측정하는 동안에 전체 눈금의 ±2% 이상의 지시 변화가 없어야 한다.

(2) (　　) : 제로 조정용 가스를 도입하여 안정된 후 유로를 스팬가스로 바꾸어 기준 유량으로 분석계에 도입하여 그 농도를 눈금 범위 내의 어느 일정한 값으로부터 다른 일정한 값으로 갑자기 변화시켰을 때 스텝(step) 응답에 대한 소비시간이 (　　)초 이내이어야 한다. 또 이때 최종 지시값에 대한 90%의 응답을 나타내는 시간은 (　　)초 이내이어야 한다.

06. 지름 300mm, 유효높이 10m인 원통형 여과집진기를 설치하여, 분진농도 20g/Sm³, 집진효율 98.5%, 겉보기 여과속도 1cm/sec, 분진부하 250g/m²로 가동하고, 처리해야 할 가스배기량은 2,000Sm³/min이다. 다음 물음에 답하시오.

(1) 여과집진기의 개수

(2) 탈진주기

07. 처리가스량이 400,000m³/hr인 어느 연소시설에서 배기가스 중의 SO_2를 석회석을 이용한 습식세정법으로 처리하고 있다. 황산칼슘(이수염)의 생성량은 15.7(ton/hr)일 때, SO_2의 농도(ppm)를 구하시오.

08. 황산화물 건식법과 습식법 원리를 서술하고, 종류 3가지를 쓰시오.

09. 전기집진장치에서 발생하는 장애현상 4가지를 쓰고, 그 원인과 대책을 1가지씩 기술하시오.

10. 중위경이 50㎛일 때 25㎛ 이상인 입자의 분포비율(%)을 구하시오. (단, 입경지수(n) = 1이다.)

11. 온실효과에서 기온상승의 원리와 온실가스 3가지를 쓰시오.

CHAPTER 17 2017년도 제4회 기사 필답형

01. 1,000Sm³/hr의 배기가스를 배출하는 연소시설에서 석회(CaO) 주입법으로 발생되는 SO_2를 제거하고자 한다. 농도가 2,000ppm 일 때 생성되는 황산칼슘(kg/hr)을 구하시오. (단, SO_2는 황산칼슘으로 모두 변함, 처리효율 80%, Ca 분자량은 40)

02. 배출가스 중 다이옥신을 가스크로마토그래프/질량분석계(GC/MS)로 분석하고자 할 때, GC/MS에 주입하기 전에 첨가하는 실린지 첨가용 내부표준물질 2종류를 쓰시오.

03. 힘의 평형관계로부터 Stoke's 침강속도식을 유도하시오. (단, 항력(F_d) = $3\pi\mu d_p V_s (\mathrm{kg \cdot m/sec^2})$ 이다.)

04. 레미콘 공장의 먼지배출량은 3.25g/m³이고, 배출허용기준은 0.10g/m³으로 설정하였다. 이 배출허용기준의 준수와 관련하여 집진장치를 설치하고자 한다. 다음 물음에 답하시오.

(1) 배출허용기준을 준수하기 위하여 한 대의 집진장치를 설치한다면 집진장치의 효율은 최소 얼마인가?

(2) 효율이 동일한 집진장치 두 대를 직렬로 연결한다면 한 대의 집진장치의 효율은 최소 얼마인가?

(3) 직렬연결한 집진장치의 두 번째 장치효율이 75%였다면, 나머지 한 대의 효율은 얼마인가?

05. 입자직경을 측정하는 방법에서 직접측정법과 간접측정법을 두 가지씩 쓰고, 설명하시오.

06. 메탄과 수소의 최대탄산가스율(%)을 구하시오.

07. 염소가스 농도가 0.62%인 배기가스 15Sm³/hr를 수산화소듐 흡수액으로 처리하고 있다. 필요한 수산화소듐의 양(kg/hr)을 구하시오.

08. 소각로에서 배출되는 다이옥신의 배출농도를 측정한 결과 산소농도 17%에서 다음과 같은 결과를 얻었다. 배출되는 다이옥신의 농도를 산소농도 12%로 환산하여 독성등가인자를 고려하여 ng-TEQ/Sm³으로 구하시오. (단, ( ) 안은 독성증가 환산계수이며 농도는 소수점 셋째자리로 표시할 것)

$T_4CDD(1.0) : 0.1 ng/Sm^3$	$P_5CDD(0.5) : 0.5 ng/Sm^3$	$OaCDD(0.001) : 12 ng/Sm^3$
$T_4CDD(0.5) : 0.2 ng/Sm^3$	$P_5CDD(0.001) : 2 ng/Sm^3$	

09. 먼지를 함유한 배출가스 15m³/sec를 사이클론으로 처리하고자 한다. 처리가스 점도가 0.0748kg/m·hr, 외반경이 1.5m, 분진의 밀도가 1.8g/cm³이다. 입구유속을 구하시오.

〈설계조건〉

L_1	$2D_o$
L_2	$2D_o$
H_c	$D_o/2$
B_c	$D_o/4$

10. 석회세정법의 스케일 방지대책 3가지를 쓰시오.

2018년도 제1회 기사 필답형

01. 분리도와 분리계수의 공식을 서술하고 각각을 설명하시오.

02. 탄소 85%, 수소 15%로 구성된 액체연료 1kg을 공기비 1.1로 연소 시 탄소의 1%가 그을음으로 되었다. 건조 연소배기가스 1Sm³ 중 그을음의 농도(g/Sm^3)를 구하시오.

03. 공기역학적 직경을 스토크직경과 비교하여 설명하시오.

04. 굴뚝 배출가스 중 무기 불소화합물을 불소이온으로 분석하는 방법(적정법)을 쓰시오.

05. 경도풍과 지균풍에 대하여 서술하시오.

06. 유동층 연소장치의 장단점 2가지씩 쓰시오.

07. 이온크로마토그래피에 대한 다음 물음에 답하시오.

(1) 원리
(2) 서프렛서의 역할

08. 전기집진장치에서 2차 전류가 현저하게 떨어질 때의 대책을 3가지 쓰시오.

09. 3개의 집진장치를 직렬로 연결한 집진 시스템에서 유입분진의 농도가 15g/Sm³이고, 1차 집진장치의 효율이 60%, 2차 집진장치의 효율이 80%, 3차 집진장치의 효율이 97%일 때, 총 집진효율과 출구농도(mg/m³)는 얼마인가?

(1) 총 집진효율(%)

(2) 출구먼지농도(mg/Sm³)

10. NOx의 생성기구를 각각 서술하시오.

11. 1기압(760mmHg) 온도 20°C일 때 관의 지름이 50mm이고, 유속이 5m/sec일 때, 동점성계수(cm^2/sec)는 얼마인가? (단, N_{Re} = 36000이다.)

12. 어떤 유해가스와 물이 일정의 온도에서 평형상태에 있다. 가상의 유해가스 분압이 38mmHg이며 수중의 유해가스의 농도가 2.5kmol/m^3이었다. 이 경우 헨리정수(atm · m^3/kmol)를 구하시오.

13. 다중이용시설의 실내공기질 유지기준 항목이다. ( ) 안에 알맞은 농도를 써 넣으시오. (산후조리원 기준)

(1) 폼알데하이드 (   )

(2) 총부유세균 (   )

2019년도 제1회 기사 필답형

01. 연소가능한 물질이 반응기를 통해서 99%까지 연소되기 위한 반응시간(min)을 1차 반응속도식을 활용하여 계산하시오. (단, 반응속도상수(k)는 0.013/min)

02. 1단식 전기집진장치에서 전류밀도는 2.5×10^{-8} A/cm²이고, 전계강도는 5.5×10^3 V/cm이었다. 다음 물음에 답하시오.

(1) 분진의 겉보기 전기저항률($\Omega \cdot cm$)을 구하시오.

(2) 현재 전기집진장치의 저항값에서 생기는 장애현상을 쓰시오.

03. 시간당 연소되는 중유의 양은 10ton/hr이고, 연소 후 발생되는 SO_2 gas를 NaOH로 배연탈황하여 부산물인 Na_2SO_3로 고정하려고 한다. 배연탈황에 소요되는 NaOH의 양은 30,000(kg/day)일 때, 중유 중 황성분함량(%)을 구하시오.

04. 전기집진기의 효율이 95%이고, 여과집진기 효율이 99%인 집진장치를 병렬로 연결하였다. 전기집진기의 유입유량은 60,000Sm³/hr, 여과집진장치의 유입유량은 20,000Sm³/hr이고, 입구 농도가 3g/m³일 때 유출 분진량(g/hr)을 구하시오.

05. 황성분이 3%인 석탄 300kg/hr을 연소시키는 화력발전소에서 발생되는 배기가스 중의 SO_2를 석회석으로 흡수처리하여 석고를 생성시키고자 한다. 이때 얻을 수 있는 $CaSO_4 \cdot 2H_2O$(석고이수염)는 몇 kg인가?

06. 전연소 내 배출가스의 온도가 227℃에서 127℃로 떨어진다면 통풍력은 초기 통풍력의 몇 %로 감소하는가? (단, 대기의 온도는 27℃, 가스밀도와 공기밀도는 1.3kg/Sm³이다.)

07. 황산화물 처리방법 중 건식법 3가지와 습식법 3가지를 쓰시오.

08. 어느 공장의 중유 보일러에서 탄소 86%, 수소 12%, 황 1.5%, 회분 0.5% 성분을 갖는 중유를 시간당 100kg씩 완전연소시킨다. 공기비 1.1, 회분은 전부 먼지로 배출된다고 할 때, 실제 건조가스량 중 SO_2의 농도(ppm)를 구하시오.

09. 사이클론(Cyclone)에서 유입 가스유속을 2배 증가시키고 유입구의 폭을 2배로 증가시키면 Lapple의 절단입경(Cut Size Diameter)인 d_{p50}은 처음 값에 비해 몇 배가 되는지 계산하시오.

10. 흡수액 구비조건 3가지를 쓰시오.

11. 기체크로마토그래프법의 정량법과 공식을 작성하시오.

   (1) 보정넓이 백분율법

   (2) 상대검정곡선법

   (3) 표준물 첨가법

CHAPTER 20 2019년도 제2회 기사 필답형

01. A굴뚝으로부터 배출되는 SO_2가 풍하측 3,950m 지점에서 지표 최고 농도를 나타냈을 때, 유효굴뚝 높이는? (단, Sutton의 확산식을 사용하고, 수직확산계수는 0.07, 대기안정도 지수(n)은 0.25이다.)

02. 블로우 다운 효과의 장점 4가지를 쓰시오.

03. 흡수액 구비조건 6가지를 쓰시오.

04. 압입통풍의 장단점을 각각 3가지씩 쓰시오.

05. 3개의 집진장치를 직렬로 연결한 사이클론 집진장치에서 유입분진의 농도 15g/Sm³이고, 1차 집진장치의 효율이 60%, 2차 집진장치의 효율이 70%, 3차 집진장치의 효율이 80%일 때, 출구농도(g/m³)는 얼마인가?

06. 황산화물 제어기술과 관련하여 아래의 질문에 답하시오.

(1) 건식법의 종류(3가지)

(2) 건식법의 장점(2가지)

(3) 습식법의 장점(2가지)

07. 분무탑의 장·단점 3가지를 쓰시오.

08. 송풍관의 직경이 2m, 송풍관의 길이 50m, 속도압 30mmH₂O, 마찰계수(f) 0.004일 때 송풍관의 압력손실(mmH₂O)을 구하시오.

09. 시간당 연소되는 중유의 양은 20ton/hr이고, 연소 후 발생되는 SO_2 gas를 NaOH로 배연 탈황하여 부산물인 Na_2SO_3로 고정하려고 한다. 배연탈황에 소요되는 NaOH의 양(kg/day)을 구하시오. (단, 중유 중 황분은 5%, 탈황효율 95%)

10. 태양에너지 복사관련 법칙인 스테판-볼츠만 법칙에 대해 설명하시오.

11. 이론단수가 1,800인 분리관이 있다. 보유시간은 10분이고, 기록지의 이동속도가 1.5cm/min일 경우 바탕선의 길이(mm)를 구하시오.

12. 비산먼지의 농도를 구하기 위해 측정한 조건 및 결과가 다음과 같을 때, 비산먼지의 흡인량(m^3)을 계산하시오.

〈측정조건 및 결과〉
- 포집된 먼지량 : 29.194g
- 포집먼지량이 가장 많은 위치에서의 먼지농도 : 8.8mg/m^3
- 대조위치를 선정할 수 없다.
- 전 시료채취 기간 중 주 풍향이 90° 이상 변한다.
- 풍속이 0.5m/sec 미만 또는 10m/sec 이상이 되는 시간이 전 채취시간의 50% 미만이다.

CHAPTER 21 2019년도 제4회 기사 필답형

01. 전기집진장치에서 발생하는 장애현상 4가지를 쓰고, 그 원인과 대책을 1가지씩 기술하시오.

02. 흑체에 대한 설명과 스테판-볼츠만 법칙의 공식과 각각의 인자를 설명하시오.

  (1) 흑체

  (2) 스테판-볼츠만의 공식

03. 충전탑에서 발생하는 편류현상과 방지대책을 쓰시오.

  (1) 편류현상

  (2) 방지대책

04. 내연기관의 연료를 평가하는 옥탄가와 세탄가에 대해 설명하시오.

   (1) 옥탄가

   (2) 세탄가

05. 전기집진장치 집진원리(집진력) 4가지를 쓰시오.

06. H_2S를 3.5%를 함유하는 메탄가스를 공기비 1.05로 연소시킬 때 건조 연소가스 중의 SO_2 농도(ppm)를 구하시오. (단, 황화수소 중의 황은 연소하면 전부가 SO_2로 된다고 한다.)

07. 경도풍과 지균풍에 대하여 서술하시오.

08. 어떤 오염성분이 40ppm 포함된 배기가스를 완전혼합형 활성탄 흡착조를 통과시킨 후 배출된 가스 내 오염성분은 8ppm이었고, 완전혼합형 흡착조의 크기는 30L이었다. 흡착에 사용된 활성탄량은 몇 g인가? (단, 흡착제량 M(g/L)을 사용한 Freundlich식의 계수 $K = 0.5$, $\dfrac{1}{n} = 0.5$이다.)

09. 아래의 조건을 이용하여 50% 제거되는 입경(절단입경)(μm)을 구하시오.

〈조건〉
- 배기가스의 점도 : 0.018cP
- 입자의 비중 : 2
- 유입구 직경 : 50cm
- 배기가스 속도 : 12m/sec
- 몸통직경 : 2m
- 유효회전수 : 7회

10. 어느 공장의 중유 보일러에서 탄소 86%, 수소 12%, 황 2% 성분을 갖는 중유를 시간당 100kg씩 완전연소시킨다. 공기비 1.1, 회분은 전부 먼지로 배출된다고 할 때, 실제 건조가스량 중 SO_2의 농도(ppm)를 구하시오.

11. 환경대기 중 아황산가스 자동측정방법을 쓰시오.

12. 굴뚝높이가 100m, 대기온도 27°C, 배기가스의 평균온도가 137°C일 때, 통풍력을 2배 증가시키기 위해서 요구되는 배출가스의 온도를 구하시오. (단, 굴뚝의 높이는 일정하고, 배기가스와 대기의 비중량은 1.3kg/Nm³이다.)

CHAPTER 22 2020년도 제1회 기사 필답형

01. 가스상 포집할 때 시료채취관의 재질 선택 시 고려사항 3가지를 서술하고, 또한 폼알데하이드를 포집할 때의 여과재의 재질 2가지에 대해 기술하시오.

(1) 채취관 선택 시 고려사항

(2) 폼알데하이드 여과재의 재질

02. 원심력집진장치의 집진율 향상조건 4가지를 쓰시오.

03. HF의 허용기준이 5mg/Sm³인 공장에서 HF가 50ppm으로 배출되고 있다. HF의 처리효율을 얼마로 하여야 하는지 산출하시오. (단, HF의 분자량은 20으로 한다.)

04. 입자직경을 측정하는 방법에서 간접측정방법 2가지를 쓰고, 설명하시오.

05. 지름 200mm, 유효높이 3m인 원통형 백필터를 사용하여 먼지 농도 10g/m³인 배기가스를 4.78×10⁶cm³/sec로 처리한다. 이 때 필요한 백필터의 수를 구하시오. (단, 여과속도는 4cm/sec이다.)

06. 벤츄리 스크러버 목부분의 직경이 0.2m, 수압이 20,000mmH₂O, 목부의 유속이 60m/sec, 노즐 직경이 3.8mm인 경우 노즐의 개수를 구하시오. (단, 액가스비는 0.5L/m³)

07. 전기집진장치의 효율 $\eta = 1 - \exp[-\dfrac{A \times W_e}{Q}]$ 으로 나타낸다. 처리가스 유량 Q = 500m³/min이고, 반경 12cm, 길이 15m인 집진극의 수는 24개이다. 유입분진의 농도 10g/m³, 출구 농도 0.1g/m³일 때 분진입자의 겉보기 이동속도 $W_e(m/\sec)$는 얼마인가?

08. Coh의 정의를 쓰고 공식과 그에 따른 조건을 설명하시오.

   (1) Coh 정의

   (2) Coh 구하는 공식 및 설명

09. 굴뚝에 의한 자연통풍으로 연소하고 있다. 현재 굴뚝의 높이는 20m일 때, 통풍력을 20mmH₂O로 유지하려고 한다. 대기 온도가 27℃이고, 배기가스의 온도가 227℃일 때 높여야 할 굴뚝의 높이는 얼마인가?

10. 25℃, 760mmHg에서 액체수은(Hg) 1kg을 기화시키면 몇 m³의 증기가 발생되는가? (단, 수은의 원자량은 200.59이다.)

11. 원통형 여과집진기를 설치하여, 분진농도 20g/Sm³, 출구농도 1g/Sm³, 겉보기 여과속도 1cm/sec, 분진부하 450g/m²로 가동할 때, 탈진주기를 구하시오.

12. 여과집진장치의 포집원리 4가지를 쓰시오.

13. 다음 각 항목의 대기환경기준의 농도를 작성하시오.

구분	NO₂	PM10	벤젠
연간			
24시간			
1시간			

14. 중량조성이 다음과 같은 석탄의 완전연소에 필요한 이론산소량(Sm³/kg)과 이론습가스량(Sm³/kg)을 계산하시오.

> C = 86.6%   H = 4%   O = 8%   S = 1.4%

15. 덕트의 직경이 0.3048m, 유속이 2m/sec, 밀도가 1.2kg/m³, 점도가 20cP인 유체가 흐르고 있다. 다음 물음에 답하시오.

(1) 레이놀드수를 산출하고, 유체의 흐름 상태를 판단하시오.

(2) Kinematic Viscosity(stoke)를 구하시오.

16. 어떤 송풍기 정압 60mmH₂O에서 200m³/min의 공기를 이동시키고 있다. 이 때 소요동력이 6HP이고, 회전수는 200rpm이었다. 만약 회전수를 400rpm으로 증가시킬 경우 이송되는 공기량, 정압, 동력(마력)은 얼마인지 각각 구하시오.

   (1) 공기량

   (2) 정압

   (3) 동력(마력)

17. C_4H_{10} $1Sm^3$ 연소하였을 때 건조배기가스 중 CO_2가 11%였다. 공기비는 얼마인가?

18. 충전탑과 단탑의 차이점 3가지를 쓰시오.

19. 최대지표농도(C_{max})를 1/3로 줄이려면, 50m 굴뚝의 높이를 얼마나 증가 또는 감소시켜야 하는가?

20. 중유를 시간당 100kg 연소시키는 경우 배기가스 분석치는 다음과 같다. 이 경우 시간당 필요한 공기량(Sm^3/hr)을 구하시오.

〈연료 조성〉
- 탄소 : 85%
- 수소 : 15%

〈배기가스 분석치〉
- CO_2 : 12%
- O_2 : 4%
- N_2 : 84%

CHAPTER 23 2020년도 제3회 기사 필답형

01. NOx 선택적 촉매환원법 원리와 반응식 3가지를 쓰시오.

02. 표준상태에서 일산화질소(NO) 300mg/m³은 30℃, 750mmHg에서 몇 ppm인가?

03. 지표 오존은 생성과 소멸을 반복하며 오존농도가 증가하지 않고 유지된다. 광화학사이클과 관련된 아래 내용의 (1), (2), (3), (4), (5)에 해당되는 말을 쓰시오.

> 반응식 $NO_2 \rightarrow NO + (2)$
> (1)
> 반응식 $(3) + O_2 \rightarrow O_3$
> 반응식 $O_3 + (4) \rightarrow NO_2 + O_2$
> 오존은 (5)반응을 하며 (4)를 NO_2로 산화시키는데 소비된다.

04. A전기집진장치의 겉보기 이동속도(We)가 20m/hr, 유량이 1,000m³/hr일 때 집진효율은 90%이었다. 집진을 위해 필요한 집진면적을 구하시오. (단, Deutsch-Anderson식을 이용하여 계산하고, 기타 조건의 변화는 없다.)

05. 탄화수소(C_xH_y) 1mol 연소 시 이론연소가스량(G_{ow})을 구하시오.

06. 온실효과에서 기온상승의 원리와 온실가스 3가지를 쓰시오.

07. SO_2를 2.5mg SO_2/kcal 이하로 기준으로 하려면 석탄발열량이 6,000kcal/kg일 때, 기준치를 넘지 않기 위한 황 함유량(%)은?

08. 태양에너지 복사와 관련하여 다음 물음에 답하시오.

  (1) 알베도(albedo) 설명

  (2) 비인의 변위법칙 설명, 관련 식(변수 포함하여 기재할 것)

09. 황성분이 1%(중량 기준)인 중유를 50ton/hr로 연소하는 시설에서 배기가스 중 SO_2를 NaOH로서 흡수하여 Na_2SO_3로 완전 탈황할 경우 필요한 이론 NaOH(kg/hr)의 양을 구하시오. (단, 중유 중 S는 모두 SO_2로 전환되며 Na의 원자량은 23이다.)

10. 동일한 3개의 집진장치를 직렬로 연결한 집진 시스템에서 집진장치 1개의 효율이 30%라면, 총 집진효율은 얼마인가?

11. 덕트의 직경이 0.3m, 유속이 2m/sec, 밀도가 $1.2kg/m^3$, 점도가 0.2CPS인 유체가 흐르고 있다. 다음 물음에 답하시오.

(1) 레이놀드수를 산출하고, 유체의 흐름 상태를 판단하시오.

(2) Kinematic Viscosity(stoke)를 구하시오.

12. NO 126ppm, NO_2 12.6ppm을 함유한 배기가스 $100,000Nm^3$/day를 NH_3에 의해 선택적 접촉환원법에서 처리할 경우 NOx를 제거하기 위한 NH_3의 이론량(Sm^3/day)을 구하시오. (단, 반응에 산소는 고려하지 않음)

13. 가스 크로마토그래피에서 A, B성분의 보유시간이 각각 2분, 5분이었으며, 피크폭은 42초, 58초이다. 분리도와 분리계수를 구하시오.

14. 원자흡수분광광도법에서 사용되는 용어에 대하여 설명하시오.

(1) 공명선

(2) 분무실

15. 실내공간에 CO_2가 1.17m³/min으로 생성된다. 이 공간의 CO_2를 1,000ppm으로 유지하기 위해 필요한 환기량(m³/hr)은? (단, 대기의 CO_2 기준농도는 350ppm이다.)

16. 다음 표에 나타난 것과 같은 조성을 지닌 석탄을 연소하고자 한다. 물음에 답하시오.

성분	C	H	S	O	N	재	수분
조성비(%)	65	5.2	0.2	8.8	0.8	10.5	9.5

(1) $G_{ow}(Sm^3/kg)$

(2) $G_{od}(Sm^3/kg)$

(3) $CO_2max(\%)$

17. 384.44초 동안 반응물의 1/2이 분해되었다면 반응물이 1/10이 남을 때까지는 얼마의 시간(sec)이 필요한가? (단, 1차 반응 기준)

18. 전기집진장치 운전 시 역전리 현상에 대한 대책 3가지를 쓰시오.

19. 다음에서 설명하고 있는 먼지의 측정법과 ( ) 안에 알맞은 말을 쓰시오.
(공정시험에서 환경대기 중 먼지측정 방법의 광투과법은 삭제되었으므로 문제오류)

> 이 방법은 대기중 부유하고 있는 입자상 물질을 일정시간(1시간 이상) 여과지 위에 포집한 후 파장이 ( )인 빛을 조사해서 빛의 두 파장을 측정하고 그 값으로부터 입자상 물질의 농도를 구하는 방법이다.

20. 사이클론의 폭이 0.25m, 점성계수 1.85×10^{-2} cP, 유효회전수 6, 유속 8m/sec, 입자밀도 1.8g/cm^3, 가스밀도 1.2kg/m^3일 때, 분진입경 31.5μm의 Lapple에 의한 집진효율을 구하시오.

(Lapple식 $\eta = \left(\dfrac{1}{1+\left(\dfrac{d_{p50}}{d_p}\right)^2} \right)$, $d_{p50} = \dfrac{9\mu B_c}{2(\rho_p - \rho)\pi N_e V}$)

2020년도 제4회 기사 필답형

01. 중력집진장치의 입구농도가 10g/m³, 효율이 85%, 처리유량은 360m³/sec이다. 침강되는 먼지 0.55m³이 될 때 청소한다면 이 중력집진장치의 청소간격은 얼마인가? (단, 분진의 밀도는 1.8g/cm³이다.)

02. 분산모델과 수용모델 특징 각각 3가지를 쓰시오.

03. 분진의 입구농도는 10g/m³이고, 출구농도는 0.2g/m³이다. 직렬연결한 집진장치의 첫 번째 장치효율이 80%였다면, 나머지 한 대의 효율은 얼마인가?

04. 질소산화물 제어방법에서 연소조절법과 배연탈질방법이 있다. 이 중 연소조절법에 의한 질소산화물 발생을 억제시키는 방법을 4가지 쓰시오.

05. 가솔린($C_8H_{17.5}$)을 완전연소할 때의 공연비(AFR)를 중량비, 체적비로 각각 구하시오.

(1) 무게비 계산

(2) 부피비 계산

06. 배출가스량이 25,000Sm³/hr, 목부 가스유속 85m/sec인 벤츄리 스크러버로 함진가스를 처리할 경우 스크러버의 목부직경(m)을 구하시오. (단, 가스의 온도는 100℃)

07. 벤츄리 스크러버 목부분의 직경이 0.2m, 수압이 2atm, 목부의 유속이 60m/sec, 노즐의 개수가 6인 경우 노즐의 직경(mm)을 구하시오. (단, 액가스비는 0.6L/m³)

08. 물리적 흡착 특징 4가지를 화학적 흡착과 비교하여 설명하시오. (단, 반데르발스 분자간 인력 제외)

09. 배기가스를 흡착법으로 처리할 때 사용되는 활성탄의 재생방법을 4가지만 쓰시오.

10. 이온크로마토그래피에 대한 다음 물음에 답하시오.

(1) 원리

(2) 서프렛서의 역할

11. 유입구 폭이 12cm, 유효회전수가 4회인 원심분리기에 입자의 밀도가 1.7g/cm³인 배기가스가 15m/s의 속도로 유입된다. 배기가스의 온도를 350K로 가정할 때 50%의 효율로 제거되는 먼지의 입경(μm)을 구하시오. (단, 공기의 밀도는 1.29kg/m³, 가스의 점도는 350K에서 처리가스 점도 0.0748kg/m·hr이다.)

12. 중유를 시간당 100kg 연소시키는 경우 배기가스 분석치는 다음과 같다. 이 경우 시간당 필요한 공기량(Sm³/hr)을 구하시오.

〈연료 조성〉
- 탄소 : 85%
- 수소 : 15%

〈배기가스 분석치〉
- CO_2 : 12%
- O_2 : 4%
- N_2 : 84%

13. 후드의 성능저하 원인 3가지를 쓰시오.

14. 액분산형 흡수장치의 종류 4가지를 적으시오.

15. 탄소 84%, 수소 13%, 황 3%인 중유의 습배출가스 중 SO₂의 농도(ppm)를 구하시오. (단, 실제공기량은 15Sm³이다.)

16. 집진극 사이의 거리가 23cm인 평판형 전기집진기가 있다. 방전극과 집진극 사이의 유효 전압은 50kV이고, 평균가스속도는 0.5m/sec이다. 이를 통과하는 가스의 분진입자는 0.5μm이고, 온도는 553K이다. 아래의 물음에 답하시오. (단, P=2, 기체의 점도는 0.0863kg/m·hr, 방전극과 집진극의 전기장의 세기는 같음)

(1) 집진극으로 끌려가는 입자의 표류(분리)속도(Migration velocity)를 구하시오.

(단, 입자의 표류속도는 $W_e = \dfrac{1.1 \times 10^{-14} \times P \times E^2 \times d_p}{\mu_g}$)

(2) 100%의 포집효율을 얻기 위하여 집진극의 길이를 7.16m로 할 때, 극간거리(집진극의 간격)를 처음의 몇 배로 늘려야 하는지 계산하시오.

17. 송풍기의 회전수 변화에 따른 송풍량, 동력, 풍압의 변화를 쓰시오. (상사법칙을 이용한 비례관계로 쓰시오.)

18. 비산먼지를 포집하는 장치의 포집 직후 유량은 $0.2m^3/min$, 종료직전 유량은 $0.18m^3/min$이다. 가동 전후의 먼지의 질량차이가 2.2g일 때, 포집된 비산먼지의 농도(mg/m^3)를 구하시오. (단, 24시간 가동기준)

19. $500m^3$의 용적을 갖는 방 안에 5명이 있고, 1명당 1시간 동안 2개비의 담배를 피운다고 할 때, 담배 1개비당 1.4mg의 포름알데하이드가 발생한다면, 1시간 후 방 안의 포름알데히드 농도(ppm)를 계산하시오. (단, 포름알데히드는 완전 혼합되고, 담배를 피우기 전의 농도는 0이며, 실내온도는 25℃로 가정, 소수점 셋째자리까지 구하시오.)

20. 굴뚝높이가 75m, 대기온도 27℃, 배기가스의 평균온도가 105℃일 때, 통풍력을 2.5배 증가시키기 위해서 요구되는 배출가스의 온도를 구하시오. (단, 굴뚝의 높이는 일정하고, 배기가스와 대기의 비중량은 $1.3kg/Nm^3$이다.)

CHAPTER 25 2020년도 제5회 기사 필답형

01. NO_2가 농도 150ppm, 유량 1,500Nm³/hr으로 배출된다. NO_2를 CH_4로 환원시킨 후 $FeSO_4$로 흡수제거할 때, 필요한 $FeSO_4$의 양(kg/hr)을 구하시오. (단, Fe의 원자량은 56)

02. 전기집진장치 내부를 전기구획하는 이유는?

03. C_3H_8(프로판)과 C_2H_6(에탄)의 혼합가스 1Nm³을 완전연소시킨 결과 배기가스 중 CO_2의 생성량이 2.6Nm³이었다. 이 혼합가스의 mole비는 얼마인가?

04. 어떤 유해가스와 물이 일정의 온도에서 평형상태에 있다. 가상의 유해가스 분압이 38mmHg이며 수중의 유해가스의 농도가 2.5kmol/m³이었다. 이 경우 헨리정수(atm · m³/kmol)를 구하시오.

05. 분리도와 분리계수의 공식을 서술하고 각각을 설명하시오.

06. 전기집진장치에서 2차 전류가 현저하게 떨어질 때의 대책을 3가지 쓰시오.

07. 산곡풍, 해륙풍, 경도풍에 대하여 서술하시오. (단, 정의, 발생원인, 낮과 밤에서의 바람의 차이 등을 중심으로 서술하시오.)

08. 열섬효과의 영향인자 3가지를 쓰시오.

09. 흡수장치에 대한 물음에 답하시오.

(1) 액분산형 흡수장치의 종류 3가지

(2) 다음 용어에 대해 설명하시오.
 • 홀드업(Hold up)

 • 부하점(Loading point)

 • 플러딩(Flooding)

10. 세정집진장치에서 관성충돌계수를 크게 하기 위한 입자 배출원의 특성 또는 운전조건 6가지를 기술하시오.

11. 평판형 전기집진장치의 효율을 높이기 위한 설계조건 6가지를 기술하시오.

12. 다음 〈보기〉를 오존층 파괴지수가 큰 순서대로 나열하시오.

〈보기〉				
① CF_3Br	② CF_2BrCl	③ CH_2BrCl	④ $C_2F_4Br_2$	⑤ $C_2F_4Cl_3$

13. 덕트의 직경이 50cm, 유속이 4m/sec, 밀도가 1.3kg/m³, 점도가 1.5cP인 유체가 흐르고 있다. 레이놀드수를 산출하고, 유체의 흐름상태를 판단하시오.

14. 먼지농도가 2000mg/Sm³ 집진효율이 50%, 80%, 70%인 3개의 집진장치를 직렬로 연결할 때 이 장치를 통해 배출되는 먼지의 농도(mg/Sm³)를 구하시오.

15. 질량조성으로 탄소 85%, 수소 14%, 황 1%인 중유를 시간당 5kg의 율로 공기비 1.2로 연소시키고 있다. 건조연소가스 중 SO_2 농도를 ppm으로 구하시오.

16. 높이가 1.5m, 폭이 1.5m인 침강실에 바닥을 포함하여 10개의 평행판을 설치하였다. 이 침강실에 점도가 1.75×10^{-5} kg/m·sec인 함진가스를 10m³/sec의 유량으로 유입시킬 때 밀도가 2,000kg/m³이고, 입경이 50㎛인 분진입자를 완전히 처리하는데 필요한 침강실의 길이를 구하시오. (단, 침강실의 가스흐름은 층류라 한다.)

17. 폭굉에 관한 물음에 답하시오.

(1) 폭굉유도거리(DID)의 정의

(2) 폭굉유도거리(DID)가 짧아지는 이유 3가지

(3) 조성이 메탄 50%, 에탄 30%, 프로판 20%인 혼합가스의 폭발하한치(LEL)를 구하시오.
(단, 메탄의 폭발범위 5~15%, 에탄의 폭발범위 3~12.5%, 프로판의 폭발범위 5.1~13.5%, 르샤틀리에의 식 적용)

18. 시료채취시 채취관을 보온 또는 가열하는 이유 3가지를 쓰시오.

19. HCl을 제거하기 위해 흡수탑을 운영한다. 공기 3mol에 HCl 기체 5mol로 혼합된 기체 200kg·mol/hr의 유량을 흡수탑의 하부에서 불어넣고, 탑의 상부에서는 16,200kg/hr로 세정수를 분무하여 오염공기 중 HCl을 흡수 제거하고 있다. 탑 하부로 유출되는 폐수의 조성은 물 8mol에 HCl 1mol의 비율로 함유되어 있다면 탑 상부로 배출되는 청정가스는 공기 1mol당 HCl 몇 mol이 함유되어 있는가? (단, 탑 내 물의 증발손실은 무시한다.)

20. 액체연료의 특징 3가지를 쓰시오.

CHAPTER 26 2021년도 제1회 기사 필답형

01. 블로우 다운(Blow down) 방식에 대한 정의를 서술하고, 효과를 3가지 이상 쓰시오.

02. 다음 (   ) 안에 알맞은 말을 써 넣으시오.

"산성비는 pH (①) 이하의 강우를 말한다. 이는 대기 중의 (②) 가스가 강우와 평형을 이룰 때 갖는 산도이다. 통상적으로 온도가 (③)수록 대기오염물질은 잘 용해된다."

03. $100m^3$의 가스를 처리하는 흡수탑에서 CO_2 20%, NH_3 55%, 공기 25%의 혼합가스가 흡수처리되고 있을 때, CO_2 40%, (NH_3 + 공기)가 60%가 되게 하려고 한다. NH_3 출구농도(%)를 구하시오. (단, CO_2와 공기량은 처리 전후가 동일하다)

04. 흡수액의 구비조건 4가지를 쓰시오.

05. 유량이 1,000m³/hr, HF의 농도가 500ppm인 배기가스가 20m³ 물에 흡수되었을 때 5시간 후의 물의 pH를 구하시오. (단, HF는 물에 모두 흡수되는 것으로 간주)

06. 250m³의 방에서 사람들이 담배를 피워 0ppm이던 CO 농도가 0.5ppm이 되었다. 회의를 중단하고 공기청정기로 오염공기를 정화하여 0.01ppm의 농도로 만들려고 할 때 걸리는 시간(min)을 구하시오. (단, 외부공기의 유입은 없으며 공기청정기 유량은 25m³/min이고, 효율은 100%이다.)

07. 대기오염물질 농도를 추정하기 위한 상자모델(Box model or Mixing Cell model)이론을 전개할 때 필요한 가정을 4가지만 기술하시오.

08. 후드의 흡인요령을 3가지 쓰시오. (예시 : 개구면적을 좁게 하여 흡인속도를 빠르게 한다. 예시는 제외하고 서술하시오.)

09. 도심지의 오존(O_3)과 NO_2, TVOC의 상관계수(r) 및 선형회귀식을 작성하시오.

구분	4월	5월	6월	7월	8월	9월
NO_2(ppm)	0.032	0.034	0.035	0.038	0.042	0.034
TVOC(ppm)	0.004	0.005	0.0055	0.004	0.005	0.0045
O_3(ppm)	0.03	0.032	0.035	0.04	0.045	0.032

(1) 오존과 NO_2의 선형회귀식

(2) 오존과 TVOC의 선형회귀식

(3) 오존과 NO_2의 상관계수

(4) 오존과 TVOC의 상관계수

(5) 오존과 상관성이 높은 물질

10. H_{OG}가 1m이고 제거율이 95%일 때, NOG와 흡수탑의 충전높이를 구하시오.

11. A대기오염물질 배출업소에서 입자상물질의 농도를 측정하고자 흡습관법, 경사마노미터, 피토우관 및 건식가스미터를 이용하여 아래표의 값을 얻었다. 다음을 계산하시오. (단, 소수점 첫째자리까지 작성할 것)

- 시료채취 흡인가스량 : 20L
- 흡습수분의 질량 : 2g
- 배출가스의 밀도 : 1.3kg/m³
- 포집먼지의 질량 : 2.4mg
- 가스미터 게이지압 : 13.6mmH₂O
- 가스미터에서의 흡인가스온도 : 17℃
- 측정 시 대기압 : 762mmHg
- 피토우관계수 : 1.1
- 17℃에서의 물의 포화수증기압 : 14.53mmHg
- 경사마노미터 액주이동거리 : 1.2cm
- 경사마노미터 경사각 : 30°

(1) 배출가스 중 수분농도(%)

(2) 배출가스의 유속(m/sec)

(3) 배출가스 중 먼지농도(mg/Sm³)

12. 가우시안의 확산방정식을 적용할 때, 유효굴뚝높이(H_e)가 60m이고 유효상승고가 20m인 굴뚝으로부터 오염물질이 배출되고 있다. 바람이 부는 방향으로 500m 떨어진 연기의 중심선상 지상 오염농도($\mu g/m^3$)는? (단, 오염물질의 배출량 80g/sec, 풍속 5m/sec, σy는 110m, σz은 65m, 답은 소수점 첫째자리까지 작성할 것)

13. 전기집진장치에서 처리하고 있는 유입농도는 12g/m³이다. 집진면적을 증가시켜 유출농도가 0.1g/m³에서 50mg/m³로 변하였다면, 집진판의 면적을 약 몇 % 넓게 하면 되는가?

14. 대기오염공정시험기준법상 오염물질의 분석방법을 쓰시오.

(1) 황산화물

(2) 암모니아

(3) 염화수소

15. 중유의 조성이 C : 85%, H : 10%, O : 3%, S : 2%로 구성되어 있다. 이 중유를 연소하는데 $15Sm^3/kg$의 공기를 투입하고 있을 때 공기비, 과잉공기량(Sm^3/kg), 과잉공기율(%)을 구하시오.

(1) 공기비

(2) 과잉공기량

(3) 과잉공기율

16. S 함량 4%의 벙커 C유 100kL를 사용하는 보일러에 S 함량 1.5%인 벙커 C유로 40% 섞어 사용하면, SO_2 배출량은 몇 % 감소하는가? (단, 벙커 C유 비중 0.95, 벙커 C유 함유 S는 모두 SO_2로 전환된다.)

17. 탄소 85%, 수소 15%로 구성된 액체연료 1kg을 공기비 1.1로 연소 시 탄소의 1%가 그을음으로 되었다. 건조 연소배기가스 $1Sm^3$ 중 그을음의 농도(g/Sm^3)를 구하시오.

18. 사이클론 집진장치의 유입유량이 150m³/min이고, 분진농도가 30g/m³일 때 이 집진장치의 분진제거 효율은 51%이다. 효율을 증가시키기 위해 유량을 200m³/min으로 늘렸다면 이 때 효율은 얼마인가? (단, 식 $\dfrac{(1-\eta_2)}{(1-\eta_1)} = \left(\dfrac{Q_1}{Q_2}\right)^{0.5}$)

19. 20,000Sm³/hr의 공기를 사용하여 흡수탑에 통과시키고 있다. 공기유입속도가 2.5m/sec일 때 흡수탑의 직경을 구하시오.

20. 지름 110mm, 유효높이 10m인 원통형 백필터를 사용하여 먼지농도 5g/m³인 배기가스를 3,000m³/min로 처리한다. 이때 필요한 백필터의 수를 구하시오. (단, 겉보기 여과속도 10.0cm/sec)

2021년도 제2회 기사 필답형

01. 다이옥신류 제어를 위한 소각 후 처리기술에 대해 3가지를 기술하고, 각 방법에 대하여 간단히 설명하시오. (예시 : 생물학적 분해법-백색부후균, 예시를 제외하여 서술하시오.)

02. H_2S를 0.3%를 함유하는 메탄가스를 공기비 1.05로 연소시킬 때 건조 연소가스 중의 SO_2 농도(ppm)를 구하시오. (단, 황화수소 중의 황은 연소하면 전부가 SO_2로 된다고 한다.)

03. 유효굴뚝높이 100m인 연돌에서 배출되는 가스량은 30,000m³/hr, SO_2의 농도가 1,000ppm일 때 Sutton식에 의한 최대지표농도(ppm)와 최대착지거리(m)를 구하시오. (단, Ky = Kz = 0.07, 평균풍속 6m/sec, 대기안정도는 0.25)

(1) 최대지표농도(ppm)

(2) 최대착지거리(m)

04. 사이클론(Cyclone)에서 유입 가스유속와 유입구의 폭을 각각 2배 증가시키면 Lapple의 절단입경(Cut Size Diameter)인 d_{p50}은 처음 값에 비해 몇 배가 되는지 계산하시오.

05. 공기역학적 직경을 스토크 직경과 비교하여 설명하시오.

06. 유량이 50,000m³/hr이고, NO 배출 농도가 500ppm인 120℃의 소각로 배기가스가 있다. 배출되는 NO 농도를 100ppm으로 감소시키기 위해서 SNCR 공정을 채택하였다. 최적 조건에서 요소[$(NH_2)_2CO$, 분자량 60g/mol] 1몰당 2몰의 NO를 제거시킨다면 20%(w/w) 요소 용액을 사용하는 경우 투입하여야 하는 용액의 양은 얼마인가?

07. 다음과 같은 조건일 때 아래 물음에 답하시오.

고도(m)	풍속(m/sec)	온도(℃)
3	3.9	14.7
2	3.3	15.4

(1) 리차드슨 수를 산출하는 식을 쓰시오.

(2) 자유대류와 기계적 난류 중 어떤 것이 지배적인가?

08. 직경이 1.2m인 굴뚝에서 배출가스 유속을 피토우관으로 측정하였더니 동압이 15mmH₂O이었다. 이 굴뚝으로부터 배출되는 배출가스량(m³/min)을 계산하시오. (단, 피토우관 계수는 0.85, 배출가스 온도 120℃, 정압 10mmH₂O, 표준가스밀도 1.29kg/Sm³이다.)

09. 유효굴뚝높이를 증가시키는 방안 3가지를 쓰시오.

10. 자동차 연료로 쓰이는 $C_x H_y$(x : y = 1 : 1.85)를 완전연소할 때의 공연비(AFR)를 중량비로 구하시오. (단, 공기질량은 28.84)

11. 1기압(760mmHg) 온도 20℃일 때 공기 동점성계수 $\nu = 1.5 \times 10^{-5} m^2/\sec$ 일 때 관의 지름 50mm로 하면, 그 관로의 풍속(m/sec)은? (단, $N_{Re} = 3 \times 10^4$ 이다.)

12. C : 85%, H : 14%, S : 1%인 중유 5kg을 완전연소 시 필요한 실제공기량(m^3)을 구하시오. (단, 공기비는 1.2로 한다.)

13. 블로우 다운(Blow down) 방식에 대해 서술하시오.

14. 전기집진장치에서 먼지입자의 비저항이 $10^4 \Omega \cdot cm$ 이하일 때와 $10^{11} \Omega \cdot cm$ 이상일 때의 현상과 대책을 각각 1가지씩 기술하시오.

  (1) $10^4 \Omega \cdot cm$ 이하
  - 현상 :

  - 대책 :

  (2) $10^{11} \Omega \cdot cm$ 이상
  - 현상 :

  - 대책 :

15. 질량조성으로 탄소 85%, 수소 14%, 황 1%인 중유를 시간당 5kg의 율로 공기비 1.2로 연소시키고 있다. 건조연소가스 중 SO_2 농도를 ppm으로 구하시오.

16. SO_2가 함유된 200,000Sm³/hr의 배기가스를 98% 탈황하여 하루에 10ton의 $CaSO_4 \cdot 2H_2O$를 회수하고 있다. 이 배기가스에 함유된 SO_2의 농도(ppm)를 구하시오.

17. 4g의 수소(H_2)와 6g의 염소(Cl_2)를 혼합한 기체로 15L를 만들 때, 압력(mmHg)을 구하시오. (단, 온도는 25℃, 1기압 기준)

18. 중력집진장치에서 입구농도 20g/m³, 유량은 500Sm³/hr, 유속 10cm/sec, 분진밀도 200kg/m³, 가스밀도 1.3kg/m³이고 먼지의 입경분포는 아래와 같다. 다음 물음에 답하시오.

입경	0~40μm	50~70μm	70~90μm	90~100μm	100μm 이상
입경분포(%)	5	15	40	20	10
부분집진율(%)	10	30	40	50	70

(1) 효율(%)

(2) 포집먼지총량(kg/hr)

19. 세정집진장치의 세정액량이 2m³, 효율 70%, 유입농도 20g/m³, 분진부하 420g/m³(세정수량), 유량 15Sm³/hr일 때, 방류시간을 구하시오.

20. 기상의 오염물질 A를 제거하는 흡수장치에서 다음의 자료를 확보하였다. 기액경계면에서 오염물질 A의 농도(kmol/m³)를 구하시오.

- 헨리상수(H) : 2.0kmol/m³ · atm
- 기상물질계수(K_g) : 3.2kmol/m² · atm · h
- 액상물질계수(K_L) : 0.7m/h
- 기상 A성분 분압(P_a) : 114mmHg
- 액상 A성분 농도(C_a) : 0.1kmol/m³

CHAPTER 28 2021년도 제4회 기사 필답형

01. 배기가스에 포함된 SO_2를 NaOH로 반응시켜 제거하려고 한다. 0.05M NaOH 15mL로 제거 가능한 이론적인 SO_2의 mL를 구하시오. (배기가스의 온도 70℃, 압력 760mmHg)

02. 중력집진장치에서 처리되는 함진 분진의 평균 입자직경은 $55\mu m$이고, 최종침강속도는 15.5cm/sec, 침전실의 이론적인 길이(m)는 21.3m, 함진가스의 수평유속은 2.2m/sec이다. 분진을 완전히 제거하기 위한 침전실의 높이를 구하시오.

03. NO 1,000ppm을 함유한 배기가스 5,000Sm^3/hr를 NH_3로 선택적 접촉환원법에 의해 처리할 경우 NO를 제거하기 위한 NH_3의 양(mol/hr)을 계산하시오. (단, 제거효율은 80%이다.)

04. 삼원촉매장치의 촉매 3가지와 제거오염물질 3가지를 서술하시오.

(1) 촉매 3가지

(2) 제거오염물질 3가지

05. 다음 표에 나타난 것과 같은 조성을 지닌 중유를 연소하고자 한다. $CO_{2max}(\%)$를 구하시오.

성분	C	H	S	O	N	재	수분
조성비(%)	65	5.2	0.2	8.8	0.8	10.5	9.5

06. CH_4 95%, CO_2 2%, O_2 1%, N_2 2%인 연료가스 $1Sm^3$에 대하여 $10.2Sm^3$의 공기를 사용하여 연소하였다. 이때의 공기비를 구하시오.

07. 원심력 집진장치의 운전조건이 다음과 같을 때 집진효율의 일반적인 변화를 증가, 감소, 불변 중 한 가지로 써넣으시오.

(1) 입구유속이(한계 내에서) 증가할수록 효율은 (   )한다.
(2) Blow down 효과는 효율을 (   )시킨다.
(3) 먼지의 밀도가 증가할수록 효율은 (   )한다.
(4) 입구의 크기가 작아지면 효율은 (   )한다.
(5) 원통직경이 클수록 효율은 (   )한다.

08. 굴뚝의 직경이 1/2배로 감소할 때 압력손실의 변화를 구하시오. (단, 다른 조건은 동일)

09. 벤츄리 스크러버 목부분의 직경이 0.2m, 수압이 2atm, 목부의 유속이 60m/sec, 노즐의 개수가 8인 경우 노즐의 직경(mm)을 구하시오. (단, 액가스비는 $0.6L/m^3$)

10. 석회세정법의 스케일 방지대책 3가지를 쓰시오.

11. Freundlich와 Langmuir 등온흡착식의 공식을 적고 인자를 설명하시오.

12. 옥탄의 이론연소반응식을 쓰고, AFR(무게 기준)을 구하시오. (단, 공기분자량은 29g/mol)

13. 메탄과 프로판이 1 : 1로 혼합된 1Sm³의 연료의 이론연소온도는? (단, 메탄 저위발열량은 8,570kcal/Sm³, 프로판의 저위발열량은 22,350kcal/Sm³, 메탄과 프로판의 발열량 평균은 15,460kcal/m³, CO_2, $H_2O(g)$, N_2의 평균정압 몰비열은 각각 13.1, 10.5, 8.0(kcal/kmol·℃), 연료의 예열온도는 15℃로 한다.)

14. 힘의 평형관계로부터 Stoke's 침강속도와 항력을 구하시오. (단, 항력(F_d) = $3\pi\mu d_p V_s$ (N), 입자밀도(ρ_p) = $1.8 g/cm^3$, 가스밀도(ρ_g) = $1.3 \times 10^{-3} g/cm^3$, 직경 50㎛, 점성계수 1.8×10^{-5} kg/m·sec이다.)

(1) 침강속도(m/sec)

(2) 항력(N)

15. 등가비가 1보다 큰 경우에 NOx와 CO가 증가 또는 감소하는지 쓰고 그 이유를 간단히 서술하시오.

16. 탄소 85%, 수소 15%로 구성된 액체연료 1kg을 공기비 1.1로 연소 시 탄소의 1%가 검댕으로 되었다. 건조 연소배기가스 1Sm³ 중 검댕의 농도(ppm)를 구하시오. (단, 검댕의 밀도는 2g/mL)

17. 연소실의 규모가 가로 1.2m, 세로 2.0m, 높이 1.5m인 시설에 저위발열량 10,000kcal/kg의 중유를 1시간에 100kg 연소시키고 있다. 이 연소시설의 연소실 열발생률($kcal/m^3 \cdot hr$)을 구하시오.

18. 비산먼지의 농도를 구하기 위해 측정한 조건 및 결과가 다음과 같을 때 비산먼지농도(mg/m^3)를 계산하시오.

<측정조건 및 결과>
- 포집먼지량이 가장 많은 위치에서의 먼지농도 : $6.85mg/m^3$
- 대조위치에서의 먼지농도(mg/m^3) : $0.16mg/m^3$
- 전 시료채취 기간 중 주 풍향이 90° 이상 변한다.
- 풍속이 0.5m/sec 미만 또는 10m/sec 이상이 되는 시간이 전 채취시간의 50% 미만이다.

19. 처리가스량 50,000m^3/hr 배출원에서 집진장치를 포함한 송풍기까지의 압력손실을 150mmH₂O라 할 때 송풍기의 소요동력비(원)를 구하시오. (단, 송풍기효율 0.7, 전력사용료는 120원/kW)

20. 다음 충전탑에 사용하는 각 용어를 설명하시오.

① Hold up :

② Loading :

③ Flooding :

CHAPTER 29 2022년도 제1회 기사 필답형

01. 광화학 반응인자 중 O_3, HC, NO, NO_2의 일중 농도 변화를 그래프로 나타내시오.

02. 3개의 집진장치를 직렬로 연결한 집진 시스템으로 유입되는 먼지의 유입농도는 75,000ppm이다. 유출농도는 얼마인가? (단, 각 집진장치의 효율은 80%이다.)

03. 메탄의 고위발열량이 9,500kcal/m^3일 때, 저위발열량(kcal/m^3)을 구하시오.

04. 지름 250mm, 유효높이 15m인 원통형 백필터를 사용하여 먼지농도 5g/m^3인 배기가스를 10,000m^3/min로 처리한다. 이때 필요한 백필터의 수를 구하시오. (단, 겉보기 여과속도 12cm/sec)

05. 질소산화물(NOx)의 생성기전 3가지를 각각 서술하시오.

06. 전기집진장치의 효율 증가방안 4가지를 쓰시오.

07. 대형보일러에 벙커-C유가 2kL/hr로 공급되고 있다. 이 보일러에서 배출되는 SO_2의 발생량(m^3/hr)을 구하시오. (단, 벙커-C유의 황함량은 2.5wt%, 비중은 0.9)

08. 〈보기〉의 석면을 독성크기순서대로 나열하고, 석면관련 질병 2가지를 쓰시오.

(1) 석면의 종류별 독성크기

〈보기〉
백석면, 황석면, 청석면

(2) 석면관련 질병(2가지)

09. 프로페인 연소 시 $CO_2max(\%)$를 구하시오.

10. 광화학스모그의 원인 물질 2가지와 작용 기전에 대해 설명하시오.

11. 흡수액 구비조건 3가지를 쓰시오.

12. PM-10의 분석 시 적용되는 베타선법의 원리를 쓰시오.

13. SCR(선택적 접촉환원법)로 NOx 처리 시 사용되는 환원가스의 종류 3가지를 쓰시오.

14. 농도 NO 500ppm, NO₂ 5ppm가 포함된 배출가스가 10,000m³/hr로 배출되고 있다. 이 배출가스를 CO로 처리하고자 한다. 아래 물음에 답하시오.

(1) 소요 CO량(m³/hr)

(2) 배출 N_2량(kg/hr)

15. 충전탑을 설계하기 위하여 Pilot plant를 만들어 측정가스를 흡수 실험한 결과가 아래와 같았다. 동일조건 하에서 처리효율이 98%인 충전탑을 설계할 때 충전탑의 높이(m)는?

- 액가스비 : 3L/m³
- 공탑속도 : 1.2m/sec
- 초기 충전층의 높이 : 1.3m
- 입구농도 : 10g/m³
- 출구농도 : 1g/m³
- 충전재 : Berl Saddle

16. 10개의 백(bag)을 사용하는 여과집진장치의 입구농도는 10g/m³, 집진율이 98%이었다. 가동 중 1개의 구멍이 열리고, 처리가스량의 1/5이 그대로 통과할 때 출구의 먼지 농도(g/m³)를 구하시오.

17. 원심력집진기를 사용하여 분진을 제거하려고 한다. 유량이 100m³/min(350K, 1atm)이다. 다음 물음에 답하시오. (단, 분진의 밀도 1.6g/cm³, 점도 1.85×10^{-5}kg/m·sec, $\rho_p \gg \rho$ 임)

입구폭(B_c)	입구높이(H_c)	직경(D)	몸통길이(L_c)	원추길이(Z_c)	출구직경(D_e)
1/4D(m)	1/2D(m)	1m	2D(m)	3D(m)	1/2D(m)

(1) 유입속도(m/sec)를 구하시오.

(2) 절단입경(d_{p50})(μm)을 구하시오.

18. 배기가스에 함유된 염소(Cl_2)를 NaOH로 처리하고자 한다. 처리유량 500m³/hr, Cl_2의 농도는 700ppm일 때, 10시간 운전 시 NaOCl 발생량(kg)을 구하시오. (단, Na의 원자량은 23, Cl은 35.5)

19. 평판형 전기집진장치의 처리가스 유량은 1,500m³/min이고, 집진극의 넓이는 가로 10m, 세로 10m이다. 유입분진의 농도 10g/m³, 출구 농도 0.1g/m³일 때 분진입자의 겉보기 이동속도 $W_e(m/\min)$는 얼마인가?

20. 프로페인(프로판)의 완전연소 반응식과 부피 및 질량기준 AFR을 구하시오.

(1) 반응식

(2) AFR

CHAPTER 30 2022년도 제2회 기사 필답형

01. 냄새 줄이는 방법 5가지와 각각을 간단히 설명하시오.

02. 열섬현상에 대해 아래의 물음에 답하시오.

(1) 정의

(2) 유발원인 4가지

03. 환경정책 기본법령상 다음 각 항목에 대한 환경기준을 ( ) 안에 각각 쓰시오.

가. 아황산가스 1시간 평균치 (　　)ppm 이하
나. 일산화탄소의 8시간 평균치 (　　)ppm 이하
다. 이산화질소의 24시간 평균치 (　　)ppm 이하
라. 오존의 1시간 평균치 (　　)ppm 이하
마. 납의 연간 평균치 (　　)$\mu g/m^3$ 이하
바. 벤젠의 연간 평균치 (　　)$\mu g/m^3$ 이하

04. 원심력집진장치 효율을 증가시키는 방법 4가지를 쓰시오. (예시: 블로우 다운을 적용한다.)

05. 충전탑과 관련된 다음 물음에 답하시오.

(1) 흡수제의 구비조건 2가지

(2) 용어정의
- 보전력

- 파과점

06. 잔류성 유기오염물질(POPs)의 공통된 특징 4가지를 쓰시오.

07. 가우시안 플룸모델의 가정 조건 5가지를 쓰시오.

08. CO, CO_2, CH_4의 피크면적이 각각 40, 80, 25이다. 피크면적과 부피비가 동일하다. 아래 물음에 답하시오.

(1) 각각의 부피분율(%)

(2) 각각의 질량분율(%)

09. 레미콘 공장의 먼지배출량은 $3.25g/m^3$이고, 배출허용기준은 $0.10g/m^3$으로 설정하였다. 이 배출허용기준의 준수와 관련하여 집진장치를 설치하고자 한다. 다음 물음에 답하시오.

(1) 배출허용기준을 준수하기 위하여 한 대의 집진장치를 설치한다면 집진장치의 효율은 최소 얼마인가?

(2) 효율이 동일한 집진장치 두 대를 직렬로 연결한다면 한 대의 집진장치의 효율은 최소 얼마인가?

(3) 직렬연결한 집진장치의 두 번째 장치효율이 75%였다면, 나머지 한 대의 효율은 얼마인가?

10. 어떤 1차 반응에서 초기 농도가 1M, 180min 경과 후에 농도가 0.1M로 감소하였다. 1M이 0.01M까지 감소되는데 걸리는 시간(min)은?

11. 아세트산 $10Sm^3$ 연소 시 발생하는 이론건조연소가스량(Sm^3)을 구하시오. (화학반응식을 필수로 작성하시오.)

12. 다음 표에 나타난 것과 같은 조성을 지닌 석탄을 연소하고자 한다. $CO_{2max}(\%)$를 구하시오.

성분	C	H	S
조성비(%)	87	11	2

13. 시간당 100톤의 A물질이 발생한다. A물질 1톤당 SO_2가 20kg 발생하고 이 중 80%(부피기준)는 SO_3로 된다. SO_3의 90%(부피기준)가 H_2SO_4로 될 때 H_2SO_4(kg/hr)는 얼마인가?

14. 도시의 분진농도를 측정하기 위해 여과지를 통해 0.3m/sec의 속도로 6시간 동안 공기를 흡인시킨 결과 깨끗한 여과지에 비해 빛 전달율이 75%였다. 다음 물음에 답하시오.

(1) 1,000m당 Coh의 값

(2) 아래 표를 참고하여 대기오염 정도를 판별하시오.

Coh/1,000m	대기오염도
0~3.2	약함
3.3~6.5	보통
6.6~9.8	심함
9.9~13.1	아주 심함
13.2~16.4	극심함

15. 황함유량 3%인 중유를 10ton/day로 연소하고 배출가스 중 황(S)을 접촉산화법을 이용하여 H_2SO_4로 회수하고자 한다. 탈황율이 90%일 때 생성되는 H_2SO_4 이론 생성량(kg/day)은?

16. 유효굴뚝높이가 60m인 굴뚝에서 SO_2가 50g/s의 율로 배출되고 있다. 지상 5.5m에서의 풍속은 5m/s일 때 풍하거리 500m 떨어진 지점에서의 연기중심선상 지상의 SO_2 농도를 구하시오($\mu g/m^3$). (가우시안 방정식과 Deacon식을 이용하여 P = 0.25, y = 37m, z = 18m이다.)

17. 면적 $1m^2$인 여과집진장치를 먼지농도가 $1g/m^3$인 배출가스가 $100m^3/min$으로 통과하고 있다. 먼지가 모두 여과포에서 제거되었으며 집진된 먼지층의 밀도가 $1g/cm^3$일 때 1시간 후의 여과된 먼지층의 두께(mm)를 구하시오.

18. 중력식 집진기에서 집진기의 길이 3m, 폭 1m이며 온도 250℃, 압력 1atm이다. 이 때 입자직경이 15μm의 제거효율이 60%가 되기 위한 침강실의 높이(cm)는? (공기밀도 $1.1kg/m^3$, 입자밀도 $3,200kg/m^3$, 점성계수 $1.85\times10^{-6}kg/m\cdot s$, 가스유속 1m/s)

19. 20℃, 압력 1atm에서 아황산가스의 헨리상수(L·atm/g)는?

[물 속 용해도(mL/mL)]

구분	SO_2
0℃	80
20℃	40
40℃	

20. 유입온도 18℃, 메탄의 저위발열량 8600kcal/m³일 때, 메탄의 이론연소온도(℃)를 구하시오.

정압비열(kcal/kmol·℃)	
CO_2	13.1
H_2O	10.5
N_2	8.0

2022년도 제4회 기사 필답형

01. 작업장 내 측정된 오존의 농도가 0.4ppb, 1.5ppb, 3ppb, 4.2ppb, 7.4ppb, 6ppb, 0.7ppb, 0.01ppb, 0.02ppb일 때 오존의 기하평균 농도(mg/m³)를 구하시오.

02. 원심력 집진장치의 운전조건이 아래 보기와 같을 때 집진효율의 일반적인 변화를 증가, 감소, 불변 중 한 가지로 써넣으시오.

<보기>
처리가스 온도가 높아지면 점도가 (　　)하여 효율이 (　　)한다.

03. 다음은 환경정책기본법상 대기환경기준이다. 다음 물음에 답하시오.

(1) 이산화질소의 연간, 24시간, 1시간 평균치(ppm)

(2) 오존의 1시간, 8시간 평균치(ppm)

(3) CO의 1시간 평균치(ppm)

04. 먼지의 입경(d_p, μm)을 Rosin-Rammler 분포에 의해 체상분포 $R(\%) = 100\exp(-\beta d_p^n)$으로 나타낸다. 이 먼지는 입경 20μm 이하가 전체의 약 몇 %를 차지하는가? (단, $\beta = 0.063$, $n = 1$)

05. 어느 석탄의 연료비가 1.17, 수분함량 39%, 회분 8%일 때, 고정탄소(%)와 휘발분(%)의 함량을 구하시오.

06. 프로판의 습배출가스량 중 이론산소량(%, 부피비 기준)을 구하시오. (단, 과잉공기 6%로 연소)

07. 헨리법칙(Henry's Law)이 적용되는 H_2S가스의 대기 중 분압이 120mmHg일 때 수중 H_2S의 농도가 0.08kmol/m³이었다면, 동일한 조건에서 가스분압이 0.6mmH₂O일 경우 수중 H_2S의 농도(mg/L)는 얼마인가?

08. 전기집진장치에서 초기효율이 80%일 때 유량이 2배가 된다면 통과율은 몇 배가 되는가? (단, 다른 조건은 모두 동일)

09. 흑체에 대한 설명과 스테판-볼츠만 법칙, 키르히호프법칙에 대해 설명하시오.

(1) 흑체

(2) 스테판-볼츠만의 정의와 공식

(3) 키르히호프법칙의 정의

10. 대기오염공정시험기준상 이온크로마토 그래프법의 원리와 장치 구성 순서를 쓰시오.

(1) 원리

(2) 장치 구성 순서

11. 리차드슨 수의 정의를 간단히 설명하고, 다음 범위의 안정도를 판단하시오.

① $-0.03 < Ri < 0$　　② $0 < Ri < 0.25$　　③ $Ri < -0.04$

(1) 리차드슨 수(Ri)

(2) 안정도 판단

12. 가우시안의 확산방정식을 적용할 때, 유효굴뚝높이(H_e)가 60m이고 유효상승고가 20m인 굴뚝으로부터 오염물질이 배출되고 있다. 바람이 부는 방향으로 500m 떨어진 연기의 중심선상 지상 오염농도가 2.5mg/m³일 때, σ_y(m)를 구하시오. (단, 오염물질의 배출량 160g/sec, 풍속 5m/sec, σ_z은 40m)

13. 유해가스 흡수장치에 대한 아래 물음에 답하시오.

(1) 용해도가 클 때 사용하는 장치의 종류 3가지

(2) 용해도가 작을 때 사용하는 장치의 종류 3가지

14. 높이 7m, 폭 10m, 길이 12m의 중력집진장치를 이용하여 처리 가스를 50m³/sec의 유량으로 비중이 1.8인 먼지를 처리하고 있다. 이 집진기가 포집할 수 있는 최소입자의 크기(d_p, μm)는? (단, 온도는 25℃, 점성계수는 1.85×10^{-5}kg/m·s이며, 공기의 밀도는 무시한다.)

15. 빙정석(Na_3AlF_6)을 이용하여 하루에 알루미늄 200kg을 제조하고 있다. 이 공정에서 배출되는 불소를 배출허용기준 이하로 제어하려고 한다. 불소농도를 배출허용기준 이하로 유지 시 불소의 제거율(%)을 구하시오. (단, 빙정석에 포함된 불소는 모두 배출된다고 가정)

〈조건〉
- 배출가스유량 : 1,500m³/min(50℃ 기준)
- 불소(F) 배출허용기준 : 10ppm

16. 광화학스모그에 대한 다음 물음에 답하시오.

(1) 광화학 스모그로 인한 2차오염물질 5가지

(2) 광화학 스모그현상은 (무풍 / 바람이 많은 날), (여름 / 겨울), (낮 / 밤)에 더 활발하게 발생한다.

17. 배기가스량 500Sm³/hr HCl 농도 800ml/Sm³이다. 순환수량은 5m³이며, 세정효율은 85%인 Spray Tower를 8시간 조업한 후 순환수의 pH를 구하시오. (단, HCl은 완전히 해리된다고 가정한다.)

18. 석유의 물리적 성질에 대해 아래 물음에 답하시오.

〈석유의 종류〉
중유, 경유, 등유, 휘발유

(1) C/H비가 큰 순서대로 나열하시오.

(2) C/H가 클수록 이론공연비는 (   ).

(3) C/H가 클수록 휘도는 (   ).

(4) C/H가 클수록 방사율은 (   ).

19. 커닝험 수정인자(Cunninghum correction factor)의 정의와 특징에 대해 서술하시오.

(1) 정의

(2) 특징
- 미세한 입자일수록 커닝험 보정계수는 (   ).
- 가스의 온도가 낮을수록 (   ).
- 가스의 압력이 낮을수록 (   ).

20. 농도 NO_2 5ppm이 포함된 배출가스가 5,000m^3/hr로 배출되고 있다. 이 배출가스를 CO로 처리하고자 한다. NO_2 제거 시 소요 CO량(m^3/hr)을 구하시오.

CHAPTER 32 2023년도 제1회 기사 필답형

01. 불화수소의 농도가 3,000ppm, 사불화규소의 농도가 1,500ppm인 가스 22,400Sm³/hr 처리 시 생성되는 규불화산(규불산)의 생성량(kg)을 구하시오. (단, Si의 원자량은 28이다.)

02. 10개의 여과백을 사용한 여과집진장치에서 입구의 먼지농도가 10g/Sm³, 집진율은 90%였다. 가동중 1개의 백에 구멍이 생겨 처리가스량의 1/10이 그대로 통과한다면 출구의 분진농도(g/Sm³)를 계산하시오.

03. 대기오염물질 배출업소에서 입자상물질의 농도를 측정하고자 경사마노미터, 피토우관 및 습식가스미터를 이용하여 아래표의 값을 얻었다. 다음을 계산하시오.

- 시료채취흡인가스량 : 20L
- 배출가스의 밀도 : 1.3kg/Sm³
- 포집먼지의 질량 : 1.973mg
- 가스미터 게이지압 : 13.6mmH₂O
- 가스미터에서의 흡인가스온도 : 17℃
- 측정시 대기압 : 760mmHg
- 정압 : 5mmHg
- 피토우관계수 : 0.8642
- 17℃에서의 물의 포화수증기압 : 25.21mmHg
- 경사마노미터 액주이동거리 : 20cm
- 경사마노미터 경사각 : 30°

(가) 배출가스의 유속(m/sec)

(나) 배출가스중 먼지농도(mg/Sm³)

04. 가스크로마토그래피에서 사용하는 ECD의 검출원리를 쓰시오.

05. 유입농도 2g/m³, 유량 50,000m³/hr, 1일 배출량 60kg으로 하기 위한 집진율을 구하시오.

06. C_xH_y의 기체연료 1mol이 연소할 때, 이론 습연소가스량(g)을 구하시오.

07. 가우시안형의 대기오염확산방정식을 적용할 때, 지면에 있는 오염원으로부터 바람부는 방향으로 250m 떨어진 연기의 중심축 상 황화수소의 농도(ppb)를 구하고 냄새 감지가 가능한지 판별하시오. (단, 황화수소의 배출량 10mL/sec, 황화수소의 최소감지농도 0.5ppb, 유량 10m³/sec, 풍속 6m/sec, σ_y는 22.5m, σ_z는 12m이다.)

08. 2,3,7,8 - TCDD(다이옥신), 2,3,7,8 - TCDF(퓨란), PCB의 구조식을 그리시오.

09. 굴뚝에서 배출되는 가스량은 10m³/sec, SO_2 농도가 1,500ppm일 때 Sutton식을 이용하여 아래 물음에 답하시오.

(1) 굴뚝의 높이가 180m일 때 다른 기타조건이 모두 같다면, 최대 착지 농도가 0.5배가 되게 하려면 굴뚝높이를 몇 m 높여야 하는가?

(2) 최대착지거리를 구하시오. (단, K_z = 0.09, 대기안정도 = 0.25, He = 180m)

10. 다음 보기를 오존층 파괴지수가 큰 순서대로 나열하시오.

[보기]				
① $CHClF_2$	② CF_2BrCl	③ CH_2BrCl	④ $C_2F_4Br_2$	⑤ $C_2F_4Cl_3$

11. 전연소 내 배출가스의 온도가 227°C에서 127°C로 떨어진다면 통풍력은 초기 통풍력의 몇 % 로 감소하는가? (단, 대기의 온도는 27°C, 가스밀도와 공기밀도는 1.3kg/Sm³ 이다.)

12. 파장이 5520 Å 인 빛 속에서 ρ(밀도)가 0.95g/cm³이고, 직경이 0.6μm 인 기름방울의 K(분산면적비)가 4.1 이었다. 먼지의 농도가 0.4mg/m³이라면 가시거리는 몇 m인지 구하시오.

13. 아래 집진장치의 총효율을 계산과정을 포함하여 η_1, η_2에 대한 함수로 답을 구하시오.

$\overrightarrow{C_1}$ → [효율 : η_1] → $\overrightarrow{C_2}$ → [효율 : η_2] → $\overrightarrow{C_3}$

14. 전기집진장치에서 먼지에 작용하는 전기력의 종류 4가지를 쓰시오.

15. 혼합가스 $1Sm^3$에 대한 성분 함유량이 아래 표와 같을 때 가스 $1Sm^3$의 완전연소에 필요한 이론적인 공기소요량(Sm^3)을 산정하시오. (단 연소 생성물은 CO_2와 H_2O로 가정, 질소는 모두 NO로 변환)

성분 함유량	CO_2	C_2H_4	C_3H_6	C_3H_8	O_2	CO	CH_4	N_2
가스 $1Sm^3$ 함유량	0.1	0.05	0.08	0.075	0.01	0.1	0.25	0.16

16. 100kg 고체연료의 성분은 탄소 85kg, 수소 5kg, 산소 6kg, 황 2kg, 회분 2kg이 포함되어 있다. 공기비를 1.3으로 하고 500kg/hr로 할 때, 아래 물음에 답하시오.

(1) 건가스 중 SO_2(ppm)

(2) 연료에 사용되는 공기량(ton/day)

17. NO 250ppm, NO_2 22.4ppm을 함유한 배기가스 10,000m^3를 NH_3로 선택적 접촉환원법에 의해 처리할 경우 NO_x를 제거하기 위한 NH_3의 이론량(kg)을 구하시오.

18. 에탄의 연소에서 다음 표의 자료를 이용하여 아래 물음에 답하시오.

물질명	엔탈피(kcal/mol)
에탄	−20.24
이산화탄소	−94.05
물	−57.80

1) 에탄의 완전연소 시 저위발열량(kcal/mol)을 구하시오.

2) 위 반응을 토대로 르샤틀리에 법칙에 따라 에탄에 열을 가하면 에탄은 증가한다 / 변화없다 / 감소한다. (셋 중 하나를 골라 적으시오.)

19. 기상의 오염물질 A를 제거하는 흡수장치에서 다음의 자료를 확보하였다. 기액경계면에서 오염물질 A의 흡수속도($kmol/m^2 \cdot hr$)를 구하시오.

- 헨리상수(H) : $2.0 kmol/m^2 \cdot atm$
- 기상물질계수(K_g) : $3.2 kmol/m^2 \cdot atm \cdot h$
- 액상물질계수(K_L) : $0.7 m/h$
- 기상 A성분 분압(P_a) : $0.15 atm$
- 액상 A성분 농도(C_a) : $0.1 kmol/m^3$

20. 벤츄리관에 450℃ 가스, $5 \times 10^4 m^3/hr$가 공급, 흡수액 온도 20℃, 액가스비 $1.5 L/m^3$, a먼지농도 $30 g/m^3$, 가스밀도 $1.2 kg/m^3$, 흡수액 밀도 $1 kg/L$, 가스와 흡수액 정압비열은 각각 $0.31 kcal/kg \cdot ℃$, $1 kcal/kg \cdot ℃$일 때, 배출되는 가스의 온도(℃)는?

CHAPTER 33 2023년도 제2회 기사 필답형

01. 2,000m³/min으로 유입되는 H₂S를 이용하여, 선택적 환원법으로 SO₂ 800ppm, NO 400ppm를 처리하고자 한다. 이 때, SO₂와 NO를 처리하기 위해 소모되는 총 H₂S(Sm³/월)와 회수되는 S(ton/월)의 양을 구하시오. 하루는 8시간 운영하고 한달은 25일로 가정한다. (단, SO₂는 S로만 나온다.)

02. 전기집진장치에서 전기적 집진 구획을 하는 이유를 서술하시오.

03. 직경 3m, 높이 2m인 백필터개수가 424개로 여과집진기로 처리하고 있다. 먼지부하는 800g/m², 먼지의 처음 농도가 0.5g/m³이고, 겉보기 여과속도 0.02m/s, 압력손실 100mmH₂O, 집진효율 90%일 때, 압력손실에 의한 탈락시간 간격(hr)을 구하시오. (단, 여과된 먼지만 압력손실을 적용한다.)

04. 비중이 0.8인 에탄올 1.5L을 연소시킬 때, 필요한 공기량(Sm³)을 구하시오.

05. 정압와 동압의 정의를 서술하고, 피토우 관의 측정원리를 설명하시오.

06. NOx 생성이 화염온도에 민감한 이유를 서술하시오.

07. 암모니아 냄새를 제거하기 위하여, 흡착제로 활성탄을 사용하였는데, NH_3 농도가 $56\mu m/m^3$인 배출가스에 활성탄 $20\mu m/m^3$을 주입하였더니, NH_3 농도가 $16\mu m/m^3$이 되었고, 활성탄 $52\mu m/m^3$를 주입하였더니, $4\mu m/m^3$이 되었다. NH_3 농도를 $5\mu m/m^3$으로 하기 위하여, 주입해야 할 활성탄의 양은 몇 $\mu m/m^3$이어야 하는가? (단, Freudlich의 등온흡착식을 이용할 것, K=0.5, N=2)

08. 20℃, 760mmHg에서 H_2S의 헨리상수($atm \cdot m^3/kmol$)를 계산하시오.

〈760mmHg에서의 용해도〉

온도	산소 용해도	이산화탄소 용해도	황화수소 용해도
0℃	14.74 (mg/L)	1.10 (mg/L)	4.37 (ml/ml)
20℃	7.6 (mg/L)	0.56 (mg/L)	2.586 (ml/ml)
40℃	6.5 (mg/L)	0.31 (mg/L)	1.86 (ml/ml)

09. 커닝험 보정계수의 정의와 조건변동에 따른 커닝험 계수 변화를 고르시오.

(1) 커닝험 보정계수의 정의를 쓰시오.

(2) 다음 보기 중 1개를 선택하시오.
- 압력이 (낮을수록, 높을수록), 커닝험 보정계수는 커진다.
- 온도가 (낮을수록, 높을수록), 커닝험 보정계수는 커진다.
- 입자의 크기가 (작을수록, 클수록), 커닝험 보정계수는 커진다.

10. 하부에서 1기압 20°C의 암모니아와 공기가 280m³으로 도입되며, 암모니아는 3%를 함유하고 있다. 상부에서 물이 도입되어, 향류 조작을 실시하고 있을 때, 암모니아를 90%로 회수하기 위한 물의 최소 kg은 얼마인가? (단, 공기분자량은 29g/mol이다. 밀도는 온도의 변화에 따라, 변함을 적용해야 한다.)

〈20°C에서 부분압력에 대한 암모니아 용해도〉

암모니아 부분압력(mmHg)	12	18.2	22.8	31.7	50
암모니아 g /물 100g 기준 용해도	2	3	3.6	5	7.5

11. 어떤 1차 반응에서 550초 동안, 반응물의 1/2가 분해되었다. 반응물이 1/5 남을 때까지는 얼마나 걸리는가(sec)?

12. 다음과 같이 주어진 표준생성열(kcal/kmol)를 이용하여, CH_4와 $C_{12}H_{26}$ 둘 중, 어느 물질이 절대값을 취했을 때, 발열량이 더 작은가?

종류	ΔHf (Kcal/kmol)
$C_{12}H_{26}$ (l)	−83
CH_4 (g)	−17.89
CO_2 (g)	−94.05
H_2O (g)	−57.80

(1) 발열량계산(kcal/mol)

(2) 발열량이 더 작은 물질은?

13. 다음과 같은 구성으로 이루어진 석탄 1Sm³이 있다. 공기비가 1이 주어졌을 때, 습연소가스량에 대한 SO_2 발생량 농도(ppm)을 구하시오. (단, 질소는 연소에 참여하지 않는다.)

원소	C	H	N	S	O
wt(%)	77.2%	5.2%	9.1%	2.6%	5.9%

14. A 지점의 미세먼지(PM_{10})의 측정 농도가 46, 53, 48, 62, 57 $\mu g/m^3$일 때, PM_{10}의 대기환경기준 연간 평균치를 제시하고, 판단여부를 쓰시오. (단, 연간평균치를 기준으로 한다.)

(1) 기하평균치를 구하고, 연간 평균치를 초과하는지의 여부를 판단하시오.

(2) 산술평균치를 구하고, 연간 평균치를 초과하는지의 여부를 판단하시오.

15. 빛 도달 초기 강도가 5%로 감소하였을 때, 소광계수는 0.45km^{-1}이고, 이 때의 거리(m)를 구하시오. (단, Lambert-Beer 법칙을 따른다.)

16. 아래 표를 이용하여, 각각의 분진제거 효율(%)을 구하시오. (단, 모든 구형입자의 밀도는 크기에 상관없이 1g/cm³으로 모두 동일하다.)

입경(μm)	입구 입자수	출구 입자 수
1μm	100	80
5μm	100	50
10μm	100	10

(1) 개수기준 효율

(2) 질량기준 효율

17. 다음은 각 물질의 진비중과 겉보기비중을 나타낸 표이다. 다음 물음에 답하시오.

물질	진비중	겉보기비중
카본블랙	1.90	0.03
미분탄보일러	2.1	0.52
시멘트킬른	3.0	0.6
산소제강로	4.74	0.65
황동용전기로	5.40	0.36

(1) 이 중에서 재비산 발생이 가장 큰 물질을 고르시오.

(2) 해당 물질의 공극률(%)을 구하시오.

18. 아래와 같은 입경분표(중량비)를 가진 분진을 함유한 기류에 사이클론을 설치하여, 분진을 제거하려고 한다. 부분집진효율 공식은 다음과 같고, 주어진 설계인자를 이용하여, 사이클론의 절단입경과 총 집진효율(%)을 구하시오. (단, 점도(μ) = 1.85×10^{-2} cps, 유속 = 6m/sec, 유효회전수(Ne) = 8, 먼지밀도(ρ) = 1.8g/cm³, 가스밀도 = 1.2kg/m³, 폭 25cm이다.)

(Lapple식 $\eta = \left(\dfrac{1}{1 + \left(\dfrac{d_{p50}}{d_p} \right)^2} \right)$, $d_{p50} = \dfrac{9\mu B_c}{2(\rho_p - \rho)\pi N_e V}$)

〈중량분율표〉

입경(μm)	10	30	60	80
중량분율(%)	10	20	50	20

19. 실내온도가 15°C인 5m×3m×3m인 연소실에서 C_8H_{18}를 매 시간 60g을 소모한다. 기계고장으로 인해, 연소실 내 C_8H_{18}이 완전한 불완전연소가 되어, 전량 CO로 생성되었다. 이 때 CO의 농도는 100ppm이 되었다면, 이 농도에 도달하기까지의 걸리는 시간(min)을 구하시오.

20. 먼지농도가 10g/m³이고, 이것을 처리하는 효율 95%의 전기집진장치가 있다. 집진판의 면적은 5m×4m이며, 19장이 존재할 때, 이 장치에서 출구농도 20mg/m³이 되도록 효율을 높이고자 한다면, 추가해야 할 집진판의 개수를 구하시오.

CHAPTER 34 2023년도 제4회 기사 필답형

01. 어느 도시지역의 면적은 965m²이고, 254만명이 살고 있다. 가주지면적은 도시면적의 10%이고, 전국 평균밀도는 480명/km²이다. 이때의 시료채취 측정점수의 수는?

02. 중유는 탄소, 수소, 황을 함유하고 있다. 해당 SO_2(%)는 0.25vol%이다. 공기비 1.3으로 연소하고자 한다면, 해당 연료의 황 함유량(%)를 구하시오. (단, 탄소는 85% 함유하고 있다.)

03. 시멘트 공장에서 먼지를 제거하기 위하여 길이 4.2m, 높이 4.8m인 집진판을 평행하게 설치한 집진장치를 설치하였다. 판의 간격은 23cm이며, 평행판 사이로 농도가 11.4g/m³인 배출가스 60㎥/min를 처리한다면, 다음 물음에 답하시오. (단, 전기집진장치 내 입자의 이동속도는 0.058m/sec)

(가) 해당 전기집진기의 실제 집진효율(%)은?

(나) 하루에 집진되는 먼지량(kg)을 구하시오. (단, 공장은 하루종일 가동한다.)

04. 최대착지농도는 굴뚝에서 배출되는 오염물질이 지표면에 도달하는 농도를 말한다. 현재 유효굴뚝높이는 50m인 상태에서 최대착지농도를 현재농도의 1/4로 하려고 할 때, 증가시켜야 할 유효굴뚝높이(m)를 구하시오.

05. 25℃, 1atm인 공장에서 농도가 250ppm인 알코올을 20,000m³/min으로 배출하고 있다. 대기환경기준 알코올 하루 배출허용량은 1,000kg이다. 생물학적 여과장치를 이용하여, 해당 기준을 맞추려면, 최소 제거효율(%)은 얼마이어야 하는가?

06. NO 100ppm, NO₂ 10ppm을 함유한 배기가스 1,000m³을 암모니아로 선택적 접촉환원법에 의해 처리할 경우, NOx를 제거하기 위한 NH_3의 이론량(kg)을 구하시오.

07. 충전탑에서 발생하는 편류현상과 방지대책을 쓰시오.

(1) 편류현상

(2) 방지대책

08. 회분 함량이 12%이고, 발열량이 26,700kJ/kg인 석탄을 화력발전소에서 연료로 태우고 있다. 해당 발전소는 1,000MW의 전기를 생성하고 있고, 연소실의 효율은 40%이며, 회분의 50%는 배기가스 내의 분진으로 배출된다. 다음 표를 이용하여, 집진처리 후 대기로 방출되는 분진의 양(kg/sec)을 구하시오. [5점] (단, 1kW · sec = 1kJ이다.)

입경(μm)	0~5	5~10	10~20	20~40	40 >
부분집진효율	70	92.5	96	99	100
질량분포	12	16	22	27	23

09. 20℃, 1atm, 내경 20mm관을 통과하는 유체의 점도는 0.018cps이다. 유출가스의 유량은 25m³/h일 때, 해당 유체의 레이놀즈 수를 구하고, 난류/층류를 구분하시오. (단, 공기의 질량을 29g/mol이고, 밀도는 온도의 영향을 받는다.)

10. 길이 4m, 높이 1.5m의 중력집진장치를 이용하여 처리가스를 0.3m/s 유속으로 처리하고자 한다. 수평판의 개수는 8개(바닥 포함)이며, 해당 집진기로 처리 가능한 먼지의 최소제거입경(μm)을 구하시오. (단, 침강실은 층류 상태이며, 가스밀도는 2.0g/cm^3, 점도는 0.0748kg/m·hr이고, 공기밀도는 무시한다.)

11. 다음은 연소의 종류를 설명하려고 한다. 각각 연소를 설명하고, 해당 연소를 대표하는 연료를 적으시오.

    (가) 증발연소

    (나) 분해연소

    (다) 표면연소

    (라) 자기연소

12. 분무탑의 장점 및 단점을 각각 3가지씩 적으시오.

    (가) 장점

    (나) 단점

13. 농도가 30,000ppm인 페놀이 25°C, 1atm, 250m^3/min으로 배출되고 있다. 충전탑은 활성탄 1,000kg으로 채웠다. 활성탄 1kg당 0.2kg 페놀을 처리한다면, 해당 장치로 페놀 100%를 처리하는 데 걸리는 시간(min)을 구하시오.

14. 탄소 85%, 수소 15%로 구성된 액체연료 1kg을 공기비 1.1로 연소 시 탄소의 1%가 그을음으로 되었다. 건조 연소배기가스 1Sm^3 중 그을음의 농도(g/Sm^3)를 구하시오.

15. 먼지농도 0.5g/m³, 유량 150m³/min인 오염물질을 50개의 여과재로 채운 여과 집진기로 처리하고자 한다. 하지만, 작업 중 여과재 2개가 찢어져서, 그대로 가스가 배출되어 출구농도가 200mg/m³으로 갑자기 높아졌을 때, 이때 찢어진 여과재 2개 중 1개에서 배출되는 가스 유량(m³/min)을 구하시오. (단, 2개의 여과재를 통과하는 유량은 동일하고, 정상가동 여과 집진장치의 처리효율은 0.985이다.)

16. 입자의 직경은 입자 운동에 따라서 간접적으로 측정하는 방법들이 있다. 해당 방법을 각각 설명하시오.

(가) Stoke's 직경

(나) 공기역학적 직경

17. 열효율 34%, 500MW로 운전되는 석탄 화력발전소에서 7,000kcal/kg의 석탄을 사용하고 있다. 연료는 탄소 62%, 수소 14%, 황 2%, 회분 22%로 구성되어 있고, 회분은 연소에 참여하지 않는다. 공기비를 1.5로 연소한다고 할 때, 해당 건조연소가스의 가스량(m³/s)를 구하시오. (단, 1kWh = 860kcal)

18. 황을 4wt% 함유하고 있는 원유 1톤에 수소를 첨가시켜 황화수소(H_2S)로 환원하고자 한다. 이때 H_2S의 부피(m³/s)는 얼마인가?

19. 비표면적이 5,000m²/kg인 입자 A가 있다. 다른 조건은 모두 동일하고 직경만 2배로 증가한다면, 이 때 입자의 비표면적(m²/kg)은 얼마인가?

20. 시료채취시 채취관을 보온 또는 가열하는 이유 3가지를 쓰시오.

CHAPTER 35 2024년도 제1회 기사 필답형

01. 메탄(CH_4) 80%, 수소(H_2) 20%가 혼합된 가스가 있다. 해당 가스의 CO_{2max}(%)를 구하시오.

02. 대기오염물질인 NO를 다음과 같은 환원제를 이용하여, N_2로 배출하고 한다. 각각의 반응식을 기재하시오.

(1) H_2

(2) CO

(3) NH_3

(4) H_2S

03. 다음은 배출가스 중 황화수소를 분석하는 방법이다. 빈 칸을 채우시오.

> 배출가스 중 황화수소를 (①)에 흡수시켜, (②)과 (③)을 가하여, 생성되는 메틸렌블루의 흡광도(파장[④]nm 부근)을 측정하여 황화수소를 정량한다.

04. 지면에서 온도는 15℃, 고도 1,000m에서는 10℃이고 최대지표온도는 20℃이다. (단, 건조단열감율을 따르고 있다.) 다음 물음에 답하시오.

(1) 환경감율을 구하고 대기안정도를 고르시오.
해당 대기는 (안정/불안정)이며, 연기모양은 (　　)이다.

(2) 최대혼합고도(m)를 구하시오.

05. 산성비 발생 원인 중에는 SO_2가 관여한다. 빗방울 반경이 0.1cm이며, 빗물의 비중은 $1g/cm^3$이다. SO_2 $0.1\mu g$가 빗물에 흡수되었다. 해당 빗물의 pH를 구하시오. (단, 빗물은 구형입자이며, SO_2는 모두 HSO_3로 반응하고, HSO_3은 전량 해리한다.)

06. 먼지농도가 $3g/Sm^3$인 입자가 있다. 해당 입자를 액가스비 $1L/Sm^3$인 세정집진장치로 처리하고자 한다. 먼지직경은 $5\mu m$이고, 물방울의 직경은 $300\mu m$이라면, 먼지입자 개수는 물방울 입자 개수보다 몇 배 차이가 나는가? (단, 먼지입자가 구형입자이면, 비중은 2이다.)

07. 상당직경(D_o)이 1m인 표준원심력집진기로 350K, 1atm인 $150m^3/min$인 배출가스를 처리하고 있다. (단, 밀도는 온도에 영향을 받고, 먼지입자의 밀도는 $1,600kg/Sm^3$다. 공기밀도는 무시하고, 350K에서의 점도는 $0.075kg/m \cdot hr$이다.)

〈표준원심력집진장치 제원(Dimension)〉
유입구 폭(B_c) : $0.25D_o$
유입구 높이(H) : $0.5D_o$
몸통직경 : D_o
원통부 길이 : $1.5D_o$
원추부길이 : $2.5D_o$
출구 직경(내통 직경) : $0.5D_o$

(1) 배출가스 유속(m/s)을 구하시오.

(2) 유효회전수를 구하시오. (단, 정수 첫째 자리까지 반올림한다.)

(3) Lapple 절단입경(μm)

08. 다음은 전기집진장치의 장애현상이다. 다음 물음에 답하시오.

(1) $10^4 (ohm \cdot cm)$ 이하일 때
① 장애현상
② 해결방안(2가지)

(2) $10^{11} (ohm \cdot cm)$ 이상일 때
① 장애현상
② 해결방안(2가지)

09. 해당 배출가스의 습연소가스량은 16.6Sm³/kg이다. 이 가스의 공기비를 구하시오. (단, 이론공기량은 11.4Sm³/kg, 이론습연소가스량은 12.2Sm³/kg이다.)

10. 길이 11m, 높이 2m인 중력집진장치를 1.5m/s의 속도로 처리하고 있다. 배기가스와 배출가스에 포함된 입자의 밀도는 각각 1.2kg/m³, 2,000kg/m³이고, 배기가스 점도가 2.0×10^{-5}kg/m·sec일 때, 먼지를 완전히 제거할 수 있는 최소제거 입경(μm)을 구하시오. (단, 배기가스의 흐름 형태는 층류이다.)

11. 다음은 세정집진장치에 대한 원리이다. 기본원리와 입자포집원리를 서술하시오.

12. 1,000℃에서 100℃로 냉각한 가스는 150m³/min의 유량을 가지고 있다. 다음 주어진 조건을 보고 물음에 답하시오.

〈조건〉
- 1,000℃에서의 엔탈피 : 280kcal/kg
- 100℃에서의 엔탈피 : 20kcal/kg
- 물 1kg 당 흡수열량 : 600kcal/kg
- 배출가스의 밀도 : 1.3kg/m³

(1) 냉각시키기 위해 필요한 물의 양(kg/min)

(2) 냉각 후의 유량(m³/min)

13. 염소가스 7,000ppm를 직렬로 연결된 1차 78%의 효율을 가진 세정집진장치, 2차 99.5%의 처리효율을 가진 전기집진장치로 처리하고 있다. 해당 염소가스의 처리 후 농도(ppm)는 얼마인가?

14. 석탄 연소 시 배출되는 SO_2 배출량 규제를 위해, 연소 시 발생하는 발열량 당 SO_2의 중량을 2.5mgSO_2/kcal 이하로 규제하려 한다. 석탄의 발열량은 단위 중량 당 6,000kcal/kg의 황 함량이 몇 wt% 이하여야 하는가? (단, 석탄 속 황은 모두 SO_2로 변환된다.)

15. 고용량시료채취법을 이용하고자 한다. 채취 전 유량 1.6m³/min이고, 채취 후 유량은 1.4m³/min일 때, 흡인 공기량(m³)은 얼마인가? (단, 채취시간은 25시간이다.)

16. 어느 기체의 흡착실험을 통해서 흡착제의 단위질량 당 흡착된 용질의 양(X/M)에 대한 출구 기체농도(Co)의 데이터를 얻었다. 이 경우 Freundlich 등온 흡착식을 만족할 때, 실험으로부터 얻은 데이터를 이용하여 등온상수 K와 n를 구하는 방법에 대해 서술하시오. (단, M은 흡착제의 질량이고, K, n은 실험상수이다.)

17. 다음 조건을 보고 메탄의 이론연소온도(°C)를 구하시오.

〈조건〉
- 메탄과 공기는 18°C에서 공급되고 있다.
- 발열량 8,500kcal/Nm³
- 상온 ~ 2,100°C에서의 비열은 다음과 같다.
  - CO_2 13.6kcal/kmol · °C
  - H_2O 10.5kcal/kmol · °C
  - N_2 8kcal/kmol · °C

18. 다음 자가측정 기록부를 보고 물음에 답하시오. (단, 270°C에서 배출가스의 밀도는 1.3kg/m³이고, 17°C에서 물의 포화수증기압은 14.5mmHg이다.)

- 연도직경 : 4m
- 경사마노미터(수액 : 물)
- 경사각 : 30°
- 액주이동거리 : 25cm
- 피토우관계수 : 0.8614
- 가스미터(습식)
- 지시 흡인량 : 1,200L
- 온도 : 17°C
- 게이지압 : 0mmHg
- 대기압 : 1atm
- 여과지 포집 전 질량 : 0.805g / 포집 후 질량 : 0.95g

(1) 배출가스의 유량(m/sec)을 구하시오.

(2) 배출가스 중 먼지농도(mg/Sm³)를 구하시오.

19. 해당 송풍기의 정압 200mmH₂O에서, 250m³/min의 공기를 이동시키고 있다. 송풍기 효율이 80%일 때, 소요전력(kW)은 얼마인가? (단, 여유율은 1.2이다.)

20. 유효굴뚝높이 70m에서 유해가스는 25μg/m³의 착지농도를 가진다. 그렇다면, 유효굴뚝높이 125m에서의 최대지표농도(μg/m³)를 구하시오. (단, Sutton식을 적용하고, 다른 조건은 동일하다.)

PART 3

제 3 편
과년도 필답 기출해설

CHAPTER 01 2017년도 제1회 산업기사 필답형

01. 해설

(1) 이온크로마토그래프법
- 원리 및 적용범위

  이 방법은 이동상으로는 액체, 그리고 고정상으로는 이온교환수지를 사용하여 이동상에 녹는 혼합물을 고분리능 고정상이 충전된 분리관내로 통과시켜 시료성분의 용출상태를 전도도 검출기 또는 광학 검출기로 검출하여 그 농도를 정량하는 방법으로 일반적으로 강수(비, 눈, 우박 등), 대기먼지, 하천수 중의 이온성분을 정성, 정량 분석하는데 이용한다.

(2) 비분산적외선분광분석법
- 원리 : 이 시험법은 적외선 영역에서 고유 파장 대역의 흡수 특성을 갖는 성분가스의 농도 분석을 비분산적외선 분석법으로 측정하는 방법에 대해 규정하며, 비분산적외선 분석법의 표준분석절차를 기술함으로서 비분산적외선 분석법에 의한 측정의 정확성과 통일성을 갖추도록 함을 목적으로 한다.
- 적용범위 : 이 시험법은 적외선 영역에서 고유 파장 대역의 흡수 특성을 갖는 성분가스의 농도 분석에 적용된다.(CO, 탄화수소 등)

(3) 흡광차분광법
- 원리 및 적용범위

  이 방법은 일반적으로 빛을 조사하는 발광부와 50m~1,000m 정도 떨어진 곳에 설치되는 수광부(또는 발·수광부와 반사경) 사이에 형성되는 빛의 이동경로(Path)를 통과하는 가스를 실시간으로 분석하며, 측정에 필요한 광원은 180nm~2,850nm 파장을 갖는 제논(Xenon) 램프를 사용하여 아황산가스, 질소산화물, 오존 등의 대기오염물질 분석에 적용한다.

02. 해설

식 세정수량$(L/\min) = L \times Q$

식 $n\left(\dfrac{d_n}{D_t}\right)^2 = \dfrac{V_t \cdot L}{100\sqrt{P}}$

$6 \times \left(\dfrac{0.004}{0.24}\right)^2 = \dfrac{60 \times L}{100 \times \sqrt{20,000}}$, $L = 0.3928 L/m^3$

- $Q = A \times V = \dfrac{\pi \times (0.24m)^2}{4} \times \dfrac{60m}{\sec} = 2.7143 m^3/\sec$

∴ 세정수량$(L/\sec) = 0.3928 \times 2.7143 = 1.07 L/\sec$

정답 1.07L/sec

03. 해설

(1) 분산모델
① 미래의 대기질을 예측할 수 있다.
② 대기오염 정책입안에 도움을 준다.
③ 2차 오염원의 확인이 가능하다.
④ 오염원의 운영 및 설계요인의 효과를 예측할 수 있다.
⑤ 점·선·면 오염원의 영향을 평가할 수 있다.

(2) 수용모델
① 지형·기상정보가 없어도 사용이 가능하다.
② 오염원의 조업 및 운영상태에 대한 정보가 없어도 사용이 가능하다.
③ 새로운 오염원과 불확실한 오염원, 불법 배출오염원에 대한 정량적인 확인 평가가 가능하다.
④ 수용체 입장에서 영향평가가 현실적으로 이루어 질 수 있다.
⑤ 입자상, 가스상 물질, 가시도 문제 등 환경전반에 응용할 수 있다.

04. 해설

(1) 채취관을 보온 및 가열하는 이유 3가지
- 가스 중의 수분, 응축으로 인한 채취관의 부식 방지를 위하여
- 여과재의 막힘 방지를 위하여
- 분석 대상가스의 응축으로 인한 오차 방지를 위하여

(2) 브롬 채취 시 채취관의 재질 3가지
유리, 석영, 불소수지
※ 브롬은 휘발성유기화합물에 속하므로 휘발성유기화합물의 채취관 재질에 따른다.

05. 해설

(1) 목부직경

식 $A = \dfrac{Q}{V} \rightarrow \dfrac{\pi D_t^2}{4} = A$

• $A = \dfrac{Q}{V} = \dfrac{200 m^3}{min} \times \dfrac{1 min}{60 sec} \times \dfrac{sec}{50 m} = 0.0666 m^2$

$\dfrac{\pi D_t^2}{4} = 0.0666 m^2$, ∴ $D_t = 0.29 m$

정답 0.29m

(2) 압력손실

식 $\Delta P = (0.5 + L) \times P_v$

- $L = 1.5 L/m^3$

- $P_v = \dfrac{\gamma V^2}{2g} = \dfrac{1.2112 \times 50^2}{2 \times 9.8} = 154.4897 \text{mmH}_2\text{O}$

- $\gamma = \dfrac{1.3 kg}{Sm^3} \times \dfrac{273}{273 + 20} = 1.2112 \text{kg/m}^3$

∴ $\Delta P = (0.5 + 1.5) \times 154.4897 = 308.98 \text{mmH}_2\text{O}$

정답 308.98mmH₂O

06. 해설

식 농도(%) = $\dfrac{\sum \text{도수} \times \text{횟수}}{\sum \text{횟수}} \times 20$

∴ 농도(%) = $\dfrac{(0 \times 100 + 1 \times 50 + 2 \times 25 + 3 \times 30 + 4 \times 10 + 5 \times 7)}{(100 + 50 + 25 + 30 + 10 + 7)} \times 20 = 23.87\%$

07. 해설

(1) 배출가스 유량

식 $Q_s = Q_a \div \left(\dfrac{21 - O_s}{21 - O_a} \right)$

∴ $Q_s = 10000 \div \left(\dfrac{21 - 11}{21 - 13} \right) = 8,000 m^3/hr$

(2) 염화수소 농도

식 $C_s = C_a \times \left(\dfrac{21 - O_s}{21 - O_a} \right)$

∴ $C_s = 407 \times \left(\dfrac{21 - 11}{21 - 13} \right) = 508.75 \text{ppm}$

08. 해설

식 $t = \dfrac{L_d}{C_i V_f \eta}$

∴ $t = \dfrac{L_d}{C_i V_f \eta} = \dfrac{450g}{m^2} \times \dfrac{m^3}{(20-1)g} \times \dfrac{\sec}{0.01m} = 2368.42 \sec$

정답 2368.42sec

09. 해설

(1) 노르말농도

식) HCl의 $N(eq/L) = [H^+] mol/L$

$$\therefore HCl(N) = \frac{200mL}{m^3} \times \frac{10^{-3}mol}{22.4mL} \times \frac{100m^3}{hr} \times \frac{60}{100} \times 5hr \times \frac{1}{5,000L} = 5.36 \times 10^{-4}N$$

정답) $5.36 \times 10^{-4}N$

(2) pOH

식) $pOH = 14 - pH$

• $pH = \log\frac{1}{[H^+]} = \log\frac{1}{[5.36 \times 10^{-4}]} = 3.2708$

$\therefore pOH = 14 - pH = 14 - 3.2708 = 10.73$

정답) 10.73

10. 해설

식) $\Delta P_h = F_i \times P_v = \frac{1-C_e^2}{C_e^2} \times \frac{\gamma V^2}{2g}$

$150 = \frac{1-C_e^2}{C_e^2} \times \frac{2.5 \times 10^2}{2 \times 9.8}$, $\therefore C_e = 0.28$

정답) 0.28

11. 해설

식) $d_{p50}(\mu m) = \sqrt{\frac{9\mu B_c}{2(\rho_p - \rho_g)\pi N_e V}} \times 10^6$

• $\mu = \frac{0.018 \times 0.01g}{cm \cdot sec} \times \frac{1kg}{10^3 g} \times \frac{100cm}{1m} = 1.8 \times 10^{-5} kg/m \cdot sec$

• $\rho_p = 2,000 kg/m^3$

$d_{p50}(\mu m) = \sqrt{\frac{9 \times 1.8 \times 10^{-5} \times 0.5}{2 \times (2,000 - 1.3) \times 3.14 \times 7 \times 12}} \times 10^6 = 8.76\mu m$

정답) $8.76\mu m$

2017년도 제2회 산업기사 필답형

01. 해설

① 입자 크기가 커야 한다.
② 입자의 밀도가 커야 한다.
③ 함진가스의 유속이 빠를수록 증가한다.
④ 함진가스의 유속과 액적의 상대속도가 클수록 증가한다.
⑤ 가스의 점도가 작아야 한다.
⑥ 액적의 크기가 작아야 한다.

02. 해설

(1) **NOx 선택적 촉매환원법(SCR)의 원리**

촉매를 사용하여 400℃ 이하에서 질소산화물(NOx)을 환원제로 선택적으로 제거하며, 물(H_2O)과 질소(N_2)로 환원하는 방법이다. 환원제는 주로 암모니아를 사용하며, 제거율은 최적운전조건에서 약 90% 정도이다.

(2) **환원제의 종류**

NH_3, H_2S

(3) **촉매의 종류**

TiO_2, V_2O_5

03. 해설

(1) **장점** : 작업영역을 방해하지 않는다.
   단점 : 외부난기류의 영향을 많이 받는다. 흡인유량이 많다.

(2) **무효점** : 운동량이 소실되어 속도가 0에 이르는 점

(3) **제어속도** : 발생원으로부터 비산되는 오염물질을 비산한계점 범위 내에서 포착하여 후드로 몰아넣기 위하여 필요한 최소의 속도를 포착속도 또는 제어속도라 한다.

04.

[식] 열효율(%) = $\dfrac{출열}{입열} \times 100$

$0.5 = 4.2 \times 10^6 \text{Watt} \times \dfrac{0.238 \text{kcal/sec}}{1 \text{watt}} \times \dfrac{kg}{2500 kcal} \times \dfrac{\text{sec}}{(\text{석탄사용량})kg}$

석탄사용량(kg) = 799.68 kg/sec

∴ 재발생량(kg/year) = $\dfrac{799.68 kg}{\text{sec}} \times \dfrac{86400 \text{sec}}{1 day} \times \dfrac{365 day}{1 year} \times \dfrac{1}{10} = 2.523 \times 10^9 kg/year$

[정답] 2.523×10^9 kg/년

05.

[식] $\Delta P = (0.5 + L) \times P_v$

- $L = 0.59 L/m^3$
- $P_v = \dfrac{\gamma V^2}{2g} = \dfrac{1.2112 \times 50^2}{2 \times 9.8} = 154.4897 \text{mmH}_2\text{O}$
- $\gamma = \dfrac{1.3 kg}{Sm^3} \times \dfrac{273}{273 + 20} = 1.2112 kg/m^3$

∴ $\Delta P = (0.5 + 0.59) \times 154.4897 = 168.39 \text{mmH}_2\text{O}$

[정답] 168.39 mmH$_2$O

06.

(1) **정의** : 사이클론 하부의 더스트 박스에서 유입유량의 약 10%의 함진가스를 추출시켜주는 방식을 말한다.

(2) **효과**
　① 난류 억제
　② 유효 원심력 증대
　③ 재비산 방지
　④ 집진율 증대
　⑤ 출구 내통의 폐색 방지

07.

[반응식] $2HF + Ca(OH)_2 \rightarrow CaF_2 + 2H_2O$

　　　　$2 \times 22.4 m^3$: 74 kg

$\dfrac{900 mL}{m^3} \times \dfrac{10^{-6} m^3}{mL} \times \dfrac{6,000 Sm^3}{hr} : X(kg)$,　　∴ $X(= Ca(OH)_2) = 8.92$ kg/hr

[정답] 8.92 kg/hr

08. 해설

식 $P = C \times H$(헨리상수), $H = \dfrac{P}{C}$

$\therefore H = 30mmHg \times \dfrac{m^3}{1.3kmol} \times \dfrac{1atm}{760mmHg} = 0.03 atm \cdot m^3/kmol$

정답 $0.03 atm \cdot m^3/kmol$

09. 해설

식 $X_{SO_2}(\%) = \dfrac{SO_2(Sm^3/kg)}{G_w(Sm^3/kg)} \times 100$

- $A_o = \dfrac{1}{0.21}(1.867C + 5.6H + 0.7S - 0.7O)$

  $= \dfrac{1}{0.21}(1.867 \times 0.85 + 5.6 \times 0.1 + 0.7 \times 0.02 - 0.7 \times 0.02) = 10.2235 Sm^3/kg$

- $G_w = (m - 0.21)A_o + CO_2 + SO_2 + H_2O + N_2$

  $= (1.3 - 0.21)10.2235 + 1.867 \times 0.85 + 0.7 \times 0.02 + 11.2 \times 0.1 + 0.8 \times 0.001$

  $= 13.8719 Sm^3/kg$

$\therefore X_{SO_2}(\%) = \dfrac{0.7 \times 0.02}{13.8719} \times 100 = 0.1\%$

정답 0.1%

10. 해설

식 $\eta(\%) = \left(1 - \dfrac{C_o}{C_i}\right) \times 100$

- $C_i = 100 ppm$

- $C_o = \dfrac{5mg}{Sm^3} \times \dfrac{22.4mL}{20mg} = 5.6 ppm$

$\therefore \eta(\%) = \left(1 - \dfrac{5.6}{100}\right) \times 100 = 94.4\%$

정답 94.4%

11. 해설

    식 $G_{ow} = (1-0.21)A_o + CO_2 + H_2O + N_2$

    반응식 $CO + 0.5O_2 \to CO_2$

    $H_2 + 0.5O_2 \to H_2O$

    - $A_o = \dfrac{1}{0.21} \times (0.5CO + 0.5H_2) = \dfrac{1}{0.21} \times (0.5 \times 0.2 + 0.5 \times 0.05) = 0.5952 \, m^3/m^3$

    - $CO_2 = 1 \times CO + CO_2 = 1 \times 0.2 + 0.15 = 0.35 \, m^3/m^3$

    - $H_2O = 1 \times H_2 = 1 \times 0.05 = 0.05 \, m^3/m^3$

    - $N_2 = 0.6 \, m^3/m^3$

    $\therefore G_{ow} = (1-0.21) \times 0.5952 + 0.35 + 0.05 + 0.6 = 1.4702 \, m^3/m^3$

CHAPTER 03　2017년도 제4회 산업기사 필답형

01. 해설

(1) 흡착제의 종류 (이 중 3가지 작성)
① 활성탄　　　　　　② 실리카겔
③ 활성 알루미나　　　④ 마그네시아
⑤ 보크사이트　　　　⑥ 제올라이트

(2) 활성탄의 재생방법 (이 중 3가지 작성)
① 고온 불활성 기체 탈착법　② 수세법
③ 감압진공 탈착법　　　　　④ 가열 공기 주입법
⑤ 수증기 주입법

02. 해설

① 흡착제와 흡착물질간의 반데르발스의 분자간 인력이 작용한다.
② 흡착과정이 가역현상(개방계)을 갖기 때문에 흡착제의 재생이나 오염가스 회수에 매우 편리하다.
③ 흡착이 다중층(Multi layers)에서 일어난다.
④ 반응온도가 낮다.

03. 해설

(1) **기체크로마토그래피법** : 이 방법은 기체시료 또는 기화한 액체나 고체시료를 운반가스(Carrier Gas)에 의하여 분리, 관 내에 전개시켜 기체상태에서 분리되는 각 성분을 크로마토그래피적으로 분석하는 방법으로 일반적으로 무기물 또는 유기물의 대기오염 물질에 대한 정성, 정량분석에 이용한다.

(2) **이온크로마토그래피법** : 이 방법은 이동상으로는 액체, 그리고 고정상으로는 이온교환수지를 사용하여 이동상에 녹는 혼합물을 고분리능 고정상이 충전된 분리관내로 통과시켜 시료성분의 용출상태를 전도도 검출기 또는 광학 검출기로 검출하여 그 농도를 정량하는 방법으로 일반적으로 강수(비, 눈, 우박 등), 대기먼지, 하천수 중의 이온성분을 정성, 정량 분석하는데 이용한다.

04. 해설

식 분자수 $= 질량(m) \times \dfrac{6.02 \times 10^{23} 개}{분자량(g)}$

- 질량$(m) = C \times \forall = \dfrac{6\mu g}{m^3} \times 10m^3 = 60\mu g$

∴ 분자수 $= 60\mu g \times \dfrac{1g}{10^6 \mu g} \times \dfrac{6.02 \times 10^{23}개}{94g} = 3.84 \times 10^{17}개$

05. 해설

(1) 증가하는 인자 : 착화온도, 발열량, 고정탄소
(2) 감소하는 인자 : 비열, 휘발분, 매연발생율, 수분, 산소량

06. 해설

그을음 발생시 배출가스량은 질소 + 과잉산소 + 기타가스로 구성되고 여기서 과잉산소는 공급산소−소모산소로 물질수지를 이용하여 계산한다.

식 $m_d(g/Sm^3) = \dfrac{그을음(g/kg)}{G_d(Sm^3/kg)}$

식 $G_d = N_2 + (O_{2(a)} - O_{2(b)}) + CO_2$

- 그을음 $= 1kg \times 0.85 \times 0.005 \times 10^3 g/kg = 4.25 g/kg$
- O_o : 이론산소량 $= 1.867 \times 0.85 + 5.6 \times 0.15 = 2.4269 Sm^3/kg$
- $O_{2(a)}$: 공급 산소량 $= m \times O_o = 1.1 \times 2.4269 = 2.6695 m^3/kg$
- $O_{2(b)}$: 소모산소량 $= 1.867 \times 0.85 \times 0.995 + 5.6 \times 0.15 = 2.4190 Sm^3/kg$
- $N_2 = m \times O_o \times \dfrac{79}{21} = 1.1 \times 2.4269 \times 3.76 = 10.0376 Sm^3/kg$
- $CO_2 = 1.867 \times 0.85 \times 0.995 = 1.5790 Sm^3/kg$

∴ $G_d = 10.0376 + (2.6695 - 2.4190) + 1.5790 = 11.8671 Sm^3/kg$

∴ $m_d(g/Sm^3) = \dfrac{4.25 g/kg}{11.8671 Sm^3/kg} = 0.36 g/Sm^3$

정답 $0.36 g/Sm^3$

07. 해설

(1) 옥탄의 이론 연소 반응식

[연소반응] $C_8H_{18} + 12.5O_2 \rightarrow 8CO_2 + 9H_2O$

(2) 옥탄의 AFR(무게 기준) 계산

식 $AFR = \dfrac{m_a \times M_a}{m_f \times M_f}$

- m_a : 공기 mol수 $= 12.5 \times \dfrac{1}{0.21} = 59.5238$
- M_a : 공기의 g분자량 $= 29$
- M_f : 연료의 g분자량 $= 114$

$\therefore AFR = \dfrac{59.5238 \times 29}{1 \times 114} = 15.14$

08. 해설

(1) 식 $V_s = \dfrac{d_p^2(\rho_p - \rho_g)g}{18\mu}$

- $\mu = \dfrac{0.2 \times 10^{-3}g}{cm \cdot sec} \times \dfrac{1kg}{10^3 g} \times \dfrac{100cm}{1m} = 2 \times 10^{-5} kg/m \times sec$

$\therefore V_s = \dfrac{(60 \times 10^{-6})^2 \times (1,600 - 1.3) \times 9.8}{18 \times 2 \times 10^{-5}} = 0.16 m/sec$

정답 0.16m/sec

(2) 식 $\eta(\%) = \left(\dfrac{V_g}{V} \times \dfrac{L}{H}\right) \times 100$

- $0.16 m/s : 60^2 = X : 70^2$, $X = 0.2177 m/s$
- $V = \dfrac{Q}{A} = \dfrac{300 m^3}{min} \times \dfrac{1}{2m \times 2.5m} \times \dfrac{1 min}{60 sec} = 1 m/sec$

$\therefore \eta = \dfrac{0.2177 \times 6}{1 \times 2.5} \times 100 = 52.25 \%$

정답 52.25%

09. 해설

식 $R = \dfrac{C_3H_8}{C_2H_6}$

- $CO_2 = 3C_3H_8 + 2C_2H_6 = 2.6 m^3$
- $C_3H_8 + C_2H_6 = X + Y = 1$

반응식

$C_3H_8 + 5O_2 \rightarrow 3CO_2 + 4H_2O$

  1 : 3
  X : 3X

$C_2H_6 + 3.5O_2 \rightarrow 2CO_2 + 3H_2O$

　　1　　　:　　2
　　Y　　　:　　2Y

$CO_2 = 3X + 2Y = 3X + 2(1-X) = 2.6\text{m}^3$

∴ $X(C_3H_8) = 0.6$, $Y(C_2H_6) = 0.4$

∴ $R = \dfrac{0.6}{0.4} = 1.5$

정답 1.5

10. 해설

식 $\eta = 1 - \exp\left(-\dfrac{A \times W_e}{Q}\right)$

- $Q = 500 m^3/\min = 8.3333 m/\sec$
- $A = 2(n-1)A_i = 2 \times (24-1) \times (2 \times 10) = 920 m^2$
- $\eta = \left(1 - \dfrac{C_o}{C_i}\right) = \left(1 - \dfrac{0.1}{10}\right) = 0.99$

$0.99 = 1 - \exp\left(-\dfrac{920 \times W_e}{8.3333}\right)$, ∴ $W_e = 4.17 cm/\sec$

11. 해설

(1) 액분산형 흡수장치의 종류 3가지
　① 분무탑　　　　　　② 충전탑
　③ 벤투리 스크러버　　④ 제트 스크러버
　⑤ 사이클론 스크러버

(2) **부하점**(loading point) : 충전층 내의 유량속도가 증가할 때 액의 홀드업이 급속히 증가하는 상태를 말한다.

12. 해설

식 $\eta_T = 1 - \dfrac{S_o}{S_i}$

- $S_i = C_i \times Q_i = \dfrac{80g}{m^3} \times \dfrac{30000 m^3}{hr} = 2,400,000 g/hr$

- $S_o = C_o \times Q_o = \dfrac{1g}{m^3} \times \dfrac{36000 m^3}{hr} = 36,000 g/hr$

∴ $\eta_T = 1 - \dfrac{S_o}{S_i} = 1 - \dfrac{36,000}{2,400,000} = 0.985 ≒ 98.5\%$

CHAPTER 04 2018년도 제1회 산업기사 필답형

01. 해설

식) 항력(F_d) = 중력(F_g) − 부력(F_b)

- $F_g = \dfrac{\pi d_p^{\,3}}{6} \cdot \rho_p \cdot g$

- $F_b = \dfrac{\pi d_p^{\,3}}{6} \cdot \rho_g \cdot g$

$3\pi\mu d_p V_s = \left(\dfrac{\pi d_p^{\,3}}{6}\cdot \rho_p \cdot g\right) - \left(\dfrac{\pi d_p^{\,3}}{6}\cdot \rho_g \cdot g\right)$

$3\pi\mu d_p V_s = \left(\dfrac{\pi d_p^{\,3}}{6}\right) \times (\rho_p - \rho_g) \times g$

$\therefore V_s = \dfrac{d_p^{\,2}(\rho_p - \rho_g)g}{18\mu}$

02. 해설

(1) 1시간 평균치 : 0.15ppm
(2) 24시간 평균치 : 0.05ppm
(3) 연간 평균치 : 0.02ppm

03. 해설

식) $C_o = C_i \times (1-\eta)$

$\therefore C_o = 50 \times (1-0.86) \times \dfrac{1}{1.1} = 6.36 g/m^3$

04. 해설

① 증발연소 : 증발하기 쉬운 액체연소인 휘발유, 등유, 알코올, 벤젠 등은 화염으로부터 열을 받으면 가연성 증기가 발생하여 연소가 되는데 이것을 증발연소라 한다.
② 분해연소 : 목재, 석탄, 타르 등은 연소초기에 열분해에 의하여 가연성가스가 생성되고 이것이 긴 화염을 발생시키면서 연소하는데 이러한 연소를 분해연소라고 하며, 고체 및 액체연소의 연소형태에 속한다.

③ **표면연소** : 코크스나 목탄 등이 고온으로 되면 그 표면이 빨갛게 빛을 내면서 연소되는 형태로 휘발성분이 없는 고체연료의 연소형태이다.
④ **확산연소** : LNG, LPG 등의 기체연료는 공기와 혼합하여 확산연소된다.
⑤ **내부연소** : 니트로글리세린과 같은 물질은 공기중의 산소공급없이 그 물질의 분자자체에 함유하고 있는 산소를 이용하여 연소한다.

05. 해설

(1) 촉매연소법에서 사용하는 촉매
　백금, 코발트, 니켈

(2) 온도에 따른 변화
　약 300~400℃의 온도에서 산화분해시킨다.

(3) 촉매연소법의 장·단점
　① 장점
　　• 반응속도가 빠르다.
　　• 온도를 낮출 수 있다.
　　• NOx 발생이 적다.
　② 단점
　　• 촉매독의 문제가 발생된다.
　　• 고온일 경우 촉매의 활성이 저하된다.

06. 해설

(1) 인화점 : 점화원이 있는 상태에서 연소할 수 있는 최저온도
(2) 착화점 : 점화원이 없는 상태에서 연소할 수 있는 최저온도

07. 해설

[식] $\ln(\dfrac{C_t}{C_o}) = -k \cdot t$

$\ln(\dfrac{0.1}{100}) = -0.015/s \times t$

∴ t = 460.52sec

[정답] 460.52초

08. 해설

식) $\dfrac{L}{R \times V} = \dfrac{1}{We} \rightarrow L = \dfrac{R \times V}{We}$

∴ $L = \dfrac{0.04 \times 2.4}{0.06} = 1.6m$

정답) 1.6m

09. 해설

① 저산소 연소법
② 2단 연소방법
③ 연소실 열부하 저감법
④ 배기가스 재순환방법
⑤ 저NOx 버너의 사용
⑥ 연소실 구조의 변경

10. 해설

① 광이온화 검출기
② 펄스방전 검출기

11. 해설

식) $E = \sigma \times T^4$

$E_1 = E_2 \times 0.9$

- E_1 : 도시지역의 태양복사열량
- E_2 : 시골지역의 태양복사열량

$\sigma \times 255^4 = \sigma \times T^4 \times 0.9$, ∴ $T = 261.81K$

12. 해설

(1) **등가비** : 이론적인 연료와 공기의 비를 말하며, 공기비의 역수이다.

식) $\phi = \dfrac{이론 AFR}{실제 AFR} = \dfrac{1}{m}$

(2) ① 감소, ② 증가

CHAPTER 05 2018년도 제2회 산업기사 필답형

01. 해설

식 $\ln\left(\dfrac{C_t}{C_0}\right) = -k \cdot t$

$\ln\left(\dfrac{0.5 C_0}{C_0}\right) = -k \times 500\,\text{sec}, \quad k = 1.3862 \times 10^{-3}/\text{sec}$

$\ln\left(\dfrac{0.1 C_0}{C_0}\right) = -(1.3862 \times 10^{-3}) \times t$

∴ $t = 1{,}661.08\,\text{sec}$

정답 1,661.08초

02. 해설

① 수세법 ② 흡착법
③ 냉각응축법 ④ 직접연소법
⑤ 촉매연소법(촉매산화법) ⑥ 화학적 산화법
⑦ 희석 및 확산

※ 위 답 중 4가지 선택

03. 해설

(1) $R_i = \dfrac{g}{T_m}\left[\dfrac{\Delta t/\Delta z}{(\Delta U/\Delta z)^2}\right]$

- g : 중력가속도
- T_m : 평균 절대온도
- $\Delta t/\Delta Z$: 온위경도
- $\Delta U/\Delta Z$: 풍속경도
- ΔU : 풍속차
- ΔZ : 고도차
- Δt : 온도차

(2) 안정도 판단

　① -0.03 < Ri < 0 : 강제대류와 자유대류가 혼재하고, 강제대류가 혼합주도 약간 불안정한 상태

　② 0 < Ri < 0.25 : 기계적 난류가 성층에 의해 약화되는 안정 상태

　③ Ri < -0.04 : 자유대류가 기계적 대류를 지배하는 매우 불안정한 상태

04. 해설

(1) 시료광속과 비교광속을 일정주기로 단속시켜, 광학적으로 변조시키는 것으로 단속방식에는 1~20Hz의 교호단속방식과 동시단속방식이 있다.

(2) 시료가스 중에 포함되어 있는 간섭성분가스의 흡수파장역의 적외선을 흡수제거하기 위하여 사용하며, 가스필터와 고체필터가 있는데 이것은 단독 또는 적절히 조합하여 사용한다.

05. 해설

식 $\dfrac{V_g}{V} = \dfrac{H}{L}$

- $V(유속) = \dfrac{Q}{A} = \dfrac{Q}{B \times H} = \dfrac{1m^3}{\sec} \times \dfrac{1}{4m \times 1m} = 0.25 m/\sec$

- $V_s = 0.02 m/\sec$

- $H = \dfrac{h}{n} = \dfrac{4m}{20} = 0.2m$

$\therefore L = \dfrac{VH}{V_g} = \dfrac{0.25 \times 0.2}{0.02} = 2.5m$

정답 2.5m

06. 해설

(1) **옥탄가** : Anti Knocking성을 나타내는 척도, 옥탄가가 높은 연료일수록 이상폭발을 일으키지 않고 스파크의 점화에 의해서만 연소되기에 좋은 연료가 된다.

(2) **세탄가** : 디젤연료의 자기착화정도를 나타내는 척도, 세탄가가 높은 연료일수록 압축에 의한 자기착화가 잘 일어나게 되어 좋은 연료가 된다.

07. 해설

① 2단연소

② 배기가스재순환법

③ 저산소연소

④ 물 또는 수증기를 주입

⑤ 연소실의 구조개선
⑥ 저NOx 버너 사용

08. 해설

식: $\dfrac{2L}{SV} = \dfrac{1}{W_e}$

- $W_e = (1.1 \times 10^{-14} \times P \times E^2 \times d_p)/\mu$
- $E = \dfrac{50 \times 10^3 V}{0.125 m} = 400,000\ V/m$
- $d_p = 0.5\mu m$
- $\mu = 8.63 \times 10^{-2} m/hr$

$W_e = \dfrac{1.1 \times 10^{-14} \times 2 \times (400,000)^2 \times 0.5}{8.63 \times 10^{-2}} = 0.0203\ m/\sec$

- $S = 25cm = 0.25m$

$\dfrac{2L}{0.25 \times 1.5} = \dfrac{1}{0.0203}$, $\therefore L = 9.24m$

정답: 9.24m

09. 해설

(1) 장점
- 다른 집진장치에 비하여 압력손실이 적음
- 전처리장치로 이용하기 용이
- 구조 간단, 운전비·설치비 적음
- 고온가스 처리 용이
- 조대한 입자 선별포집 가능

(2) 단점
- 미세한 입자의 포집 곤란, 효율 낮음
- 먼지부하 및 유량변동에 적응성이 낮음
- 처리가스량에 비해 설치면적을 많이 소요

10. 해설

- 소요면적이 많이 듦
- 폭발성, 점착성 분진제거가 곤란함
- 유지비용 많이 듦

- 가스의 온도에 제한을 받음
- 수분, 여과속도에 적응성이 낮음

11. 해설

식 $\Delta P = F_i \times P_v$

- F_i : 압력손실계수
- P_v : 동압(속도압)

$\Delta P = 0.82 \times 30 = 24.6 mmH_2O$

정답 24.6mmH$_2$O

12. 해설

식 $C = (C_H - C_B) \times W_D \times W_S$

- C_H : 포집먼지량이 가장 높은 위치에서의 먼지농도(mg/m³) = 8.8mg/m³
- C_B : 대조위치에서의 먼지농도(mg/m³) = 선정할 수 없으므로 → 0.15mg/m³
- W_D : 풍향의 보정계수 = 1.5
- W_S : 풍속의 보정계수 = 1.0

∴ $C = (8.8 - 0.15) \times 1.5 \times 1 = 12.975 mg/m^3$

정답 12.975mg/m³

13. 해설

식 연료비 = $\dfrac{고정탄소}{휘발분}$

- 고정탄소 = 100 - (수분 + 휘발분 + 회분) = 100 - (5 + 10 + 5) = 80

∴ 연료비 = $\dfrac{80}{10} = 8$

정답 8

CHAPTER 06 2018년도 제4회 산업기사 필답형

01. 해설

(1) 장점
  ① 구조가 간단하고 안전하다.
  ② 고온가스 처리가 가능하다.
  ③ 고농도 함진가스의 전처리용으로 사용된다.

(2) 단점
  ① 미세입자 포집이 곤란하고 집진효율이 낮다.
  ② 처리효율에 비해 압력손실이 높다.

02. 해설

식 $A_o = O_o \times \dfrac{1}{0.21}$

- $O_o = 0.5CO + 2CH_4 + 3C_2H_4 + 4.5C_3H_6 + N_2 - O_2$

  $O_o = 0.5 \times 0.1 + 2 \times 0.3 + 3 \times 0.05 + 4.5 \times 0.08 + 0.16 - 0.02 = 1.3 Sm^3$

(연료에서 필요한 산소량을 반응식으로 산출하여 모두 더한 뒤 연료에 포함되어 있는 산소량을 빼주어 이론산소량을 산출한다.)

반응식

$CO + 0.5O_2 \rightarrow CO_2$
$1 : 1 = 0.1 Sm^3 : 0.05 Sm^3$

$CH_4 + 2O_2 \rightarrow CO_2 + 2H_2O$
$1 : 2 = 0.3 Sm^3 : 0.6 Sm^3$

$C_2H_4 + 3O_2 \rightarrow 2CO_2 + 2H_2O$
$1 : 3 = 0.05 m^3 : 0.15 m^3$

$C_3H_6 + 4.5O_2 \rightarrow 3CO_2 + 3H_2O$
$1 : 4.5 = 0.08 Sm^3 : 0.36 Sm^3$

$N_2 + O_2 = 2NO$
$1 : 1 = 0.16 Sm^3 : 0.16 Sm^3$

- $O_2 = 0.02 Sm^3$

$\therefore A_o = 1.3 \times \dfrac{1}{0.21} = 6.19 Sm^3/Sm^3$

정답 $6.19 Sm^3$

03. 해설

식 $\dfrac{L}{R \cdot V} = \dfrac{1}{W_e}$

- $R = 4cm = 0.04m$
- $V = 2m/\sec$
- $W_e = 4cm/\sec = 0.04m/\sec$

$\dfrac{L}{0.04m \times 2m/\sec} = \dfrac{1}{0.04m/\sec}$,   ∴ $L = 2m$

정답 2m

04. 해설

식 $\eta_t = \left(1 - \dfrac{C_o}{C_i}\right)$

식 $\eta_t = 1 - [(1-\eta_1)(1-\eta_2)(1-\eta_3)]$

$\eta_t = [1-(1-0.5) \times (1-0.7) \times (1-0.8)] = 0.97$

$0.97 = \left(1 - \dfrac{48}{C_i}\right)$,   ∴ $C_i = 1,600mg/Sm^3$

정답 $1,600mg/m^3$

05. 해설

식 복사실의 오존농도 = C_1(사용 전 농도) + C_2(사용 후 증가 농도)

- $C_1 = 0.15ppm$
- $C_2 = \dfrac{0.08mg}{\sec} \times \dfrac{60\sec}{1\min} \times 120\min \times \dfrac{22.4mL}{48mg} \times \dfrac{1}{200m^3} = 1.344mL/m^3 (ppm)$

∴ 복사실의 오존농도 = $0.15 + 1.344 = 1.494ppm ≒ 1494ppb$

정답 1494ppb

06. 해설

(1) 홀드업(Hold-up) : 탑 내의 액보유량
(2) 부하점(Loading Point) : 홀드업이 급격히 증가하기 시작하는 지점
(3) 범람점(Flooding Point) : 흡수액이 탑 밖으로 흘러 넘치는 지점

07. 해설

(1) 장점
- 미세입자 제거 및 집진효율이 높다.
- 낮은 압력손실로 대량가스 처리가 가능하다.
- 광범위한 온도범위에서 설계가 가능하다.
- 비교적 운영비가 적게 든다.

(2) 단점
- 설치비용이 많이 든다.
- 운전조건의 변화에 따른 유연성이 낮다.
- 넓은 설치면적이 요구된다.
- 특히 비저항이 큰 분진을 제거하는데 어려움이 있다.

08. 해설

식 $Y(\%, 체하분포) = 100 - R(\%, 체상분포)$

식 $R(\%) = 100\exp(-\beta d_p^{\,n})$

$R(\%) = 100\exp(-0.063 \times 40^1) = 8.05\%$

∴ $Y(\%, 체하분포) = 100 - 8.05 = 91.95\%$

09. 해설

① 작을
② 높을

10. 해설

(1) 식 $\phi = \dfrac{1}{m} = \dfrac{실제의\ 연료량/산화제}{완전연소를\ 위한\ 이상적\ 연료량/산화제}$

등가비는 공기비의 역수로 이상적 연료량에 대한 실제투입된 연료량의 비이다.

(2) ① $\phi = 1$: 완전 연소로서 연료와 산화제의 혼합이 이상적
② $\phi > 1$: 연료가 과잉, 공기 부족인 경우, 불완전연소상태, CO 및 HC 증가, NOx 감소
③ $\phi < 1$: 공기가 과잉, 연료부족인 경우, 연소실 내 혼합이 활발한 상태, CO 및 HC 감소, NOx 증가

11. 해설

식 $\dfrac{V_g}{V} = \dfrac{H}{L}$

- $V(\text{유속}) = 5m/\sec$
- $V_s = 0.02 m/\sec$
- $H = 5m$

$\therefore L = \dfrac{VH}{V_g} = \dfrac{0.5 \times 5}{0.02} = 125m$

정답 125m

12. 해설

(1) 80% 효율

식 $\eta = 1 - e^{\left(-\dfrac{A \times W_e}{Q}\right)} \rightarrow \eta = 1 - e^{(-A \times K)}$

$0.8 = 1 - e^{(-A_1 \times K)}$

$-0.2 = -e^{(-A_1 \times K)}$

$\ln(0.2) = -A_1 \times K, \quad A_1 = \dfrac{1.61}{K}$

(2) 99.2% 효율

식 $\eta = 1 - e^{(-A \times K)}$

$0.992 = 1 - e^{(-A_2 \times K)}, \quad A_2 = \dfrac{4.8283}{K}$

$\therefore \dfrac{A_2}{A_1} = \dfrac{\dfrac{4.8283}{K}}{\dfrac{1.61}{K}} = 3\text{배}$

13. 해설

① 회전수 조절법
② 안내익 조절
③ Damper 부착법
④ 밸브 조절

CHAPTER 07 2019년도 제1회 산업기사 필답형

01. 해설

식 $P = H \times C$

- $P = 16 mmHg \times \dfrac{1atm}{760mmHg} = 0.0211 atm$

- $C = 3.0 kmole/m^3$

  $H = \dfrac{P}{C} = 0.0211 atm \times \dfrac{m^3}{3.0 kmole} = 7.0333 \times 10^{-3} atm \times m^3/kmole$

∴ $C = 291 mmH_2O \times \dfrac{1atm}{10,332 mmH_2O} \times \dfrac{kmole}{7.0333 \times 10^{-3} atm \times m^3} = 4.0 kmole/m^3$

정답 $4.0 kmole/m^3$

헨리법칙 이용한 농도 : $4.00 kgmol/m^3$

02. 해설

(1) **가압통풍(압입통풍)** : 송풍기로 연소실에 압력을 가하여 통풍하는 방식으로 연소실내를 양압(+)으로 유지하여 통풍하는 방식이다.

(2) **흡인통풍** : 굴뚝 내에 송풍기를 설치하여 연소가스를 흡인하는 방식으로 연소실내를 음압(-)으로 유지하여 통풍하는 방식이다.

(3) **평형통풍** : 압입통풍과 흡인통풍을 겸한 방식으로서 연소실 앞과 굴뚝 내에 각각 송풍기를 설치하여 운전상황에 맞게 양압 또는 음압으로 조절하여 통풍하는 방식이다.

03. 해설

- 가스의 온도가 낮을수록
- 분진입자의 크기가 클수록
- 입자의 밀도가 클수록
- 유속이 빠를수록
- 가스의 점도가 작을수록
- 액적의 직경이 작을수록(분사압력이 클수록)

04. 해설

(1) 저온부식 발생원인: 연소실로 유입되는 가스온도의 저하 또는 유입가스 내의 수분이나 폐열회수장치의 열회수에 의하여 발생하는 온도저하 시 온도가 150℃ 이하로 떨어질 경우 유입가스 중 삼산화황(SO_3, 무수황산)가스는 수분과 결합하여 연소실 내벽에서 황산을 생성하고 전열면을 부식시킨다.

(2) 방지대책
- 저유황연료의 사용
- 연소가스 온도를 산노점 온도보다 높게 유지
- 예열공기를 사용
- 연소실 내벽을 내산재질로 라이닝
- 연소가스 중 수분제어
- 연료 중 저온부식방지제 첨가

05. 해설

- ECD(전자 포획형 검출기)
- FID(불꽃 이온화 검출기)
- FPD(불꽃 광도 검출기)
- TCD(열전도도 검출기)

06. 해설

식 $t = \dfrac{L_d}{C_i \times V_f \times \eta}$

- 분진부하(L_d) = $360 g/m^2$
- 여과속도(V_f) = $1 cm/sec = 0.01 m/sec$

$\therefore t = \dfrac{360}{10 \times 0.01 \times 0.985} = 3654.82 sec$

정답 3,654.82sec

07. 해설

(1) 침강역전: 고기압의 정체로 상층의 기단이 압축되면서, 단열승온현상으로 인해 발생, 장기간 지속
(2) 복사역전: 낮에는 태양복사열이 지표를 가열하였다가 밤이 되어 지표부근이 복사냉각되어 발생하는 현상

08. 해설

(1) 먼지 비저항에 따른 현상 : 재비산(Jumping) 현상
(2) 방지대책 2가지
- 암모니아(NH_3) 가스를 주입한다.
- 처리가스 속도를 낮춘다.
- 온도 및 수분함량을 조절한다.

09. 해설

식 $H_l = H_h - 480 \times \sum iH_2O$ (kcal/m^3)

- iH_2O : 물의 몰수

반응식 $C_3H_8 + 5O_2 \rightarrow 3CO_2 + 4H_2O$

$28,825.45 = H_h - 480 \times 4$, $H_h = 30745.42 kcal/m^3$

정답 30745.42kcal/kg

10. 해설

식 $R(\%) = 100\exp(-\beta d_p^{\,n})$, $Y(\%) = 100 - R$

- R : 체상누적분포
- Y : 체하누적분포
- β : 입경계수
- n : 입경지수

11. 해설

- **Stoke경** : 대상입자와 침강속도와 밀도가 같은 구형입자의 직경
- **공기동력학경** : 대상입자와 침강속도가 같고 단위밀도를 갖는 구형입자의 직경

12. 해설

(1) Thermal NOx : 연소공기 중 산소가 공기 중의 질소분자를 산화시켜 생성
(2) Fuel NOx : 연료에 포함된 질소성분이 연소과정에서 산화되어 생성

CHAPTER 08 2019년도 제2회 산업기사 필답형

01. 해설

(1) 복사역전
- 원인 : 지표의 방사냉각
- 피해사건 : 런던스모그 사건

(2) 침강역전
- 원인 : 침강공기의 압축단열승온
- 피해사건 : LA스모그 사건

02. 해설

식 $\eta_T = \sum_{d_{pmin}}^{d_{pmax}} \eta_d \times R_i$

∴ $\eta_T = (5 \times 0.92 + 25 \times 0.94 + 30 \times 0.96 + 20 \times 0.98 + 15 \times 0.99 + 5 \times 0.99) = 96.3\%$

정답 96.3%

03. 해설

식 세정수량$(L/\min) = L \times Q$

식 $n\left(\dfrac{d_n}{D_t}\right)^2 = \dfrac{V_t \cdot L}{100\sqrt{P}}$

$6 \times \left(\dfrac{0.004}{0.24}\right)^2 = \dfrac{60 \times L}{100 \times \sqrt{20{,}000}}$, $L = 0.3928 L/m^3$

- $Q = A \times V = \dfrac{\pi \times (0.24m)^2}{4} \times \dfrac{60m}{\sec} = 2.7143 m^3/\sec$

∴ 세정수량$(L/\sec) = 0.3928 \times 2.7143 = 1.07 L/\sec$

정답 1.07L/sec

04. 해설

(1) 비저항이 낮을 때
- 처리가스 유속을 낮춘다.
- 암모니아를 주입한다.
- 온도 및 습도를 조절한다.
- 습식집진기를 채용한다.

(2) 비저항이 높을 때
- S 함량이 높은 연료를 사용한다.
- SO_3를 주입한다.
- 온도 및 습도를 조절한다.
- 스파크 횟수를 늘린다.
- 습식집진기를 채용한다.

05. 해설

(1) 다운워시
① 원인 : 배출구의 풍하방향에 연기가 휘말려 떨어지는 현상
② 방지대책
- 연기의 배출속도를 풍속의 2배 이상으로 유지한다.
- 굴뚝의 단면적을 줄인다.
- 송풍기를 설치하거나 송풍기의 동력을 증가시킨다.

(2) 다운드래프트
① 원인 : 유효굴뚝 높이가 낮거나, 지형이나 건물의 높이가 높아서 발생
② 방지대책
- 굴뚝의 높이를 지형이나 건물의 높이보다 2.5배 이상으로 유지한다.
- 배출가스의 온도를 높인다.
- 연기의 배출속도를 증가시킨다.

06. 해설

(1) Blow Down 효과의 정의 : 사이클론의 집진효율을 높이는 방법으로 하부의 더스트 박스(Dust Box)에서 처리가스량의 5~10%를 처리하여 사이클론 내의 난류현상을 억제시킴으로 먼지의 재비산을 막아주며, 장치내벽 부착으로 일어나는 먼지의 축적도 방지하는 효과이다.

(2) 효과
- 원추하부에 가교현상을 억제시켜 재비산을 방지한다.
- 분진내통의 더스트 플러그 및 폐색을 방지한다.
- 유효원심력을 증가시킨다.
- 원추하부 또는 출구에 분진이 퇴적되는 것을 방지한다.
- 난류 억제

07. 해설

식 $\ln\left(\dfrac{C_t}{C_0}\right) = -k \times t$

- $k = \dfrac{Q}{\forall} = \dfrac{50m^3/\min}{250m^3} = 0.2/\min$

$\ln\left(\dfrac{0.1}{50}\right) = -0.2 \times t$,   ∴ $t = 31.07\min$

정답 31.07min

08. 해설

식 제거되는 HCl의 양(kg) = 유량(m^3/hr) × 흡수시간(hr) × HCl 분율 × 흡수율 × $\dfrac{36.5kg}{22.4m^3}$

∴ 제거되는 HCl의 양(kg) = $\dfrac{5m^3}{hr} \times 2hr \times \dfrac{10}{100} \times \dfrac{99.5}{100} \times \dfrac{36.5kg}{22.4Sm^3} \times \dfrac{273}{273+60} \times \dfrac{750}{760} = 1.31kg$

정답 1.31kg

09. 해설

식 $C = C_a \times \dfrac{21 - O_s}{21 - O_a}$

$800 = 710 \times \dfrac{21-4}{21-O_a}$,   ∴ $O_a = 5.91\%$

정답 5.91%

10. 해설

(1) **밀봉용기** : 물질을 취급 또는 보관하는 동안 기체 또는 미생물이 침입하지 않도록 내용물을 보호하는 용기를 뜻한다.
(2) **방울수** : 20℃에서 정제수 20방울을 떨어뜨릴 때 그 부피가 약 1mL 되는 것을 뜻한다.
(3) **즉시** : 30초 이내에 표시된 조작을 하는 것을 뜻한다.

11. 해설

[식] $X_{SO_2}(\text{ppm}) = \dfrac{SO_2(m^3/kg)}{G_d(m^3/kg)} \times 10^6$

- $G_d = (m - 0.21)A_o + CO_2 + SO_2$
- $A_o = \dfrac{1}{0.21}(1.867C + 5.6H + 0.7S - 0.7O)$

  $= \dfrac{1}{0.21}(1.867 \times 0.85 + 5.6 \times 0.13 + 0.7 \times 0.02) = 11.0902 \text{Sm}^3/kg$

- $G_d = (1.2 - 0.21) \times 11.0902 + 1.5869 + 0.014 = 12.5801 \text{Sm}^3/kg$

$\therefore X_{SO_2}(\text{ppm}) = \dfrac{0.014}{12.5801} \times 10^6 = 1,112.87 \text{ppm}$

[정답] 1,112.87ppm

12. 해설

(1) 물리적 흡착
- 가역적이다. (개방계)
- 온도가 낮을수록 흡착이 잘 된다.
- 재생이 가능하다.
- 다분자층 흡착형태를 가진다.
- 비선택적 흡착형태를 가진다.
- 흡착열이 낮다.
- 기체 분자량이 클수록 흡착이 잘 된다.

(2) 화학적 흡착
- 비가역적이다. (폐쇄계)
- 온도가 높을수록 흡착이 잘 된다.
- 재생이 불가능하다.
- 단분자층 흡착형태를 가진다.
- 선택적 흡착형태를 가진다.
- 흡착열이 높다.

CHAPTER 09 2019년도 제4회 산업기사 필답형

01. 해설

(1) **정의** : Dust Box에서 유입유량의 약 10% 함진가스를 추출하여 처리하는 방식을 말한다.
(2) **효과**
① 난류 억제
② 유효 원심력 증대
③ 재비산 방지
④ 집진율 증대
⑤ 출구 내통의 폐색 방지

02. 해설

(1) ① 관성충돌법
② 액상침강법
③ 광산란법
④ 공기투과법
⑤ Bahco 원심기체 침강법
(2) 지수 n이 커질수록 직선은 직립되어 입경간격이 좁아짐을 의미하며 일정한 입경분포 내에 많은 입자가 존재하게 된다.
(3) 계수 β 값이 클수록 직선이 왼쪽으로 기울어지고 입경도 작아진다.

03. 해설

① 저산소 연소법
② 2단 연소방법
③ 수증기 주입
④ 배기가스 재순환방법
⑤ 저NO_x 버너의 사용
⑥ 연소실 구조의 변경
⑦ 농담연소

04. 해설

방사성 물질인 Ni-63 혹은 삼중수소로부터 방출되는 β선이 운반기체를 전리하여 이로 인해 전자 포획 검출기 셀(Cell)에 전자구름이 생성되어 일정전류가 흐르게 된다. 이러한 전자 포획 검출기 셀에 전자친화력이 큰 화합물이 들어오면 셀에 있던 전자가 포획되어 이로 인해 전류가 감소하는 것을 이용하는 방법으로 전자 친화력이 큰 원소가 포함된 화합물을 수 ppt의 매우 낮은 농도까지 선택적으로 검출할 수 있다.

05. 해설

① 폐수처리 필요
② 압력손실이 크고, 동력소비량이 많음
③ 운전비가 많이 듦
④ 부식 잠재성이 있음
⑤ 포집분진회수가 어려움
⑥ 소수성 입자 처리효율이 낮음
⑦ 한랭기간에 동결방지 필요

06. 해설

(1) 몰농도

$$X(mole/L) = \frac{1.84g}{mL} \times \frac{1mole}{98g} \times \frac{10^3 mL}{1L} \times \frac{95}{100} = 17.84M$$

정답 17.84M

(2) 노르말 농도

$$X(eq/L) = \frac{1.84g}{mL} \times \frac{1eq}{49g} \times \frac{10^3 mL}{1L} \times \frac{95}{100} = 35.67N$$

정답 35.67N

07. 해설

(1) 중유 첨가제(3가지)
- 계면활성제
- 금속 나프테네이트, 스테아레이트 등의 유기유제
- 카보네이트 및 나이트레이트 화합물 등의 무기용제
- Ca, Sr, Ba, Mn, Fe 등 유기금속화합물

(2) 첨가제 주입 목적
중유의 성상을 개선하여 연소성을 향상하고 배출되는 배기가스 중 오염물질(SO_x, CO, HC, 먼지 등)의 발생농도 및 발생량을 저감시키는데 그 목적이 있다.

08. 해설

- 점, 선, 면 오염원의 영향을 평가할 수 있다.
- 미래의 대기질을 예측할 수 있어 시나리오 작성이 가능하다.
- 대기오염 정책입안에 도움을 준다.
- 오염원의 운영 및 설계요인의 효과를 예측할 수 있다.
- 2차 오염물의 확인이 가능하다.
- 오염물의 단기간 분석 시 문제가 된다.
- 지형 및 오염원의 조업조건에 영향을 받는다.
- 새로운 오염원이 지역 내에 생길 때, 매번 재평가를 하여야 한다.
- 불법 배출오염원에 대한 정량적인 평가가 어렵다.

09. 해설

식 $X_{CO_2}(\%) = \dfrac{CO_2}{G_d} \times 100(\%)$

$10(\%) = \dfrac{CO_2}{G_d} \times 100(\%)$

반응식 $C_3H_8 + 5O_2 \rightarrow 3CO_2 + 4H_2O$

반응식 $C_4H_{10} + 6.5O_2 \rightarrow 4CO_2 + 5H_2O$

- $CO_2 = 3C_3H_8 + 4C_4H_{10} = 3 \times \dfrac{2}{3} + 4 \times \dfrac{1}{3} = 3.3333 \, m^3/m^3$

$10(\%) = \dfrac{3.3333}{G_d} \times 100(\%)$, $G_d = 33.333 \, m^3/m^3$

∴ $Gd = 33.33 \, m^3$

정답 $33.33 \, m^3$

10. 해설

식 $d_{p50} = \sqrt{\dfrac{9\mu B_c}{2\pi N_e V (\rho_p - \rho)}}$

유속(V)과 입구폭(B_c)를 제외한 다른 조건이 동일하므로,

→ $d_{p50} = K \times \sqrt{\dfrac{B_c}{V}}$

∴ $\dfrac{d_{p50(2)}}{d_{p50(1)}} = \dfrac{K \times \sqrt{0.25 B_c / 4V}}{K \times \sqrt{B_c / V}} = 0.25$

정답 0.25배

11. 해설

식 $C = \dfrac{Q}{2\pi\sigma_y\sigma_z U} exp\left[-\left(\dfrac{y^2}{2\sigma_y^2}\right)\right]\left[\exp\left\{-\left(\dfrac{(z-H)^2}{2\sigma_z^2}\right)\right\} + \exp\left\{-\left(\dfrac{(z+H)^2}{2\sigma_z^2}\right)\right\}\right]$

중심축상 지표면 오염 농도를 구하므로 → z = 0, y = 0

→ $C = \dfrac{Q}{\pi\sigma_y\sigma_z U}\left[\exp\left\{-\left(\dfrac{H^2}{2\sigma_z^2}\right)\right\}\right]$

∴ $C = \dfrac{6\times 10^6 \mu g/\sec}{\pi \times 5 \times 36 \times 18.5} \times \left[\exp\left\{-\left(\dfrac{60^2}{2\times 18.5^2}\right)\right\}\right] = 2.98 \mu g/m^3$

정답 $2.98 \mu g/m^3$

CHAPTER 10 2020년도 제5회 산업기사 필답형

01. 해설

반응식 $S + O_2 \rightarrow SO_2$

$\qquad$ 32kg : 22.4m³

$\dfrac{10톤}{hr} \times \dfrac{3}{100} \times \dfrac{10^3 kg}{1톤}$: X_1, ∴ $X_1 = 210\text{m}^3/\text{hr}$

반응식 $SO_2 + CaCO_3 + 0.5O_2 \rightarrow CaSO_4 + CO_2$

$\qquad$ 22.4m³ : 100kg

$210\text{m}^3/hr$: X_2, ∴ $X_2 = \dfrac{210\text{m}^3}{\text{hr}} \times \dfrac{100\text{kg}}{22.4\text{m}^3} \times 0.95 \times \dfrac{1톤}{10^3\text{kg}} = 0.89톤/\text{hr}$

정답 0.89톤/hr

02. 해설

식 $\eta_T = 1 - [(1-\eta_1) \times (1-\eta_2) \times (1-\eta_3)] \times 100\%$

$98\% = 1 - [(1-\eta_1) \times (1-0.7) \times (1-0.8)] \times 100(\%)$, ∴ $\eta_1 = 0.6666 = 66.67\%$

정답 66.67%

03. 해설

① 오존(O_3)
② PAN
③ 아크로레인
④ NOCl
⑤ H_2O_2

04. 해설

반응식 $2HF + Ca(OH)_2 \rightarrow CaF_2 + 2H_2O$

$\qquad 2 \times 22.4\text{m}^3$: 74kg

$$\frac{800\text{mL}}{\text{m}^3} \times \frac{10^{-6}\text{m}^3}{\text{mL}} \times \frac{10{,}000\text{Sm}^3}{\text{hr}} : X(kg), \quad \therefore X(=\text{Ca(OH)}_2) = 13.21\text{kg/hr}$$

정답 13.21kg/hr

05. 해설

① SO_3를 주입한다.
② 온도 및 습도를 조절한다.
③ 습식집진기를 채용한다.
④ 탈진빈도를 늘린다.
⑤ 스파크 횟수를 늘린다.

06. 해설

식 $V_s = \dfrac{d_p^2(\rho_p - \rho_g)g}{18\mu}$

• $\mu = \dfrac{0.2 \times 10^{-3}g}{\text{cm} \cdot \sec} \times \dfrac{1kg}{10^3 g} \times \dfrac{100cm}{1m} = 2 \times 10^{-5} kg/m \times \sec$

$\therefore V_s = \dfrac{(60 \times 10^{-6})^2 \times (1{,}600 - 1.3) \times 9.8}{18 \times 2 \times 10^{-5}} = 0.16 m/\sec$

정답 0.16m/sec

07. 해설

(1) 총 집진효율(%)

식 $\eta_t = \left(1 - \dfrac{S_o}{S_i}\right) = \dfrac{S_c}{S_i}$

• S_o : 포집된 오염물질량 = $100 + 67.5 = 167.5 kg/hr$
• S_i : 유입 오염물질량 = $500 kg/hr$

$\therefore \eta_t = \dfrac{167.5}{500} = 0.335 = 33.5\%$

(2) 배출되는 분진량(kg/hr)

식 $S_o = S_i \times (1 - \eta_t)$

$\therefore S_o = 500 \times (1 - 0.335) = 332.5 kg/hr$

08. 해설

① 0.3㎛ 되는 입자를 99% 이상 채취할 수 있어야 한다.
② 압력손실과 흡수성이 적어야 한다.
③ 가스상 물질의 흡착이 적은 것이어야 한다.
④ 분석에 방해되는 물질을 함유하지 않은 것이어야 한다.

09. 해설

① 진동형
② 역기류형
③ 역기류 진동형
④ 펄스 제트형(충격제트기류형)
⑤ 리버스 제트형(역제트기류형)

10. 해설

반응식 $2HCl + Ca(OH)_2 \rightarrow CaCl_2 + 2H_2O$

$$2 \times 22.4 m^3 : 74 kg$$

$$\frac{2,000 m^3}{hr} \times \frac{0.5}{100} : X(kg), \qquad \therefore X(=Ca(OH)_2) = 16.52 kg/hr$$

정답 16.52kg/hr

11. 해설

(1) 정의 : 사이클론 하부의 분진박스(Dust Box)에서 유입유량의 일부(약 10%)에 상당하는 함진가스를 추출시켜주는 방식을 말한다.

(2) 효과
- 난류 억제
- 유효 원심력 증대
- 재비산 방지
- 집진율 증대
- 출구 내통의 폐색 방지

12. 해설

식 $E = \sigma \times T^4$

- E_1(도시지역의 복사열량) = E_2(시골지역의 복사열량) × 0.9

$\sigma \times 255^4 = (\sigma \times T^4) \times 0.9$, ∴ $T = 261.81K$

13. 해설

① 2단연소 ② 배기가스재순환법
③ 저산소연소 ④ 물 또는 수증기를 주입
⑤ 연소실의 구조개선 ⑥ 저NOx 버너 사용

14. 해설

식 $\eta = 1 - \exp\left(-\dfrac{A\,W_e}{Q}\right)$

- $\eta = \left(1 - \dfrac{C_o}{C_i}\right) = \left(1 - \dfrac{0.1}{10}\right) = 0.99$
- $W_e = 10 cm/\sec = 0.1 m/\sec$
- $Q = \dfrac{360,000 m^3}{hr} \times \dfrac{1hr}{3600\sec} = 100 m^3/\sec$

$0.99 = 1 - \exp\left(-\dfrac{A \times 0.1}{100}\right)$, ∴ $A = 4,605.17 m^2$

15. 해설

① 굴뚝 높이를 높게 한다.
② 굴뚝 배기가스 배출속도를 높인다.
③ 굴뚝의 단면적을 작게 한다.
④ 배출가스 온도를 높인다.

16. 해설

① 활성탄 ② 실리카겔
③ 활성 알루미나 ④ 마그네시아
⑤ 보크사이트 ⑥ 제올라이트

17. 해설

① 표면적이 클 것
② 충전밀도가 클 것
③ 압력손실이 낮을 것
④ 홀드업이 낮을 것
⑤ 화학적으로 안정적일 것
⑥ 내구성이 좋을 것

18. 해설

식 $P(kW) = \dfrac{\Delta P \times Q}{102 \times \eta} \times \alpha$

- Q : 처리가스량 = 5,000 m³/hr = 1.3888 m³/sec
- η : 효율 = 0.7

∴ $P = \dfrac{100 \times 1.3888}{102 \times 0.7 \times 0.8} = 2.43\,kW$

19. 해설

식 $\eta_t = 1 - [(1-\eta_1)(1-\eta_2)\cdots(1-\eta_n)] \times 100$

∴ $\eta_t = 1 - [(1-0.5) \times (1-0.65) \times (1-0.8)] \times 100 = 96.5\%$

20. 해설

식 $\eta = 1 - \exp\left(-\dfrac{A \times W_e}{Q}\right)$

∴ $\eta = 1 - \exp\left(-\dfrac{120 \times 20}{1,000}\right) = 0.9092 = 90.92\%$

CHAPTER 11 2021년도 제1회 산업기사 필답형

01. 해설

식 $S_v = \dfrac{6}{d_p}$

$\dfrac{S_v(2)}{S_v(1)} = 3 = \dfrac{\dfrac{6}{d_p(2)}}{\dfrac{6}{d_p(1)}}$, $\quad \therefore \dfrac{d_{p(2)}}{d_{p(1)}} = \dfrac{1}{3}$ 배

02. 해설

(1) 옥탄의 이론 연소 반응식

[연소반응] $C_8H_{18} + 12.5O_2 \rightarrow 8CO_2 + 9H_2O$

(2) 옥탄의 AFR(무게 기준) 계산

식 $AFR = \dfrac{m_a \times M_a}{m_f \times M_f}$

- m_a : 공기 mol수 $= 12.5 \times \dfrac{1}{0.21} = 59.5238$
- M_a : 공기의 g분자량 $= 29$
- M_f : 연료의 g분자량 $= 114$

$\therefore AFR = \dfrac{59.5238 \times 29}{1 \times 114} = 15.14$

03. 해설

(1) 홀드업(hold up) : 충전층 내의 액 보유량
(2) 부하점(loading point) : 충전층 내의 유량속도가 증가할 때 액의 홀드업이 급속히 증가하는 상태를 말한다.
(3) 플러딩(Flooding) : 충전층 내의 액이 탑 밖으로 넘치는 상태, 설계유속은 플러딩에 40~70%로 설정하여야 한다.

04. 해설

식 $C_{max} = \dfrac{2Q}{H_e^2 \cdot \pi \cdot e \cdot U} \times \left(\dfrac{K_z}{K_y}\right) \rightarrow C_{max} = K \times \dfrac{1}{H_e^2}$

$\dfrac{C_{max(2)}}{C_{max(1)}} = 0.5 = \dfrac{K \times \dfrac{1}{H_e^2}}{K \times \dfrac{1}{40^2}}$, $H_e = 56.5685m$

∴ 증가시켜야 할 높이 $= 56.5685 - 40 = 16.57m$

05. 해설

(1) **공기역학적 직경** : 원래의 분진과 침강속도는 동일하고, 단위밀도($\rho_a = 1g/cm^3$)를 갖는 구형입자의 직경을 말한다.

(2) **스토크 직경** : 본래의 분진과 동일한 침강속도와 밀도를 갖는 구형입자의 직경을 말한다.

06. 해설

(1) Thermal NOx : 연소공기 중 산소가 공기 중의 질소분자를 산화시켜 생성
(2) Fuel NOx : 연료에 포함된 질소성분이 연소과정에서 산화되어 생성
(3) **연소방법에 의한 NOx 방지대책(3가지)**
 ① 저산소 연소법
 ② 2단 연소방법
 ③ 연소실 열부하 저감법
 ④ 배기가스 재순환방법
 ⑤ 저NOx 버너의 사용
 ⑥ 연소실 구조의 변경

07. 해설

(1) 후드의 개구면적을 작게 한다.
(2) 후드를 발생원에 가깝게 설치한다.
(3) 국부적인 흡인방식을 취한다.
(4) 충분한 포착속도를 유지한다.
(5) 에어커텐을 이용한다.

08. 해설

식 $\dfrac{V_s}{V} = \dfrac{H}{L} \rightarrow L = \dfrac{HV}{V_s}$

- $V_s = 15.5 cm/\sec = 0.155 m/\sec$
- $V = 2.2 m/\sec$

- $H = 1.55m$

$$\therefore L = \frac{1.55 \times 2.2}{0.155} = 22m$$

09. 해설

식 $h = H_{OG} \times N_{OG}$

- $H_{OG} = 1m$
- $N_{OG} = \ln\left(\frac{1}{1-E}\right) = \ln\left(\frac{1}{1-0.9}\right) = 2.3025$

$\therefore h = 1m \times 2.3025 = 2.3m$

정답 2.3m

10. 해설

식 $\ln\left(\frac{C_i}{C_0}\right) = -k \cdot t$

$\ln\left(\frac{0.001\,C_0}{C_0}\right) = -0.15 \times t, \qquad \therefore t = 46.05\,\text{sec}$

11. 해설

식 출구먼지농도 $= C_i \times (1-\eta)$

식 분진층의 두께 $= \dfrac{\text{분진의 부피}}{\text{여과면적}}$

- 분진의 부피 $= Q\,C_i\,\eta\,t = \dfrac{100m^3}{\min} \times 60\min \times \dfrac{1g}{m^3} \times \dfrac{1cm^3}{1g} \times \eta = 6{,}000\,\eta\,cm^3$
- 여과면적 $= 1m^2$

$5mm = \dfrac{6{,}000\,\eta\,cm^3}{1m^2}, \qquad \eta = 5mm \times \dfrac{1m^2}{6{,}000cm^3} \times \dfrac{1m}{10^3 mm} \times \dfrac{10^6 cm^3}{1m^3} = 0.8333 = 83.33\%$

$\therefore$ 출구먼지농도 $= 1g/m^3 \times (1-0.8333) = 0.17 g/m^3$

정답 $0.17 g/m^3$

12. 해설

(1) 80% 효율

식 $\eta = 1 - e^{\left(-\frac{A \times W_e}{Q}\right)} \;\to\; \eta = 1 - e^{(-A \times K)}$

$$0.8 = 1 - e^{(-A_1 \times K)}$$
$$-0.2 = -e^{(-A_1 \times K)}$$
$$\ln(0.2) = -A_1 \times K, \qquad A_1 = \frac{1.61}{K}$$

(2) 99.2% 효율

식 $\eta = 1 - e^{(-A \times K)}$

$$0.992 = 1 - e^{(-A_2 \times K)}, \qquad A_2 = \frac{4.8283}{K}$$

정답 $\therefore \dfrac{A_2}{A_1} = \dfrac{\frac{4.8283}{K}}{\frac{1.61}{K}} = 3$배

13. **해설**

식 $X_{SO_2}(ppm) = \dfrac{SO_2(m^3/kg)}{G_d(m^3/kg)} \times 10^6$

- $G_d = (m - 0.21)A_o + CO_2 + SO_2$
- $A_o = \dfrac{1}{0.21}(1.867C + 5.6H + 0.7S - 0.7O)$
  $= \dfrac{1}{0.21}(1.867 \times 0.85 + 5.6 \times 0.14 + 0.7 \times 0.01) = 11.3235 Sm^3/kg$
- $G_d = (1.2 - 0.21) \times 11.3235 + 1.5869 + 7 \times 10^{-3} = 12.8041 Sm^3/kg$

$\therefore X_{SO_2}(ppm) = \dfrac{7 \times 10^{-3}}{12.8041} \times 10^6 = 546.70 ppm$

정답 546.70ppm

14. **해설**

(1) 장점
   ① 구조가 간단하고 안전하다.
   ② 고온가스 처리가 가능하다.
   ③ 고농도 함진가스의 전처리용으로 사용된다.

(2) 단점
   ① 미세입자 포집이 곤란하고 집진효율이 낮다.
   ② 처리효율에 비해 압력손실이 높다.

15. 해설

식 $V_s = \dfrac{d_p^2(\rho_p - \rho_g)g}{18\mu}$

- $\mu = 0.2 \times 10^{-3}$ g/cm·sec
- $d_p = 60\mu m \times \dfrac{1cm}{10^4 \mu m} = 6 \times 10^{-3} cm$

∴ $V_s = \dfrac{(6 \times 10^{-3})^2 \times (1.6 - 1.3 \times 10^{-3}) \times 980}{18 \times 0.2 \times 10^{-3}} = 15.67 cm/\sec$

16. 해설

(1) 분리도

식 $R = \dfrac{2(t_{R2} - t_{R1})}{W_1 + W_2}$

(2) 분리계수

식 $d = \dfrac{t_{R2}}{t_{R1}}$

- t_{R1} : 시료 도입점으로부터 피크 1의 최고점까지의 길이
- t_{R2} : 시료 도입점으로부터 피크 2의 최고점까지의 길이
- W_1 : 피크 1의 좌우 변곡점에서 접선이 자르는 바탕선의 길이
- W_2 : 피크 2의 좌우 변곡점에서 접선이 자르는 바탕선의 길이

17. 해설

(1) 정의 : 사이클론 하부의 분진박스에서 유입유량의 일부(약 10%)에 상당하는 함진가스를 추출시켜주는 방식을 말한다.

(2) 효과
- 난류 억제
- 재비산 방지
- 출구 내통의 폐색 방지
- 유효 원심력 증대
- 집진율 증대

18. 해설

(1) 식 $\phi = \dfrac{1}{m} = \dfrac{\text{실제의 연료량/산화제}}{\text{완전연소를 위한 이상적 연료량/산화제}}$

등가비는 공기비의 역수로 이상적 연료량에 대한 실제투입된 연료량의 비이다.

(2) ① $\phi = 1$: 완전 연소로서 연료와 산화제의 혼합이 이상적
② $\phi > 1$: 연료가 과잉, 공기 부족인 경우, 불완전연소상태, CO 및 HC 증가, NOx 감소
③ $\phi < 1$: 공기가 과잉, 연료 부족인 경우, 연소실 내 혼합이 활발한 상태, CO 및 HC 감소, NOx 증가

19. 해설

(1) 반응식

반응식: $SO_2 + CaCO_3 + 2H_2O + 0.5O_2 \rightarrow CaSO_4 \cdot 2H_2O + CO_2$

(2) 생성량(kg/hr)

반응식: $SO_2 + CaCO_3 + 2H_2O + 0.5O_2 \rightarrow CaSO_4 \cdot 2H_2O + CO_2$

$\qquad 22.4m^3 \qquad\qquad\qquad\qquad : 172kg$

$\dfrac{400mL}{m^3} \times \dfrac{50,000m^3}{hr} \times \dfrac{10^{-6}m^3}{mL} : \dfrac{X(kg)}{hr}, \qquad \therefore X = 153.5714 kg/hr$

$\therefore CaSO_4 \cdot 2H_2O = 153.5714 \times \dfrac{100}{15} = 1023.81 kg/hr$

20. 해설

(1) 공기량

$Q_2 = Q_1 \times (\dfrac{N_2}{N_1})^1$

$Q_2 = 200 \times (\dfrac{400}{200})^1 = 400 m^3/min$

정답 $400 m^3/min$

(2) 정압

$P_{S_2} = P_{S_1} \times (\dfrac{N_2}{N_1})^2$

$P_{S_2} = 60 \times (\dfrac{400}{200})^2 = 240 mmH_2O$

정답 $240 mmH_2O$

(3) 동력(마력)

$P_2 = P_1 \times (\dfrac{N_2}{N_1})^3$

$P_2 = 6 \times (\dfrac{400}{200})^3 = 48 HP$

정답 48HP

CHAPTER 12 2023년도 제1회 산업기사 필답형

01. 해설

식 $d_{p50}(\mu m) = \sqrt{\dfrac{9\mu B_c}{2\pi V(\rho_p - \rho)N_e}} \times 10^6$

- $\rho_p = \dfrac{1.7g}{cm^3} \times \dfrac{1kg}{10^3 g} \times \dfrac{10^6 cm^3}{1m^3} = 1,700 kg/m^3$

- $\mu = \dfrac{0.0748 kg}{m \cdot hr} \times \dfrac{1hr}{3600 \sec} = 2.0777 \times 10^{-5} kg/m \cdot \sec$

$\therefore d_{p50}(\mu m) = \sqrt{\dfrac{9 \times (2.0777 \times 10^{-5}) \times 0.12}{2 \times \pi \times 15 \times (1,700 - 1.29) \times 4}} \times 10^6 = 5.92 \mu m$

정답 $5.92 \mu m$

02. 해설

식 $P(kW) = \dfrac{\Delta P \times Q}{102 \times \eta} \times \alpha$

- Q : 처리가스량 $= 50,000 m^3/hr = 13.8888 m^3/\sec$
- η : 효율 $= 0.7$

$P = \dfrac{150 \times 13.8888}{102 \times 0.7} = 29.1781 kW$

$\therefore$ 소요동력비 $= 29.1781 kW \times \dfrac{120원}{1kWh} \times \dfrac{24hr}{1day} \times \dfrac{30day}{월} = 2,520,987.84원/월$

정답 2,520,987.84원

03. 해설

식 출구의 분진농도 = 정상가동 출구농도 + 비정상가동 출구농도

$\therefore$ 출구의 분진농도 $= 10 g/Sm^3 \times (1 - 0.95) \times \dfrac{7}{10} + 10 g/Sm^3 \times \dfrac{3}{10} = 3.35 g/Sm^3$

정답 $3.35 g/Sm^3$

04. 해설

(1) 편류현상 : 탑 일부에 흡수액 분포가 불량하여 흡수액이 균일하게 공급되지 못하고, 한쪽으로 쏠려서 공급되는 현상
(2) 방지대책 : 탑의 직경과 충전물질 직경의 비를 8~10의 범위로 조절한다.
　　　　　　 충전제를 균일하고 규칙적으로 채운다.
　　　　　　 탑의 단면적(ft²) 당 액 주입구를 5개 이상으로 한다.

05. 해설

식 $\eta_T = 1 - [(1-\eta_1) \times (1-\eta_2) \times (1-\eta_3)] \times 100\%$

∴ $\eta_T = 1 - [(1-0.37) \times (1-0.37) \times (1-0.37)] \times 100(\%) = 75\%$

정답 75%

06. 해설

식 $P_i(부분압력) = P_t(전압) \times \dfrac{V_i(부분부피)}{V_t(전체부피)}$

- $CO_2 = 3C_3H_8 + 2C_2H_6 = 2.6 m^3$
- $C_3H_8 + C_2H_6 = X + Y = 1$

반응식

$C_3H_8 + 5O_2 \rightarrow 3CO_2 + 4H_2O$
　　1　　:　　3
　　X　　:　　3X

$C_2H_6 + 3.5O_2 \rightarrow 2CO_2 + 3H_2O$
　　1　　:　　2
　　Y　　:　　2Y

$CO_2 = 3X + 2Y = 3X + 2(1-X) = 2.6 m^3$

$X(C_3H_8) = 0.6$, $Y(C_2H_6) = 0.4$

∴ $P_{C_3H_8} = 1 atm \times \dfrac{0.6}{1} = 0.6 atm$

정답 0.6atm

07. 해설

식 농도(%) $= \dfrac{\sum 도수 \times 횟수}{\sum 횟수} \times 20$

∴ 농도(%) $= \dfrac{(0 \times 100 + 1 \times 50 + 2 \times 25 + 3 \times 30 + 4 \times 10 + 5 \times 7)}{(100+50+25+30+10+7)} \times 20 = 23.87\%$

08. 해설

반응식 $Cl_2 + Ca(OH)_2 \rightarrow CaOCl_2 + H_2O$

　　　　$22.4 Sm^3$ ： $74kg$

$\dfrac{4,000mL}{m^3} \times \dfrac{1m^3}{10^6 mL} \times \dfrac{3,000m^3}{hr}$ ： X

$\therefore X = \dfrac{39.6428 kg}{hr} \times \dfrac{100}{60} = 66.07 kg/hr$

정답 66.07kg/hr

09. 해설

반응식 $S + O_2 \rightarrow SO_2$

　　　　$32kg$ ： $22.4m^3$

$\dfrac{2}{100} \times \dfrac{10,000 kg}{hr}$ ： $X_1(SO_2)$,　　$X_1(SO_2) = 140 m^3/hr$

반응식 $SO_2 + CaCO_3 + 2H_2O + 0.5O_2 \rightarrow CaSO_4 \cdot 2H_2O + CO_2$

　　　　$22.4 m^3$　　　　　　　　　　：$172 kg$

　　　　$140 m^3$　　　　　　　　　　：$X_2(CaSO_4 \cdot 2H_2O) = 1,075 kg/hr$

정답 1,075kg/hr

10. 해설

① 세정(또는 흡수) : 물을 이용하여 사이안화수소를 용해시켜 처리한다. 이때 흡수설비는 분무탑, 충전탑, 사이클론스크러버 등을 이용한다.

② 연소(또는 소각) : 사이안화수소를 연소하여 무해한 물질(CO_2, N_2, H_2O)로 전환하여 처리한다.

11. 해설

(1) 노르말농도 (HCl은 1가이므로 몰농도와 노르말농도가 같다.)

식 $HCl(N) = \dfrac{98 mL}{m^3} \times \dfrac{1 \times 10^{-3} mol}{22.4 mL} \times \dfrac{10,000 m^3}{hr} \times \dfrac{50}{100} \times 3hr \times \dfrac{1}{10,000 L} = 6.56 \times 10^{-3} M = 6.56 \times 10^{-3} N$

정답 $6.56 \times 10^{-3} N$

(2) pOH

염화수소 노르말농도(N) = 몰농도(M)

$\therefore pOH = 14 - pH = 14 - \log\left(\dfrac{1}{6.56 \times 10^{-3}}\right) = 11.82$

정답 11.82

12.

[해설]

[식] $Z = 273 \times H \left[\dfrac{1.3}{273+t_a} - \dfrac{1.3}{273+t_g} \right]$

$Z = 273 \times 100 \times \left[\dfrac{1.3}{273+27} - \dfrac{1.3}{273+105} \right] = 24.4111 mmH_2O$ → 기존의 통풍력

통풍력을 2배 증가하려고 할 때 필요한 배기가스 온도는

$24.4111 \times 2 = 273 \times 100 \times \left[\dfrac{1.3}{273+27} - \dfrac{1.3}{273+t_g} \right]$

$\therefore t_g = 237.81\ ℃$

13.

[해설]

[식] $S_c(포집분진량) = C_i \times Q \times \eta$

$S_c(포집분진량) = \dfrac{50g}{m^3} \times \dfrac{2{,}000{,}000 m^3}{\min} \times 0.90 \times \dfrac{60\min}{1hr} \times \dfrac{24hr}{1day} \times \dfrac{1톤}{10^6 mg} = 129{,}600 톤/일$

14.

[해설]

[식] 연료비 $= \dfrac{고정탄소}{휘발분}$

- 고정탄소 $= 100 - (수분 + 휘발분 + 회분) = 100 - (6.7 + 10 + 23.3) = 60\%$

$\therefore$ 연료비 $= \dfrac{60}{6.7} = 8.96$

[정답] 8.96

15.

[해설]

[식] $AFR_v = \dfrac{m_a \times 22.4}{m_f \times 22.4}$

〈연소반응〉 $C_{2.2}H_{6.4} + 3.8O_2 \rightarrow 2.2CO_2 + 3.2H_2O$

- m_a : 공기 mol수 $= 3.8 \times \dfrac{1}{0.21} = 18.0952 mol$
- m_f : 연료 mol수 $= 1 mol$

$\therefore AFR = \dfrac{18.0952 \times 22.4}{1 \times 22.4} = 18.10$

16. 해설

식 $L(m) = \dfrac{5.2 \times \rho \times \gamma}{K \times C}$

$950m = \dfrac{5.2 \times 0.95 \times 0.8}{4.1 \times C}$, $\therefore C = 1.0146 \times 10^{-3} g/m^3 = 1014.6 \mu g/m^3$

정답 $1014.6 \mu g/m^3$

17. 해설

(1) 흡착제의 종류 (이 중 3가지 작성)
① 활성탄
② 실리카겔
③ 활성 알루미나
④ 마그네시아
⑤ 보크사이트
⑥ 제올라이트

(2) 활성탄의 재생방법 (이 중 3가지 작성)
① 고온 불활성 기체 탈착법
② 수세법
③ 감압진공 탈착법
④ 가열 공기 주입법
⑤ 수증기 주입법

18. 해설

(1) 중력 : 중력집진장치, 세정집진장치, 여과집진장치, 원심력집진장치, 관성력집진장치, 전기집진장치
(2) 관성력 : 관성력집진장치, 원심력집진장치, 세정집진장치, 여과집진장치
(3) 원심력 : 원심력집진장치
(4) 정전기력 : 전기집진장치, 여과집진장치

19. 해설

반응식 $6NO_2 + 8NH_3 \rightarrow 7N_2 + 12H_2O$

$6 \times 22.4 Sm^3 : 8 \times 22.4 Sm^3$

$\dfrac{50,000 Sm^3}{hr} \times \dfrac{1,000 mL}{m^3} \times \dfrac{1 m^3}{10^6 mL} \times 0.8 : X$, $\therefore X = 53.33 Sm^3/hr$

정답 $53.33 Sm^3/hr$

20. 해설

식 제거해야 할 염소농도(mg/Sm³) = 초기농도 − 목표농도

- 초기농도 = $\dfrac{200mL}{m^3} \times \dfrac{36.5mg}{22.4mL} = 325.8928 mg/m^3$

- 목표농도 = $80 mg/Sm^3$

∴ 제거해야 할 염소농도(mg/Sm³) = 325.8928 − 80 = 245.89 mg/m³

CHAPTER 13 2023년도 제2회 산업기사 필답형

01. 해설

(1) 20~30μm 입경범위에서의 빈도(f)(%/μm)

식 $f(\%/\mu m) = \dfrac{입자개수\ 분율(\%)}{입경범위\ 차(\mu m)}$

- 입자개수 분율(%) $= \dfrac{160}{200+180+400+560+380+160+120} \times 100 = 8\%$
- 입경범위차 $= 30 - 20 = 10 \mu m$

$\therefore f(\%/\mu m) = \dfrac{8(\%)}{10(\mu m)} = 0.8(\%/\mu m)$

정답 0.8%/μm

(2) 20~30μm 입경범위에서의 체상누적빈도분포율(R)(%)

식 $R(\%) = \sum 체상입자개수\ 분율(\%)$

- 총 입자개수 : $200+180+400+560+380+160+120 = 2,000$
- 20 ~ 30μm 입자개수 분율(%) $= \dfrac{160}{2,000} \times 100 = 8\%$
- 30 ~ 60μm 입자개수 분율(%) $= \dfrac{120}{2,000} \times 100 = 6\%$

※ 체상누적빈도분포는 대상입자보다 큰 입경의 누적분포를 말한다.

$R(\%) = (8+6) = 14\%$

정답 14%

02. 해설

식 $C = \dfrac{7mL}{m^3} \times \dfrac{273}{273+50} \times \dfrac{760}{760} \times \dfrac{64mg}{22.4mL} \times \dfrac{10^3 \mu g}{1mg} = 16,904.02 \mu g/m^3$

정답 $16,904.02 \mu g/m^3$

03. 해설

반응식 $2HF + Ca(OH)_2 \rightarrow CaF_2 + 2H_2O$

정답 수산화칼슘($Ca(OH)_2$)

04. 해설

식 $\eta_t = [1-(1-\eta_1)(1-\eta_2)] \times 100$

$99.5 = [1-(1-0.3) \times (1-\eta_2)] \times 100$, ∴ $\eta_2 = 99.29\%$

05. 해설

(1) 92% 효율

식 $\eta = 1 - e^{\left(-\frac{A \times W_e}{Q}\right)} \rightarrow \eta = 1 - e^{(-A \times K)}$

$0.92 = 1 - e^{(-A_1 \times K)}$

$-0.08 = -e^{(-A_1 \times K)}$

$\ln(0.08) = -A_1 \times K$, $A_1 = \dfrac{2.5257}{K}$

(2) 99% 효율

식 $\eta = 1 - e^{(-A \times K)}$

$0.99 = 1 - e^{(-A_2 \times K)}$, $A_2 = \dfrac{4.6051}{K}$

∴ $\dfrac{A_2}{A_1} = \dfrac{\frac{4.6051}{K}}{\frac{2.5257}{K}} = 1.82$배

06. 해설

A. 침강속도는 (**감소**)한다.
B. 비표면적은 (**증가**)한다.
C. 원심력은 (**감소**)한다.
D. 부착력은 (**증가**)한다.

07. 해설 최대 착지농도(C_{max})을 낮추는 방법을 식에서 유추해보면 유효굴뚝높이를 높이거나 배출량을 줄여야 한다.

① 배출농도 및 유량을 감소시킨다.
② 배출가스온도를 상승시킨다.
③ 굴뚝의 단면적을 줄인다.
④ 배출가스와 외기와의 온도차를 크게 한다.

식 $C_{max} = \dfrac{2Q}{He^2 \cdot \pi \cdot e \cdot U} \times \left(\dfrac{K_z}{K_y}\right)$

08. 해설

식 질량 백분율(%) = $\dfrac{\text{대상물질 질량}}{\text{총 질량}} \times 100$

1) $A(\%) = \dfrac{24 \times 0.24}{24 \times 0.24 + 32 \times 0.46 + 48 \times 0.3} \times 100 = 16.51\%$

2) $B(\%) = \dfrac{32 \times 0.46}{24 \times 0.24 + 32 \times 0.46 + 48 \times 0.3} \times 100 = 42.20\%$

3) $C(\%) = \dfrac{48 \times 0.3}{24 \times 0.24 + 32 \times 0.46 + 48 \times 0.3} \times 100 = 41.28\%$

09. 해설

A) 100㎛일 때의 낙하속도(m/s)을 구하시오.

식 $V_g = \dfrac{d_p^2(\rho_p - \rho_g)g}{18\mu} = d_p^2 \times K$

$0.006 \text{m/s} = (10 \times 10^{-6} \text{m})^2 \times K$

$K = 60,000,000$

$\therefore V_g(100\mu m) = (100 \times 10^{-6})^2 \times 60,000,000 = 0.6 m/s$

B) 100㎛일 때의 낙하지점(m)을 구하시오.

식 $\dfrac{V_g}{V} = \dfrac{H}{L} \rightarrow L = \dfrac{H \times V}{V_g}$

$L = \dfrac{10 \times 5}{0.6} = 83.3333 ≒ 83.33$

정답 83.33m

10. 해설

㉠ 광학필터   ㉡ 회전섹터
㉢ 1초   ㉣ 40초

11. 해설

식 $Q = A \times V$

- $A = \dfrac{\pi D^2}{4} = \dfrac{\pi \times (0.503m)^2}{4} = 0.1987 m^2$

- $V = C\sqrt{\dfrac{2gP_v}{\gamma}}$

• $\gamma = \dfrac{1.29kg}{Sm^3} \times \dfrac{273}{273+108} \times \dfrac{10332+15}{10332} = 0.9256 kg/m^3$

$V = 0.85 \times \sqrt{\dfrac{2 \times 9.8 \times 10}{0.9256}} = 12.3690 m/\sec$

∴ $Q(m^3/hr) = 0.1987 m^2 \times \dfrac{12.3690m}{\sec} \times \dfrac{3600\sec}{1hr} = 8,847.79 m^3/hr$

정답 8,847.79m³/hr

12. 해설

식 $E = \sigma \times T^4$

• E_1(도시지역의 복사열량) $= E_2$(시골지역의 복사열량) $\times 0.1$

$\sigma \times 255^4 = (\sigma \times T^4) \times 0.1$, ∴ $T = 453.46K$

13. 해설

식 $n = \dfrac{Q_f}{\pi \cdot D \cdot L \cdot V_f} \rightarrow L = \dfrac{Q_f}{\pi \cdot D \cdot n \cdot V_f}$

$L = \dfrac{\dfrac{4,000m^3}{\min} \times \dfrac{1\min}{60\sec}}{\pi \times 0.4m \times 500 \times 0.1m/\sec} = 1.06m$

14. 해설

① 소규모의 보일러나 노후된 보일러에 추가로 설치할 때 사용
② 고온에서도 온도저감없이 사용가능
③ pH의 영향을 받지 않음
④ 분말이 부착되어 열전달률 저하 우려
⑤ 분진 생성 문제

15. 해설

NO, NO₂, CO₂, H₂S, HCl, HF, Cl₂
※ 수용성, 난용성 기체 모두 기입하셔도 됩니다. 만약 문제가 헨리법칙에 잘 적용되는 기체라고 물었다면, 난용성 기체인 N₂, H₂, O₂, NO, NO₂, CO₂가 답이 됩니다.

정답 Cl₂, F₂, HCl, HF, HCN

16. 해설

반응식 HF + NaOH → NaF + H$_2$O
          22.4m^3 : 40kg

$\dfrac{150mL}{m^3} \times \dfrac{29,340m^3}{hr} \times \dfrac{1m^3}{10^6 mL}$: X,   ∴ $X = 7.86 kg/hr$

정답 7.86kg/hr

17. 해설

식 $d_{p50}(\mu m) = \sqrt{\dfrac{9\mu B_c}{2\pi V(\rho_p - \rho)N_e}} \times 10^6$

• $\rho_p = \dfrac{5.06g}{cm} \times \dfrac{1kg}{10^3 g} \times \dfrac{10^6 cm^3}{1m^3} = 5,060 kg/m^3$

• $\mu = \dfrac{0.0748 kg}{m \cdot hr} \times \dfrac{1hr}{3600 sec} = 2.0777 \times 10^{-5} kg/m \cdot sec$

∴ $d_{p50}(\mu m) = \sqrt{\dfrac{9 \times (2.0777 \times 10^{-5}) \times 0.145}{2 \times \pi \times 15 \times 5,060 \times 5}} \times 10^6 = 3.37\mu m$

정답 3.37μm

18. 해설

식 농도(%) = $\dfrac{\sum 도수 \times 횟수}{\sum 횟수} \times 20$

∴ 농도(%) = $\dfrac{(0 \times 129 + 1 \times 54 + 2 \times 44 + 3 \times 20 + 4 \times 14 + 5 \times 10)}{271} \times 20 = 22.73\%$

정답 22.73%

19. 해설

식 $CO_{2max}(\%) = \dfrac{CO_2}{G_{od}} \times 100$

반응식 C$_4$H$_{10}$ + 6.5O$_2$ → 4CO$_2$ + 5H$_2$O
             1   : 6.5 :   4 : 5

• $G_{od} = (1-0.21)A_o + CO_2 = (1-0.21) \times \left(6.5 \times \dfrac{1}{0.21}\right) + 4 = 28.4523 mol/mol$

∴ $CO_{2max}(\%) = \dfrac{4}{28.4523} \times 100 = 14.06\%$

20. 해설

① 가스 중의 수분, 응축으로 인한 채취관의 부식 방지를 위하여
② 여과재의 막힘 방지를 위하여
③ 분석 대상가스의 응축으로 인한 오차 방지를 위하여

CHAPTER 14 2023년도 제4회 산업기사 필답형

01. 해설

(a) 아침 : Fumigation 상부 안정, 하부 불안정

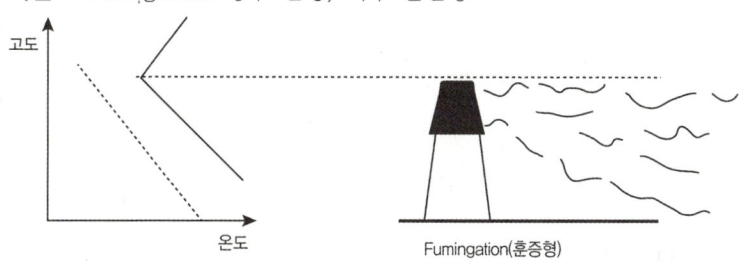

(b) 한낮 : Looping 불안정

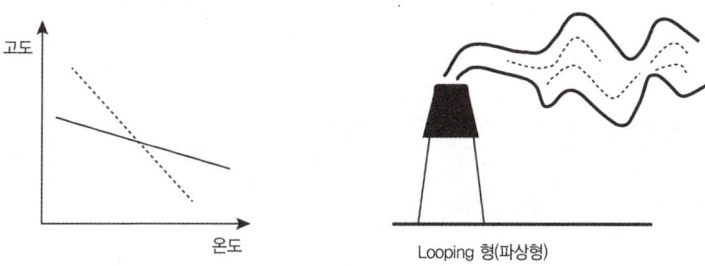

(c) 일몰 후 저녁 : Lofting 상부 불안정, 하부 안정

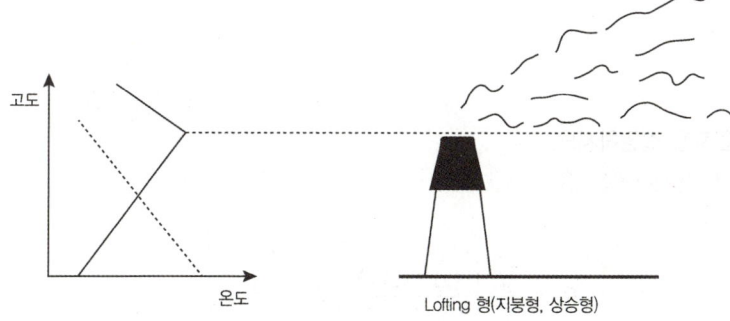

02. 해설

식 청소하는 시간(hr) = $\dfrac{\text{더스트박스용량}}{\text{먼지량}}$

- 더스트박스 용량 = $1.2 m^3$

- 먼지량 = $\dfrac{2.75g}{Sm^3} \times \dfrac{273}{273+200} \times \dfrac{300 Am^3}{hr} \times 0.98 \times \dfrac{1kg}{10^3 g} \times \dfrac{1m^3}{1.1kg} = 0.4242 m^3/hr$

∴ 청소하는 시간(hr) = $\dfrac{\text{더스트 박스용량}}{\text{먼지량}} = \dfrac{1.2}{0.4242} = 2.83 hr$

03. 해설

식 $\eta_t = [1-\{(1-\eta_1)(1-\eta_2)\}] \times 100$

- $\eta_1 = \left(1 - \dfrac{6,750}{30,000}\right) = 0.775$

- $\eta_2 = \left(1 - \dfrac{2,001}{30,000}\right) = 0.9333$

∴ $\eta_t = [1-\{(1-0.775)(1-0.9333)\}] \times 100 = 98.50\%$

04. 해설

식 $C_m = \dfrac{C_1 Q_1 + C_2 Q_2 + \cdots + C_n Q_n}{Q_1 + Q_2 + \cdots + Q_n} = \dfrac{C_1 A_1 V_1 + C_2 A_2 V_2 + \cdots + C_n A_n V_n}{A_1 V_1 + A_2 V_2 + \cdots + A_n V_n} = \dfrac{C_1 V_1 + C_2 V_2 + \cdots + C_n V_n}{V_1 + V_2 + \cdots + V_n}$

$0.33 = \dfrac{0.1 \times 5 + 0.25 \times 5.1 + C_3 \times 4.6 + 0.48 \times 4.7 + 0.42 \times 4.9 + 0.3 \times 5.3}{5 + 5.1 + 4.6 + 4.7 + 4.9 + 5.3}$

∴ $C_3 = 0.45 g/Sm^3$

05. 해설

(가) 리차드슨수의 정의를 쓰고, 공식의 각 인자를 설명하시오.

① **정의** : 대류난류를 기계적인 난류로 전환시키는 율

② **공식**

식 $R_i = \dfrac{g}{T_m} \left[\dfrac{(\Delta T/\Delta Z)}{(\Delta U/\Delta Z)^2} \right]$

- ΔT : 온도차   - ΔU : 풍속차   - ΔZ : 고도차   - T_m : 평균온도(K)

(나) 다음 주어진 범위의 안정도를 중립/불안정/안정 조건으로 판단하시오.

㉠ Ri < -1 : 불안정(대류난류가 지배적)

ⓒ Ri > 1 : 안정

ⓒ -0.01 < Ri < 0.01 : 중립

※ R_i=0 : 기계적 난류에 의해서만 혼합이 이루어짐(중립)

(넓은 범위에서는 $-0.01 < R_i < 0.01$까지 중립으로 판단한다.)

06. 해설

(1) Blow Down 효과의 정의

사이클론의 집진효율을 높이는 방법으로 하부의 더스트박스(Dust Box)에서 처리가스량의 5~10%를 처리하여 사이클론내의 난류현상을 억제시킴으로 먼지의 재비산을 막아주며, 장치내벽 부착으로 일어나는 먼지의 축적도 방지하는 효과이다.

(2) 기대효과

① 원추하부에 가교현상을 억제시켜 재비산을 방지한다.

② 분진내통의 더스트 플러그 및 폐색을 방지한다.

③ 유효원심력을 증가시킨다.

④ 원추하부 또는 출구에 분진이 퇴적되는 것을 방지한다.

07. 해설

(1) 측정원리 : 이 시험방법은 시료를 적당한 방법으로 해리시켜 중성원자로 증기화하여 생긴 기저상태(Ground State or Normal State)의 원자가 이 원자 증기층을 투과하는 특유파장의 빛을 흡수하는 현상을 이용하여 광전측광과 같은 개개의 특유 파장에 대한 흡광도를 측정하여 시료중의 원소농도를 정량하는 방법이다.

(2) 장치구성 : 광원부, 시료원자화부, 분광부, 측광부

08. 해설

식 $d_{pmin} = \sqrt{\dfrac{18\mu VH}{(\rho_p - \rho)gL}}$

- $\mu = \dfrac{0.0185 \times 0.01g}{cm \cdot sec} \times \dfrac{100cm}{1m} \times \dfrac{1kg}{10^3 g} = 1.85 \times 10^{-5} kg/m \cdot sec$

  ※ $1cP$(센티푸아즈) $= 0.01 g/cm \cdot sec = 1 mg/mm \cdot sec$

- $V = \dfrac{Q}{A} = \dfrac{4.47 m^3}{sec} \times \dfrac{1}{(9m \times 6m)} = 0.0827 m/sec$

- $H = 6m$

- $\rho_p = 1,600 kg/m^3$

∴ $d_{pmin} = \sqrt{\dfrac{18 \times 1.85 \times 10^{-5} \times 0.0827 \times 6}{(1,600) \times 9.8 \times 15}} \times 10^6 (\mu m) = 26.51 \mu m$

09. 해설

식 $P = H \cdot C \rightarrow H = \dfrac{P}{C}$

∴ $H = 40 mmHg \times \dfrac{1 atm}{760 mmHg} \times \dfrac{m^3}{1.75 kmol} = 0.03 atm \cdot m^3/kmol$

10. 해설

1) **홀드업(hold up)** : 충전층 내의 액 보유량
2) **부하점(loading point)** : 충전층 내의 유량속도가 증가할 때 액의 홀드업이 급속히 증가하는 상태를 말한다.
3) **플러딩(Flooding)** : 충전층 내의 액이 탑 밖으로 넘치는 상태, 설계유속은 플러딩에 40~70%로 설정하여야 한다.

11. 해설

식 $P_v = \dfrac{\gamma V^2}{2g}$

• $\gamma = \dfrac{1.3 kgf}{m^3}$

• $V = \dfrac{Q}{A} = \dfrac{5m^3}{\sec} \times \dfrac{4}{\pi \times (1.128m)^2} = 5.0033 m/\sec$

∴ $P_v = \dfrac{1.3 \times 5.0033^2}{2 \times 9.8} = 1.66 kgf/m^2 (mmH_2O)$

12. 해설

식 $P_h = F_i \times P_v = \dfrac{1 - C_i^2}{C_i^2} \times P_v$

∴ $P_h = \dfrac{1 - 0.82^2}{0.82^2} \times 20 = 9.74 mmH_2O$

13. 해설

식 $V_2 = V_1 \times \dfrac{T_2}{T_1} \times \dfrac{P_1}{P_2} \rightarrow P_2 = V_1 \times \dfrac{T_2}{T_1} \times \dfrac{P_1}{V_2}$

∴ $P_2 = 1 \times \dfrac{273 + 100}{273} \times \dfrac{1}{1.5} = 0.91 atm$

참고 식 $PV = nRT$ (이상기체 방정식)

몰(mole)이나 기타 조건이 주어졌을 경우 응용문제로 출제가능하므로 이상기체방정식도 숙지하시는 것을 권장합니다.
• P : 압력
• V : 부피

- n : 몰수
- R : 이상기체상수$(0.082) = 0.082\,atm \cdot L/mol \cdot K$
- T : 온도(절대온도)

14. 해설

(1) 90% 효율

식 $\eta = 1 - e^{\left(-\frac{A \times W_e}{Q}\right)} \rightarrow \eta = 1 - e^{(-A \times K)}$

$0.9 = 1 - e^{(-A_1 \times K)}$

$-0.1 = -e^{(-A_1 \times K)}$

$\ln(0.1) = -A_1 \times K, \quad A_2 = \dfrac{2.3025}{K}$

(2) 99.9% 효율

식 $\eta = 1 - e^{(-A \times K)}$

$0.999 = 1 - e^{(-A_2 \times K)}, \quad A_2 = \dfrac{6.9077}{K}$

$\therefore \dfrac{A_2}{A_1} = \dfrac{\frac{6.9077}{K}}{\frac{2.3025}{K}} = 3\text{배}$

15. 해설

반응식 $SO_2 + Ca(OH)_2 + 0.5O_2 \rightarrow CaSO_4 + H_2O$

$\quad SO_2 \quad\quad : \quad Ca(OH)_2$
$\quad 22.4m^3 \quad : \quad 74kg$

$\dfrac{10\text{톤}}{day} \times \dfrac{10^3 kg}{1\text{톤}} \times \dfrac{2(S)}{100(\text{석탄})} \times \dfrac{22.4m^3(SO_2)}{32kg(S)} : X, \quad X = 462.5 kg/day$

$\therefore$ 필요한 수산화칼슘$(Ca(OH)_2)$의 양 $= \dfrac{462.5kg}{day} \times \dfrac{1}{0.98} \times \dfrac{30day}{1month} = 14{,}158.16\,kg/month$

16. 해설

① SO_3 주입, 황함량이 높은 연료 혼소
② 처리가스 온도 조절
③ 처리가스 습도 조절
④ 습식 집진 채용
⑤ 탈진 빈도 증대

17. 해설

식 $H_f = H_c + H_H$

- H_c(탄소열량) $= \dfrac{30{,}000\text{kcal}}{\text{kg}} \times \dfrac{(12 \times 3)\text{kg}}{44\text{kg}} = 24545.4545\text{kcal/kg}$

- H_H(수소열량) $= \dfrac{34{,}100\text{kcal}}{\text{kg}} \times \dfrac{(1 \times 8)\text{kg}}{44\text{kg}} = 6{,}200\text{kcal/kg}$

∴ $H_f = 24{,}545.4545 + 6{,}200 = 30745.45\text{kcal/kg}$

정답 30745.45kcal/kg

18. 해설

식 $A_o = O_o \times \dfrac{1}{0.21}$

반응식 $C_3H_8 + 5O_2 \rightarrow 3CO_2 + 4H_2O$
  1 : 5 : 3 : 4
  0.4 : X_1, $X_1 = 2\,Sm^3$

반응식 $C_4H_{10} + 6.5O_2 \rightarrow 4CO_2 + 5H_2O$
  1 : 6.5 : 4 : 5
  0.6 : X_2, $X_2 = 3.9\,Sm^3$

∴ $A_o = (2 + 3.9) \times \dfrac{1}{0.21} = 28.10\,Sm^3/Sm^3$

19. 해설

(1) 처리해야 할 가스량이 같을 때, (**충전탑**)이 압력손실이 적다.
(2) 운전 시, 큰 온도 변화가 있는 곳은 (**단탑**)을 쓴다.
(3) 흡수액에 부유물이 포함되어 있는 경우, (**단탑**)을 사용하는 것이 유리하다.
(4) 운전 시 용매에 의하여 발생하는 용해열을 제거해야 하는 경우, 냉각오일을 설치하기 쉬운 (**단탑**)이 운영하기 편리하다.

20. 해설

식 $C_o = C_i \times (1 - \eta)$

식 $h = H_{OG} \times N_{OG} = H_{OG} \times \ln\left(\dfrac{1}{1-\eta}\right)$

$4 = 2 \times \ln\left(\dfrac{1}{1-\eta}\right)$, $\eta = 0.8646$

∴ $C_o = 150 \times (1 - 0.8646) = 20.31\,ppm$

CHAPTER 15 2017년도 제1회 기사 필답형

01. 해설
(1) 물체가 빛을 받았을 때 반사하는 정도를 나타낸다.
(2) 최대에너지 파장과 흑체표면의 절대온도는 반비례하다는 법칙이다.

식 $\lambda_m = \dfrac{2,897}{T}$ (여기서, 2,897 : 상수)

02. 해설 커닝햄 보정계수는 $3\mu m$ 보다 작은 입자는 분자의 평균 자유행정(mean free path)에 따라 이동하여 미끌림현상(slip)이 나타나 Stoke's 법칙의 값보다 크게 되기 때문에 이에 대한 오차를 보정하기 위해 사용된다.

03. 해설

(1) 이론공기량(A_o)

식 $A_o = O_o \times \dfrac{1}{0.21}$

- $O_o = 5C_3H_8 + 6.5C_4H_{10} = 5 \times 0.5 + 6.5 \times 0.5 = 5.75 m^3/m^3$

∴ $A_o = 5.75 \times \dfrac{1}{0.21} = 27.38 m^3/m^3$

(2) 탄산가스량(CO_2)

식 $CO_2 = 3C_3H_8 + 4C_4H_{10}$

∴ $CO_2 = 3 \times 0.5 + 4 \times 0.5 = 3.5 m^3/m^3$

04. 해설

(1) Freundlich

식 $\dfrac{X}{M} = K \cdot C^{\frac{1}{n}}$

- X : 흡착된 용질량
- M : 흡착제의 중량
- K, n : 상수
- C : 흡착 평형상태에서 배기가스 내에 잔류하는 피흡착 물질의 농도

(2) Langmuir

식 $\dfrac{X}{M} = \dfrac{abC}{1+bC}$

- X : 흡착된 용질량
- M : 흡착제의 중량
- C : 흡착 평형상태에서 배기가스 내에 잔류하는 피흡착 물질의 농도
- a : 최대 흡착량에 관한 상수
- b : 흡착에너지에 관한 상수

05. 해설

식 $Z = 273H\left[\dfrac{1.3}{(273+t_a)} - \dfrac{1.3}{(273+t_a)}\right]$

- Z : 통풍력 = 20mmH$_2$O
- t_a : 외기(대기)의 온도 = 27℃
- t_g : 배기가스의 온도 = 227℃

$20 = 355 \times H \times \left[\dfrac{1}{(273+27)} - \dfrac{1}{(273+227)}\right] = 42.25\text{m}$

∴ 높여야 할 굴뚝 높이 = 42.25m − 20m = 22.25m

정답 22.25m

06. 해설

① 교외지역에 비해 열방출량이 많다.
② 인구밀도가 높다.
③ 건축물과 지면의 재질이 열흡수율은 높으나, 방출량은 적다.
④ 풍속이 느려 열확산 능력이 작다.

07. 해설 Feret경(장축경)

08. 해설

식 $n\left(\dfrac{d_n}{D_t}\right)^2 = \dfrac{V_t \cdot L}{100\sqrt{P}}$

- D_t = 200mm = 0.2m
- d_n = 3.8mm = 3.8×10^{-3}m
- P = 20,000mmH$_2$O

$$n \times (\frac{3.8 \times 10^{-3}}{0.2})^2 = \frac{60 \times 0.5}{100\sqrt{20000}}$$

∴ n = 5.87 ≒ 6개

정답 6개

09. 해설

식 $d_{p_{min}}(\mu m) = \sqrt{\left(\frac{18\mu VH}{(\rho_p - \rho)gL}\right)} \times 10^6$

- $\rho_p = 1,500 \, (\text{kg/m}^3)$
- $W = 10 \, (\text{m})$
- $L = 15 \, (\text{m})$

$V = \dfrac{Q}{A} = \dfrac{4m^3}{\sec} \times \dfrac{1}{7m \times 10m} = 0.0571 \, (m/\sec)$

∴ $d_{p_{min}} = \left[\dfrac{18 \times 1.85 \times 10^{-5} \times 0.0571 \times 7}{1,500 \times 9.8 \times 15}\right]^{1/2} \times 10^6 = 24.57 \mu m$

10. 해설

구분	NO₂	PM₁₀	벤젠
연간	0.03ppm 이하	50μg/m³ 이하	5μg/m³ 이하
24시간	0.06ppm 이하	100μg/m³ 이하	−
1시간	0.10ppm 이하	−	−

11. 해설

식 개수(n) = $\dfrac{Q_f}{Q_i} = \dfrac{Q_f}{A_i V_f} = \dfrac{Q_f}{\pi D L V_f}$

- $V_f = 10 cm/\sec = 0.1 m/\sec$
- $Q_f = 2,000 m^3/\min = 33.3333 m^3/\sec$

∴ n = $\dfrac{33.3333}{\pi \times 0.2 \times 10 \times 0.1} = 53.05 \fallingdotseq 54$개

CHAPTER 16 2017년도 제2회 기사 필답형

01. 해설

(1) 프로인들리히(Freundlich) 식

식 $\dfrac{X}{M} = K \cdot C^{\frac{1}{n}}$

- X : 흡착된 오염물질량
- M : 흡착제의 주입량
- C : 유출농도
- K, n : 상수

(2) 랭뮤어(Langmuir) 식

식 $\dfrac{X}{M} = \dfrac{abC}{1+bC}$

- X : 흡착된 오염물질량
- M : 흡착제의 주입량
- C : 유출농도
- a : 최대 흡착량에 관한 상수
- b : 흡착에너지에 관한 상수

02. 해설

반응식 $2HCl + Ca(OH)_2 \rightarrow CaCl_2 + 2H_2O$

$\qquad 2 \times 22.4\text{m}^3 \quad : 74\text{kg}$

$\dfrac{1,000\text{m}^3}{\text{hr}} \times \dfrac{5}{100} : X(kg)$, $\therefore X(= Ca(OH)_2) = 82.59\text{kg/hr}$

정답 82.59kg/hr

03. 해설

(1) 무게비 계산

식 $\text{AFR} = \dfrac{m_a \times M_a}{m_f \times M_f}$

[연소반응] $C_8H_{17.5} + 12.375O_2 \rightarrow 8CO_2 + 8.75H_2O$

- m_a : 공기 mol수 $= 12.375 \times \dfrac{1}{0.21} = 58.93 mol$
- m_f : 연료 mol수 $= 1 mol$
- M_a : 공기의 g분자량 $= 29$

- M_f : 연료의 g분자량 = 113.5

$$\therefore AFR = \frac{58.93 \times 29}{1 \times 113.5} = 15.06$$

(2) 부피비 계산

식 $AFR = \dfrac{m_a \times 22.4}{m_f \times 22.4}$

[연소반응] $C_8H_{17.5} + 12.375\,O_2 \rightarrow 8\,CO_2 + 8.75\,H_2O$

- m_a : 공기 mol수 $= 12.375 \times \dfrac{1}{0.21} = 58.93\,mol$
- m_f : 연료 mol수 $= 1\,mol$

$$\therefore AFR = \frac{58.93 \times 22.4}{1 \times 22.4} = 58.93$$

04. 해설

(1) 이산화질소의 연간 평균치 (0.03)ppm 이하
(2) 미세먼지(PM-10)의 연간 평균치 (50)μg/m³ 이하
(3) 아황산가스의 연간 평균치 (0.02)ppm 이하

05. 해설

(1) (제로드리프트) : 동일 조건에서 제로가스를 연속적으로 도입하여 고정형은 (24)시간, 이동형은 (4)시간 연속 측정하는 동안에 전체 눈금의 ±2% 이상의 지시 변화가 없어야 한다.

(2) (응답시간) : 제로 조정용 가스를 도입하여 안정된 후 유로를 스팬가스로 바꾸어 기준 유량으로 분석계에 도입하여 그 농도를 눈금 범위 내의 어느 일정한 값으로부터 다른 일정한 값으로 갑자기 변화시켰을 때 스텝(step) 응답에 대한 소비시간이 (1)초 이내이어야 한다. 또 이때 최종 지시값에 대한 90%의 응답을 나타내는 시간은 (40)초 이내이어야 한다.

06. 해설

(1) 여과집진기의 개수

식 $n = \dfrac{Q_f}{Q_i} = \dfrac{Q_f}{\pi D L V_f}$

$$\therefore n = \frac{2{,}000\,Sm^3}{\min} \times \frac{1}{\pi \times 0.3m \times 10m} \times \frac{\sec}{0.01m} \times \frac{1\min}{60\sec} = 353.68 \fallingdotseq 354\,\text{개}$$

(2) 탈진주기

식 $t = \dfrac{L_d}{C_i V_f \eta}$

$$\therefore t = \frac{L_d}{C_i V_f \eta} = \frac{250g}{m^2} \times \frac{m^3}{20g} \times \frac{\sec}{0.01m} \times \frac{1}{0.985} \times \frac{1\min}{60\sec} = 21.15\,\min$$

07. 해설

반응식 $SO_2 + CaCO_3 + 2H_2O + 0.5O_2 \rightarrow CaSO_4 \cdot 2H_2O + CO_2$

$\qquad\qquad 22.4m^3 \qquad : \qquad 172kg$

$\dfrac{XmL}{m^3} \times \dfrac{10^{-6}m^3}{mL} \times \dfrac{400,000m^3}{hr} : 15,700 kg/hr$, $\therefore X = 5111.63 mL/m^3$

08. 해설

(1) **건식법** : 물을 사용하지 않고, 물질과 접촉시켜 오염이 없는 상태로 만들거나, 흡착하여 처리하거나, 산화시켜 유용한 물질로 전환하는 방법이다.

[종류]
① 석회석 주입법
② 활성 산화망간법
③ 활성탄 흡착법
④ 산화법

(2) **습식법** : 물에 물질을 녹여서 만든 흡수액과 황산화물을 접촉시켜 오염이 없는 상태로 만드는 방법이다.

[종류]
① 습식 석회석 주입법
② wellmann-lord법(재생식 공정)
③ 마그네슘법
④ Na법

09. 해설

(1) **재비산 현상**
먼지의 비저항이 $10^4 \Omega \cdot cm$ 이하로 떨어질 때 → NH_3를 주입한다, 유입속도를 줄인다.

(2) **역전리 현상**
먼지의 비저항이 $10^{11} \Omega \cdot cm$ 이상으로 증가할 때 → SO_3를 주입한다, 탈진빈도를 늘린다.

(3) **2차 전류가 현저히 낮을 때**
먼지 농도 및 비저항이 높을 때 → 조습용 스프레이의 수량을 늘린다.

(4) **2차 전류가 주기적으로 불안정할 때**
방전극의 변형, 부착분진의 스파크 → 1차 전압을 안정할 때까지 낮추어 준다, 방전극의 관리

(5) **2차 전압이 방전전류가 많을 때**
분진의 농도가 너무 낮을 때 → 입구 분진농도를 적절히 조절한다.

(6) **1차 전압이 낮고 과대전류가 흐를 때**
고압회로 절연불량 → 고압부 절연회로를 점검한다.

10. 해설

식 $R = 100\exp(-\beta d_p^{\,n})$

$50 = 100\exp(-\beta \times 50^1)$, $\beta = 0.0138$

∴ $R = 100\exp(-0.0138 \times 25^1) = 70.82\%$

정답 70.82%

11. 해설

(1) **기온상승의 원리** : 대기 내 온실가스가 증가함에 따라 태양복사에 반사되는 지구복사가 과도하게 흡수되거나 재복사되면서 외기로 방출되는 양이 줄어들어 지구의 온도가 상승하는 원리이다.

(2) **온실기체** : 탄산가스, 육불화황, 수소불화탄소, 과불화탄소, 아산화질소, 메탄

CHAPTER 17 2017년도 제4회 기사 필답형

01. 해설

반응식: $SO_2 + CaO + 0.5O_2 \rightarrow CaSO_4$
　　　　　$22.4m^3$　　　:　　　$136kg$

$\dfrac{2,000mL}{m^3} \times \dfrac{1,000m^3}{hr} \times \dfrac{1m^3}{10^6 mL} \times \dfrac{80}{100}$: $X(kg/hr)$, ∴ $X = 9.71 kg/hr$

정답: 9.71 kg/hr

02. 해설 $^{13}C_{12} - 1,2,3,4 - T_4CDD$ 및 $^{13}C_{12} - 1,2,3,7,8,9 - H_6CDD$

03. 해설

식 항력(F_d) = 중력(F_g) - 부력(F_b)

- $F_g = \dfrac{\pi d_p^{\,3}}{6} \cdot \rho_p \cdot g$

- $F_b = \dfrac{\pi d_p^{\,3}}{6} \cdot \rho_g \cdot g$

- $3\pi\mu d_p V_s = \left(\dfrac{\pi d_p^{\,3}}{6} \cdot \rho_p \cdot g\right) - \left(\dfrac{\pi d_p^{\,3}}{6} \cdot \rho_g \cdot g\right)$

- $3\pi\mu d_p V_s = \left(\dfrac{\pi d_p^{\,3}}{6}\right) \times (\rho_p - \rho_g) \times g$

∴ $V_s = \dfrac{d_p^{\,2}(\rho_p - \rho_g)g}{18\mu}$

04. 해설

(1) 식 $\eta(\%) = (1 - \dfrac{C_o \times Q_o}{C_i \times Q_i}) \times 100$

∴ $\eta = (1 - \dfrac{0.1}{3.25}) \times 100 = 96.92\%$

(2) 식 $\eta_T = 1 - (1-\eta_1)(1-\eta_2)$

$0.9692 = 1 - (1-\eta)^2$

∴ $\eta_1 = 0.8245 \times 100 = 82.45\%$

(3) 식 $\eta_T = 1 - (1-\eta_1)(1-0.75)$

∴ $\eta_1 = 1 - \dfrac{(1-0.9692)}{(1-0.75)} = 0.8768 \times 100 = 87.68\%$

05. 해설

(1) 직접측정법
① 현미경측정법 : 광학현미경 또는 전자현미경을 사용하여 측정하는 방법
② 체걸름법 : 표준체로 걸러 입자의 크기를 구하는 방법

(2) 간접측정법
① 관성충돌법 : 입자의 관성충돌을 이용하여 입도를 구하는 방법
② 침강법 : 공기나 물과 같은 유체 속에 분산시킨 입자가 침강하는 최종종말속도의 크기를 이용하여 입경을 구하는 방법

06. 해설

(1) 메탄의 최대탄산가스율(%)

식 $CO_{2\max}(\%) = \dfrac{CO_2}{G_{od}} \times 100$

반응식 $CH_4 + 2O_2 \rightarrow CO_2 + 2H_2O$
　　　　1 : 2 : 1 : 2

• $G_{od}(m^3/m^3) = (1-0.21)A_o + CO_2 = (1-0.21) \times (2 \times \dfrac{1}{0.21}) + 1 = 8.5238 m^3/m^3$

∴ $CO_{2\max}(\%) = \dfrac{CO_2}{G_{od}} \times 100 = \dfrac{1}{8.5238} \times 100 = 11.73\%$

(2) 수소의 최대탄산가스율(%)

식 $CO_{2\max}(\%) = \dfrac{CO_2}{G_{od}} \times 100$

반응식 $H_2 + 0.5O_2 \rightarrow H_2O$
　　　　1 : 0.5 : 1

• $G_{od}(m^3/m^3) = (1-0.21)A_o = (1-0.21) \times (0.5 \times \dfrac{1}{0.21}) = 1.8809 m^3/m^3$

∴ $CO_{2\max}(\%) = \dfrac{CO_2}{G_{od}} \times 100 = \dfrac{0}{1.8809} \times 100 = 0\%$

07. 해설

반응식 $Cl_2 + 2NaOH \rightarrow NaCl + NaOCl + H_2O$

$\qquad\qquad\quad 22.4m^3 : 2 \times 40kg$

$\dfrac{15Sm^3}{hr} \times \dfrac{0.62}{100} : X, \qquad \therefore X = 0.33 kg/hr$

08. 해설

식 $C_s = C \times \dfrac{21 - O_s}{21 - O_a}$

- TEQ $= \sum(TEF \times 치환 이성체의 농도)$

$\qquad = (1 \times 0.1 + 0.5 \times 0.5 + 0.001 \times 12 + 0.5 \times 0.2 + 0.001 \times 2) = 0.464 ng/Sm^3$

$\therefore C = 0.464 \times \dfrac{21-12}{21-17} = 1.044 ng/Sm^3$

정답 $1.044 ng/Sm^3$

09. 해설

식 $V = \dfrac{Q}{A}$

- $A = B_c \times H_c = 0.75m \times 1.5m = 1.125m^2$
- $B_c = D_o/4 = \dfrac{1.5m \times 2}{4} = 0.75m$
- $H_c = D_o/2 = \dfrac{1.5m \times 2}{2} = 1.5m$

$\therefore V = \dfrac{15m^3}{sec} \times \dfrac{1}{1.125m^2} = 13.33 m/sec$

정답 $13.33 m/sec$

10. 해설

① 흡수제로 알칼리염(NH_4^+, Na^+, K^+)을 사용하고, 반응물을 흡수탑 밖에서 석회수와 반응시켜 알칼리를 재생한다.
② 흡수탑 순환액에 산화탑에서 생성한 석고를 반송하고 흡수액 슬러지 중의 석고농도를 5% 이상으로 유지하여 석고결정화를 촉진한다.
③ 순환액 pH를 적절하게 유지한다.
④ 탑 내에 내장물을 가능한 한 설치하지 않는다.

CHAPTER 18 2018년도 제1회 기사 필답형

01. 해설

(1) 분리도

식 $R = \dfrac{2(t_{R2} - t_{R1})}{W_1 + W_2}$

(2) 분리계수

식 $d = \dfrac{t_{R2}}{t_{R1}}$

- t_{R1} : 시료 도입점으로부터 피크 1의 최고점까지의 길이
- t_{R2} : 시료 도입점으로부터 피크 2의 최고점까지의 길이
- W_1 : 피크 1의 좌우 변곡점에서 접선이 자르는 바탕선의 길이
- W_2 : 피크 2의 좌우 변곡점에서 접선이 자르는 바탕선의 길이

02. 해설 그을음 발생시 배출가스량은 질소 + 과잉산소 + 기타가스로 구성되고 여기서 과잉산소는 공급산소 – 소모산소로 물질수지를 이용하여 계산한다.

식 $m_d(g/Sm^3) = \dfrac{\text{그을음}(g/kg)}{G_d(Sm^3/kg)}$ 식 $G_d = N_2 + (O_{2(a)} - O_{2(b)}) + CO_2$

- 그을음 $= 1kg \times 0.85 \times 0.01 \times 10^3 g/kg = 8.5 g/kg$
- O_o : 이론산소량 $= 1.867 \times 0.85 + 5.6 \times 0.15 = 2.4269 Sm^3/kg$
- $O_{2(a)}$: 공급 산소량 $= m \times O_o = 1.1 \times 2.4269 = 2.6695 m^3/kg$
- $O_{2(b)}$: 소모산소량 $= 1.867 \times 0.85 \times 0.99 + 5.6 \times 0.15 = 2.4110 Sm^3/kg$
- $N_2 = m \times O_o \times \dfrac{79}{21} = 1.1 \times 2.4269 \times 3.76 = 10.0376 Sm^3/kg$
- $CO_2 = 1.867 \times 0.85 \times 0.99 = 1.5710 Sm^3/kg$

∴ $G_d = 10.0376 + (2.6695 - 2.4110) + 1.5710 = 11.8671 Sm^3/kg$

∴ $m_d(g/Sm^3) = \dfrac{8.5 g/kg}{11.8671 Sm^3/kg} = 0.72 g/Sm^3$

정답 $0.72 g/Sm^3$

03. 해설

- Stoke경 : 대상입자와 침강속도와 밀도가 같은 구형입자의 직경
- 공기동력학경 : 대상입자와 침강속도가 같고 단위밀도를 갖는 구형입자의 직경

04. 해설 질산토륨 네오트린법

05. 해설

(1) **경도풍** : 마찰력이 존재하지 않는 층(자유대기층)에서 경도력이 전향력과 원심력의 합과 평형을 이룰 때, 등압선을 따라 (가로질러) 부는 곡선의 바람
(2) **지균풍** : 마찰력이 존재하지 않는 층(자유대기층)에서 경도력과 전향력이 두 힘이 평형을 이룰 때, 등압선과 평행하게 부는 직선의 바람

06. 해설

(1) **장점**
- 구동부분이 적어 고장이 적음
- 수분이 많은 슬러지류 등 다양한 성상의 폐기물 소각이 가능
- 로 내에서 산성가스의 제거가 가능(SO_x, NO_x 등)
- 유동 매체의 축열량이 많아 정지 후 가동이 빠름
- 과잉 공기율이 적어 보조연료 사용량과 배출 가스량이 적음
- 연소시간이 짧고 미연분이 적어 연소효율이 좋음
- 교반력이 좋아 클링커가 발생하지 않음

(2) **단점**
- 유동매체를 공급해야 하고 폐기물을 파쇄해야 함
- 분진 발생률이 높고 운전기술이 요구되며 정비시 냉각시간이 필요
- 압력손실이 높음
- 부하변동에 따른 대응성이 낮음

07. 해설

(1) **원리** : 이 방법은 이동상으로는 액체, 그리고 고정상으로는 이온교환수지를 사용하여 이동상에 녹는 혼합물을 고분리능 고정상이 충전된 분리관 내로 통과시켜 시료성분의 용출상태를 전도도 검출기 또는 광학 검출기로 검출하여 그 농도를 정량하는 방법이다.
(2) **서프렛서의 역할** : 용리액에 사용되는 전해질 성분을 제거하기 위하여 분리관 뒤에 직렬로 접속시킨 것으로써 전해질을 물 또는 저전도도의 용매로 바꿔줌으로써 전기 전도도 셀에서 목적이온 성분과 전기 전도도만을 고감도로 검출할 수 있게 해주는 것이다.

08. 해설

(1) 스파크의 횟수를 늘린다.
(2) 조습용 스프레이의 수량을 늘린다.
(3) 입구분진농도를 적절히 조절한다.

09. 해설

(1) 총 집진효율(%)

식: $\eta_T = 1 - [(1-\eta_1) \times (1-\eta_2) \times (1-\eta_3)] \times 100\%$

∴ $\eta_T = 1 - [(1-0.5) \times (1-0.8) \times (1-0.97)] \times 100(\%) = 99.7\%$

(2) 출구먼지농도(mg/Sm³)

식: $C_o = C_i \times (1-\eta)$

∴ $C_o = \dfrac{2.5g}{Sm^3} \times (1-0.997) \times \dfrac{10^3 mg}{1g} = 7.5 mg/Sm^3$

10. 해설

(1) Thermal NOx : 연소공기 중 산소가 공기 중의 질소분자를 산화시켜 생성
(2) Fuel NOx : 연료에 포함된 질소성분이 연소과정에서 산화되어 생성
(3) Prompt NOx : 연소 시 연료에서 발생되는 탄화수소가 공기 중의 질소와 반응하여 생성

11. 해설

식: $N_{Re} = \dfrac{D \times V \times \rho}{\mu} = \dfrac{D \times V}{\nu}$

$3600 = \dfrac{(50 \times 10^{-3} m) \times 5 m/\sec}{\nu}$, ∴ $\nu = 6.94 \times 10^{-5} m^2/\sec = 0.694 cm^2/\sec$

정답: $0.694 cm^2/\sec$

12. 해설

식: $P = C \times H \rightarrow H = \dfrac{P}{C}$

∴ $H = \dfrac{38 mmHg}{2.5 kmol/m^3} \times \dfrac{1 atm}{760 mmHg} = 0.02 atm \cdot m^3/kmol$

정답: $0.02 atm \cdot m^3/kmol$

13. 해설

(1) 폼알데하이드 (100)
(2) 총부유세균 (800)

CHAPTER 19 2019년도 제1회 기사 필답형

01. 해설

식 $\ln\left(\dfrac{C_t}{C_o}\right) = -k \cdot t$

$\ln\left(\dfrac{0.01C_0}{C_0}\right) = -0.013/\min \times t$

$-4.6051 = -0.013/\min \times t$

∴ $t = 354.24 \min$

정답 354.24min

02. 해설

(1) 식 $p_d = \dfrac{E_d}{i}$

- E_d : 분진층의 전계강도 = 5.5×10^3 V/cm
- i : 전류밀도 = 2.5×10^{-8} A/cm²

∴ $\rho_d = \dfrac{5.5 \times 10^3}{2.5 \times 10^{-8}} = 2.2 \times 10^{11} \Omega$

(2) 전기저항이 $10^{11} \Omega \cdot$ cm 이상이므로 역전리가 발생한다.

03. 해설

반응식 $SO_2 + 2NaOH \rightarrow Na_2SO_3 + H_2O$

$\qquad\qquad 22.4m^3 \ : \ 2 \times 40kg$

$\dfrac{10톤}{hr} \times \dfrac{1,000kg}{톤} \times \dfrac{S(\%)}{100} \times \dfrac{22.4m^3}{32kg} \times \dfrac{24hr}{1day} : 30,000kg/day$

∴ X (황함량) $= 5\%$

정답 5%

04. 해설

두 장치를 병렬연결 시 유입유량은 절반으로 나뉘어 각각의 장치에 유입된다. 문제에서 전기집진기와 여과집진장치로 유입되기 전 유입유량이 주어지지 않았으므로 입구농도를 절반으로 나누어서 각 장치의 유출 분진량을 산출한다.

식 유출 총량$(S_o) = S_{o1} + S_{o2}$ 식 유출 총량$(S_o) = C_i \times Q_i \times (1-\eta)$

- $S_{o1} = 1.5g \times 60,000 Sm^3/hr \times (1-0.95) = 4,500 g/hr$
- $S_{o2} = 1.5g \times 20,000 Sm^3/hr \times (1-0.99) = 300 g/hr$

$\therefore S_o = S_{o1} + S_{o2} = 4,500 + 300 = 4,800 g/hr$

05. 해설

반응식 $S + O_2 \rightarrow SO_2$

$\qquad$ 32kg : 22.4m³

$\dfrac{3}{100} \times \dfrac{300 kg}{hr}$: $X_1(SO_2)$, $X_1(SO_2) = 6.3 m^3/hr$

반응식 $SO_2 + CaCO_3 + 2H_2O + 0.5O_2 \rightarrow CaSO_4 \cdot 2H_2O + CO_2$

$\qquad$ 22.4m³ $\qquad\qquad\qquad$: 172kg

$\qquad$ 6.3m³ $\qquad\qquad\qquad$: $X_2(CaSO_4 \cdot 2H_2O) = 48.375 kg/hr$

정답 48.375kg/hr

06. 해설

식 $Z = 273 \times H \times \left[\dfrac{\gamma_a}{(273+t_a)} - \dfrac{\gamma_g}{(273+t_g)} \right]$

- $Z_1 = 273 \times H \times \left[\dfrac{1.3}{(273+27)} - \dfrac{1.3}{(273+227)} \right] = 0.4732H$
- $Z_1 = 273 \times H \times \left[\dfrac{1.3}{(273+27)} - \dfrac{1.3}{(273+127)} \right] = 0.2957H$

$\therefore \dfrac{Z_2}{Z_1} \times 100 = \dfrac{0.2957H}{0.4732H} \times 100 = 62.49\%$

따라서, 초기 통풍력의 62.49%로 감소하였다.

07. 해설

(1) 건식법
- 건식 석회석 주입법
- 활성탄 흡착법
- 활성 산화망간법
- 산화구리법

(2) 습식법
- 석회 세정법
- 나트륨법
- 암모니아 흡수법
- 마그네슘법

08. 해설

식 $X_{SO_2}(ppm) = \dfrac{SO_2(Sm^3/kg)}{G_d(Sm^3/kg)} \times 10^6$

- $O_o = 1.867C + 5.6H - 0.7O + 0.7S$

  $= 1.867 \times 0.86 + 5.6 \times 0.12 + 0.7 \times 0.015 = 2.2881 Sm^3/kg$

  $= 2.2881 Sm^3/kg$

- $A_o = O_o \times \dfrac{1}{0.21}$

  $= 2.2881 \times \dfrac{1}{0.21}$

  $= 10.8958 Sm^3/kg$

- $G_d = (m - 0.21)A_o + CO_2 + SO_2$

  $= (1.1 - 0.21)10.8958 + 1.6056 + 0.0105$

  $= 11.3133 Sm^3/kg$

$\therefore X_{SO_2}(ppm) = \dfrac{0.7 \times 0.015}{11.3133} \times 10^6 = 928.11 ppm$

정답 928.11ppm

09. 해설

식 $d_{p50} = \sqrt{\dfrac{9\mu B_c}{2\pi N_e V(\rho_p - \rho)}}$

유속(V)과 입구폭(B_c)를 제외한 다른 조건이 동일하면,

→ $d_{p50} = K \times \sqrt{\dfrac{B_c}{V}}$

- B_c : 입구 폭
- V : 가스유속

$\therefore \dfrac{d_{p50}(2)}{d_{p50}(1)} = \dfrac{K \times \sqrt{\dfrac{2B_c}{2V}}}{K \times \sqrt{\dfrac{B_c}{V}}} = 1$

정답 1배 또는 변화없음

10. 해설

① 용해도가 클 것　　② 휘발성이 적을 것
③ 부식성이 없을 것　　④ 점성이 작을 것
⑤ 화학적으로 안정할 것　　⑥ 독성이 없을 것
⑦ 가격이 저렴하고, 용매의 화학적 성질이 비슷할 것

11. 해설

(1) **보정넓이 백분율법** : 목적성분의 상대감도를 적용하여 정량하는 방법

식 $X_i(\%) = \dfrac{\dfrac{A_i}{f_i}}{\sum\limits_{i=1}^{n}\dfrac{A_i}{f_i}} \times 100$

- f_i : i성분의 상대감도
- n : 전 봉우리 수

(2) **상대검정곡선법** : 목적성분의 순물질에 내부표준물질 일정량을 가한 혼합시료를 사용하여 정량하는 방법

식 $X(\%) = \dfrac{\left(\dfrac{M_X}{M_S}\right) \times n}{M} \times 100$

- M_x : X성분량
- M_s : 내부표준물질량
- n : 표준물질의 기지량
- M : 시료의 기지량

(3) **표준물 첨가법** : 시료의 일정량에 피검성분 및 기지량을 추가하여 도출되는 비례상수를 활용하여 정량하는 방법

식 $X(\%) = \dfrac{\Delta W_A}{\left(\dfrac{a_2}{b_2} \cdot \dfrac{b_1}{a_1} - 1\right) W} \times 100$

- W : 시료량
- ΔW_A : 성분 A의 기지량
- a_1 : 성분 A의 봉우리 넓이
- b_1 : 성분 B의 봉우리 넓이
- a_2 : 기지량을 가한 후 성분 A의 봉우리 넓이
- b_2 : 기지량을 가한 후 성분 B의 봉우리 넓이

CHAPTER 20 2019년도 제2회 기사 필답형

01. 해설

식 $X_{max} = \left(\dfrac{H_e}{K_z}\right)^{\frac{2}{2-n}}$

- $X_{max} = 3,950\text{m}$
- $\dfrac{2}{2-0.25} = 1.14$
- $K_z = 0.07$

$3,950 = \left(\dfrac{H_e}{0.07}\right)^{1.14}$, ∴ $H_e = 100m$

정답 100m

02. 해설

① 유효 원심력 증가
② 난류발생 방지
③ 재비산 방지
④ 집진효율 증대
⑤ 내통의 폐색 방지(더스트 플러그 형성 방지)

03. 해설

① 용해도가 클 것
② 휘발성이 적을 것
③ 부식성이 없을 것
④ 점성이 작을 것
⑤ 화학적으로 안정할 것
⑥ 독성이 없을 것
⑦ 가격이 저렴하고, 용매의 화학적 성질이 비슷할 것

04. 해설

(1) 장점
- 연소실 내 압력을 양압(+)으로 유지할 수 있어 연소효율이 좋다.
- 연소용 공기를 예열할 수 있다.
- 유지보수가 용이하다.
- 흡인통풍보다 송풍기 동력소모가 적다.

(2) 단점
- 연소실의 기밀이 유지되지 않을 경우 가스유출의 우려가 있다.
- 역화의 위험이 있다.
- 압력으로 인한 연소실의 벽 손상의 우려가 있다.

05. 해설

식 $C_o = C_i \times (1-\eta)$

식 $\eta_T = 1 - [(1-\eta_1) \times (1-\eta_2) \times (1-\eta_3)] \times 100\%$

$\eta_T = 1 - [(1-0.6) \times (1-0.7) \times (1-0.8)] \times 100(\%) = 97.6\%$

$\therefore C_o = \dfrac{15g}{Sm^3} \times (1-0.976) = 0.36 g/Sm^3$

정답 $0.36 g/Sm^3$

06. 해설

(1) 건식법의 종류(3가지)
- 건식 석회석 주입법
- 활성 산화망간법
- 활성탄 흡착법

(2) 건식법의 장점(2가지)
- 배출가스의 온도저하가 거의 없다.
- 폐수처리 문제가 없다.
- 배출가스의 확산이 양호하다.

(3) 습식법의 장점(2가지)
- 건식에 비해 효율이 높다.
- 분진과 유해가스의 동시처리가 가능하다.

07. 해설

(1) 장점
- 침전물이 발생하는 경우에 사용이 적합하다.
- 고온가스 처리에 탁월하다.
- 압력손실이 적다.

(2) 단점
- 비말동반의 위험이 있다.
- 다른 액분산형 흡수장치에 비해 효율이 낮다.
- 스프레이 노즐이 잘 막힌다.

08. 해설

식: $\Delta P = 4f \times \dfrac{L}{D} \times P_v$

$\therefore \Delta P = 4 \times 0.004 \times \dfrac{50}{2} \times 30 = 12\, mmH_2O$

09. 해설

반응식: $SO_2 + 2NaOH \rightarrow Na_2SO_3 + H_2O$

$\qquad\qquad 22.4\,m^3 \;:\; 2 \times 40\,kg$

$\dfrac{20톤}{hr} \times \dfrac{1{,}000kg}{톤} \times \dfrac{5}{100} \times \dfrac{22.4\,m^3}{32\,kg} \times \dfrac{95}{100} \times \dfrac{24hr}{1day} : X$

$\therefore X(NaOH량) = 57{,}000\,kg/day$

정답: $57{,}000\,kg/day$

10. 해설

흑체의 표면에서 방출되는 에너지의 양은 그 흑체의 절대온도의 4승에 비례한다.

식: $E = \sigma \cdot T^4$

11. 해설

식: $n = 16 \times \left(\dfrac{t_R}{W}\right)^2$

$t_R = \dfrac{1.5\,cm}{min} \times 10\,min \times \dfrac{10\,mm}{cm} = 150\,mm$

$\Rightarrow 1{,}800 = 16 \times \left(\dfrac{150}{W}\right)^2,\quad \therefore W = \dfrac{150}{\sqrt{1{,}800/16}} = 14.14\,mm$

12. 해설

식 $Q_c(흡입유량, m^3) = \dfrac{먼지량(mg)}{먼지농도(mg/m^3)}$

식 $C = (C_H - C_B) \times W_D \times W_S$

- C_H : 포집먼지량이 가장 높은 위치에서의 먼지농도(mg/m³) = 8.8mg/m³
- C_B : 대조위치에서의 먼지농도(mg/m³) = 선정할 수 없으므로 → 0.15mg/m³
- W_D : 풍향의 보정계수 = 1.5
- W_S : 풍속의 보정계수 = 1.0

$C = (8.8 - 0.15) \times 1.5 \times 1 = 12.975 \text{mg/m}^3$

$\therefore Q_c(흡입유량, m^3) = \dfrac{29.194g}{12.975(mg/m^3)} \times \dfrac{10^3 mg}{1g} = 2250.02 m^3$

정답 $2250.02 m^3$

CHAPTER 21 2019년도 제4회 기사 필답형

01. 해설
① **재비산 현상** : 먼지의 비저항이 $10^4 Ω·cm$ 이하로 떨어질 때 → NH_3를 주입한다, 유입속도를 줄인다.
② **역전리 현상** : 먼지의 비저항이 $10^{11} Ω·cm$ 이상으로 증가할 때 → SO_3를 주입한다, 조습수량을 늘린다, 탈진빈도를 늘리거나 습식집진을 채용한다.
③ **2차 전류가 현저히 낮을 때** : 먼지 농도 및 비저항이 높을 때 → 조습용 스프레이의 수량을 늘린다.
④ **2차 전류가 주기적으로 불안정할 때** : 방전극의 변형, 부착분진의 스파크 → 1차 전압을 안정할 때까지 낮추어 준다, 방전극의 관리
⑤ **2차 전압이 방전전류가 많을 때** : 분진의 농도가 너무 낮을 때 → 입구 분진농도를 적절히 조절한다.
⑥ **1차 전압이 낮고 과대전류가 흐를 때** : 고압회로 절연불량 → 고압부 절연회로를 점검한다.

02. 해설
(1) **흑체** : 모든 파장에서 연속스펙트럼을 복사할 경우 물체에 입사되는 복사에너지를 모두 흡수하는 물체
(2) **스테판-볼츠만의 공식**
  식 $E = σ × T^4$
  - E : 에너지
  - $σ$: 상수
  - T : 흑체표면의 절대온도

03. 해설
(1) **편류현상** : 탑 일부에 흡수액 분포가 불량하여 흡수액이 균일하게 공급되지 못하고, 한쪽으로 쏠려서 공급되는 현상
(2) **방지대책**
  - 탑의 직경과 충전물질 직경의 비를 8~10의 범위로 조절한다.
  - 충전제를 균일하고 규칙적으로 채운다.
  - 탑의 단면적(ft^2) 당 액 주입구를 5개 이상으로 한다.

04. 해설

(1) **옥탄가** : Anti Knocking성을 나타내는 척도, 옥탄가가 높은 연료일수록 이상폭발을 일으키지 않고 스파크의 점화에 의해서만 연소되기에 좋은 연료가 된다.

(2) **세탄가** : 디젤연료의 자기착화정도를 나타내는 척도, 세탄가가 높은 연료일수록 압축에 의한 자기착화가 잘 일어나게 되어 좋은 연료가 된다.

05. 해설

① 정전기적인 인력(쿨롱력)
② 전계경도에 의한 힘
③ 전기풍에 의한 힘
④ 입자간의 흡인력

06. 해설

식 $X_{SO_2}(ppm) = \dfrac{SO_2}{G_d} \times 10^6$

반응식 반응식은 답안작성 시 생략해도 무방합니다.

$CH_4 + 2O_2 \rightarrow CO_2 + 2H_2O$
$(1-0.035)m^3 : 2\times(1-0.035)m^3 : (1-0.035)m^3 : 2\times(1-0.035)m^3$

$H_2S + 1.5O_2 \rightarrow SO_2 + H_2O$
$0.035m^3 : 1.5\times0.035m^3 : 0.035m^3 : 0.035m^3$

- $G_d = (m-0.21)A_o + CO_2 + SO_2$
- $A_o = O_o \times \dfrac{1}{0.21} = (2\times(1-0.035) + 1.5\times0.035) \times \dfrac{1}{0.21} = 9.4404 m^3/m^3$

∴ $G_d = (1.05-0.21) \times 9.4404 + (1-0.035) + 0.035 = 8.9299 m^3/m^3$

∴ $X_{SO_2}(ppm) = \dfrac{0.035}{8.9299} \times 10^6 = 3919.42 ppm$

정답 3919.42ppm

07. 해설

(1) **경도풍** : 마찰력이 존재하지 않는 층(자유대기층)에서 기압경도력이 전향력과 원심력의 합과 평형을 이룰 때, 등압선을 따라(가로질러) 부는 곡선의 바람

(2) **지균풍** : 마찰력이 존재하지 않는 층(자유대기층)에서 경도력과 전향력의 두 힘이 평형을 이룰 때, 등압선과 평행하게 부는 직선의 바람

08. 해설

[식] 흡착에 사용된 활성탄량 $= M$(흡착제 주입량) $\times$ 흡착조의 크기

[식] $\dfrac{X}{M} = K \times C^{\frac{1}{n}}$

- X(흡착된 오염물질농도) $= 40 - 8 = 32 ppm$
- C(유출되는 오염물질농도) $= 8 ppm$
- $K = 0.5$
- $\dfrac{1}{n} = 0.5$

$\dfrac{32}{M} = 0.5 \times 8^{0.5}$, M(흡착제 주입량) $= 22.6274 g/L$

∴ 흡착에 사용된 활성탄량 $= 22.6274 g/L \times 30 L = 678.82 g$

[정답] 678.82g

09. 해설

[식] $d_{p50}(\mu m) = \sqrt{\dfrac{9\mu B_c}{2(\rho_p - \rho_g)\pi N_e V}} \times 10^6$

- $\mu = \dfrac{0.018 \times 0.01 g}{cm \cdot sec} \times \dfrac{1 kg}{10^3 g} \times \dfrac{100 cm}{1 m} = 1.8 \times 10^{-5} kg/m \cdot sec$
- $\rho_p = 2,000 kg/m^3$

∴ $d_{p50}(\mu m) = \sqrt{\dfrac{9 \times 1.8 \times 10^{-5} \times 0.5}{2 \times (2,000 - 1.3) \times \pi \times 7 \times 12}} \times 10^6 = 8.76 \mu m$

[정답] 8.76μm

10. 해설

[식] $X_{SO_2}(ppm) = \dfrac{SO_2(Sm^3/kg)}{G_d(Sm^3/kg)} \times 10^6$

- $O_o = 1.867C + 5.6H + 0.7S - 0.7O$
  $= 1.867 \times 0.86 + 5.6 \times 0.12 + 0.7 \times 0.02 = 2.2916 Sm^3/kg$

- $A_o = O_o \times \dfrac{1}{0.21}$
  $= 2.2916 \times \dfrac{1}{0.21} = 10.9123 Sm^3/kg$

- $G_d = (m - 0.21)A_o + CO_2 + SO_2$
  $= (1.1 - 0.21) \times 10.9123 + 1.6056 + 0.014 = 11.3315 Sm^3/kg$

∴ $X_{SO_2}(ppm) = \dfrac{0.7 \times 0.02}{11.3315} \times 10^6 = 1,235.49 ppm$

[정답] 1,235.49ppm

11. 해설

① 자외선형광법　② 불꽃광도법
③ 용액 전도율법　④ 흡광차분광법

12. 해설

식 $Z = 273 \times H \left[\dfrac{1.3}{273+t_a} - \dfrac{1.3}{273+t_g} \right]$

$Z = 273 \times 100 \times \left[\dfrac{1.3}{273+27} - \dfrac{1.3}{273+137} \right] = 31.7390 \, mmH_2O \rightarrow$ 기존의 통풍력

통풍력을 2배 증가하려고 할 때 필요한 배기가스 온도는,

$31.7390 \times 2 = 273 \times 100 \times \left[\dfrac{1.3}{273+27} - \dfrac{1.3}{273+t_g} \right]$

∴ $t_g = 374.37℃$

CHAPTER 22 | 2020년도 제1회 기사 필답형

01. 해설
(1) 채취관 선택 시 고려사항
- 화학반응이나 흡착작용 등으로 배출가스의 분석결과에 영향을 주지 않을 것
- 배출가스 중의 부식성 성분에 의하여 잘 부식되지 않을 것
- 배출가스의 온도, 유속 등에 견딜 수 있는 충분한 기계적 강도를 가질 것

(2) 폼알데하이드 여과재의 재질
- 알카리 성분이 없는 유리솜 또는 실리카 솜
- 소결유리

02. 해설
- 설계유속 내에서 유속을 빠르게 한다.
- 내통을 작게 설계한다.
- 난류를 억제한다.
- 블로우 다운을 시행한다.
- 내식성, 내마모성 재질을 채용한다.
- Dust Box를 밀폐형으로 한다.

※ 위 답변 중 4가지 선택

03. 해설

식 $\eta(\%) = \left(1 - \dfrac{C_o}{C_i}\right) \times 100$

- $C_i = 50\,ppm$
- $C_o = \dfrac{5mg}{Sm^3} \times \dfrac{22.4mL}{20mg} = 5.6\,mL/Sm^3$

∴ $\eta(\%) = \left(1 - \dfrac{5.6}{50}\right) \times 100 = 88.8\%$

정답 88.8%

04. 해설

- **관성충돌법** : 입자의 관성충돌을 이용하여 측정
- **액상침강법** : 액상 중에 입자를 분산시켜 침강속도로 입경을 측정
- **Bacho 원심기체 침강법** : 원심력을 이용하여 몸통에 충돌 침강한 분진의 입자를 크기별로 분류하여 측정
- **광산란법** : 액상 중에 분산시켜 침강하는 입자의 표면에서 일어나는 빛의 산란정도를 광학분진계로 측정하여 입자크기를 측정
- **공기투과법** : 입자의 비표면적을 측정하여 입경을 측정

05. 해설

식 개수(n) = $\dfrac{Q_f}{Q_i} = \dfrac{Q_f}{A_i V_f} = \dfrac{Q_f}{\pi D L V_f}$

- $V_f = 4 cm/\sec$
- $Q_f = 4.78 \times 10^6 cm^3/\sec$
- $D = 200 mm = 20 cm$
- $L = 3m = 300 cm$

∴ $n = \dfrac{4.78 \times 10^6 cm^3/\sec}{\pi \times 20 cm \times 300 cm \times 4 cm/\sec} = 63.40 ≒ 64$개

정답 64개

06. 해설

식 $n \times \left(\dfrac{d_n}{D_t}\right)^2 = \dfrac{V_t L}{100 \sqrt{P}}$

- D_t : 목부직경 = 200mm
- d_n : 노즐직경 = 3.8mm
- P : 수압 = 20,000mmH$_2$O

$n \times \left(\dfrac{3.8}{200}\right)^2 = \dfrac{60 \times 0.5}{100 \sqrt{20000}}$, ∴ $n = 5.87 ≒ 6$개

정답 6개

07. 해설

식 $\eta = 1 - \exp\left(-\dfrac{A \times W_e}{Q}\right)$

- $Q = 500 m^3/\min = 8.3333 m/\sec$
- $A = \pi D L n = \pi \times 0.24 \times 15 \times 24 = 271.4336 m^2$
- $\eta = \left(1 - \dfrac{C_o}{C_i}\right) = \left(1 - \dfrac{0.1}{10}\right) = 0.99$

$0.99 = 1 - \exp\left(-\dfrac{271.4336 \times W_e}{8.3333}\right)$, ∴ $W_e = 0.14 m/\sec$

정답 0.14m/sec

08. 해설

(1) Coh 정의 : 빛 전달률을 측정하였을 때 광화학적 밀도가 0.01이 되도록 하는 여과지 상의 빛을 분산시키는 고형물질의 양

(2) Coh 공식 및 설명

식 $Coh = \dfrac{(OD)}{0.01} = \dfrac{\log(\dfrac{1}{I_t/I_o})}{0.01} = 100\log(\dfrac{I_o}{I_t}) = 100\log(\dfrac{1}{t})$

- Coh : 광화학적 밀도(OD)를 0.01로 나눈 값
- 광화학적 밀도(OD : Optical Density) : 불투명도의 log 값
- 불투명도($opacity$) : 빛 전달률(투과도 : t)의 역수
- 빛 전달률(투과도 : t) : 투과광의 강도(I_t)/입사광의 강도(I_o)

09. 해설

식 $Z = 273H \times \left[\dfrac{1.3}{(273+t_a)} - \dfrac{1.3}{(273+t_a)}\right]$

- Z : 통풍력 = 20mmH$_2$O
- t_a : 외기(대기)의 온도 = 27℃
- t_g : 배기가스의 온도 = 227℃

이를 공식에 대입하면

$20 = 273 \times H \times \left[\dfrac{1.3}{(273+27)} - \dfrac{1.3}{(273+227)}\right]$, $H = 42.2654m$

필요한 굴뚝높이는 42.2654m이고, 현재 굴뚝높이는 20m이므로,

∴ 높여야 할 굴뚝의 높이 = 42.2654 − 20 = 22.2654 = 22.27m

정답 22.27m

10. 해설

식 수은 증기(m^3) = 수은량(kg) × $\dfrac{22.4Sm^3}{200.59kg}$ × $\dfrac{273+t(℃)}{273}$ × $\dfrac{760}{P(mmHg)}$

∴ $Xm^3 = 1kg \times \dfrac{22.4Sm^3}{200.59kg} \times \dfrac{273+25}{273} \times \dfrac{760}{760} = 0.12m^3$

정답 0.12m^3

11. 해설

식 $t = \dfrac{L_d}{C_i V_f \eta}$

∴ $t = \dfrac{L_d}{C_i V_f \eta} = \dfrac{450g}{m^2} \times \dfrac{m^3}{(20-1)g} \times \dfrac{\sec}{0.01m} = 2368.42\sec$

정답 2368.42sec

12. 해설

① **확산작용** : 브라운운동 또는 농도차에 의해 섬유층 또는 분진층에 분진입자의 확산부착. 주로 $0.1\mu m$ 범위의 입자를 포집하는데 중요함

② **차단작용** : 관성력에 의해서 분리할 수 없는 미세한 분진입자가 섬유와 접촉에 의해서 포집되는 집진기구로서, 주로 $0.1 \sim 1\mu m$ 범위의 입자를 포집하는데 중요함

③ **관성충돌** : 입경이 비교적 굵고 비중이 큰 분진입자는 비교적 큰 관성력에 의해 기체유선에서 벗어나 여과재의 섬유층에 충돌하여 부착. 주로 $1\mu m$ 이상의 입자를 포집하는데 중요함

④ **중력작용** : 입경이 비교적 굵고 비중이 큰 분진입자가 저속기류 중에서 중력에 의하여 낙하하여 포집되는 집진기구임

13. 해설

구분	NO_2	PM_{10}	벤젠
연간	0.03ppm 이하	$50\mu g/m^3$ 이하	$5\mu g/m^3$ 이하
24시간	0.06ppm 이하	$100\mu g/m^3$ 이하	–
1시간	0.10ppm 이하	–	–

14. 해설

(1) 이론산소량(Sm^3/kg)

식 이론산소량(O_o) = $1.867C+5.6H-0.7O+0.7S$

∴ $O_o = 1.867 \times 0.86 + 5.6 \times 0.04 - 0.7 \times 0.08 + 0.7 \times 0.02 = 1.79 Sm^3/kg$

정답 $1.79 Sm^3/kg$

(2) 이론습가스량(Sm^3/kg)

식 $G_{ow} = (1-0.21)A_o + CO_2 + H_2O + SO_2$

· $A_o = O_o \times \dfrac{1}{0.21} = 1.79 \times \dfrac{1}{0.21} = 8.5238 m^3/kg$

∴ $G_{ow} = (1-0.21) \times 8.5238 + 1.867 \times 0.866 + 11.2 \times 0.04 + 0.7 \times 0.014 = 8.81 Sm^3/kg$

정답 $8.81 Sm^3/kg$

15. 해설

(1) 식 $N_{Re} = \dfrac{DV\rho}{\mu} = \dfrac{0.3048 \times 2 \times 1.2}{\mu}$

· $\mu = 20 cP = 20 \times 0.01 g/cm \cdot sec = 0.02 kg/m \cdot sec$

∴ $N_{Re} = \dfrac{DV\rho}{\mu} = \dfrac{0.3048 \times 2 \times 1.2}{0.02} = 36.58$

∴ $N_{Re} < 2100$ 이므로 층류상태

(2) 식 Kinematic Viscosity(동점성 계수) = $\dfrac{\mu}{\rho}$

∴ Kinematic Viscosity(동점성 계수) = $\dfrac{0.2 g/cm \cdot sec}{1.2 \times 10^{-3} g/cm^3}$ = $166.67 cm^2/sec$ = $166.67 stoke$

16. 해설

(1) 공기량

식 $Q_2 = Q_1 \times \left(\dfrac{N_2}{N_1}\right)^1$

$Q_2 = 200 \times \left(\dfrac{400}{200}\right)^1 = 400 m^3/min$

정답 $400 m^3/min$

(2) 정압

식 $P_{s_2} = P_{s_1} \times \left(\dfrac{N_2}{N_1}\right)^2$

$P_{s_2} = 60 \times \left(\dfrac{400}{200}\right)^2 = 240 mmH_2O$

정답 $240 mmH_2O$

(3) 동력(마력)

식 $P_2 = P_1 \times \left(\dfrac{N_2}{N_1}\right)^3$

$P_2 = 6 \times \left(\dfrac{400}{200}\right)^3 = 48 HP$

정답 48HP

17. 해설

식 $X_{CO_2}(\%) = \dfrac{CO_2}{G_d} \times 100(\%)$

반응식 $C_4H_{10} + 6.5O_2 \rightarrow 4CO_2 + 5H_2O$
　　　　$1m^3 : 6.5m^3 : 4m^3 : 5m^3$

• $G_d = (m - 0.21)A_o + CO_2$

  − $A_o = O_o \times \dfrac{1}{0.21} = 6.5 \times \dfrac{1}{0.21} = 30.9523 m^3/m^3$

  − $CO_2 = 4 m^3/m^3$

$11(\%) = \dfrac{4}{(m - 0.21) \times 30.95 + 4} \times 100(\%)$

∴ m = 1.26

정답 1.26

18. 해설
① 충전탑은 탑 내가 충전물로 채워져 있으며, 단탑은 트레이(tray)가 다단으로 설치되어 있다.
② 충전탑은 흡수액의 hold-up이 단탑에 비하여 적다.
③ 충전탑은 충전물이 고가이므로 초기 설치비가 많이 들며, 단탑은 모든 조건이 동일할 경우 충전탑에 비해 비경제적이다.
④ 충전탑은 단탑보다 압력손실이 적다.
⑥ 단탑은 충전탑에 비해 적은 액가스비로 운용된다.
⑦ 가스량의 변동에 대한 적응성은 충전탑이 우수하다.
⑧ 단탑은 부유물을 함유하는 가스를 처리하는 데 충전탑에 비해 우수하다.

19. 해설

식 $C_{\max} = \dfrac{2Q}{H_e^2 \pi e U} \times \left(\dfrac{K_z}{K_y}\right)$

굴뚝의 높이를 제외한 나머지인자를 K로 정리하면,

→ $C_{\max} = K \times \dfrac{1}{H_e^2}$

∴ $\dfrac{C_{\max(2)}}{C_{\max(1)}} = \dfrac{1}{3} = \dfrac{K \times \dfrac{1}{(H_{e(2)})^2}}{K \times \dfrac{1}{(50)^2}}$, $H_{e(2)} = 86.6025m$

∴ 증가시켜야 할 높이 $= 86.6025 - 50 = 36.60m$

정답 36.60m

20. 해설

식 $A = m \times A_o \times G_f$

• $m = \dfrac{21}{21 - O_2} = \dfrac{21}{21 - 4} = 1.2352$

• $A_o = \dfrac{1}{0.21}(1.867C + 5.6H + 0.7S - 0.7O)$

$= \dfrac{1}{0.21} \times (1.867 \times 0.85 + 5.6 \times 0.15) = 11.5569 m^3/kg$

• $G_f = 100 kg/hr$

∴ $A = 1.2352 \times 11.5569 \times 100 = 1427.51 m^3/hr$

정답 1,427.51m³/hr

CHAPTER 23 2020년도 제3회 기사 필답형

01. 해설

(1) NOx 선택적 촉매환원법(SCR)의 원리 : 촉매를 사용하여 400℃ 이하에서 질소산화물(NOx)을 환원제로 선택적으로 제거하며, 물(H_2O)과 질소(N_2)로 환원하는 방법이다. 환원제는 주로 암모니아를 사용하며, 제거율은 최적운전조건에서 약 90% 정도이다.

(2) 반응식 3가지 기술
  ① $6NO_2 + 8NH_3 \rightarrow 7N_2 + 12H_2O$ (산소 공존하지 않음)
  ② $6NO + 4NH_3 \rightarrow 5N_2 + 6H_2O$ (산소 공존하지 않음)
  ③ $4NO + 4NH_3 + O_2 \rightarrow 4N_2 + 6H_2O$ (산소 공존)

02. 해설

식 $NO(ppm) = C(mg/m^3) \times \dfrac{22.4 mL}{30 mg}$

$\therefore NO(ppm) = \dfrac{300mg}{Sm^3} \times \dfrac{22.4 SmL}{30mg} \times \dfrac{273+30}{273} \times \dfrac{760}{750} \times \dfrac{273}{273+30} \times \dfrac{750}{760} = 224 ppm$

정답 224ppm

03. 해설

(1) 광자에너지 또는 햇빛에너지(hv)
(2) O
(3) O
(4) NO
(5) 환원

04. 해설

식 $\eta = 1 - \exp\left(-\dfrac{A \times W_e}{Q}\right)$

$0.9 = 1 - \exp\left(-\dfrac{A \times 20}{1,000}\right), \quad A = 115.13 m^2$

정답 $115.13 m^2$

05.

[해설]

[식] $G_{ow} = (1-0.21)A_o + CO_2 + H_2O$

[반응식] $C_xH_y + \left(x+\dfrac{y}{4}\right)O_2 \rightarrow xCO_2 + \dfrac{y}{2}H_2O$

$1mol : \left(x+\dfrac{y}{4}\right)mol : xmol : y/2\,mol$

- $A_o = \left(x+\dfrac{y}{4}\right) \times \dfrac{1}{0.21} = (4.76x + 1.19y)\,mol$

∴ $G_{ow} = (1-0.21) \times (4.76x + 1.19y) + x + \dfrac{y}{2} = (4.76x + 1.44y)\,mol$

[정답] $(4.76x + 1.44y)\,mol$

06.

[해설]

(1) **기온상승의 원리** : 대기 내 온실가스가 증가함에 따라 태양복사에 반사되는 지구복사가 흡수되거나 재복사되는 양이 늘어나고 그에 따라 외기로 방출되는 양이 줄어들어 지구의 온도가 상승하는 원리이다.

(2) **온실기체** : 탄산가스, 육불화황, 수소불화탄소, 과불화탄소, 아산화질소, 메탄

07.

[해설]

[식] SO_2 발생량 = 황함량 × 연소되는 연료량 × $\dfrac{64kg(SO_2)}{32kg(S)}$

⇨ $\dfrac{2.5mg(SO_2)}{kcal} = \dfrac{1kg(석탄)}{6,000kcal} \times \dfrac{S(\%)}{100(석탄)} \times \dfrac{64kg(SO_2)}{32kg(S)} \times \dfrac{10^6 mg}{1kg}$

∴ $S = 0.75\%$

[정답] 0.75%

08.

[해설]

(1) **알베도(albedo) 설명** : 물체가 빛을 받았을 때 반사하는 정도를 나타내는 단위이다. 반사율은 입사되는 전자기파에 대한 반사량으로 계산되며 기후학이나 천문학 분야에서 널리 사용하고 있으며, 일반적으로 가시광선 영역의 평균값을 의미한다.

(2) **비인의 변위법칙 설명, 관련식(변수 포함하여 기재할 것)** : 최대에너지 파장과 흑체표면의 절대온도는 반비례하다는 법칙이다.

> **[식]** $\lambda_m = \dfrac{2,897}{T}$ (여기서, 2,897 : 상수)

09. 해설

반응식 $SO_2 + 2NaOH \rightarrow Na_2SO_3 + H_2O$

$\qquad\qquad\qquad 22.4m^3 : 2\times 40kg$

$\dfrac{50톤}{hr} \times \dfrac{10^3 kg}{1톤} \times \dfrac{1}{100} \times \dfrac{22.4m^3}{32kg} : X, \qquad \therefore X(NaOH) = 1,250 kg/hr$

정답 1,250kg/hr

10. 해설

$\eta_T = 1 - [(1-\eta_1)\times(1-\eta_2)\times(1-\eta_3)] \times 100\%$

$\therefore \eta_T = 1 - [(1-0.3)\times(1-0.3)\times(1-0.3)]\times 100(\%) = 65.7\%$

정답 65.7%

11. 해설

(1) **식** $N_{Re} = \dfrac{DV\rho}{\mu}$

- $\mu = 0.2 CPS = 0.2 \times 0.01 g/cm\cdot\sec = 2\times 10^{-4} kg/m\cdot\sec$

$\therefore N_{Re} = \dfrac{0.3\times 2\times 1.2}{2\times 10^{-4}} = 3,600$

$\therefore 2100 < N_{Re} < 4000$ 이므로 천이구역

(2) **식** Kinematic Viscosity(동점성 계수) $= \dfrac{\mu}{\rho}$

$\therefore$ Kinematic Viscosity(동점성 계수) $= \dfrac{0.002 g/cm\cdot\sec}{1.2\times 10^{-3} g/cm^3} = 1.6666 cm^2/\sec = 1.67 stoke$

12. 해설

식 NH_3이론량 $= NO$제거 $NH_3 + NO_2$제거 NH_3

반응식 $6NO_2 + 8NH_3 \rightarrow 7N_2 + 12H_2O$

$\qquad\qquad\quad 6\times 22.4m^3 : 8\times 22.4m^3$

$\dfrac{12.6 mL}{m^3} \times \dfrac{100,000 m^3}{day} \times \dfrac{1 m^3}{10^6 mL} : X_1, \quad X_1 = 1.68 m^3/day$

반응식 $6NO + 4NH_3 \rightarrow 5N_2 + 6H_2O$

$\qquad\qquad\quad 6\times 22.4m^3 : 4\times 22.4m^3$

$\dfrac{126 mL}{m^3} \times \dfrac{100,000 m^3}{hr} \times \dfrac{1 m^3}{10^6 mL} : X_2, \quad X_2 = 8.4 m^3/day$

$\therefore NH_3$이론량 $= 1.68 + 8.4 = 10.08 m^3/day$

정답 $10.08 Sm^3/day$

13. 해설

(1) 분리도

$$R = \frac{2(t_{R2} - t_{R1})}{W_1 + W_2} = \frac{2 \times (5-2)\min \times \frac{60\sec}{1\min}}{42\sec + 58\sec} = 3.6$$

(2) 분리계수

$$d = \frac{t_{R2}}{t_{R1}} = \frac{5}{2} = 2.5$$

- t_{R1} : 시료 도입점으로부터 피크 1의 최고점까지의 길이
- t_{R2} : 시료 도입점으로부터 피크 2의 최고점까지의 길이
- W_1 : 피크 1의 좌우 변곡점에서 접선이 자르는 바탕선의 길이
- W_2 : 피크 2의 좌우 변곡점에서 접선이 자르는 바탕선의 길이

정답 분리도 : 3.6, 분리계수 : 2.5

14. 해설

(1) **공명선** : 원자가 외부로부터 빛을 흡수했다가 다시 먼저 상태로 돌아갈 때 방사하는 스펙트럼 선
(2) **분무실** : 분무기와 병용하여 분무된 시료용액의 미립자를 더욱 미세하게 해 주는 한편 큰 입자와 분리시키는 작용을 갖는 장치

15. 해설

$$Q = \frac{G}{C_{TLV} - C_o} \times 100$$

- G : 오염물질 발생량 = $1.17 m^3/min$ = $70.2 m^3/hr$
- C_{TLV} : 허용농도 = 1,000ppm = 0.1%
- C_o : 배경농도(외기농도) = 350ppm = 0.035%

$$\therefore Q = \frac{70.2}{0.1 - 0.035} \times 100 = 108,000 m^3/hr$$

정답 $108,000 m^3/hr$

16. 해설

(1) Gow(Sm³/kg)

  식 $Gow = (1-0.21)A_o + CO_2 + H_2O + SO_2 + N_2$

  • $A_o = O_o \times \dfrac{1}{0.21} = 1.4445 \times \dfrac{1}{0.21} = 6.8785\, m^3/kg$

  • $O_o = 1.867C + 5.6H + 0.7S - 0.7O$
  $= 1.867 \times 0.65 + 5.6 \times 0.052 + 0.7 \times 0.002 - 0.7 \times 0.088 = 1.4445\, m^3/kg$

  • $H_2O = 11.2H + 1.244W = 11.2 \times 0.052 + 1.244 \times 0.095 = 0.7005\, m^3/kg$

  ∴ $Gow = (1-0.21) \times 6.8785 + 1.867 \times 0.65 + 0.7005 + 0.7 \times 0.002 + 0.8 \times 0.008 = 7.36\, m^3/kg$

(2) God(Sm³/kg)

  식 $God = (1-0.21)A_o + CO_2 + SO_2 + N_2$

  ∴ $God = (1-0.21) \times 6.8785 + 1.867 \times 0.65 + 0.7 \times 0.002 + 0.8 \times 0.008 = 6.66\, m^3/kg$

(3) CO_{2max}(%)

  식 $CO_{2\max}(\%) = \dfrac{CO_2}{G_{od}} \times 100 = \dfrac{1.867 \times 0.65}{6.66} \times 100 = 18.22\%$

17. 해설

식 $\ln\left(\dfrac{C_t}{C_0}\right) = -k \cdot t$

$\ln\left(\dfrac{0.5 C_0}{C_0}\right) = -k \times 384.44\, \text{sec}, \quad k = 1.8030 \times 10^{-3}/\text{sec}$

$\ln\left(\dfrac{0.1 C_0}{C_0}\right) = -(1.8030 \times 10^{-3}) \times t$

∴ $t = 1{,}277.09\, \text{sec}$

정답 1,277.09초

18. 해설

• SO_3를 주입한다.
• 온도 및 수분함량을 조절한다.
• 황(S)분이 많이 함유된 연료를 사용한다.
• 습식 전기집진방식을 채용한다.
• 2단식으로 운영한다.
• 탈진빈도를 늘린다.

※ 제시된 보기 중 3가지 선택하여 기입

19. 해설
- 먼지의 측정법 : 광투과법
- 파장 : 400nm

20. 해설

식 $\eta = \left(\dfrac{1}{1 + \left(\dfrac{d_{p50}}{d_p} \right)^2} \right)$

- $d_{p50} = \sqrt{\dfrac{9\mu B_c}{2(\rho_p - \rho)\pi N_e V}} = \sqrt{\dfrac{9 \times (1.85 \times 10^{-5}) \times 0.25}{2 \times (1{,}800 - 1.2)kg/m^3 \times \pi \times 6 \times 8}} = 8.7594 \times 10^{-6} m = 8.7594 \mu m$
- $\rho_p = 1.8 g/cm^3 = 1{,}800 kg/m^3$
- $\mu = 1.85 \times 10^{-2} cP = 1.85 \times 10^{-5} kg/m \cdot \sec$

$\therefore \eta = \left(\dfrac{1}{1 + \left(\dfrac{8.7594}{31.5} \right)^2} \right) = 0.9282 = 92.82\%$

정답 92.82(%)

CHAPTER 24 2020년도 제4회 기사 필답형

01. 해설

식 $L_d = C_i \cdot \eta \cdot Q \cdot t \rightarrow t = \dfrac{L_d}{C_i \cdot \eta \cdot Q}$

$t = \dfrac{0.55 m^3}{\dfrac{10g}{m^3} \times 0.85 \times \dfrac{360 m^3}{\sec} \times \dfrac{cm^3}{1.8g} \times \dfrac{1 m^3}{10^6 cm^3}} = 323.53 \sec$

정답 323.53sec

02. 해설

[수용모델(Receptor model)]
① 수용체 입장에서 오염물질의 특성을 분석한 후 오염원의 기여도를 평가하여 영향평가가 현실적으로 이루어질 수 있다.
② 오염원의 조업 및 운영상태에 대한 정보 없이도 사용이 가능하다.
③ 입자상 및 가스상 물질, 가시도 문제 등 환경과학 전반에 응용할 수 있다.

[분산모델(Dispersion model)]
① 점, 선, 면 오염원의 영향을 평가할 수 있다.
② 미래의 대기질을 예측할 수 있어 시나리오 작성이 가능하다.
③ 2차 오염물의 확인이 가능하다.

03. 해설

식 $\eta_t = [1-(1-\eta_1)(1-\eta_2)] \times 100$

• $\eta_t = \left(1 - \dfrac{0.2}{10}\right) = 0.98$

$98\% = [1-(1-0.8)(1-\eta_2)] \times 100$, ∴ $\eta_2 = 0.9 \fallingdotseq 90\%$

04. 해설

① 저산소 연소법
② 2단 연소방법
③ 연소실 열부하 저감법

④ 배기가스 재순환방법
⑤ 저NOx 버너의 사용
⑥ 연소실 구조의 변경

05. 해설

(1) 무게비 계산

식 $AFR = \dfrac{m_a \times M_a}{m_f \times M_f}$

[연소반응] $C_8H_{17.5} + 12.375O_2 \rightarrow 8CO_2 + 8.75H_2O$

- m_a : 공기 mol수 $= 12.375 \times \dfrac{1}{0.21} = 58.93 mol$
- m_f : 연료 mol수 $= 1 mol$
- M_a : 공기의 g분자량 $= 29$
- M_f : 연료의 g분자량 $= 113.5$

$\therefore AFR = \dfrac{58.93 \times 29}{1 \times 113.5} = 15.06$

(2) 부피비 계산

식 $AFR = \dfrac{m_a \times 22.4}{m_f \times 22.4}$

[연소반응] $C_8H_{17.5} + 12.375O_2 \rightarrow 8CO_2 + 8.75H_2O$

- m_a : 공기 mol수 $= 12.375 \times \dfrac{1}{0.21} = 58.93 mol$
- m_f : 연료 mol수 $= 1 mol$

$\therefore AFR = \dfrac{58.93 \times 22.4}{1 \times 22.4} = 58.93$

06. 해설

식 $A = \dfrac{Q}{V}$

$A = \dfrac{\dfrac{25,000 Sm^3}{hr} \times \dfrac{1hr}{3,600 \sec} \times \dfrac{273+100}{273}}{\dfrac{85m}{\sec}} = 0.1116 m^2$

$0.1116 = \dfrac{\pi D^2}{4}$, $\quad \therefore D = \sqrt{\dfrac{0.1116 \times 4}{\pi}} = 0.38m$

07. 해설

식 $n\left(\dfrac{d_n}{D_t}\right)^2 = \dfrac{V_t \cdot L}{100\sqrt{P}}$

- D_t : 목부직경 = 200mm = 0.2m
- n : 노즐의 개수 = 6개
- P : 수압 = $2atm \times \dfrac{10,332\,mmH_2O}{1\,atm} = 20,664\,mmH_2O$
- $V_t = 60\,m/\sec$
- $L = 0.6\,L/m^3$

$6 \times \left(\dfrac{d_n}{0.2}\right)^2 = \dfrac{60 \times 0.6}{100 \times \sqrt{20,664}}$, ∴ $d_n = 0.004m = 4mm$

정답 4mm

08. 해설

- 가역적이다. (개방계)
- 온도가 낮을수록 흡착이 잘 된다.
- 재생이 가능하다.
- 다분자층 흡착형태를 가진다.
- 비선택적 흡착형태를 가진다.
- 흡착열이 낮다.

09. 해설

① 수세 탈착법
② 수증기 탈착법
③ 감압진공 탈착법
④ 고온공기 탈착법
⑤ 불활성가스에 의한 탈착법

10. 해설

(1) 원리 : 이 방법은 이동상으로는 액체, 그리고 고정상으로는 이온교환수지를 사용하여 이동상에 녹는 혼합물을 고분리능 고정상이 충전된 분리관 내로 통과시켜 시료성분의 용출상태를 전도도 검출기 또는 광학 검출기로 검출하여 그 농도를 정량하는 방법으로 일반적으로 강수(비, 눈, 우박 등), 대기먼지, 하천수 중의 이온성분을 정성, 정량 분석하는데 이용한다.

(2) 서프렛서의 역할 : 용리액에 사용되는 전해질 성분을 제거하기 위하여 분리관 뒤에 직렬로 접속시킨 것으로써 전해질을 물 또는 저전도도의 용매로 바꿔줌으로써 전기 전도도 셀에서 목적이온 성분과 전기 전도도만을 고감도로 검출할 수 있게 해주는 것이다.

11. 해설

식 $d_{p50}(\mu m) = \sqrt{\dfrac{9\mu B_c}{2\pi V(\rho_p - \rho)N_e}} \times 10^6$

- $\rho_p = \dfrac{1.7g}{cm^3} \times \dfrac{1kg}{10^3 g} \times \dfrac{10^6 cm^3}{1m^3} = 1,700 kg/m^3$

- $\mu = \dfrac{0.0748kg}{m \cdot hr} \times \dfrac{1hr}{3600 \sec} = 2.0777 \times 10^{-5} kg/m \cdot \sec$

$\therefore d_{p50}(\mu m) = \sqrt{\dfrac{9 \times (2.0777 \times 10^{-5}) \times 0.12}{2 \times \pi \times 15 \times (1,700 - 1.29) \times 4}} \times 10^6 = 5.92 \mu m$

정답 $5.92 \mu m$

12. 해설

식 $A = m \times A_o \times G_f$

- $m = \dfrac{21}{21 - O_2} = \dfrac{21}{21-4} = 1.2352$

- $A_o = \dfrac{1}{0.21}(1.867C + 5.6H + 0.7S - 0.7O)$

  $= \dfrac{1}{0.21} \times (1.867 \times 0.85 + 5.6 \times 0.15) = 11.5569 m^3/kg$

- $G_f = 100 kg/hr$

$\therefore A = 1.2352 \times 11.5569 \times 100 = 1427.51 m^3/hr$

정답 $1,427.51 m^3/hr$

13. 해설

① 송풍기의 용량이 부족한 경우
② 후드 주변에 심한 난기류가 형성된 경우
③ 송풍관 내부에 분진이 과다하게 퇴적되어 있는 경우

14. 해설

① 분무탑
② 충전탑
③ 벤츄리 스크러버
④ 제트 스크러버
⑤ 사이클론 스크러버

15. 해설

식　$X_{SO_2} = \dfrac{SO_2}{G_w} \times 10^6$

- $G_w = (m - 0.21)A_o + CO_2 + H_2O + SO_2$
  $= (1.3593 - 0.21) \times 11.0346 + 1.867 \times 0.84 + 11.2 \times 0.13 + 0.7 \times 0.03 = 15.7273 \, m^3/kg$

- $A_o = \dfrac{1}{0.21}(1.867C + 5.6H + 0.7S + 0.7O) = \dfrac{1}{0.21} \times (1.867 \times 0.84 + 5.6 \times 0.13 + 0.7 \times 0.03) = 11.0346 \, m^3/kg$

- $m = \dfrac{A}{A_o} = \dfrac{15}{11.0346} = 1.3593$

∴ $X_{SO_2} = \dfrac{0.7 \times 0.03}{15.7273} \times 10^6 = 1,335.26 \, ppm$

16. 해설

(1) 식　$W_e = \dfrac{1.1 \times 10^{-14} \times P \times E^2 \times d_p}{\mu_g}$

- 하전공간의 전계강도(E) = $\dfrac{V}{R} = \dfrac{50 \times 10^3 \, V}{0.115 \, m} = 434,782.6086 \, V/m$

- $R = \dfrac{S}{2} = \dfrac{0.23 \, m}{2} = 0.115 \, m$

- 입경(d_p) = $0.5 \, \mu m$

- 기체점도(μ) = $0.0863 \, kg/m \cdot hr$

∴ $W_e = \dfrac{1.1 \times 10^{-14} \times 2 \times (434,782.6086)^2 \times 0.5}{0.0863} = 0.024 \, m/sec$

정답　0.024 m/sec

(2) 식　$\dfrac{2L}{S_2} = \dfrac{V}{W_e}$

$\dfrac{2 \times 7.16}{S} = \dfrac{0.5}{0.024}$, $S = 0.69$

∴ $\dfrac{S_2}{S_1} = \dfrac{0.69}{0.23} = 3$

정답　3배 증가

17. 해설

① 송풍량(유량)은 회전수 변화의 1승에 비례한다.

식　$Q_2 = Q_2 \times \left(\dfrac{N_2}{N_1}\right)^1$

② 풍압(정압)은 회전수 변화의 2승에 비례한다.

식 $P_{s_2} = P_{s1} \times \left(\dfrac{N_2}{N_1}\right)^2$

③ 동력은 회전수 변화의 3승에 비례한다.

식 $P_2 = P_1 \times \left(\dfrac{N_2}{N_1}\right)^3$

18. 해설

식 $C = \dfrac{\text{포집 먼지량}}{\text{흡인 공기량}}$

- 포집 먼지량 $= 2.2g = 2,200mg$
- 흡인 공기량 $= \dfrac{(0.2+0.18)m^3/\min}{2} \times \dfrac{60\min}{1hr} \times 24hr = 273.6m^3$

$\therefore C = \dfrac{2,200mg}{273.6m^3} = 8.04mg/m^3$

19. 해설

식 $X_{\text{HCHO}}(\text{ppm}) = \dfrac{\text{HCHO}}{\text{실내용적}}$

- $\text{HCHO} = \dfrac{1.4mg}{1개비} \times \dfrac{2개비}{1명} \times 5명 \times \dfrac{22.4\text{SmL}}{30mg} \times \dfrac{273+25}{273} = 11.4105\text{mL}$
- 실내용적 $= 500m^3$

$\therefore X_{\text{HCHO}}(\text{ppm}) = \dfrac{11.4105\text{mL}}{500m^3} = 0.023\text{mL}/m^3(\text{ppm})$

정답 $0.023\text{mL}/m^3(\text{ppm})$

20. 해설

식 $Z = 273 \times H \left[\dfrac{1.3}{273+t_a} - \dfrac{1.3}{273+t_g}\right]$

$Z = 273 \times 75 \times \left[\dfrac{1.3}{273+27} - \dfrac{1.3}{273+105}\right] = 18.3083mmH_2O \rightarrow$ 기존의 통풍력

통풍력을 2.5배 증가하려고 할 때 필요한 배기가스 온도는,

$18.3083 \times 2.5 = 273 \times 75 \times \left[\dfrac{1.3}{273+27} - \dfrac{1.3}{273+t_g}\right]$

$\therefore t_g = 346.93℃$

CHAPTER 25 2020년도 제5회 기사 필답형

01. 해설

반응식 $4NO_2 + CH_4 \rightarrow 4NO + CO_2 + 2H_2O$
        22.4   :   22.4

$\dfrac{150mL}{m^3} \times \dfrac{1{,}500m^3}{hr} \times \dfrac{1m^3}{10^6 mL}$: $0.225 m^3/hr$

반응식 $NO + FeSO_4 \rightarrow Fe(NO)SO_4$
         $22.4 m^3$: $152 kg$
$0.225 m^3/hr$: X,   ∴ $X = 1.53 kg/hr$

정답 $1.53 kg/hr$

02. 해설

입구에는 먼지농도가 높고 출구에는 먼지농도가 낮기 때문에 효율적인 전력사용을 위해 독립적인 하전설비를 가진 구획을 나누어 운영한다. 설계효율을 만족하는 범위 내에서 입구쪽에는 전력량을 많이 투입하고 출구쪽에는 전력량을 적게 투입한다.

03. 해설

식 $R = \dfrac{C_3H_8}{C_2H_6}$ 또는 $R = \dfrac{C_2H_6}{C_3H_8}$

• $CO_2 = 3C_3H_8 + 2C_2H_6 = 2.6 m^3$
• $C_3H_8 + C_2H_6 = X + Y = 1$

반응식

$C_3H_8 + 5O_2 \rightarrow 3CO_2 + 4H_2O$
  1   :   3
  X : $3X$

$C_2H_6 + 3.5O_2 \rightarrow 2CO_2 + 3H_2O$
  1   :   2
  Y : $2Y$

$CO_2 = 3X + 2Y = 3X + 2(1-X) = 2.6 m^3$
$X(C_3H_8) = 0.6$, $Y(C_2H_6) = 0.4$

$$\therefore R = \frac{0.6}{0.4} = 1.5$$

$$\therefore R = \frac{0.4}{0.6} = 0.67$$

정답 1.5 또는 0.67

04. 해설

식 $P = C \times H \rightarrow H = \frac{P}{C}$

$$\therefore H = \frac{38 \text{mmHg}}{2.5 \text{kmol/m}^3} \times \frac{1 \text{atm}}{760 \text{mmHg}} = 0.02 \text{atm} \cdot \text{m}^3/\text{kmol}$$

정답 $0.02 \text{atm} \cdot \text{m}^3/\text{kmol}$

05. 해설

(1) 분리도

식 $R = \frac{2(t_{R2} - t_{R1})}{W_1 + W_2}$

(2) 분리계수

식 $d = \frac{t_{R2}}{t_{R1}}$

- t_{R1} : 시료 도입점으로부터 피크 1의 최고점까지의 길이
- t_{R2} : 시료 도입점으로부터 피크 2의 최고점까지의 길이
- W_1 : 피크 1의 좌우 변곡점에서 접선이 자르는 바탕선의 길이
- W_2 : 피크 2의 좌우 변곡점에서 접선이 자르는 바탕선의 길이

06. 해설

(1) 스파크의 횟수를 늘린다.
(2) 조습용 스프레이의 수량을 늘린다.
(3) 입구분진농도를 적절히 조절한다.

07. 해설

① **산곡풍** : 산의 경사면에서 밤과 낮에 그 방향이 반대인 바람이 교대로 부는 바람. 낮에는 곡풍, 밤에는 산풍이 발달함
② **해륙풍** : 임해지역의 바다와 육지의 비열차 또는 비열용량차에 의해 발달하는 바람. 낮에는 해풍, 밤에는 육풍이 발달함
③ **경도풍** : 고기압의 중심부나 저기압의 중심부와 같이 등압선이 곡선을 이루고 있을 때 등압선을 가로질러 불어가는 바람

08. 해설

① 냉방열 및 산업시설에서 배출되는 열
② 높은 인구밀도
③ 교통수단에서 배출되는 열
④ 열 흡수율이 높고 방출율이 적은 건축재료의 사용(시멘트, 아스팔트 등)
⑤ 빌딩숲으로 인한 열확산의 저해

09. 해설

(1) 액분산형 흡수장치의 종류 3가지
   ① 분무탑
   ② 충전탑
   ③ 벤투리 스크러버
   ④ 제트 스크러버
   ⑤ 사이클론 스크러버

(2) • 홀드업(hold up) : 충전층 내의 액 보유량
   • 부하점(loading point) : 충전층 내의 유량속도가 증가할 때 액의 홀드업이 급속히 증가하는 상태를 말한다.
   • 플러딩(Flooding) : 충전층 내의 액이 탑 밖으로 넘치는 상태, 설계유속은 플러딩에 40~70%로 설정하여야 한다.

10. 해설

① 입자 크기의 제곱에 비례한다.
② 입자의 밀도에 비례한다.
③ 함진가스의 유속이 빠를수록 증가한다.
④ 함진가스의 유속과 액적의 상대속도가 클수록 증가한다.
⑤ 가스의 점도에 반비례한다.
⑥ 수적경의 크기에 반비례한다.

11. 해설

① 집진면적 증가
② 처리가스 유속을 낮춤
③ 재비산 방지
④ 역전리현상 방지
⑤ 강한 전계강도 유지
⑥ 집진면의 청결유지
⑦ 집진극의 길이를 길게
⑧ 전하시간을 길게 유지
⑨ 공간 내 전류밀도 안정하게 유지

12. 해설

정답 ① (10.0) - ④ (6.0) - ② (3.0) - ⑤ (0.8) - ③ (0.12)

※ 괄호 안의 숫자는 필수기재 사항이 아님

13. 해설

식 $N_{Re} = \dfrac{DV\rho}{\mu}$

- $\mu = 1.5 cP = 1.5 \times 0.01 g/cm \cdot sec = 1.5 \times 10^{-3} kg/m \cdot sec$

$\therefore N_{Re} = \dfrac{DV\rho}{\mu} = \dfrac{0.5 \times 4 \times 1.3}{1.5 \times 10^{-3}} = 1,733.33$

$\therefore N_{Re} < 2100$이므로 층류상태

14. 해설

식 $C_o = C_i \times (1-\eta_t)$

- $\eta_t = [1-(1-\eta_1)(1-\eta_2)(1-\eta_3)] = [1-(1-0.5)(1-0.8)(1-0.7)] = 0.97$
- $C_i = 2,000 mg/m^3$

$\therefore C_o = 2,000 \times (1-0.97) = 60 mg/Sm^3$

정답 $60 mg/Sm^3$

15. 해설

식 $X_{SO_2}(ppm) = \dfrac{SO_2(m^3/kg)}{G_d(m^3/kg)} \times 10^6$

- $G_d = (m-0.21)A_o + CO_2 + SO_2$
- $A_o = \dfrac{1}{0.21}(1.867C + 5.6H + 0.7S - 0.7O)$

  $= \dfrac{1}{0.21}(1.867 \times 0.85 + 5.6 \times 0.14 + 0.7 \times 0.01) = 11.3235 Sm^3/kg$

- $G_d = (1.2-0.21) \times 11.3235 + 1.5869 + 7 \times 10^{-3} = 12.8041 Sm^3/kg$

$\therefore X_{SO_2}(ppm) = \dfrac{7 \times 10^{-3}}{12.8041} \times 10^6 = 546.70 ppm$

정답 546.70ppm

16. 해설

식 $\dfrac{V_g}{V} = \dfrac{H}{nL}$

- $V(\text{유속}) = \dfrac{Q}{A} = \dfrac{Q}{B \times H} = \dfrac{10m^3}{\sec} \times \dfrac{1}{1.5m \times 1.5m} = 4.4444 m/\sec$

- $V_g = \dfrac{d_p^2(\rho_p - \rho)g}{18\mu} = \dfrac{(50 \times 10^{-6})^2 \times (2000 - 1.3) \times 9.8}{18 \times 1.75 \times 10^{-5}} = 0.1554 m/\sec$

∴ $L = \dfrac{VH}{V_g n} = \dfrac{4.44 \times 1.5}{0.1554 \times 10} = 4.29 m$

정답 4.29m

17. 해설

(1) 배관 속에 폭굉가스가 초기의 완만한 연소에서 격렬한 폭굉으로 발전할 때까지의 거리

(2) ① 배관의 직경이 작을 때 ② 고압일 때
③ 점화원의 에너지가 클 때 ④ 정상연소속도가 큰 물질이 존재할 때

(3) 폭발하한(LEL)

식 $\dfrac{100}{LEL} = \dfrac{V_1}{L_1} + \dfrac{V_2}{L_2} + \dfrac{V_3}{L_3}$

$\dfrac{100}{LEL} = \dfrac{50}{5} + \dfrac{30}{3} + \dfrac{20}{5.1}$,   ∴ $L = 4.18\%$

정답 4.18%

18. 해설

① 가스 중의 수분, 응축으로 인한 채취관의 부식 방지를 위하여
② 여과재의 막힘 방지를 위하여
③ 분석 대상가스의 응축으로 인한 오차 방지를 위하여

19. 해설

식 $X_{HCl} = \dfrac{HCl_o \, mol}{\text{공기} \, mol}$

- $HCl_o = HCl_i - HCl(\text{용존}) = 125 - 112.5 = 12.5 kg \cdot mol/hr$

- $HCl_i = \dfrac{200 kg \cdot mol}{hr} \times \dfrac{5mol}{8mol} = 125 kg \cdot mol/hr$

- $HCl(\text{용존}) = \dfrac{16,200 kg}{hr} \times \dfrac{1 kg \cdot mol}{18 kg} \times \dfrac{1 mol(HCl)}{8 mol(\text{물})} = 112.5 kg \cdot mol/hr$

- 공기 $mol = \dfrac{200 kg \cdot mol}{hr} \times \dfrac{3 mol}{8 mol} = 75 kg \cdot mol/hr$

$$X_{HCl} = \frac{12.5}{75} = 0.17\, mol/mol$$

정답 0.17mol/mol

20. 해설
   ① 품질이 균일하고 발열량이 높다.
   ② 운반, 저장이 용이하다.
   ③ 점화, 소화 및 연소조절이 용이하다.
   ④ 연소 온도가 높아 국부적인 과열을 일으키기 쉽다.
   ⑤ 국내 생산이 안 되므로 가격이 비싸다.

CHAPTER 26 2021년도 제1회 기사 필답형

01. 해설

(1) **정의** : 사이클론 하부의 더스트 박스에서 유입유량의 약 10%의 함진가스를 추출시켜주는 방식을 말한다.

(2) **효과**
- 난류 억제
- 유효 원심력 증대
- 재비산 방지
- 집진율 증대
- 출구 내통의 폐색 방지

02. 해설

① 5.6, ② 탄산(CO_2), ③ 낮을

03. 해설

식 NH_3 출구농도(%) $= \dfrac{\text{출구 } NH_3 \text{량}}{\text{출구가스량}} \times 100$

- 출구가스량 = 출구 CO_2 + 출구 Air + 출구 NH_3 = 20 + 25 + 5 = 50 m^3

  CO_2와 공기량은 처리 전후가 동일하므로,
  - 출구 $CO_2 = 100m^3 \times 0.2 = 20m^3$
  - 출구 $Air = 100 \times 0.25 = 25m^3$

  $20m^3(CO_2) : 40\% = Xm^3(NH_3 + Air) : 60\%, \ X(NH_3 + Air) = 30m^3$
  - 출구 NH_3량 = 30 - 25 = 5m^3

∴ NH_3 출구농도(%) $= \dfrac{5}{50} \times 100 = 10\%$

04. 해설

① 용해도가 클 것 ② 휘발성이 적을 것
③ 부식성이 없을 것 ④ 점성이 작을 것
⑤ 화학적으로 안정할 것 ⑥ 독성이 없을 것
⑦ 가격이 저렴하고, 용매의 화학적 성질이 비슷할 것

05. 해설

식 $pH = \log\left(\dfrac{1}{[H^+]}\right)$

- $[H^+] = \dfrac{1,000 m^3}{hr} \times 5hr \times \dfrac{500 mL}{m^3} \times \dfrac{1 mol}{22.4L} \times \dfrac{1L}{10^3 mL} \times \dfrac{1}{20 m^3} \times \dfrac{1 m^3}{10^3 L} = 5.5803 \times 10^{-3} M$

$pH = \log\left(\dfrac{1}{[5.5803 \times 10^{-3}]}\right) = 2.25$

정답 2.25

06. 해설

식 $\ln\left(\dfrac{C_t}{C_0}\right) = -k \times t$

- $k = \dfrac{Q}{\forall} = \dfrac{25 m^3/\min}{250 m^3} = 0.1/\min$

$\ln\left(\dfrac{0.01}{0.5}\right) = -0.1 \times t, \quad \therefore t = 39.12 \min$

정답 39.12min

07. 해설

① 상자공간에서 오염물의 농도는 균일하다.
② 오염배출원은 이 상자가 차지하고 있는 지면 전역에 균등하게 분포되어 있다.
③ 상자 안 밑면에서 방출되는 오염물질이 상자 높이인 혼합층까지 즉시 균등하게 혼합된다.
④ 바람은 이 상자의 측면에서 일정한 속도로 불기 때문에 환기량이 일정하다.
⑤ 오염물의 분해는 1차 반응에 한한다.
⑥ 배출된 오염물질은 다른 물질로 변하지도 않고 지면에 흡수되지 않는다.

08. 해설

① 후드를 발생원에 가깝게 설치한다.
② 국부적인 흡인방식을 취한다.
③ 에어커텐을 이용한다.
④ 충분한 포착속도를 유지한다.

09. 해설

(1) 오존과 NO₂의 선형회귀식

[식] $y = ax + b$ (계산기에서는 a와 B가 반대이다. a가 y절편, b가 기울기가 된다.)

표에 제시된 정보를 계산기에 선형회귀식에 입력하면,

→ X값에 NO₂ 입력, Y값에 O₃ 입력

- $a = 1.5835$
- $b = -0.0210$

∴ $y = 1.5835x - 0.0210$

(2) 오존과 TVOC의 선형회귀식

[식] $y = ax + b$ (계산기에서는 a와 B가 반대이다. a가 y절편, b가 기울기가 된다.)

표에 제시된 정보를 계산기에 선형회귀식에 입력하면,

→ X값에 TVOC 입력, Y값에 O₃ 입력

- $a = 1.5454$
- $b = 0.0284$

∴ $y = 1.5454x + 0.0284$

(3) 오존과 NO₂의 상관계수

계산기의 R값을 찾아 확인한다.

[정답] 0.99

(4) 오존과 TVOC의 상관계수

계산기의 R값을 찾아 확인한다.

[정답] 0.16

(5) 오존과 상관성이 높은 물질

TVOC와 NO₂의 오존과의 상관계수를 보면 오존과 NO₂와의 상관계수가 더 크므로 오존과의 상관계수가 높은 물질은 NO₂이다.

[정답] NO₂

10. 해설

(1) N_{OG}

[식] $N_{OG} = \ln \dfrac{1}{(1-E)}$

∴ $N_{OG} = \ln \dfrac{1}{(1-0.95)} = 3.00$

[정답] 3.00

(2) 흡수탑의 충전높이

식 $h = H_{OG} \times N_{OG} = 1 \times 3.00 = 3.00m$

정답 3.00m

11. 해설

(1) 배출가스 중 수분농도(%)

식 $X_w(\%) = \dfrac{수분(부피)}{습윤가스(부피)} \times 100$

- $V_s = V \times \dfrac{273}{273+t_m} \times \dfrac{P_a + P_m - P_v}{760}$

  $= 20L \times \dfrac{273}{273+17} \times \dfrac{762+(13.6 \times 760/10332)}{760} = 18.9019L$

$\therefore X_w(\%) = \dfrac{2g \times \dfrac{22.4L}{18g}}{18.5419 + 2g \times \dfrac{22.4L}{18g}} \times 100 = 11.6\%$

정답 11.6%

(2) 배출가스의 유속(m/sec)

식 유속$(V) = C \times \sqrt{\dfrac{2gh}{\gamma}}$

- $h(동압) = 경사마노미터 액주이동거리(mm) \times \sin\theta$

  $= 1.2cm \times \dfrac{10mm}{1cm} \times \sin 30 = 6mm H_2O$

- $\gamma(비중량) = 1.3 kg/m^3$

$\therefore 유속(V) = 1.1 \times \sqrt{\dfrac{2 \times 9.8 \times 6}{1.3}} = 10.5 m/sec$

정답 10.5m/sec

(3) 배출가스 중 먼지농도(mg/Sm³)

식 $C(mg/Sm^3) = \dfrac{분진량(m_d)}{가스흡인량(V_s)}$

- 분진량$(m_d) = 2.4mg$
- 가스흡인량$(V_s) = 18.9019L$

$\therefore 분진농도(C) = \dfrac{2.4mg}{18.9019L} \times \dfrac{10^3 L}{1m^3} = 127.0 mg/Sm^3$

정답 127.0mg/Sm³

12. 해설

식 $C = \dfrac{Q}{2\pi\sigma_y\sigma_z u}exp\left[-\left(\dfrac{y^2}{2\sigma_y^2}\right)\right]\left[\exp\left\{-\left(\dfrac{(z-H)^2}{2\sigma_z^2}\right)\right\}+\exp\left\{-\left(\dfrac{(z+H)^2}{2\sigma_z^2}\right)\right\}\right]$

← 지상의 오염도를 묻고 있으므로 z=0
← 중심선상의 오염농도를 구하므로 y=0

$C = \dfrac{Q}{\pi\sigma_y\sigma_z U}\left[\exp\left\{-\left(\dfrac{H^2}{2\sigma_z^2}\right)\right\}\right]$ ← 제시된 조건을 대입하면,

$\therefore C = \dfrac{80g}{\sec}\times\dfrac{10^6\mu g}{1g}\times\dfrac{1}{\pi\times 110m\times 65m\times 5m/\sec}\times\left[\exp\left\{-\left(\dfrac{(60m)^2}{2\times(65m)^2}\right)\right\}\right] = 465.20\mu g/m^3$

13. 해설

식 $\eta = 1-e^{-\left(\dfrac{A\times W_e}{Q}\right)} = 1-e^{-(A\times K)}$

(1) 유출농도 0.1g/m³일 때의 집진면적

$\left(1-\dfrac{0.1}{12}\right) = 1-e^{-(A_1\times K)}$, $A_1 = \dfrac{4.7874}{K}$

(2) 유출농도 50mg/m³일 때의 집진면적

$\left(1-\dfrac{0.05}{12}\right) = 1-e^{-(A_2\times K)}$, $A_2 = \dfrac{5.4806}{K}$

• $C_o = 50mg/m^3 = 0.05g/m^3$

$\therefore$ 증가해야 할 집진면적(%) $= \dfrac{증가면적}{기존면적}\times 100 = \dfrac{A_2-A_1}{A_1}\times 100 = \dfrac{\dfrac{5.4806}{K}-\dfrac{4.7874}{K}}{\dfrac{4.7806}{K}}\times 100 = 14.48\%$

정답 14.48% 증가

14. 해설

(1) **황산화물** : 중화적정법, 침전적정법
(2) **암모니아** : 인도페놀법, 중화적정법
(3) **염화수소** : 싸이오시안산제이수은법, 이온크로마토그래프법

15. 해설

(1) 공기비

식 $m = \dfrac{A}{A_o}$

- $A_o = \dfrac{1}{0.21} \times (1.867C + 5.6H + 0.7S - 0.7O)$

  $A_o = \dfrac{1}{0.21} \times (1.867 \times 0.85 + 5.6 \times 0.1 + 0.7 \times 0.02 - 0.7 \times 0.03) = 10.1902\, Sm^3/kg$

  $m = \dfrac{15}{10.1902} = 1.47$

(2) 과잉공기량

식 과잉공기량 $= (m-1)A_o = (1.47 - 1) \times 10.1902 = 4.79\, Sm^3/kg$

(3) 과잉공기율

식 과잉공기율(%) $= (m-1) \times 100 = (1.47 - 1) \times 100 = 47\%$

16. 해설

식 SO_2 감소율(%) $= \dfrac{\text{기존 배출 } SO_2 - \text{혼합시 배출 } SO_2}{\text{기존 배출 } SO_2} \times 100$

- 기존배출 $SO_2 = 100kL \times \dfrac{4}{100} \times \dfrac{10^3 L}{1kL} \times \dfrac{0.95kg}{1L} \times \dfrac{22.4m^3(SO_2)}{32kg(S)} = 2{,}660\, m^3$

- 혼합 시 배출 SO_2

  $= \left(100kL \times \dfrac{1.5}{100} \times \dfrac{10^3 L}{1kL} \times \dfrac{0.95kg}{1L} \times \dfrac{22.4m^3}{32kg} \times 0.4\right) + (2{,}660 m^3 \times 0.6) = 1995\, m^3$

∴ SO_2 감소율(%) $= \left(\dfrac{2{,}660 - 1{,}995}{2{,}660}\right) \times 100 = 25\%$

정답 25%

17. 해설

그을음 발생 시 배출가스량은 질소 + 과잉산소 + 기타가스로 구성되고 여기서 과잉산소는 공급산소-소모산소로 물질수지를 이용하여 계산한다.

식 $m_d (g/Sm^3) = \dfrac{\text{그을음}(g/kg)}{G_d (Sm^3/kg)}$

식 $G_d = N_2 + (O_{2(a)} - O_{2(b)}) + CO_2$

- 그을음 $= 1kg \times 0.85 \times 0.01 \times 10^3 g/kg = 8.5\, g/kg$
- O_o : 이론산소량 $= 1.867 \times 0.85 + 5.6 \times 0.15 = 2.4269\, Sm^3/kg$
- $O_{2(a)}$: 공급 산소량 $= m \times O_o = 1.1 \times 2.4269 = 2.6695\, m^3/kg$

- $O_{2(b)}$: 소모산소량 $= 1.867 \times 0.85 \times 0.99 + 5.6 \times 0.15 = 2.4110 Sm^3/kg$

- $N_2 = m \times O_o \times \dfrac{79}{21} = 1.1 \times 2.4269 \times 3.76 = 10.0376 Sm^3/kg$

- $CO_2 = 1.867 \times 0.85 \times 0.99 = 1.5710 Sm^3/kg$

$\therefore G_d = 10.0376 + (2.6695 - 2.4110) + 1.5710 = 11.8671 Sm^3/kg$

$\therefore m_d(g/Sm^3) = \dfrac{8.5 g/kg}{11.8671 Sm^3/kg} = 0.72 g/Sm^3$

정답 $0.72 g/Sm^3$

18. 해설

식 $\dfrac{(1-\eta_2)}{(1-\eta_1)} = \left(\dfrac{Q_1}{Q_2}\right)^{0.5}$

$\dfrac{(1-\eta_2)}{(1-0.51)} = \left(\dfrac{150}{200}\right)^{0.5}$, $\therefore \eta_2 = 0.5756 = 57.56\%$

정답 57.56(%)

19. 해설

식 $A = \dfrac{Q}{V}$

$A = \dfrac{20{,}000 Sm^3}{hr} \times \dfrac{\sec}{2.5m} \times \dfrac{1hr}{3600\sec} = 2.2222 m^2$

$\therefore D = \sqrt{\dfrac{A \times 4}{\pi}} = \sqrt{\dfrac{2.2222 \times 4}{\pi}} = 1.68 m$

20. 해설

식 개수$(n) = \dfrac{Q_f}{Q_i} = \dfrac{Q_f}{A_i V_f} = \dfrac{Q_f}{\pi D L V_f}$

- $V_f = 10 cm/\sec = 0.1 m/\sec$
- $Q_f = 3{,}000 m^3/\min = 50 m^3/\sec$

$\therefore n = \dfrac{50}{\pi \times 0.11 \times 10 \times 0.1} = 144.6863 = 145개$

CHAPTER 27 2021년도 제2회 기사 필답형

01. 해설
① **여과집진기+SCR** : 여과집진기로 다이옥신의 전구물질은 분진을 집진 후에 SCR로 다이옥신을 제거한다.
② **촉매처리 시스템** : 티타늄, 바나듐, 백금, 팔라듐 같은 촉매를 사용하여 다이옥신을 분해시키는 방법
③ **광분해법** : 자외선(파장 250~340nm)을 배기가스에 조사시켜 다이옥신의 결합을 파괴하는 방법
④ **흡착처리** : 활성탄을 이용하여 다이옥신을 흡착한 후 흡착제를 분진제거 장치로 제거하는 방법
⑤ **초임계유체 분해법** : 초임계유체를 이용하여 다이옥신을 흡수·제거하는 방법

02. 해설

식 $X_{SO_2}(ppm) = \dfrac{SO_2}{Gd} \times 10^6$

반응식 $CH_4 + 2O_2 \rightarrow CO_2 + 2H_2O$
  $0.997m^3 : 2 \times 0.997m^3 : 0.997m^3 : 2 \times 0.997m^3$

반응식 $H_2O + 1.5O_2 \rightarrow SO_2 + H_2O$
  $0.003m^3 : 1.5 \times 0.003m^3 : 0.003m^3 : 0.003m^3$

• $A_o = O_o \times \dfrac{1}{0.21} = (2 \times 0.997 + 1.5 \times 0.003) \times \dfrac{1}{0.21} = 9.5166 m^3/m^3$

• $G_d = (m - 0.21)A_o + CO_2 + SO_2$

∴ $G_d = (1.05 - 0.21)9.5166 + 0.997 + 0.003 = 8.9939 m^3/m^3$

∴ $X_{SO_2}(ppm) = \dfrac{0.003}{8.9939} \times 10^6 = 333.56 ppm$

정답 333.56ppm

03. 해설
(1) 최대지표농도(ppm)

식 $C_{max} = \dfrac{2Q}{H_e^2 \times \pi \times e \times U \times} \times \left(\dfrac{K_z}{K_y}\right)$

• $Q = \dfrac{1000 mL}{m^3} \times \dfrac{30,000 m^3}{hr} \times \dfrac{1hr}{3600 sec} = 8333.3333 mL/sec$

∴ $C_{max} = \dfrac{2 \times 8333.3333}{100^2 \times 3.14 \times 2.718 \times 6} \times \left(\dfrac{0.07}{0.07}\right) = 0.03 ppm$

정답 0.03ppm

(2) 최대착지거리(m)

식 $X_{max} = \left(\dfrac{H_e}{K_z}\right)^{\frac{2}{2-n}}$

∴ $X_{max} = \left(\dfrac{100}{0.07}\right)^{\frac{2}{2-0.25}} = 4,032.76\,m$

정답 4,032.76m

04. 해설

식 $d_{p50} = \sqrt{\dfrac{9\mu B_c}{2\pi N_e V(\rho_p - \rho)}}$

유속(V)과 입구폭(B_c)를 제외한 다른 조건이 동일하므로,

→ $d_{p50} = K \times \sqrt{\dfrac{B_c}{V}}$

∴ $\dfrac{d_{p50(2)}}{d_{p50(1)}} = \dfrac{K \times \sqrt{2B_c/2V}}{K \times \sqrt{B_c/V}} = 1$

정답 1배 (변화없음)

05. 해설

(1) **공기역학적 직경(공기 동력학경)** : 원래의 분진과 침강속도는 동일하고, 단위밀도($\rho_a = 1\,g/cm^3$)를 갖는 구형입자의 직경을 말한다.

(2) **스토크 직경** : 대상밀도를 갖는 본래의 분진과 동일한 침강속도를 갖는 입자의 직경을 말한다. 대상입자의 밀도를 고려한다는 점이 동역학적 직경과는 차이가 있다.

06. 해설

반응식 $2NO + (NH_2)_2CO + 0.5O_2 \rightarrow 2N_2 + 2H_2O + CO_2$

$2 \times 22.4\,m^3\ :\ 60\,kg$

$\dfrac{50,000\,m^3}{hr} \times \dfrac{(500-100)\,mL}{m^3} \times \dfrac{1\,m^3}{10^6\,mL} \times \dfrac{273}{273+120}\ :\ X$

(비례식에 적용하기 위해 120℃의 배기가스를 0℃로 환산)

$X = 18.6068\,kg/hr$

∴ 용액의 양 $= \dfrac{18.6068\,kg}{hr} \times \dfrac{100}{20} = 93.03\,kg/hr$

07. 해설

(1) 리차드슨 수

식 $R_i = \dfrac{g}{T_m}\left[\dfrac{\Delta t/\Delta Z}{(\Delta U/\Delta Z)^2}\right]$

- Δt : 온도차
- ΔZ : 고도차
- ΔU : 풍속차
- T_m : 평균온도

(2) 식 $R_i = \dfrac{g}{T_m}\left[\dfrac{\Delta t/\Delta Z}{(\Delta U/\Delta Z)^2}\right]$

$R_i = \dfrac{9.8}{288.05} \times \left[\dfrac{-0.7/1}{(0.6/1)^2}\right] = -0.0661 = -0.07$

∴ $R_i < -0.04$ 이므로 자유대류가 기계적 대류를 지배하는 상태이다.

08. 해설

식 $Q = A \times V$

- $A = \dfrac{\pi D^2}{4} = \dfrac{\pi \times (1.2m)^2}{4} = 1.1309 m^2$

- $V = C\sqrt{\dfrac{2gP_v}{\gamma}}$

- $\gamma = \dfrac{1.29 kg}{Sm^3} \times \dfrac{273}{273+120} \times \dfrac{10332+10}{10332} = 0.8969 kg/m^3$

$V = 0.85 \times \sqrt{\dfrac{2 \times 9.8 \times 15}{0.8969}} = 15.3893 m/\sec$

∴ $Q(m^3/min) = 1.1309 m^2 \times \dfrac{15.3893 m}{\sec} \times \dfrac{60 \sec}{1 min} = 1044.23 m^3/min$

정답 $1044.23 m^3/min$

09. 해설

- 배출가스 온도를 증가시킨다.
- 배출가스 유속을 증가시킨다.
- 굴뚝의 단면적을 작게 한다.
- 굴뚝내부를 라이닝한다. (내부마찰력 감소)
- 외기와의 온도차를 크게 한다.

10. 해설

식 $AFR = \dfrac{m_a \times M_a}{m_f \times M_f}$

[연소반응] $C_xH_y + \left(x + \dfrac{y}{4}\right)O_2 \rightarrow xCO_2 + \dfrac{y}{2}H_2O$

$C_xH_{1.85x} + \left(x + \dfrac{1.85x}{4}\right)O_2 \rightarrow xCO_2 + \dfrac{1.85x}{2}H_2O$

$C_xH_{1.85x} + 1.4625x\,O_2 \rightarrow xCO_2 + 0.925xH_2O$

- m_a : 공기 mol수 $= 1.4625 \times \dfrac{1}{0.21} = 6.9642\,mol$
- m_f : 연료 mol수 $= 1\,mol$
- M_a : 공기의 g 분자량 $= 28.84$
- M_f : 연료의 g 분자량 $= 12x + 1.85x = 13.85x$

$\therefore AFR = \dfrac{6.9642x \times 28.84}{1 \times 13.85x} = 14.50$

11. 해설

식 $N_{Re} = \dfrac{D \times V \times \rho}{\mu} = \dfrac{D \times V}{\nu}$

$\therefore V\,m/sec = 30000 \times \dfrac{1}{0.05m} \times \dfrac{1.5 \times 10^{-5}m^2}{sec} = 9\,m/sec$

12. 해설

식 $A = m \times A_o \times G_f$

- $A_o = \dfrac{1}{0.21}(1.867C + 5.6H + 0.7S - 0.7O)$

  $= \dfrac{1}{0.21}(1.867 \times 0.85 + 5.6 \times 0.14 + 0.7 \times 0.01) = 11.3235\,Sm^3/kg$

- $m = 1.2$
- $G_f = 5\,kg$

$\therefore A = 1.2 \times 11.3235 \times 5 = 67.94\,Sm^3$

13. 해설

사이클론 하부의 분진 박스(Dust Box)에서 유입유량의 일부(약 10%)에 상당하는 함진가스를 추출시켜주는 방식을 말한다. 유효원심력이 증대되고 난류가 억제에 따른 재비산 방지 및 집진효율 증대의 효과가 있다.

14. 해설

(1) $10^4 \Omega \cdot cm$ 이하
- 현상 : 재비산 현상
- 대책 : 암모니아를 주입한다, 처리가스 유속을 낮춘다, 온도 및 습도를 조절한다.

(2) $10^{11} \Omega \cdot cm$ 이상
- 현상 : 역전리 현상
- 대책 : SO_3를 주입한다, 스파크 횟수를 늘린다, 온도 및 습도를 조절한다.

15. 해설

식 $X_{SO_2}(ppm) = \dfrac{SO_2(m^3/kg)}{G_d(m^3/kg)} \times 10^6$

- $G_d = (m - 0.21)A_o + CO_2 + SO_2$
- $A_o = \dfrac{1}{0.21}(1.867C + 5.6H + 0.7S - 0.7O)$

  $= \dfrac{1}{0.21}(1.867 \times 0.85 + 5.6 \times 0.14 + 0.7 \times 0.01) = 11.3235 Sm^3/kg$
- $G_d = (1.2 - 0.21) \times 11.3235 + 1.5869 + 7 \times 10^{-3} = 12.8041 Sm^3/kg$

$\therefore X_{SO_2}(ppm) = \dfrac{7 \times 10^{-3}}{12.8041} \times 10^6 = 546.70 ppm$

정답 546.70ppm

16. 해설

반응식 $SO_2 + CaCO_3 + 2H_2O + 0.5O_2 \rightarrow CaSO_4 \cdot 2H_2O + CO_2$

$\quad\quad 22.4 Sm^3 \quad\quad\quad\quad\quad : \quad\quad 172 kg$

$\dfrac{200,000 Sm^3}{hr} \times \dfrac{XmL}{m^3} \times \dfrac{1m^3}{10^6 mL} \times \dfrac{98}{100} \times \dfrac{24hr}{day} \quad : \quad 10,000 kg/day$

$\therefore X = 276.85 mL/m^3 (ppm)$

17. 해설

식 $\dfrac{P_i}{P_t} = \dfrac{V_i}{V_t}$

- V_i(부분 부피) $= \left(4g \times \dfrac{22.4L}{2g} \times \dfrac{273+25}{273}\right) + \left(6g \times \dfrac{22.4L}{71g} \times \dfrac{273+25}{273}\right) = 50.9688 L$
- V_t(전체 부피) $= 15 L$
- P_t(전체 압력) $= 1 atm$

$\therefore P_i = 1 atm \times \dfrac{50.9688 L}{15 L} \times \dfrac{760 mmHg}{1 atm} = 2,582.42 mmHg$

18. 해설

(1) 효율(%)

식 $\eta_t = \sum R_i \eta_f$

- R_i : 입경분포
- η_f : 부분집진율

∴ $\eta_t = (0.05 \times 0.1 + 0.15 \times 0.3 + 0.4 \times 0.4 + 0.2 \times 0.5 + 0.1 \times 0.7) \times 100 = 38\%$

(2) 포집먼지총량(kg/hr)

식 $S_c = C_i \times Q \times \eta_t$

- C_i(유입먼지농도) $= 20 g/m^3$
- $Q = 500 Sm^3/hr$

∴ $S_c = \dfrac{20g}{m^3} \times \dfrac{500 Sm^3}{hr} \times 0.38 = 3,800 g/hr = 3.8 kg/hr$

19. 해설

식 $L_d = \dfrac{C_i \cdot \eta \cdot Q \cdot t}{L}$

$420 = \dfrac{20 \times 0.7 \times 15 \times t}{2}$, ∴ $t = 4hr$

20. 해설

식 $N_A = K_L(C_i - C_L) = k_g(P_G - P_i)$

식 C_i(기액경계면에서의 오염물질농도) $= H \cdot P_i \rightarrow P_i = \dfrac{C_i}{H}$

$K_L(C_i - C_L) = k_g\left(P_G - \dfrac{C_i}{H}\right)$

$0.7 \times (C_i - 0.1) = 3.2 \times \left(\dfrac{114}{760} - \dfrac{C_i}{2}\right)$

$0.7 C_i - 0.07 = 0.48 - 1.6 C_i$

∴ $C_i = 0.24 kmol/m^3$

CHAPTER 28 2021년도 제4회 기사 필답형

01. 해설

반응식 $2NaOH : SO_2$
         $2 \times 40g : 22.4L$

$\dfrac{0.05mol}{L} \times 15mL \times \dfrac{1L}{10^3 mL} \times \dfrac{40g}{1mol} : X$

$\therefore X(SO_2) = 8.4 \times 10^{-3} L \times \dfrac{10^3 mL}{1L} \times \dfrac{273+70}{273} = 10.55mL$

02. 해설

식 $\dfrac{V_s}{V} = \dfrac{H}{L} \rightarrow H = \dfrac{L V_s}{V}$

- $V_s = 15.5 cm/\sec = 0.155 m/\sec$
- $V = 2.2 m/\sec$
- $L = 21.3 m$

$\therefore H = \dfrac{21.3 \times 0.155}{2.2} = 1.5m$

03. 해설

반응식 $6NO + 4NH_3 \rightarrow 5N_2 + 6H_2O$
         $6NO : 4NH_3$
         $6 \times 22.4 Sm^3 : 4 kmol$

$\dfrac{5,000 Sm^3}{hr} \times \dfrac{1,000 mL}{m^3} \times \dfrac{1 m^3}{10^6 mL} \times 0.8 : X, \therefore X = 0.1190 kmol/hr = 119 mol/hr$

정답 119mol/hr

04. 해설

(1) 촉매(3가지) : 백금(Pt), 로듐(Rh), 팔라듐(Pd)
(2) 제거오염물질(3가지) : NOx(질소산화물), HC(탄화수소), CO(일산화탄소)

05. 해설

식: $CO_{2max}(\%) = \dfrac{CO_2}{G_{od}} \times 100$

- $God = (1-0.21)A_o + CO_2 + SO_2 + N_2$

  $God = (1-0.21) \times 6.8785 + 1.867 \times 0.65 + 0.7 \times 0.002 + 0.8 \times 0.008 = 6.6553 m^3/kg$

- $A_o = O_o \times \dfrac{1}{0.21} = 1.4445 \times \dfrac{1}{0.21} = 6.8785 m^3/kg$

- $O_o = 1.867C + 5.6H + 0.7S - 0.7O$

  $= 1.867 \times 0.65 + 5.6 \times 0.052 + 0.7 \times 0.002 - 0.7 \times 0.088 = 1.4445 m^3/kg$

$\therefore CO_{2max}(\%) = \dfrac{CO_2}{G_{od}} \times 100 = \dfrac{1.867 \times 0.65}{6.6553} \times 100 = 18.23\%$

06. 해설

식: $m = \dfrac{A}{A_o}$

- $A = 10.2 Sm^3$

- $A_o = (2CH_4 - O_2) \times \dfrac{1}{0.21} = (2 \times 0.95 - 0.01) \times \dfrac{1}{0.21} = 9 m^3/m^3$

$\therefore m = \dfrac{10.2}{9} = 1.13$

07. 해설

(1) 증가 (2) 증가 (3) 증가 (4) 증가 (5) 감소

08. 해설

식: $\Delta P = 4f \times \dfrac{L}{D} \times \dfrac{\gamma V^2}{2g}$

$\Delta P = K \times \dfrac{1}{D} \times V^2 \leftarrow \langle D$ 이외의 조건$=K$(일정)$\rangle$

$\Delta P = K \times \dfrac{1}{D} \times \left(\dfrac{Q}{A}\right)^2 = K \times \dfrac{1}{D} \times \left(\dfrac{Q \times 4}{\pi D^2}\right)^2 = K \times \dfrac{1}{D^5}$

- $\Delta P_1 = K \times \dfrac{1}{D^5}$ • $\Delta P_2 = K \times \dfrac{1}{(1/2D)^5}$

$\therefore \dfrac{\Delta P_2}{\Delta P_1} = \dfrac{K \times \dfrac{1}{(1/2D)^5}}{K \times \dfrac{1}{D^5}} = 32$배

정답: 32배

09. 해설

식 $n\left(\dfrac{d_n}{D_t}\right)^2 = \dfrac{V_t \cdot L}{100\sqrt{P}}$

- D_t : 목부직경 = 200mm = 0.2m
- n : 노즐의 개수 = 8개
- P : 수압 = $2atm \times \dfrac{10,332 mmH_2O}{1 atm} = 20,664 mmH_2O$
- $V_t = 60 m/\sec$
- $L = 0.6 L/m^3$

$8 \times \left(\dfrac{d_n}{0.2}\right)^2 = \dfrac{60 \times 0.6}{100 \times \sqrt{20,664}}$, ∴ $d_n = 3.5386 \times 10^{-3} m = 3.54 mm$

정답 3.54mm

10. 해설

① 흡수제로 알칼리염(NH_4^+, Na^+, K^+)을 사용하고, 반응물을 흡수탑 밖에서 석회수와 반응시켜 알칼리를 재생한다.
② 흡수탑 순환액에 산화탑에서 생성한 석고를 반송하고 흡수액 슬러지 중의 석고농도를 5% 이상으로 유지하여 석고결정화를 촉진한다.
③ 순환액 pH를 적절하게 유지한다.
④ 탑 내에 내장물을 가능한 한 설치하지 않는다.

11. 해설

(1) Freundlich(프로인들리히)식 : 다분자흡착 가정(물리적 흡착)

식 $\dfrac{X}{M} = kC^{\frac{1}{n}}$

- X : 흡착된 오염물질 농도
- M : 주입된 흡착제의 농도
- C : 흡착 후 배출농도(유출농도)
- n, k : 상수

(2) Langmuir(랭뮤어)식 : 단분자흡착 가정

식 $\dfrac{X}{M} = \dfrac{abC}{1+bC}$

- X : 흡착된 오염물질 농도
- M : 주입된 흡착제의 농도
- C : 흡착 후 배출농도(유출농도)
- a, b : 상수

12. 해설

(1) 옥탄의 이론 연소 반응식

[연소반응] $C_8H_{18} + 12.5O_2 \rightarrow 8CO_2 + 9H_2O$

(2) 옥탄의 AFR(무게 기준) 계산

식 $AFR = \dfrac{m_a \times M_a}{m_f \times M_f}$

- m_a : 공기 mol수 $= 12.5 \times \dfrac{1}{0.21} = 59.5238$
- M_a : 공기의 g분자량 $= 29$
- M_f : 연료의 g분자량 $= 114$

$\therefore AFR = \dfrac{59.5238 \times 29}{1 \times 114} = 15.14$

13. 해설

식 $t_o = \dfrac{Hl}{G \times C_p} + t$

반응식 CH₄ + 2(O₂+3.76N₂) → CO₂ + 2H₂O + 2×3.76N₂
  1 : 2 :   1 : 2 : 7.52
  0.5 : 1 :   0.5 : 1 : 3.76

반응식 C₃H₈ + 5(O₂+3.76N₂) → 3CO₂ + 4H₂O + 5×3.76N₂
  1 : 5 :   3 : 4 : 18.8
  0.5 : 2.5 :   1.5 : 2 : 9.4

- $C_p = \left(\dfrac{13.1\,kcal}{kmol \cdot ℃} \times (0.5+1.5)kmol + \dfrac{10.5\,kcal}{kmol \cdot ℃} \times (1+2)kmol + \dfrac{8.0\,kcal}{kmol \cdot ℃} \times (3.76+9.4)kmol\right)/kmol \times \dfrac{1\,kmol}{22.4\,m^3}$

  $= 7.2758\,kcal/m^3 \cdot ℃$

- $t = 15℃$
- $G = 1\,Sm^3$
- $Hl = 15{,}460\,kcal/Sm^3$

$\therefore t_o = \dfrac{15{,}460}{1 \times 7.2758} + 15 = 2{,}139.85℃$

14. 해설

(1) 침강속도(m/sec)

식 항력(F_d) = 중력(F_g) − 부력(F_b)

- $F_g = \dfrac{\pi d_p^{\,3}}{6} \cdot \rho_p \cdot g$

- $F_b = \dfrac{\pi d_p^{\,3}}{6} \cdot \rho_p \cdot g$

$3\pi\mu d_p V_s = \left(\dfrac{\pi d_p^{\,3}}{6}\cdot\rho_p\cdot g\right) - \left(\dfrac{\pi d_p^{\,3}}{6}\cdot\rho_g\cdot g\right)$

$3\pi\mu d_p V_s = \left(\dfrac{\pi d_p^{\,3}}{6}\right)\times(\rho_p - \rho_g)\times g$

$\rightarrow V_s = \dfrac{d_p^{\,2}(\rho_p - \rho_g)g}{18\mu}$

$V_s = \dfrac{(50\times 10^{-6})^2 \times (1{,}800 - 1.3)\times 9.8}{18\times 1.8\times 10^{-5}} = 0.1360\,m/\sec$

(2) 항력(N)

[식] $F_d = 3\pi\mu d_p V_s$

∴ $F_d = 3\times\pi\times\dfrac{1.8\times 10^{-5}kg}{m\cdot\sec}\times 50\mu m\times\dfrac{1m}{10^6\mu m}\times\dfrac{0.1360m}{\sec} = 1.1535\times 10^{-9}kg\cdot m/\sec^2(N)$

15. [해설]

(1) 연료는 과잉, 공기는 부족한 상태이므로 연소온도 및 산소와의 반응이 적어져 NOx는 감소한다.
(2) 연료는 과잉, 공기는 부족한 상태이므로 불완전연소가 촉진되므로 CO는 증가한다.

16. [해설]

검댕발생 시 배출가스량은 질소 + 과잉산소 + 기타가스로 구성되고 여기서 과잉산소는 공급산소-소모산소로 물질수지를 이용하여 계산한다.

[식] $m_d(g/Sm^3) = \dfrac{그을음(mL/kg)}{G_d(Sm^3/kg)}$

[식] $G_d = N_2 + (O_{2(a)} - O_{2(b)}) + CO_2$

- 검댕 $= 1kg\times 0.85\times 0.01\times\dfrac{10^3 g}{1kg}\times\dfrac{1mL}{2g} = 4.25\,mL/kg$
- O_o : 이론산소량 $= 1.867\times 0.85 + 5.6\times 0.15 = 2.4269\,Sm^3/kg$
- $O_{2(a)}$: 공급 산소량 $= m\times O_o = 1.1\times 2.4269 = 2.6695\,m^3/kg$
- $O_{2(b)}$: 소모산소량 $= 1.867\times 0.85\times 0.99 + 5.6\times 0.15 = 2.4110\,Sm^3/kg$
- $N_2 = m\times O_o\times\dfrac{79}{21} = 1.1\times 2.4269\times 3.76 = 10.0376\,Sm^3/kg$
- $CO_2 = 1.867\times 0.85\times 0.99 = 1.5710\,Sm^3/kg$

∴ $G_d = 10.0376 + (2.6695 - 2.4110) + 1.5710 = 11.8671\,Sm^3/kg$

∴ $m_d(g/Sm^3) = \dfrac{4.25g/kg}{11.8671Sm^3/kg} = 0.36\,mL/Sm^3(ppm)$

[정답] $0.36\,mL/Sm^3$

17. 해설

식 연소실 열부하율(Q_v) = $\dfrac{Hl \times G_f}{V}$

- 연소실 용적(V) = $1.2 \times 2.0 \times 1.5 = 3.6 m^3$
- 연소되는 연료량(G_f) = 100kg/hr

∴ $Q_v = \dfrac{10,000 \times 100}{3.6} = 277,777.78 kcal/m^3 \cdot hr$

18. 해설

식 $C = (C_H - C_B) \times W_D \times W_S$

- C_H : 포집먼지량이 가장 높은 위치에서의 먼지농도(mg/m³) = 6.9mg/m³
- C_B : 대조위치에서의 먼지농도(mg/m³) = 0.16mg/m³
- W_D : 풍향의 보정계수 = 1.5
- W_S : 풍속의 보정계수 = 1.0

∴ $C = (6.85 - 0.16) \times 1.5 \times 1 = 10.04 mg/m^3$

정답 10.04mg/m³

19. 해설

식 $P(kW) = \dfrac{\Delta P \times Q}{102 \times \eta} \times \alpha$

- Q : 처리가스량 = 50,000m³/hr = 13.8888m³/sec
- η : 효율 = 0.7

$P = \dfrac{150 \times 13.8888}{102 \times 0.7} = 29.17 kW$

∴ 소요동력비 = $29.17 kW \times \dfrac{120원}{1 kW} = 3500.4원$

정답 3,500.4원

20. 해설

① **Hold up** : 충전층 내의 액 보유량
② **Loading** : Hold up이 급격히 증가하는 지점
③ **Flooding** : 가스유속이 너무 빨라 충전층에 흡수되지 못하고 통과되는 현상(탑 밖으로 흡수액이 유출되는 현상)

CHAPTER 29 2022년도 제1회 기사 필답형

01. 해설

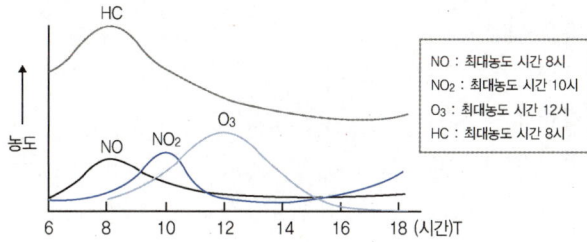

02. 해설

식 $C_o = C_i \times (1-\eta)$

- $\eta_T = 1 - [(1-\eta_1) \times (1-\eta_2) \times (1-\eta_3)]$

  $= 1 - [(1-0.8) \times (1-0.8) \times (1-0.8)] = 1 - [(1-0.8)^3] = 0.992$

∴ $C_o = 75,000 \times (1-0.992) = 600 ppm$

정답 600ppm

03. 해설

식 $Hl = Hh - 480 \times \sum iH_2O$

반응식 $CH_4 + 2O_2 \rightarrow CO_2 + 2H_2O$

　　　　1　　：　　2

∴ $Hl = 9,500 - 480 \times 2 = 8,540 kcal/m^3$

정답 8540kcal/m^3

04. 해설

식 개수(n) $= \dfrac{Q_f}{Q_i} = \dfrac{Q_f}{A_i V_f} = \dfrac{Q_f}{\pi DL V_f}$

- $V_f = 12 cm/\sec = 0.12 m/\sec$
- $Q_f = 10,000 m^3/\min = 166.6666 m^3/\sec$

∴ $n = \dfrac{166.6666}{\pi \times 0.25 \times 15 \times 0.12} = 117.89 ≒ 118$개

정답 118개

05. 해설

(1) Thermal NOx : 연소공기 중 산소가 공기 중의 질소분자를 산화시켜 생성
(2) Fuel NOx : 연료에 포함된 질소성분이 연소과정에서 산화되어 생성
(3) Prompt NOx : 연소 시 연료에서 발생되는 탄화수소가 공기 중의 질소와 반응하여 생성

06. 해설

① 집진면적 증가　　　　② 처리가스 유속을 낮춤
③ 재비산 방지　　　　　④ 역전리 현상 방지
⑤ 강한 전계강도 유지　　⑥ 집진면의 청결유지
⑦ 집진극의 길이를 길게 유지　⑧ 전하시간을 길게 유지
⑨ 공간 내 전류밀도 안정하게 유지

07. 해설

반응식 $S + O_2 \rightarrow SO_2$
　　　　　32kg : 22.4m³

$\dfrac{2kL}{hr} \times \dfrac{10^3 L}{1kL} \times \dfrac{0.9kg}{1L} \times \dfrac{2.5}{100} : X$,　　　∴ $X = 31.5 m^3/hr$

정답 31.5m³/hr

08. 해설

(1) 석면의 종류별 독성크기 : 청석면 > 황석면(갈석면) > 백석면
(2) 석면 관련 질병(2가지) : 악성 중피종, 원발성 폐암, 석면폐증

09. 해설

식 $CO_{2max}(\%) = \dfrac{CO_2}{G_{od}} \times 100$

반응식 $C_3H_8 + 5O_2 \rightarrow 3CO_2 + 4H_2O$
　　　　　　1 : 5 : 3 : 4

• $G_{od} = (1-0.21)A_o + CO_2 = (1-0.21) \times \left(5 \times \dfrac{1}{0.21}\right) + 3 = 21.8095 m^3/m^3$

• $CO_2 = 3 m^3/m^3$

∴ $CO_{2max}(\%) = \dfrac{CO_2}{G_{od}} \times 100 = \dfrac{3}{21.8095} \times 100 = 13.76\%$

정답 13.76%

10. 해설

(1) **원인 물질** : HC, NOx

(2) **작용 기전** : 자동차배출가스 중 HC, NOx 등의 물질이 햇빛과 반응하여 알데히드 및 광화학부산물을 생성하고 스모그를 형성하게 된다. 바람이 없는 맑은 날 주로 발생한다.

11. 해설

① 용해도가 클 것
② 휘발성이 적을 것
③ 부식성이 없을 것
④ 점성이 작을 것
⑤ 화학적으로 안정할 것
⑥ 독성이 없을 것
⑦ 가격이 저렴하고, 용매의 화학적 성질이 비슷할 것

12. 해설

베타선을 방출하는 베타선원으로부터 조사된 베타선이 필터 위에 채취된 먼지를 통과할 때 흡수되는 베타선의 세기를 비교 측정하여 대기 중 미세먼지의 질량농도를 측정하는 방법이다.

13. 해설

NH_3, H_2, H_2S

14. 해설

(1) 소요 CO량(m^3/hr)

  식 소요 CO량 = NO 처리시 소요 CO + NO_2 처리시 소요 CO

  반응식 $NO + CO \rightarrow 0.5N_2 + CO_2$
               $22.4m^3$: $22.4m^3$

  $\dfrac{10,000m^3}{hr} \times \dfrac{500mL}{m^3} \times \dfrac{1m^3}{10^6 mL}$: X_1, $X_1 = 5m^3/hr$

  반응식 $2NO_2 + 4CO \rightarrow N_2 + 4CO_2$
             $2 \times 22.4m^3$: $4 \times 22.4m^3$

  $\dfrac{10,000m^3}{hr} \times \dfrac{5mL}{m^3} \times \dfrac{1m^3}{10^6 mL}$: X_2, $X_2 = 0.1m^3/hr$

  ∴ 소요 CO량 = $5 + 0.1 = 5.1 m^3/hr$

  정답 $5.1 m^3/hr$

(2) 배출 N_2량(kg/hr)

식 배출 N_2량 = NO 처리시 배출 N_2 + NO_2 처리시 배출 N_2

반응식 $NO + CO \rightarrow 0.5N_2 + CO_2$

$\qquad 22.4m^3 \;:\; 0.5 \times 28kg$

$\dfrac{10,000m^3}{hr} \times \dfrac{500mL}{m^3} \times \dfrac{1m^3}{10^6 mL} \;:\; X_1, \qquad X_1 = 3.125 kg/hr$

반응식 $2NO_2 + 4CO \rightarrow N_2 + 4CO_2$

$\qquad 2 \times 22.4m^3 \;:\; 28kg$

$\dfrac{10,000m^3}{hr} \times \dfrac{5mL}{m^3} \times \dfrac{1m^3}{10^6 mL} \;:\; X_2, \qquad X_2 = 0.03125 kg/hr$

∴ 배출 N_2량 = $3.125 + 0.03125 = 3.16 kg/hr$

정답 3.16kg/hr

15. 해설

식 충전높이(h) = $H_{OG} \times N_{OG} = H_{OG} \times \ln\left(\dfrac{1}{1-E}\right)$

- H_{OG} : 기상총괄이동단위 높이 = $\dfrac{h}{N_{OG}} = \dfrac{1.3m}{\ln\left(\dfrac{1}{1-0.9}\right)} = 0.5645m$

- E(처리효율) = $\left(1 - \dfrac{C_o}{C_i}\right) = \left(1 - \dfrac{1}{10}\right) = 0.9$

동일조건 하에서 처리효율이 98%인 충전탑의 높이는,

∴ h = $0.5645 \times \ln\left(\dfrac{1}{1-0.98}\right) = 2.21m$

정답 2.21m

16. 해설

식 $C_o = C_{o1}$(비정상배출) + C_{o2}(정상배출)

- $C_{o1} = C_i \times \dfrac{1}{5}$

- $C_{o2} = C_i \times \dfrac{4}{5} \times (1-0.95)$

∴ $C_o = \left[\left(10 \times \dfrac{1}{5}\right) + 10 \times \dfrac{4}{5} \times (1-0.98)\right] = 2.16 g/m^3$

정답 $2.16 g/m^3$

17. 해설

(1) 식 $V = \dfrac{Q}{A} = \dfrac{Q}{B_c \times H_c}$

∴ $V = \dfrac{(100/60) m^3/\sec}{0.25m \times 0.5m} = 13.33 m/\sec$

(2) 식 $d_{p50}(\mu m) = \sqrt{\dfrac{9\mu B_c}{2\pi V(\rho_p - \rho)N_e}} \times 10^6$

• $N_e = \dfrac{L_c + (Z_c/2)}{H_c} = \dfrac{2 + (3/2)}{0.5} = 7$

∴ $d_{p50}(\mu m) = \left[\dfrac{9 \times 1.85 \times 10^{-5} \times 0.25}{2 \times 3.14 \times 1,600 \times 13.33 \times 7}\right]^{\frac{1}{2}} \times 10^6 = 6.66 \mu m$

18. 해설

반응식 $Cl_2 + 2NaOH \rightarrow NaCl + NaOCl + H_2O$

$\quad\quad\quad\quad 22.4m^3 \quad\quad : \quad 74.5kg$

$\dfrac{500m^3}{hr} \times \dfrac{700mL}{m^3} \times \dfrac{1m^3}{10^6 mL} \times 10hr \quad : \quad X, \quad\quad ∴ X(NaOCl) = 11.64kg$

정답 11.64kg

19. 해설

식 $\eta = 1 - \exp\left(-\dfrac{A \times W_e}{Q}\right)$

• 효율$(\eta) = \left(1 - \dfrac{0.1}{10}\right) = 0.99$ ← 입·출구 농도로부터 계산

• 집진면적(A) = $10 \times 10 \times 2(양면) = 200 m^2$

• 유량$(Q) = 150 m^3/\min$

$0.99 = 1 - \exp\left(-\dfrac{200 \times W_e}{150}\right)$, ∴ $W_e = 3.45 m/\min$

정답 3.45m/min

20. 해설

(1) 반응식

반응식 $C_3H_8 + 5O_2 \rightarrow 3CO_2 + 4H_2O$

(2) AFR

㉠ AFRv(부피 기준)

식 $AFR_v = \dfrac{\text{공기 부피}}{\text{연료 부피}} = \dfrac{m_a(\text{공기몰수}) \times 22.4}{m_f(\text{연료몰수}) \times 22.4}$

$\therefore AFR_v = \dfrac{5 \times \dfrac{1}{0.21} \times 22.4}{1 \times 22.4} = 23.81$

정답 23.81

㉡ AFRm(질량 기준)

식 $AFR_m = \dfrac{\text{공기 질량}}{\text{연료 질량}} = \dfrac{m_a(\text{공기몰수}) \times M_a(\text{공기 분자량})}{m_f(\text{연료몰수}) \times M_f(\text{연료분자량})}$

$\therefore AFR_m = \dfrac{5 \times \dfrac{1}{0.21} \times 29}{1 \times 44} = 15.69$

정답 15.69

CHAPTER 30 2022년도 제2회 기사 필답형

01. 해설
① **수세법** : 물 또는 세정액을 이용하여 악취를 용해시켜 제거
② **흡착법** : 흡착제에 악취를 흡착하여 제거
③ **냉각응축법** : 열교환기 또는 충전탑을 이용하여 악취성분을 응축하여 악취의 정도를 저감
④ **직접연소법** : 악취성분을 연소시켜 악취의 정도를 저감
⑤ **촉매연소법(촉매산화법)** : 촉매와 산화제를 이용하여 악취성분을 산화하여 그 정도를 저감하는 방법
⑥ **화학적 산화법** : 화학적 산화제를 이용하여 악취성분을 산화하여 그 정도를 저감하는 방법
⑦ **환기 및 희석** : 후드와 덕트를 통하여 수집하고 굴뚝에서 배출하는 방법, 악취의 농도가 강할 때는 부적합, 운전비용이 가장 저렴

02. 해설
(1) **정의** : 교외지역보다 구조상의 이유로 도시의 열축적이 더 크므로 전원풍이 발생하고 오염물질이 축적되는 현상
(2) **유발원인 4가지**
  • 도시의 에너지 사용 증가(냉방, 난방, 산업, 교통)
  • 아스팔트, 시멘트 피복으로 인한 열축적 증가
  • 빌딩숲으로 인한 통풍저해
  • 높은 인구밀도

03. 해설
가. 아황산가스 1시간 평균치 (0.15)ppm 이하
나. 일산화탄소의 8시간 평균치 (9)ppm 이하
다. 이산화질소의 24시간 평균치 (0.06)ppm 이하
라. 오존의 1시간 평균치 (0.1)ppm 이하
마. 납의 연간 평균치 (0.5)$\mu g/m^3$ 이하
바. 벤젠의 연간 평균치 (5)$\mu g/m^3$ 이하

04. 해설

- 설계유속 내에서 유속을 빠르게 한다.
- 난류를 억제한다.
- 내식성, 내마모성 재질을 채용한다.
- 내통을 작게 설계한다.
- 블로우 다운을 시행한다.
- Dust Box를 밀폐형으로 한다.

※ 위 답변 중 4가지 선택

05. 해설

(1) 흡수제의 구비조건 2가지
① 용해도가 클 것
② 휘발성이 적을 것
③ 부식성이 없을 것
④ 점성이 작을 것
⑤ 화학적으로 안정할 것
⑥ 독성이 없을 것
⑦ 가격이 저렴하고, 용매의 화학적 성질이 비슷할 것

(2) 용어정의
- 보전력 : 흡착제로부터 탈착되지 않고 남아있는 흡착질의 양

  식 보전력 = 탈착되지 않고 흡착제에 남아있는 가스 / 흡착제의 무게

- 파과점 : 출구가스 중에 유해가스 성분의 농도가 나타나기 시작하는 점(=유출농도가 급격히 증가하기 시작하는 지점)

06. 해설

① 독성(toxicity)
② 잔류성(persistence)
③ 생물축적성(bioaccumulation)
④ 장거리 이동성(long - range transport)

07. 해설

- 정상상태 분포를 가정한다.
- 바람에 의한 오염물의 주 이동방향은 x축이며, 풍속 U는 일정하다.
- 풍하측의 대기안정도와 확산계수는 변하지 않는다.
- x축의 확산은 이류이동이 지배적이다.
- 오염물질은 점배출원(點排出原)으로부터 연속적으로 방출된다.
- 오염물질은 플룸(plume) 내에서 소멸되거나 생성되지 않는다.
- 배출오염물질은 기체(입경이 미세한 에어로졸은 포함)이다.

08. 해설

(1) 각각의 부피분율(%)

① $CO(\%) = \dfrac{40}{(40+80+25)} \times 100 = 27.59\%$

② $CO_2(\%) = \dfrac{80}{(40+80+25)} \times 100 = 55.17\%$

③ $CH_4(\%) = \dfrac{25}{(40+80+25)} \times 100 = 17.24\%$

(2) 각각의 질량분율(%)

① $CO(\%) = \dfrac{40 \times 28}{(40 \times 28 + 80 \times 44 + 25 \times 16)} \times 100 = 22.22\%$

② $CO_2(\%) = \dfrac{80 \times 44}{(40 \times 28 + 80 \times 44 + 25 \times 16)} \times 100 = 69.84\%$

③ $CH_4(\%) = \dfrac{25 \times 16}{(40 \times 28 + 80 \times 44 + 25 \times 16)} \times 100 = 7.94\%$

09. 해설

(1) 식 $\eta(\%) = (1 - \dfrac{C_o \times Q_o}{C_i \times Q_i}) \times 100$

$\therefore \eta = (1 - \dfrac{0.1}{3.25}) \times 100 = 96.92\%$

(2) 식 $\eta_T = 1 - (1-\eta_1)(1-\eta_2)$

$0.9692 = 1 - (1-\eta)^2$

$\therefore \eta_1 = 0.8245 \times 100 = 82.45\%$

(3) 식 $\eta_T = 1 - (1-\eta_1)(1-0.75)$

$\therefore \eta_1 = 1 - \dfrac{(1-0.9692)}{(1-0.75)} = 0.8768 \times 100 = 87.68\%$

10. 해설

식 $\ln\left(\dfrac{C_t}{C_0}\right) = -k \cdot t$

$\ln\left(\dfrac{0.1}{1}\right) = -k \times 180, \quad k = 0.0127/\text{min}$

$\ln\left(\dfrac{0.01}{1}\right) = -0.0127 \times t, \quad \therefore t = 362.61\text{min}$

11.

해설

식 $G_{od} = (1-0.21)A_o + CO_2$

반응식 CH$_3$COOH + 2O$_2$ → 2CO$_2$ + 2H$_2$O
  　　　　　 22.4m³ : 2×22.4m³ : 2×22.4m³ : 2×22.4m³
  　　　　　 10m³ : 20m³ : 20m³ : 20m³

∴ $G_{od} = (1-0.21) \times (20 \times \dfrac{1}{0.21}) + 20 = 95.24\ Sm^3$

정답 95.24Sm³

12.

해설

식 $CO_{2\max}(\%) = \dfrac{CO_2}{G_{od}} \times 100$

- $God = (1-0.21)A_o + CO_2 + SO_2$

  $God = (1-0.21) \times 10.7342 + 1.867 \times 0.87 + 0.7 \times 0.02 = 10.1183\ m^3/kg$

- $A_o = O_o \times \dfrac{1}{0.21} = 2.2542 \times \dfrac{1}{0.21} = 10.7342\ m^3/kg$

- $O_o = 1.867C + 5.6H + 0.7S - 0.7O = 1.867 \times 0.87 + 5.6 \times 0.11 + 0.7 \times 0.02 = 2.2542\ m^3/kg$

∴ $CO_{2\max}(\%) = \dfrac{CO_2}{G_{od}} \times 100 = \dfrac{1.867 \times 0.87}{10.1183} \times 100 = 16.05\%$

13.

해설

반응식 SO$_2$ + 0.5O$_2$ → SO$_3$
  　　　　 64kg 　　　: 22.4m³

$\dfrac{100톤}{hr} \times \dfrac{20kg}{1톤} \times 0.8$: X_1, 　　$X_1 = 560\ m^3/hr$

반응식 SO$_3$ + H$_2$O → H$_2$SO$_4$
  　　　　 22.4m³ 　 : 　98kg

560m³/hr×0.9 : X_2, 　　∴ $X_2(H_2SO_4) = 2{,}205\ kg/hr$

정답 2,205kg/hr

14.

해설

(1) 1,000m당 Coh의 값

식 $Coh_{1000} = \dfrac{(\log 1/t)/0.01}{L} \times 10^3$

- t : 빛 전달률(투과도) = 0.75

- $L = \dfrac{0.3m}{\sec} \times 6hr \times \dfrac{3600\sec}{1hr} = 6,480m$

$\therefore Coh_{1000} = \dfrac{\log(1/0.75)/0.01}{6,480} \times 10^3 = 1.93$

(2) **식** $Coh_{1000} = \dfrac{(\log 1/t)/0.01}{L} \times 10^3$

$\therefore Coh_{1000} = \dfrac{\log(1/0.75)/0.01}{6,480} \times 10^3 = 1.93$

∴ 대기오염도는 약함으로 판단

15. 해설

반응식 $S + O_2 \rightarrow SO_2$

$\quad\quad\quad$ 32kg : 22.4m³

$\dfrac{10톤}{day} \times \dfrac{10^3 kg}{1톤} \times \dfrac{3}{100} : X_1, \quad\quad X_1(SO_2) = 210 m^3/day$

반응식 $SO_2 + 0.5O_2 \rightarrow SO_3$

$\quad\quad$ 22.4m³ : 22.4m³
$\quad\quad$ 210m³ : 210m³

반응식 $SO_3 + H_2O \rightarrow H_2SO_4$

$\quad\quad$ 22.4m³ : 98kg
$\quad\quad$ 210m³ × 0.9 : X_2, $\quad \therefore X_2(H_2SO_4) = 826.88 kg/day$

정답 826.88kg/day

※ 다른 풀이

반응식 $S + O_2 \rightarrow SO_2$
$\quad\quad\quad$ 1 : 1

반응식 $SO_2 + 0.5O_2 \rightarrow SO_3$
$\quad\quad\quad$ 1 : 1

반응식 $SO_3 + H_2O \rightarrow H_2SO_4$
$\quad\quad\quad$ 1 : 1

따라서, $S \equiv H_2SO_4$

$\quad$ S : H_2SO_4
32kg : 98kg

$\dfrac{10톤}{day} \times \dfrac{10^3 kg}{1톤} \times \dfrac{3}{100} \times 0.9 : X, \quad\quad \therefore X(H_2SO_4) = 826.88 kg/day$

16. 해설

$$C = \frac{Q}{2\pi\sigma_y\sigma_z u} exp\left[-\left(\frac{y^2}{2\sigma_y^2}\right)\right] \left[\exp\left\{-\left(\frac{(z-H)^2}{2\sigma_z^2}\right)\right\} + \exp\left\{-\left(\frac{(z+H)^2}{2\sigma_z^2}\right)\right\}\right]$$

- 지상(지표) 오염농도를 구하므로 → z = 0
- 중심축상의 오염농도를 구하므로 → y = 0
  └ 위의 조건을 적용하여 정리하면 아래 식과 같이 간략하게 된다.

$$C = \frac{Q}{\pi\sigma_y\sigma_z U} \times \left[\exp-\left(\frac{H^2}{2\sigma_z^2}\right)\right]$$

- $U_2 = U_1 \times \left(\frac{Z_2}{Z_1}\right)^p = 5 \times \left(\frac{60}{5.5}\right)^{0.25} = 9.0869 \, m/\sec$

$$\therefore C = \frac{50g/\sec}{\pi \times 37m \times 18m \times 9.0869m/\sec} \times \frac{10^6 \mu g}{1g} \times \left[\exp-\left(\frac{(60m)^2}{2\times(18m)^2}\right)\right] = 10.17 \mu g/m^3$$

정답 $10.17\mu g/m^3$

17. 해설

식   분진층의 두께 = $\frac{\text{분진부피}}{\text{여과면적}}$

- 분진부피 = $\frac{100m^3}{\min} \times 60\min \times \frac{1g}{m^3} \times \frac{1cm^3}{1g} = 6,000cm^3$
- 여과면적 = $1m^2$

$$\therefore L(\text{분진층의 두께}) = \frac{6,000cm^3}{1m^2} \times \frac{1m^2}{10^4 cm^2} \times \frac{10mm}{1cm} = 6(mm)$$

정답 6mm

18. 해설

식 $\eta = \frac{L}{H} \times \frac{V_s}{V}$

- $L = 3m$
- $V_s = \frac{d_p^2(\rho_p - \rho)g}{18\mu} = \frac{(15\times 10^{-6})^2 \times (3,200-1.1) \times 9.8}{18 \times 1.85 \times 10^{-6}} = 0.2118 m/\sec$

$0.6 = \frac{3}{H} \times \frac{0.2118}{1}$, $\therefore H = 1.059m = 106cm$

19. 해설

식 $H = \dfrac{P}{C}$

- $C(g/L) = \dfrac{40mL}{mL} \times \dfrac{10^3 mL}{1L} \times \dfrac{64mg}{22.4mL} \times \dfrac{273}{273+20} \times \dfrac{1g}{10^3 mg} = 106.4846 g/L$

$H = 1 atm \times \dfrac{L}{106.4846g} = 9.39 \times 10^{-3} L \cdot atm/g$

20. 해설

식 $t_o = \dfrac{Hl}{G \times C_p} + t$

반응식 $CH_4 + 2(O_2 + 3.76N_2) \rightarrow CO_2 + 2H_2O + 2 \times 3.76 N_2$

- $C_p = \left(\dfrac{13.1 kcal}{kmol \cdot ℃} \times 1 kmol + \dfrac{10.5 kcal}{kmol \cdot ℃} \times 2 kmol + \dfrac{8.0 kcal}{kmol \cdot ℃} \times 7.52 kmol \right) / kmol \times \dfrac{1 kmol}{22.4 m^3} = 4.2080 kcal/m^3 \cdot ℃$

∴ $t_o = \dfrac{8,600}{1 \times 4.2080} + 18 = 2061.73 ℃$

정답 2061.73℃

CHAPTER 31 2022년도 제4회 기사 필답형

01. 해설

식 $GM = \sqrt[n]{a_1 \times a_2 \times a_3 \times \cdots \times a_n}$

$GM = \sqrt[9]{0.4 \times 1.5 \times 3 \times 4.2 \times 7.4 \times 6 \times 0.7 \times 0.01 \times 0.02} = 0.7119 ppb(\mu L/m^3)$

$\therefore O_3 = \dfrac{0.7119 \mu L}{m^3} \times \dfrac{1mL}{10^3 \mu L} \times \dfrac{48mg}{22.4mL} = 1.53 \times 10^{-3} mg/m^3$

02. 해설

처리가스 온도가 높아지면 점도가 (증가)하여 효율이 (감소)한다.

03. 해설

(1) 0.03ppm, 0.06ppm, 0.1ppm

(2) 0.1ppm, 0.06ppm

(3) 25ppm

04. 해설

식 $Y(\%, 체하분포) = 100 - R(\%, 체상분포)$

식 $R(\%) = 100 \exp(-\beta d_p^{\,n})$

$R(\%) = 100 \exp(-0.063 \times 20^1) = 28.3654\%$

$\therefore Y(\%, 체하분포) = 100 - 28.3654 = 71.63\%$

05. 해설

식 연료비 = $\dfrac{고정탄소}{휘발분}$

식 석탄 = 고정탄소+휘발분+수분+회분

$1.17 = \dfrac{고정탄소}{휘발분}$, 1.17휘발분 = 고정탄소

$100 = 1.17$휘발분 + 휘발분 + 39 + 8

$\therefore$ 휘발분 = 24.42%

$\therefore$ 고정탄소 = $24.42 \times 1.17 = 28.57\%$

06. 해설

식 $X_{O_2} = \dfrac{O_2}{G_w} \times 100$

반응식 $C_3H_8 + 5O_2 \rightarrow 3CO_2 + 4H_2O$

　　　　　1　:　5　:　3　:　4

- O_2(배출가스 중 산소 = 과잉산소) $= (m-1) \times O_o = (1.06-1) \times 5 = 0.3 m^3/m^3$

- $G_w = (m - 0.21)A_o + CO_2 + H_2O$

　$G_w = (1.06 - 0.21) \times \left(5 \times \dfrac{1}{0.21}\right) + 3 + 4 = 27.2380 m^3/m^3$

$\therefore X_{O_o} = \dfrac{0.3}{27.2380} \times 100 = 1.10\%$

07. 해설

식 $P = H \cdot C$

- $P = 120 mmHg \times \dfrac{1 atm}{760 mmHg} = 0.1578 atm$

- $C = 0.08 kmole/m^3$

$H = \dfrac{P}{C} = 0.1578 atm \times \dfrac{m^3}{0.08 kmole} = 1.9725 atm \cdot m^3/kmole$

$\therefore C = 0.6 mmH_2O \times \dfrac{1 atm}{10,332 mmH_2O} \times \dfrac{1 kmole}{1.9725 atm \times m^3} \times \dfrac{34 kg}{1 kmole} \times \dfrac{1 m^3}{10^3 L} \times \dfrac{10^6 mg}{1 kg} = 1.00 mg/L$

정답 1.00mg/L

08. 해설

식 $P(\text{통과율}) = 1 - \eta$

식 $\eta = 1 - e^{-\dfrac{A W_e}{Q}}$

→ $A \cdot W_e$는 같으므로 K로 정리하면,

$0.8 = 1 - e^{-\dfrac{K}{Q}}, \quad \dfrac{K}{Q} = 1.6094$

$\eta = 1 - e^{-\dfrac{K}{2Q}} = 1 - e^{-\left(\dfrac{1.6094}{2}\right)} = 0.5527$

$P(\text{통과율}) = (1 - 0.5527) = 0.4473$

$\therefore \dfrac{P_2}{P_1} = \dfrac{0.4473}{(1 - 0.8)} = 2.24$배

정답 2.24배

09. 해설

(1) 흑체 : 모든 파장에서 연속스펙트럼을 복사할 경우 물체에 입사되는 복사에너지를 모두 흡수하는 물체

(2) 스테판–볼츠만의 정의와 공식 : 흑체의 단위 표면적에서 방출되는 모든 파장의 빛에너지 총합(E)은, 흑체의 절대온도(T)의 4제곱에 비례한다는 법칙

식 $E = \sigma \times T^4$

- E : 에너지
- σ : 상수
- T : 흑체표면의 절대온도

(3) 키르히호프법칙의 정의 : 일정한 온도에서 같은 파장의 복사(전자기파)에 대한 물체의 흡수능과 반사능의 비는 물체의 성질(매질)에 관계없이 일정

10. 해설

(1) 원리 : 이 방법은 이동상으로는 액체, 그리고 고정상으로는 이온교환수지를 사용하여 이동상에 녹는 혼합물을 고분리능 고정상이 충전된 분리관내로 통과시켜 시료성분의 용출상태를 전도도 검출기 또는 광학 검출기로 검출하여 그 농도를 정량하는 방법으로 일반적으로 강수(비, 눈, 우박 등), 대기먼지, 하천수 중의 이온성분을 정성, 정량 분석하는데 이용한다.

(2) 장치 구성 순서

용리액조 – 액송펌프 – 시료주입부 – 분리관 – 서프레서 – 검출기 – 기록계 　암기TIP 용 액 시료 분리관 써!

11. 해설

(1) 리차드슨 수(Ri) : 대류난류를 기계적인 난류로 전환시키는 율

식 $R_i = \dfrac{g}{T_m}\left[\dfrac{(\Delta T/\Delta Z)}{(\Delta U/\Delta Z)^2}\right]$

- ΔT : 온도차
- ΔU : 풍속차
- ΔZ : 고도차
- T_m : 평균온도(K)

(2) 안정도 판단

① −0.03 < Ri < 0 : 대류난류와 기계적 난류가 공존하나 기계적 난류가 우세, 약한 불안정 상태
② 0 < Ri < 0.25 : 성층에 의해 기계적 난류가 약화되는 안정 상태
③ Ri < −0.04 : 대류난류가 지배적(대기가 매우 불안정)

12. 해설

식 $C = \dfrac{Q}{2\pi\sigma_y\sigma_z u} exp\left[-\left(\dfrac{y^2}{2\sigma_y^2}\right)\right]\left[\exp\left\{-\left(\dfrac{(z-H)^2}{2\sigma_z^2}\right)\right\} + \exp\left\{-\left(\dfrac{(z+H)^2}{2\sigma_z^2}\right)\right\}\right]$

← 지상의 오염도를 묻고 있으므로 z = 0

← 중심선상의 오염농도를 구하므로 y = 0

$C = \dfrac{Q}{\pi\sigma_y\sigma_z U}\left[\exp\left\{-\left(\dfrac{H^2}{2\sigma_z^2}\right)\right\}\right]$ ← 제시된 조건을 대입하면,

$2.5 mg/m^3 = \dfrac{160g}{\sec} \times \dfrac{10^3 mg}{1g} \times \dfrac{1}{\pi \times \sigma_y \times 40m \times 5m/\sec} \times \left[\exp\left\{-\left(\dfrac{(60m)^2}{2 \times (40m)^2}\right)\right\}\right]$

∴ $\sigma_y = 33.07 m$

13. 해설

(1) 용해도가 클 때 사용하는 장치의 종류 3가지(액분산형)

충전탑, 분무탑, 벤츄리 스크러버, 제트 스크러버, 사이클론 스크러버

(2) 용해도가 작을 때 사용하는 장치의 종류 3가지(가스분산형)

포종탑, 다공판탑, 기포탑

14. 해설

식 $d_{p_{min}}(\mu m) = \sqrt{\left(\dfrac{18\mu Q}{(\rho_p - \rho)gLW}\right)} \times 10^6$

- ρ_p : 입자의 밀도 = 1,800 (kg/m³)
- W : 장치의 폭 = 10(m)
- L : 장치의 길이 = 12(m)

∴ $d_{p_{min}} = \left[\dfrac{18 \times 1.85 \times 10^{-5} \times 50}{1,800 \times 9.8 \times 12 \times 10}\right]^{1/2} \times 10^6 = 88.69 \mu m$

15. 해설

식 $\eta = \left(1 - \dfrac{C_o}{C_i}\right) \times 100$

• $C_i(ppm) = \dfrac{\text{불소}}{\text{배출가스}}$

⟨Na₃AlF₆(빙정석)의 알루미늄과 불소의 비⟩
Al : 6F = 1 : 6

$$C_i(ppm) = \dfrac{\dfrac{200kg}{day} \times \dfrac{19 \times 6kg(F)}{27kg(Al)} \times \dfrac{10^6 mg}{1kg} \times \dfrac{22.4 SmL}{19mg}}{\dfrac{1,500m^3}{\min} \times \dfrac{1440\min}{1day} \times \dfrac{273}{273+50}} = 545.3202 ppm$$

• $C_o(ppm) = 10 ppm$

$\therefore \eta = \left(1 - \dfrac{10}{545.3202}\right) \times 100 = 98.17\%$

정답 98.17%

16. 해설

(1) 광화학 스모그로 인한 2차오염물질 5가지 : O_3, $NOCl$, PAN, H_2O_2, 아크로레인
(2) 광화학 스모그현상은 (무풍), (여름), (낮)에 더 활발하게 발생한다.

17. 해설

식 $pH = \log \dfrac{1}{[H^+]}$

반응식 HCl ⇌ H + Cl
　　　　1　:　1

$HF(M) = \dfrac{800ml}{m^3} \times \dfrac{20 \times 10^{-3}g}{22.4ml} \times \dfrac{1mol}{20g} \times \dfrac{500m^3}{hr} \times \dfrac{85}{100} \times 8hr \times \dfrac{1}{5m^3} \times \dfrac{m^3}{1,000L} = 0.0242 mol/L$

HF(M) = H⁺(M)

$\therefore pH = \log \dfrac{1}{[0.0242]} = 1.62$

정답 1.62

18. 해설

(1) 중유 > 경유 > 등유 > 휘발유
(2) C/H가 클수록 이론공연비는 (감소)
(3) C/H가 클수록 휘도는 (증가)
(4) C/H가 클수록 방사율은 (증가)

19. 해설

(1) **정의** : 커닝험 보정계수는 $10\mu m$보다 작은 입자는 분자의 평균 자유행정(mean free path)에 따라 이동하여 미끌림현상(slip)이 나타나 Stoke's 법칙의 값보다 크게 되기 때문에 이에 대한 오차를 보정하기 위해 사용된다.

(2) **특징**
- 미세한 입자일수록 커닝험 보정계수는 (크다).
- 가스의 온도가 낮을수록 (작다).
- 가스의 압력이 낮을수록 (크다).

20. 해설

반응식 $2NO_2 + 4CO \rightarrow N_2 + 4CO_2$

$2 \times 22.4 m^3 : 4 \times 22.4 m^3$

$\dfrac{5{,}000 m^3}{hr} \times \dfrac{5 mL}{m^3} \times \dfrac{1 m^3}{10^6 mL} : X, \qquad X = 0.05 m^3/hr$

정답 $0.05 m^3/hr$

CHAPTER 32 2023년도 제1회 기사 필답형

01. 해설

식 $2HF + SiF_4 \rightarrow H_2SiF_6$

$2 \times 22.4m^3 : 22.4m^3 : 144kg$

$\dfrac{3,000mL}{m^3} \times 22,400m^3 \times \dfrac{1m^3}{10^6 mL} : \dfrac{1,500mL}{m^3} \times 22,400m^3 \times \dfrac{1m^3}{10^6 mL} : X$

(2HF : SiF$_4$ 이므로, 3,000ppm : 1,500ppm으로 반응)

∴ $X = 216 kg/hr$

02. 해설

식 출구의 분진농도 = 정상가동 출구농도 + 비정상가동 출구농도

∴ 출구의 분진농도 $= 10g/Sm^3 \times (1-0.9) \times \dfrac{9}{10} + 10g/Sm^3 \times \dfrac{1}{10} = 1.9g/Sm^3$

정답 $1.9g/Sm^3$

03. 해설

(가) 배출가스의 유속(m/sec)

식 유속$(V) = C\sqrt{\dfrac{2gh}{\gamma}}$

- h(동압) = 경사마노미터 액주이동거리(mm) $\times \sin\theta$

  h(동압) $= 20cm \times \dfrac{10mm}{1cm} \times \sin 30 = 100 mmH_2O$

- γ(비중량) $= \dfrac{1.3 kg_f}{Sm^3} \times \dfrac{760+5}{760} = 1.3085 kg_f/m^3$

∴ 유속(V) $= 0.8642 \times \sqrt{\dfrac{2 \times 9.8 \times 100}{1.3085}} = 33.45 m/sec$

정답 33.45m/sec

(나) 배출가스 중 먼지농도(mg/Sm^3)

식 $C(mg/Sm^3) = \dfrac{분진량(m_d)}{가스흡인량(V_s)}$

- 분진량$(m_d) = 1.9738 mg$

- 가스흡인량(V_s) = $20L \times \dfrac{273}{273+17} \times \dfrac{760+(13.6 \times 760/10332)-25.21}{760} = 18.2278L$

∴ 분진농도(C) = $\dfrac{1.9738mg}{18.2278L} \times \dfrac{1000L}{1m^3} = 108.29mg/Sm^3$

정답 108.29mg/Sm³

04. 해설

방사성 물질인 Ni-63 혹은 삼중수소로부터 방출되는 β선이 운반 기체를 전리하여 이로 인해 전자 포획 검출기 셀(cell)에 전자구름이 생성되어 일정 전류가 흐르게 된다. 이러한 전자 포획 검출기 셀에 전자친화력이 큰 화합물이 들어오면 셀에 있던 전자가 포획되어 이로 인해 전류가 감소하는 것을 이용하는 방법이다.

[요점정리]
β선이 운반 기체를 전리하여 셀(cell)에 전자구름이 생성되어 일정 전류가 흐르게 하고 전자친화력이 큰 화합물이 들어오면 셀에 있던 전자가 포획되어 이로 인해 전류가 감소하는 것을 이용하는 방법이다.

※ 답안에는 요점정리 내용만 기술하셔도 됩니다.

05. 해설

식 C_o(유출농도) = C_i(유입농도) $\times (1-\eta)$

- S_o(유출총량) = C_o(유출농도) $\times Q$(유량)

$60kg/day = C_o \times \dfrac{50,000m^3}{hr} \times \dfrac{24hr}{1day}$, $\quad C_o = 0.05g/m^3$

$0.05 = 2 \times (1-\eta)$, ∴ $\eta = 0.975 ≒ 97.5\%$

정답 97.5%

06. 해설

반응식 $C_xH_y + (x+\dfrac{y}{4}) \times (O_2 + 3.76N_2) \to xCO_2 + \dfrac{y}{2}H_2O + (x+\dfrac{y}{4}) \times 3.76N_2$

$\qquad$ 1mol $\qquad\qquad\qquad$: $\qquad\qquad\qquad$ X

∴ $X = 44xg + \dfrac{18y}{2} + \left(3.76 \times 28g \times x + 3.76 \times 28g \times \dfrac{y}{4}\right) = 44xg + 9y + 105.28xg + 26.32yg$

$\quad = 149.28xg + 35.32yg$

정답 149.28xg + 35.32yg

07. 해설

식 $C = \dfrac{Q}{2\pi\sigma_y\sigma_z u} exp\left[-\left(\dfrac{y^2}{2\sigma_y^2}\right)\right]\left[\exp\left\{-\left(\dfrac{(z-H)^2}{2\sigma_z^2}\right)\right\} + \exp\left\{-\left(\dfrac{(z+H)^2}{2\sigma_z^2}\right)\right\}\right]$

← 지상의 오염도를 묻고 있으므로 z=0
← 중심선상의 오염농도를 구하므로 y=0
← 지상의 배출원으로 He=0이므로 H=0

$C = \dfrac{Q}{\pi\sigma_y\sigma_z U}$ ← 제시된 조건을 대입하면

$C(\text{ppb}) = \dfrac{\dfrac{10mL}{\sec} \times \dfrac{10^3\mu L}{1mL}}{\pi \times 22.5(m) \times 12(m) \times 6(m/\sec)} = 1.96\mu L/m^3 (ppb)$

∴ $C = 1.96 ppb$

∴ 중심축 상 황화수소의 농도가 최소감지농도보다 크므로 냄새가 감지된다.

08. 해설

[2,3,7,8 – TCDD]

2,3,7,8–Tetrachlorodibenzo–p–dioxin
(TCDD)

[2,3,7,8 – TCDF]

[PCB]

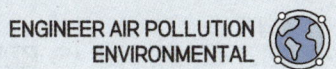

09. 해설

1) 높여야 할 굴뚝높이(m)

   식 $C_{\max} = \dfrac{2Q}{H_e^2 \cdot \pi \cdot e \cdot U} \times \dfrac{K_z}{K_y} \rightarrow C_{\max} = K \times \dfrac{1}{H_e^2}$

   - $C_{\max(1)} = K \times \dfrac{1}{180^2}$

   - $C_{\max(2)} = K \times \dfrac{1}{H_e^2}$

   $\dfrac{C_{\max(2)}}{C_{\max(1)}} = \dfrac{K \times \dfrac{1}{H_e^2}}{K \times \dfrac{1}{180^2}}$

   $0.5 = \dfrac{180^2}{H_e^2}, \quad H_e = 254.56\text{m}$

   ∴ 높여야 할 굴뚝높이 $= 254.56 - 180 = 74.56m$

2) 최대착지거리($X_{\max}$)

   식 $X_{\max} = \left(\dfrac{H_e}{K_z}\right)^{\frac{2}{2-n}}$

   ∴ $X_{\max} = \left(\dfrac{180}{0.09}\right)^{\frac{2}{2-0.25}} = 5{,}923.87m$

10. 해설

정답 ④ (6.0) − ② (3.0) − ⑤ (0.8) − ③ (0.12) − ① (0.05)
※ 괄호 안의 숫자는 필수기재 사항이 아님.

11. 해설

식 $Z = 273 \times H \times \left[\dfrac{\gamma_a}{(273+t_a)} - \dfrac{\gamma_g}{(273+t_g)}\right]$

- $Z_1 = 273 \times H\left(\dfrac{1.3}{273+27} - \dfrac{1.3}{273+227}\right) = 0.473H$

- $Z_2 = 273 \times H\left(\dfrac{1.3}{273+27} - \dfrac{1.3}{273+127}\right) = 0.296H$

∴ $\dfrac{Z_2}{Z_1} \times 100 = \dfrac{0.296H}{0.473H} \times 100 = 62.5\%$

∴ 초기 통풍력의 62.5%로 감소하였다.

정답 62.5%로 감소

12. 해설

식 $L(m) = \dfrac{5.2 \times \rho \times \gamma}{K \times C} = \dfrac{5.2 \times 0.95 \times 0.3}{4.1 \times 4 \times 10^{-4}} = 903.66m$

정답 903.66m

13. 해설

식 $\eta = 1 - \left(\dfrac{C_o}{C_i}\right)$

- $\eta_1 = 1 - \dfrac{C_2}{C_1}$

- $\eta_2 = 1 - \dfrac{C_3}{C_2}$

$\eta_t = 1 - \left[\left(1 - \left(1 - \dfrac{C_2}{C_1}\right)\right) \times \left(1 - \left(1 - \dfrac{C_3}{C_2}\right)\right)\right]$

$\therefore \eta_t = 1 - [(1-\eta_1)(1-\eta_2)]$

14. 해설

① 하전에 의한 쿨롱력
② 입자간에 작용하는 흡인력
③ 전계경도에 의한 힘
④ 전기풍에 의한 힘

15. 해설

식 $A_o = O_o \times \dfrac{1}{0.21}$

- $O_o = \sum$ 각 가스당 산소요구량$(O_o) = 3C_2H_4 + 4.5C_3H_6 + 5C_3H_8 + 0.5CO + 2CH_4 + N_2 - O_2$

반응식

$C_2H_4 + 3O_2 \rightarrow 2CO_2 + 2H_2O$

$C_3H_6 + 4.5O_2 \rightarrow 3CO_2 + 3H_2O$

$C_3H_8 + 5O_2 \rightarrow 3CO_2 + 4H_2O$

$CO + 0.5O_2 \rightarrow CO_2$

$CH_4 + 2O_2 \rightarrow CO_2 + 2H_2O$

$N_2 + O_2 \rightarrow 2NO$

$O_o = 3 \times 0.05 + 4.5 \times 0.08 + 5 \times 0.075 + 0.5 \times 0.1 + 2 \times 0.25 + 0.16 - 0.01 = 1.585 Sm^3/Sm^3$

$\therefore A_o = 1.585 \times \dfrac{1}{0.21} = 7.55 Sm^3/Sm^3$

16. 해설

(1) 건가스 중 SO₂(ppm)

식 $X_{SO_2}(ppm) = \dfrac{SO_2}{G_d} \times 10^6$

- $G_d = (m - 0.21)A_o + CO_2 + SO_2$
  $= (1.3 - 0.21) \times 8.7569 + 1.867 \times 0.85 + 0.7 \times 0.02 = 11.1459 m^3/kg$

- $m = 1.3$

- $A_o = \dfrac{1}{0.21} \times (1.867 \times 0.85 + 5.6 \times 0.05 + 0.7 \times 0.02 - 0.7 \times 0.06) = 8.7569 m^3/kg$

∴ $X_{SO_2}(ppm) = \dfrac{0.7 \times 0.02}{11.1459} \times 10^6 = 1256.07 ppm$

(2) 연료에 사용되는 공기량(ton/day)

식 연료에 사용되는 공기량 = $m \times A_o \times G_f$

∴ 연료에 사용되는 공기량 = $1.3 \times \dfrac{8.7569 m^3}{kg} \times \dfrac{500 kg}{hr} \times \dfrac{1.293 kg}{1 m^3} \times \dfrac{1톤}{10^3 kg} \times \dfrac{24 hr}{1 day} = 176.63$ 톤/일

17. 해설

반응식 $6NO_2 + 8NH_3 \rightarrow 7N_2 + 12H_2O$

$6 \times 22.4 m^3$: $8 \times 17 kg$

$\dfrac{22.4 mL}{m^3} \times \dfrac{10^{-6} m^3}{mL} \times 10,000 m^3 : X_1$, $X_1(NH_3$ 소요량$) = 0.2266 kg$

반응식 $6NO + 4NH_3 \rightarrow 5N_2 + 6H_2O$

$6 \times 22.4 m^3$: $4 \times 17 kg$

$\dfrac{250 mL}{m^3} \times \dfrac{10^{-6} m^3}{mL} \times 10,000 m^3 : X_2$, $X_2(NH_3$ 소요량$) = 1.2648 kg$

∴ 암모니아 총 소요량 = $X_1 + X_2 = 1.49 kg$

18. 해설

1) 에탄의 완전연소 시 저위발열량(kcal/mol)을 구하시오.

식 H = 생성열량 - 반응열량

반응식 $C_2H_6 + 3.5O_2 \rightarrow 2CO_2 + 3H_2O$

∴ $H = [2 \times (94.05) + 3 \times (57.80)] - (20.24) = 341.26 kcal/mol$ (또는 $-341.26 kcal/mol$)

2) 위 반응을 토대로 르샤틀리에 법칙에 따라 에탄에 열을 가하면 에탄은 증가한다 / 변화없다 / 감소한다. (셋 중 하나 골라 적으시오.)

정답 감소한다.

19. 해설

식: $N_A(\text{흡수속도}) = K_L(C_i - C_L) = k_g(P_G - P_i)$

식: $C_i(\text{기액경계면에서의 오염물질 농도}) = H \cdot P_i \rightarrow P_i = \dfrac{C_i}{H}$

$K_L(C_i - C_L) = k_g\left(P_G - \dfrac{C_i}{H}\right)$

$0.7 \times (C_i - 0.1) = 3.2 \times \left(0.15 - \dfrac{C_i}{2}\right)$

$0.7C_i - 0.07 = 0.48 - 1.6C_i, \quad C_i = 0.24 kmol/m^3$

$\therefore N_A(\text{흡수속도}) = 0.7 \times (0.24 - 0.1) = 0.098 kmol/m^2 \cdot hr$

정답: $0.098 kmol/m^2 \cdot hr$

20. 해설

식: $\theta(\text{열량}) = G \cdot C_p \cdot \Delta t$

식: $\theta_l(\text{흡수액 열량}) = \theta_g(\text{가스열량})$

- $\theta_l = \dfrac{5 \times 10^4 m^3}{hr} \times \dfrac{1.5L}{m^3} \times \dfrac{1kg}{L} \times \dfrac{1kcal}{kg \cdot ℃} \times 20℃$

- $\theta_g = \dfrac{5 \times 10^4 m^3}{hr} \times \dfrac{1.2kg}{m^3} \times \dfrac{0.31kcal}{kg \cdot ℃} \times (450 - X)℃$

$\dfrac{5 \times 10^4 m^3}{hr} \times \dfrac{1.5L}{m^3} \times \dfrac{1kg}{L} \times \dfrac{1kcal}{kg \cdot ℃} \times 20℃ = \dfrac{5 \times 10^4 m^3}{hr} \times \dfrac{1.2kg}{1m^3} \times \dfrac{0.31kcal}{kg \cdot ℃} \times (450 - X)℃$

$\therefore X(\text{가스의 출구온도}) = 369.35℃$

CHAPTER 33 2023년도 제2회 기사 필답형

01. 해설

반응식 $2NO + 2H_2S \rightarrow N_2 + 2H_2O + 2S$
$\quad 2 \times 22.4m^3 : 2 \times 22.4m^3 \quad : \quad 2 \times 32kg$

$\dfrac{2,000m^3}{min} \times \dfrac{400mL}{m^3} \times \dfrac{1m^3}{10^6 mL} \times \dfrac{60min}{1hr} \times \dfrac{8hr}{1day} \times \dfrac{25day}{월} \;:\; X_1 \;:\; Y_1$

$X_1(H_2S) = 9,600 m^3/월$

$Y_1(S) = 13,714.2857 kg/월 = 13.71톤/월$

반응식 $SO_2 + 2H_2S \rightarrow 2H_2O + 3S$
$\quad 22.4m^3 : 2 \times 22.4m^3 \quad : \quad 3 \times 32kg$

$\dfrac{2,000m^3}{min} \times \dfrac{800mL}{m^3} \times \dfrac{1m^3}{10^6 mL} \times \dfrac{60min}{1hr} \times \dfrac{8hr}{1day} \times \dfrac{25day}{월} \;:\; X_2 \;:\; Y_2$

$X_2(H_2S) = 38,400 m^3/월$

$Y_2(S) = 82,285.71 kg/월 = 82.29톤/월$

$\therefore X(H_2S) = X_1 + X_2 = 9,600 + 38,400 = 48,000 Sm^3/월$

$\therefore Y(S) = Y_1 + Y_2 = 13.71 + 82.29 = 96톤/월$

02. 해설

입구에는 먼지농도가 높고 출구에는 먼지농도가 낮기 때문에 효율적인 전력사용을 위해 독립적인 하전설비를 가진 구획을 나누어 운영한다. 설계효율을 만족하는 범위 내에서 입구쪽에는 전력량을 많이 투입하고 출구쪽에는 전력량을 적게 투입한다.

03. 해설

식 $L_d = C_i \cdot V_f \cdot \eta \cdot t$

$800 = 0.5 \times 0.02 \times 0.9 \times t$, $\quad \therefore t = 88,888.8888 \sec = 24.69 hr$

04. 해설

식 $A_o = O_o \times \dfrac{1}{0.21}$

반응식 $C_2H_5OH + 3O_2 \rightarrow 2CO_2 + 3H_2O$

$\qquad\qquad$ 46kg $\quad : 3 \times 22.4 Sm^3$

$\qquad 1.5L \times \dfrac{0.8kg}{1L} \; : \; X, \qquad\qquad X(O_o) = 1.7530 Sm^3$

∴ $A_o = 1.7530 \times \dfrac{1}{0.21} = 8.35 Sm^3$

05. 해설

(1) **정압** : 공기의 풍속에는 관계없이 공기 자체가 가지고 있는 압력
(2) **동압(속도압)** : 공기의 풍속에 의하여 발생하는 압력
(3) **피토우 관의 측정원리** : 피토관에 공기가 흐르면 정압과 전압(전체압)이 측정되고 그 차이로 동압을 산출함으로써 유속을 구한다.

06. 해설

연소 시 생성되는 대부분의 NOx는 Thermal NOx(온도 NOx)이고 온도가 높아질수록 질소와 산소가 결합할 가능성이 높아져 NOx 발생량은 증가한다.

〈Zeldovich 반응식〉
$O_2 \rightarrow 2O$
$N_2 + O \rightarrow NO + N$
$N + O_2 \rightarrow NO + O$
$NO + O \rightarrow NO_2$

07. 해설

식 $\dfrac{X}{M} = K \cdot C^{\frac{1}{n}}$

1) 주입 활성탄 20μm/m³

$\qquad$ **식** $\dfrac{X}{M} = K \cdot C^{\frac{1}{n}}$

$\qquad \dfrac{(56-16)}{20} = K \times 16^{\frac{1}{n}}$

$\qquad 2 = K \times 2^{\frac{4}{n}}$

2) 주입 활성탄 52μm/m³

    식 $\dfrac{X}{M} = K \cdot C^{\frac{1}{n}}$

    $\dfrac{(56-4)}{52} = K \times 4^{\frac{1}{n}}$

    $1 = K \times 2^{\frac{2}{n}}$

3) 배출 암모니아 5μm/m³

    식 $\dfrac{X}{M} = K \cdot C^{\frac{1}{n}}$

    1)과 2)를 나누면

    $\dfrac{2}{1} = \dfrac{K}{K} \times \left(2^{\frac{4}{n} - \frac{2}{n}}\right)$

    $2 = \left(2^{\frac{2}{n}}\right)$, $n = 2$

    $1 = K \times 2^{\frac{2}{2}}$, $K = 0.5$

    $\dfrac{(56-5)}{M} = 0.5 \times 5^{\frac{1}{2}}$, ∴ $M = 45.62 \mu m/m^3$

08. 해설

식 $P = H \cdot C$

• $C = \dfrac{2.586 mL}{mL} \times \dfrac{273}{273+20} \times \dfrac{1 \times 10^{-3} mol}{22.4 mL} \times \dfrac{1 kmol}{10^3 mol} \times \dfrac{10^6 mL}{1 m^3} = 0.1075 kmol/m^3$

∴ $H = \dfrac{P}{C} = 760 mmHg \times \dfrac{m^3}{0.1075 kmol} \times \dfrac{1 atm}{760 mmHg} = 9.30 atm \cdot m^3/kmol$

09. 해설

(1) 커닝험 보정계수의 정의를 쓰시오.

미세입자의 경우 기체분자가 입자에 충돌할 때 입자표면에서 미끄러지는 현상이 일어나기 때문에 입자에 작용하는 항력이 작아져 입자의 종말침강속도는 계산값보다 커지게 된다. 이 현상은 입경이 3μm보다 작을 때부터 발생하고, 1μm 이하부터 현저하다. 커닝험 보정계수는 이 현상을 보정하기 위해 적용되는 계수이다.

(2) 다음 보기 중 1개를 선택하시오.

- 압력이 (낮을수록), 커닝험 보정계수는 커진다.
- 온도가 (높을수록), 커닝험 보정계수는 커진다.
- 입자의 크기가 (작을수록), 커닝험 보정계수는 커진다.

10. 해설

식 투입되는 물의 양(kg) = 암모니아 × $\dfrac{1}{암모니아용해도}$

- 암모니아 부분압력 = P_t(전체 압력) × $\dfrac{V_i(부분\ 부피)}{V_t(전체\ 부피)}$ = $760mmHg \times 0.03 = 22.8mmHg$

∴ 투입되는 물의 양(kg) = $280m^3 \times 0.03 \times 0.9 \times \dfrac{273}{273+20} \times \dfrac{17kg}{22.4m^3} \times \dfrac{100g}{3.6g} = 148.50kg$

11. 해설

식 $\ln\left(\dfrac{C_t}{C_0}\right) = -k \cdot t$

$\ln\left(\dfrac{0.5C_0}{C_0}\right) = -k \times 550\text{sec},\quad k = 1.2602 \times 10^{-3}/\text{sec}$

$\ln\left(\dfrac{1C_0}{5C_0}\right) = -(1.2602 \times 10^{-3}) \times t$

∴ $t = 1{,}277.13\text{sec}$

12. 해설

(1) 발열량계산(kcal/mol)

① $C_{12}H_{26}$

반응식 $C_{12}H_{26} + 18.5O_2 \rightarrow 12CO_2 + 13H_2O$

∴ H = 생성열 − 반응열 = $[12 \times (-94.05) + 13 \times (-57.80)] - (-83) = -1{,}797\,kcal/kmol$

② CH_4

반응식 $CH_4 + 2O_2 \rightarrow CO_2 + 2H_2O$

∴ H = 생성열 − 반응열 = $[(-94.05) + 2 \times (-57.80)] - (-17.89) = -191.76\,kcal/kmol$

(2) 발열량이 더 작은 물질

절대값 기준 CH_4의 발열량이 더 작다.

13. 해설

식 $X_{SO_2}(ppm) = \dfrac{SO_2}{G_w} \times 10^6$

반응식

$C + O_2 \rightarrow CO_2$

$22.4m^3 : 22.4m^3 : 22.4m^3$

$0.772m^3 : 0.772m^3 : 0.772m^3$

H₂ + 0.5O₂ → H₂O

$22.4m^3 : 0.5 \times 22.4m^3 : 22.4m^3$

$0.052m^3 : 0.026m^3 : 0.052m^3$

S + O₂ → SO₂

$22.4m^3 : 22.4m^3 : 22.4m^3$

$0.026m^3 : 0.026m^3 : 0.026m^3$

- $A_o = \dfrac{1}{0.21}(0.772 + 0.026 + 0.026 - 0.059) = 3.6428 Sm^3/Sm^3$

- $G_w = (1 - 0.21) \times 3.6428 + 0.772 + 0.052 + 0.026 + 0.091 = 3.8188 Sm^3/Sm^3$

∴ $X_{SO_2}(ppm) = \dfrac{0.026}{3.8188} \times 10^6 = 6808.42 ppm$

14. 해설

(1) 기하평균치를 구하고, 연간 평균치를 초과하는지의 여부를 판단하시오.

식 기하평균(GM) $= \sqrt[n]{a_1 \times a_2 \times a_3 \times \cdots \times a_n}$

→ 기하평균(GM) $= \sqrt[5]{46 \times 53 \times 48 \times 62 \times 57} = 52.88 \mu g/m^3$

∴ $50\mu g/m^3$(연간 평균치) $< 52.88\mu g/m^3$ 이므로 기준치 초과

(2) 산술평균치를 구하고, 연간 평균치를 초과하는지의 여부를 판단하시오.

식 산술평균(AM) $= \dfrac{X_1 + X_2 + X_3 \cdots X_n}{N}$

→ 산술평균(AM) $= \dfrac{46 + 53 + 48 + 62 + 57}{5} = 53.2 \mu g/m^3$

∴ $50\mu g/m^3$(연간 평균치) $< 53.2\mu g/m^3$이므로 기준치 초과

15. 해설

식 $I_t = I_o \cdot e^{-\sigma \cdot L}$

$\dfrac{I_t}{I_o} = e^{-\sigma \cdot L}$

$(0.05) = e^{-\sigma \cdot L}$

$\ln(0.05) = -0.45 \times L$, ∴ $L = 6.6571 km = 6,657.18 m$

16. 해설

(1) 개수기준 효율

식 $\eta(\%) = \left(1 - \dfrac{C_o}{C_i}\right) \times 100$

∴ $\eta(\%) = \left(1 - \dfrac{80+50+10}{100+100+100}\right) \times 100 = 53.33\%$

(2) 질량기준 효율

식 $\eta(\%) = \left(1 - \dfrac{C_o}{C_i}\right) \times 100$

• 분진질량 $= \dfrac{\pi d_p^3}{6} \times \rho_p$

∴ $\eta(\%) = \left(1 - \dfrac{\dfrac{\pi}{6} \times 1 \times (1^3 \times 80 + 5^3 \times 50 + 10^3 \times 10)}{\dfrac{\pi}{6} \times 1 \times 100 \times (1^3 + 5^3 + 10^3)}\right) \times 100 = 85.50\%$

17. 해설

(1) 이 중에서 재비산 발생이 가장 큰 물질을 고르시오.

카본블랙

(2) 해당 물질의 공극률(%)을 구하시오.

식 공극률(%) $= \left(1 - \dfrac{\text{겉보기 비중}}{\text{진비중}}\right) \times 100 = \left(1 - \dfrac{0.03}{1.9}\right) \times 100 = 98.42\%$

18. 해설

식 $\eta = \left(\dfrac{1}{1 + \left(\dfrac{d_{p50}}{d_p}\right)^2}\right)$

• $d_{p50} = \sqrt{\dfrac{9\mu B_c}{2(\rho_p - \rho)\pi N_e V}} = \sqrt{\dfrac{9 \times (1.85 \times 10^{-5}) \times 0.25}{2 \times (1,800 - 1.2)\,kg/m^3 \times \pi \times 6 \times 8}} = 8.7594 \times 10^{-6}\,m = 8.7594\,\mu m$

• $\eta(10\mu m) = \left(\dfrac{1}{1 + \left(\dfrac{8.7594}{10}\right)^2}\right) \times 100 = 56.5844\%$

• $\eta(30\mu m) = \left(\dfrac{1}{1 + \left(\dfrac{8.7594}{30}\right)^2}\right) \times 100 = 92.1444\%$

• $\eta(60\mu m) = \left(\dfrac{1}{1 + \left(\dfrac{8.7594}{60}\right)^2}\right) \times 100 = 97.9131\%$

- $\eta(80\mu m) = \left(\cfrac{1}{1+\left(\cfrac{8.7594}{80}\right)^2}\right) \times 100 = 98.8115\%$

$\therefore \eta_t(\%) = 56.5844 \times 0.1 + 92.1444 \times 0.2 + 97.9131 \times 0.5 + 98.8115 \times 0.2 = 92.81\%$

19. 해설

반응식 $C_8H_{18} + 8.5O_2 \rightarrow 8CO + 9H_2O$

$\qquad\qquad$ 114g $\qquad$: $\qquad 8 \times 22.4L$

$\cfrac{60g}{hr} \times t(\min) \times \cfrac{1hr}{60\min}$: $\cfrac{100mL}{m^3} \times (5m \times 3m \times 3m) \times \cfrac{1L}{10^3 mL} \times \cfrac{273}{273+15}$

$\therefore t = 2.71\min$

20. 해설

식 $\eta = 1 - e^{-\left(\cfrac{A \cdot We}{Q}\right)} \rightarrow \eta = 1 - e^{-(A \cdot K)}$ (We와 Q는 일정하므로 K로 정리)

- $A_1 = 2(n-1)A_i = 2 \times (19-1) \times (5 \times 4) = 720 m^2$

$0.95 = 1 - e^{-(720 \times K)}$, $\quad K = 4.1607 \times 10^{-3}$

$\left(1 - \cfrac{0.02}{10}\right) = 1 - e^{-\left(A_2 \times 4.1607 \times 10^{-3}\right)}$, $\quad A_2 = 1493.6448 m^2$

$1493.6448 = 2 \times (n-1) \times (5 \times 4)$, $\quad n = 38.3411 ≒ 39$장

$\therefore$ 추가해야 할 집진판의 개수 $= 39 - 19 = 20$장(또는 20개)

CHAPTER 34 2023년도 제4회 기사 필답형

01. 해설

식 측정점수 = $\dfrac{\text{그 지역 가주지면적}}{25km^2} \times \dfrac{\text{그 지역 인구밀도}}{\text{전국 평균인구밀도}}$

∴ 측정점수 = $\dfrac{965m^2 \times 0.1}{25km^2} \times \dfrac{1km^2}{10^6 m^2} \times \dfrac{2,540,000명/965m^2}{480명/km^2} \times \dfrac{10^6 m^2}{1km^2} = 21.1666 ≒ 22개$

02. 해설

식 $X_{SO_2}(\%) = \dfrac{SO_2}{G_w} \times 100$

- $A_o = O_o \times \dfrac{1}{0.21} = (2.4269 - 4.9S) \times \dfrac{1}{0.21} = 11.5566 - 23.3333S$
- $O_o = 1.867 \times 0.85 + 5.6 \times (0.15 - S) + 0.7S$
  $= 1.5869 + (0.84 - 5.6S) + 0.7S = 2.4269 - 4.9S$
- $-H = 1 - 0.85 - S = 0.15 - S$
- $G_w = (m - 0.21)A_o + CO_2 + SO_2 + H_2O$
  $= (1.3 - 0.21) \times (11.5566 - 23.3333S) + 1.867 \times 0.85 + 0.7S + 11.2 \times (0.15 - S)$
  $= 15.8636 - 35.9332S$

$0.25(\%) = \dfrac{0.7S}{(15.8636 - 35.9332S)} \times 100$,

∴ $S = 0.0501 ≒ 5.01\%$

03. 해설

(가) 해당 전기집진기의 실제 집진효율(%)

식 $\eta = 1 - e^{\left(-\dfrac{A \cdot W_e}{Q}\right)}$

- $A = (4.2 \times 4.8) \times 2 = 40.32 m^2$
- $Q = \dfrac{60m^3}{min} \times \dfrac{1min}{60sec} = 1 m^3/sec$

∴ $\eta = 1 - e^{\left(-\dfrac{40.32 \times 0.058}{1}\right)} = 0.9035 ≒ 90.35\%$

(나) 하루에 집진되는 먼지량(kg)을 구하시오. (단, 공장은 하루종일 가동한다.)

식 하루에 집진되는 먼지량= $C \times Q \times \eta$

∴ 하루에 집진되는 먼지량= $\dfrac{11.4g}{m^3} \times \dfrac{1kg}{10^3g} \times \dfrac{60m^3}{\min} \times \dfrac{1440\min}{1day} \times 0.9035 = 889.91 kg/day$

04. 해설

식 $C_{\max} = \dfrac{2Q}{H_e^2 \cdot \pi \cdot e \cdot U} \times \left(\dfrac{K_z}{K_y}\right) \rightarrow C_{\max} = K \times \dfrac{1}{H_e^2}$

$\dfrac{C_{\max(2)}}{C_{\max(1)}} = \dfrac{1}{4} = 0.25 = \dfrac{K \times \dfrac{1}{H_e^2}}{K \times \dfrac{1}{50^2}}, \qquad H_e = 100m$

∴ 증가시켜야 할 높이 = $100 - 50 = 50m$

05. 해설

식 $S(배출허용량) = C \times Q \times (1-\eta)$

• C_2H_5OH(에탄올)의 분자량 = 46

$1,000 kg/day = \dfrac{250mL}{m^3} \times \dfrac{1m^3}{10^6 mL} \times \dfrac{20,000m^3}{\min} \times \dfrac{1440\min}{1day} \times \dfrac{46kg}{22.4m^3} \times \dfrac{273}{273+25} \times (1-\eta)$

∴ $\eta ≒ 92.62\%$

※ 문제에서 알코올로 제시되었기에 메탄올과 에탄올 중 어떤 것으로 풀어도 정답으로 인정될 것으로 판단됨

→ 메탄올(CH_3OH)로 풀이할 경우 제거효율은 89.39%이다.

06. 해설

반응식 $6NO_2 + 8NH_3 \rightarrow 7N_2 + 12H_2O$

$\qquad 6 \times 22.4 m^3 : 8 \times 17 kg$

$\dfrac{10mL}{m^3} \times \dfrac{10^{-6}m^3}{mL} \times 1,000 m^3 : X_1, \qquad X_1(NH_3 소요량) = 0.0101 kg$

반응식 $6NO + 4NH_3 \rightarrow 5N_2 + 6H_2O$

$\qquad 6 \times 22.4 m^3 : 4 \times 17 kg$

$\dfrac{100mL}{m^3} \times \dfrac{10^{-6}m^3}{mL} \times 1,000 m^3 : X_2, \qquad X_2(NH_3 소요량) = 0.0505 kg$

∴ 암모니아 총 소요량 = $X_1 + X_2$ = 0.06kg

07. 해설

(1) 편류현상 : 탑 일부에 흡수액 분포가 불량하여 흡수액이 균일하게 공급되지 못하고, 한쪽으로 쏠려서 공급되는 현상

(2) 방지대책
① 탑의 직경과 충전물질 직경의 비를 8~10의 범위로 조절한다.
② 충전제를 균일하고 규칙적으로 채운다.
③ 탑의 단면적(ft_2) 당 액 주입구를 5개 이상으로 한다.

08. 해설

식 대기로 방출되는 분진의 양 = $C_i \times Q \times (1-\eta)$

- η(총 집진효율) = $\sum \eta_i \cdot f_i = (0.7 \times 0.12) + (0.925 \times 0.16) + (0.96 \times 0.22) + (0.99 \times 0.27) + (1 \times 0.23) = 0.9405$

- 투입되는 석탄의 양 = $\dfrac{1kg}{26,700kJ \times 0.4} \times 1,000 MW \times \dfrac{1,000 kW}{1 MW} \times \dfrac{1 kJ}{1 kW \cdot \sec} = 93.6329 kg/\sec$

∴ 대기로 방출되는 분진의 양 = $\dfrac{93.6329 kg}{\sec} \times 0.12 \times 0.5 \times (1-0.9405) = 0.33 kg/\sec$

09. 해설

식 $N_{Re} = \dfrac{D \cdot V \cdot \rho}{\mu}$

- $\mu = \dfrac{0.018 mg}{mm \cdot \sec} \times \dfrac{1 kg}{10^6 mg} \times \dfrac{10^3 mm}{1 m} = 1.8 \times 10^{-5} kg/m \cdot \sec$

- $V = \dfrac{Q}{A} = \dfrac{25 m^3}{hr} \times \dfrac{1 hr}{3,600 \sec} \times \dfrac{4}{\pi \times (0.02 m)^2} = 22.1048 m/\sec$

- $\rho = \dfrac{29 kg}{22.4 m^3} \times \dfrac{273}{273+20} = 1.2062 kg/m^3$

※ 1cP(cps) = 0.01P = $1 mg/mm \cdot \sec$

∴ $N_{Re} = \dfrac{0.02 \times 22.1048 \times 1.2062}{1.8 \times 10^{-5}} = 29,625.34$

∴ $N_{Re} > 4,000$ 이므로 난류이다.

10. 해설

식 $d_{pmin} = \sqrt{\dfrac{18 \mu V H}{(\rho_p - \rho) g L}}$

- $\mu = \dfrac{0.0748 kg}{m \cdot hr} \times \dfrac{1 hr}{3600 \sec} = 2.0777^{-5} kg/m \cdot \sec$

- $V = 0.3 m/\sec$

- $H = \dfrac{h}{n} = \dfrac{1.5}{8} = 0.1875m$

- $\rho_p = 2,000 kg/m^3$

∴ $d_{pmin} = \sqrt{\dfrac{18 \times 2.0777 \times 10^{-5} \times 0.3 \times 0.1875}{(2,000) \times 9.8 \times 4}} \times 10^6 (\mu m) = 16.38 \mu m$

11. 해설

(가) 증발연소 : 증발하기 쉬운 액체는 화염으로부터 열을 받으면 가연성 증기가 발생하여 연소가 되는데 이것을 증발연소라 한다. (연료 : 휘발유, 등유, 알코올, 벤젠)

(나) 분해연소 : 연소초기에 열분해에 의하여 가연성가스가 생성되고 이것이 긴 화염을 발생시키면서 연소하는데 이러한 연소를 분해연소라고 하며, 고체 및 액체연소의 연소형태의 속한다. (연료 : 목재, 석탄, 타르 등)

(다) 표면연소 : 고온으로 되면 그 표면이 빨갛게 빛을 내면서 연소되는 형태로 휘발성분이 없는 고체연료의 연소형태이다. (연료 : 숯, 코크스)

(라) 자기연소 : 공기중의 산소공급없이 그 물질의 분자자체에 함유하고 있는 산소를 이용하여 연소하는 연소형태이다. (연료 : 니트로글리세린, 트리니트로톨루엔)

12. 해설

(가) 장점

압력손실이 적음

용해도가 큰 가스에 적합

설치비, 유지비가 저렴

(나) 단점

효율이 낮음

비말동반의 우려가 있음

노즐막힘의 우려가 있음

13. 해설

식 처리시간 = $\dfrac{\text{총 활성탄}}{\text{처리시 사용 활성탄}}$

- 총 활성탄 = $1,000 kg$

- 처리 시 사용 활성탄 = $\dfrac{1kg(\text{활성탄})}{0.2kg(\text{페놀})} \times \dfrac{30,000 mL}{m^3} \times \dfrac{250 m^3}{\min} \times \dfrac{1 m^3}{10^6 mL} \times \dfrac{273}{273+25} \times \dfrac{94 kg}{22.4 m^3} = 144.1642 kg$

- 페놀(C_6H_5OH)의 분자량 = 94

∴ 처리시간 = $\dfrac{1,000 kg}{144.1642 kg/\min} = 6.94 \min$

14. 해설

그을음발생 시 배출가스량은 질소 + 과잉산소 + 기타가스로 구성되고 여기서 과잉산소는 공급산소-소모산소로 물질수지를 이용하여 계산한다.

[식] $m_d(g/Sm^3) = \dfrac{그을음(g/kg)}{G_d(Sm^3/kg)}$

[식] $G_d = N_2 + (O_{2(a)} - O_{2(b)}) + CO_2$

- 그을음 $= 1kg \times 0.85 \times 0.01 \times 10^3 g/kg = 8.5 g/kg$
- O_o : 이론산소량 $= 1.867 \times 0.85 + 5.6 \times 0.15 = 2.4269 \, Sm^3/kg$
- $O_{2(a)}$: 공급 산소량 $= m \times O_o = 1.1 \times 2.4269 = 2.6695 \, Sm^3/kg$
- $O_{2(b)}$: 소모산소량 $= 1.867 \times 0.85 \times 0.99 + 5.6 \times 0.15 = 2.4110 \, Sm^3/kg$
- $N_2 = m \times O_o \times \dfrac{79}{21} = 1.1 \times 2.4269 \times 3.76 = 10.0376 \, Sm^3/kg$
- $CO_2 = 1.867 \times 0.85 \times 0.99 = 1.5710 \, Sm^3/kg$

$\therefore G_d = 10.0376 + (2.6695 - 2.4110) + 1.5710 = 11.8671 \, Sm^3/kg$

$\therefore m_d(g/Sm^3) = \dfrac{8.5 g/kg}{11.8671 Sm^3/kg} = 0.72 g/Sm^3$

[정답] $0.72 g/Sm^3$

15. 해설

[식] $C_o = C_{o1}(비정상배출) + C_{o2}(정상배출)$

- $C_{o1} = \dfrac{0.5g}{m^3} \times f_2$
- $C_{o2} = \dfrac{0.5g}{m^3} \times (1-f_2) \times (1-0.985) = 7.5 \times 10^{-3} g/m^3 - 7.5 \times 10^{-3} g/m^3 \cdot f_2$

f_2(비정상배출분율)
f_1(정상배출분율) $= 1 - f_2$

$0.2 = 0.5 f_2 + (7.5 \times 10^{-3} - 7.5 \times 10^{-3} f_2)$, $f_2 = 0.3908$(여과재 2개의 배출분율)

$\therefore$ 여과재 1개의 유량 $= \dfrac{150 m^3}{min} \times \dfrac{0.3908}{2} = 29.31 \, m^3/min$

16. 해설

(가) Stoke's 직경 : 원래의 분진과 침강속도와 밀도가 같은 구형입자의 직경을 말한다.

(나) 공기역학적 직경 : 원래의 분진과 침강속도는 동일하고, 단위밀도($\rho_a = 1 g/cm^3$)를 갖는 구형입자의 직경을 말한다.

17. 해설

식 건조연소가스의 가스량$(m^3/\sec) = G_d(m^3/kg) \times 석탄사용량(kg/\sec)$

- $G_d = (m - 0.21)A_o + CO_2 + SO_2 = (1.5 - 0.21) \times 9.3120 + 1.867 \times 0.62 + 0.7 \times 0.02 = 13.1840 \, m^3/kg$

- $A_o = O_o \times \dfrac{1}{0.21} = (1.867 \times 0.62 + 5.6 \times 0.14 + 0.7 \times 0.02) \times \dfrac{1}{0.21} = 9.3120 \, m^3/kg$

- 석탄사용량$= 500MW \times \dfrac{1kg}{7,000kcal \times 0.34} \times \dfrac{10^3 kW}{1MW} \times \dfrac{860kcal}{1kWh} \times \dfrac{1hr}{3600\sec} = 50.1867 \, kg/\sec$

∴ 건조연소가스의 가스량$(m^3/\sec) = 13.1840 \times 50.1867 = 661.66 \, m^3/\sec$

18. 해설

반응식 S + H$_2$ → H$_2$S

　　　　32kg : 22.4m³

1톤 × $\dfrac{4}{100}$ × $\dfrac{10^3 kg}{1톤}$: X,　　∴ $X = 28 \, m^3$

19. 해설

식 $S_m = \dfrac{6}{d_p \times \rho_p}$ (질량기준)

$5,000 = \dfrac{6}{d_p \times \rho_p}$,　$d_p \times \rho_p = 1.2 \times 10^{-3}$

∴ $S_m' = \dfrac{6}{2(d_p \times \rho_p)} = \dfrac{6}{2 \times (1.2 \times 10^{-3})} = 2,500 \, m^2/kg$

20. 해설

① 가스 중의 수분, 응축으로 인한 채취관의 부식 방지를 위하여
② 여과재의 막힘 방지를 위하여
③ 분석 대상가스의 응축으로 인한 오차 방지를 위하여

CHAPTER 35 2024년도 제1회 기사 필답형

01. 해설

식 $CO_{2\max}(\%) = \dfrac{CO_2}{G_{od}} \times 100$

- $G_{od} = (1-0.21)A_o + CO_2 = (1-0.21) \times 8.0952 + 0.8 = 7.1952$
  - $CO_2 = 1\,CH_4 = 1 \times 0.8 = 0.8$
  - $A_o = O_o \times \dfrac{1}{0.21} = (2 \times 0.8 + 0.5 \times 0.2) \times \dfrac{1}{0.21} = 8.0952$

$\therefore CO_{2\max}(\%) = \dfrac{0.8}{7.1952} \times 100 = 11.12\%$

02. 해설

(1) H_2
반응식 $NO + H_2 \rightarrow 0.5N_2 + H_2O$
(또는 $2NO + 2H_2 \rightarrow N_2 + 2H_2O$)

(2) CO
반응식 $NO + CO \rightarrow 0.5N_2 + CO_2$
(또는 $2NO + 2CO \rightarrow N_2 + 2CO_2$)

(3) NH_3
반응식 $6NO + 4NH_3 \rightarrow 5N_2 + 6H_2O$

(4) H_2S
반응식 $3NO + H_2S \rightarrow 1.5N_2 + SO_2 + H_2O$

03. 해설

① 아연아민착염용액
② P-아미노디메틸아닐린 용액
③ 염화철(Ⅲ) 용액
④ 670nm

04. 해설

(1) 환경감율을 구하고 대기안정도를 고르시오.

식) 환경감율 $= \dfrac{온도차(\Delta t)}{고도차(\Delta Z)} = \dfrac{(10-15)℃}{(1,000-0)m} = \dfrac{-5℃}{1,000m} \times 100m = -0.5℃/100m$

현재 환경감율이 $-0.5℃/100m$이므로

$0(등온) < \gamma(환경감률) < \gamma_d(건조단열감율)$ 이고 이때의 안정도는 약한 안정(미단열, 준단열)이다.

> 해당 대기는 (안정)이며, 연기모양은 (원추형)이다.

※ 해당 문제는 출제 오류로 판단된다. 약한 안정은 미단열(준단열) 또는 약한 불안정이라고 할 수 있으므로 불안정이나 안정 둘 중 하나로 고르기에는 문제가 있다고 판단한다. 대기의 성질을 기준으로 보면 약한 안정으로 판단이 되고 대기가 이동하는 상태를 기준으로 보면 약한 불안정으로 판단된다.

- 안정 : 대기가 원래의 위치로 돌아오려는 성질을 가진 상태
  불안정 : 대기가 원래의 위치에서 벗어나려는 성질을 가진 상태

(2) 최대혼합고도(m)를 구하시오.

식) $\dfrac{\Delta t}{\Delta Z} \times MMD + t(℃) = \gamma_d \times MMD + t_{max}$

$\rightarrow -\dfrac{0.5℃}{100m} \times MMD + 15℃ = -\dfrac{0.98℃}{100m} \times MMD + 20℃$

∴ MMD(최대혼합고) $= 1041.67m$

05. 해설

식) $pH = \log\dfrac{1}{[H^+]}$

반응식) $HSO_3 \rightarrow H^+ + SO_3^-$
   1 : 1 : 1

반응식) $SO_2 + H_2O \rightarrow HSO_3 + H$
   1 : 1 : 1 : 1

따라서, SO_2의 몰수와 H의 몰수는 같다.

$[SO_2 = H](M) = \dfrac{SO_2(mol)}{빗방울의\ 부피(L)}$

$= 0.1\mu g \times \dfrac{6}{(0.1cm \times 2)^3 \times \pi} \times \dfrac{10^3 cm^3}{1L} \times \dfrac{1g}{10^6 \mu g} \times \dfrac{1mol}{64g} = 3.7301 \times 10^{-4} M$

∴ $pH = \log\dfrac{1}{[H^+]} = \log\dfrac{1}{(3.7301 \times 10^{-4})} = 3.43$

06. 해설

식 입자개수 = $\dfrac{\text{전체 입자 부피}}{\text{입자 1개 부피}}$

- 먼지입자개수 = $\dfrac{3g \times \dfrac{1cm^3}{2g}\ (\text{비중 2} \to \text{밀도 } 2g/cm^3)}{\dfrac{\left(5\mu m \times \dfrac{1m}{10^4 \mu m}\right)^3 \times \pi}{6}} = 2.2918 \times 10^{10}$

- 물 입자개수 = $\dfrac{1L \times \dfrac{10^3 cm^3}{1L}}{\dfrac{\left(300\mu m \times \dfrac{1m}{10^4 \mu m}\right)^3 \times \pi}{6}} = 70{,}735{,}530.26$

∴ 입자개수 = $\dfrac{\text{먼지 입자개수}}{\text{물 입자개수}} = \dfrac{2.2918 \times 10^{10}}{70{,}735{,}530.26} = 323.99 ≒ 324$배

정답 324배

07. 해설

(1) 배출가스 유속(m/s)을 구하시오.

식 $V = \dfrac{Q}{A} = \dfrac{Q}{B_c \times H} = \dfrac{150m^3}{\min} \times \dfrac{1\min}{60\sec} \times \dfrac{1}{(0.25 \times 1m) \times (0.5 \times 1m)} = 20 m/\sec$

(2) 유효회전수를 구하시오. (단, 정수 첫째 자리까지 반올림한다.)

식 $N = \dfrac{1}{H_A} \times \left(H_B + \dfrac{H_c}{2}\right)$

- N : 회전수
- H_B : 원통부 높이(m) = $1.5 \times 1 = 1.5m$
- H_A : 유입구 높이(m) = $0.5 \times 1 = 0.5m$
- H_C : 원추부 높이(m) = $2.5 \times 1 = 2.5m$

$N = \dfrac{1}{0.5} \times \left(1.5 + \dfrac{2.5}{2}\right) = 5.5 ≒ 6$회

(3) Lapple 절단입경(μm)

식 $d_{p_{50(cut)}} = \sqrt{\dfrac{9\mu B_c}{2(\rho_p - \rho)\pi NV}}$

- $\mu = \dfrac{0.075kg}{m \cdot hr} \times \dfrac{1hr}{3600\sec} = 2.0833 \times 10^{-5} kg/m \cdot \sec$
- $B_c = 0.25m$
- $\rho_p = \dfrac{1{,}600kg}{Sm^3} \times \dfrac{273}{350} = 1{,}248 kg/m^3$
- $V = 20 m/\sec$
- $N = 6$

∴ $d_{p_{50(cut)}} = \sqrt{\dfrac{9 \times 2.0833 \times 10^{-5} \times 0.25}{2 \times (1{,}248) \times \pi \times 6 \times 20}} = 7.0579 \times 10^{-6} m ≒ 7.06 \mu m$

08. 해설

(1) $10^4 (ohm \cdot cm)$ 이하일 때
　① 장애현상 : 재비산 현상
　② 해결방안 (2가지) : 유속저하, NH_3 주입, 온도 및 습도 조절

(2) $10^{11} (ohm \cdot cm)$ 이상일 때
　① 장애현상 : 역전리 현상
　② 해결방안(2가지) : 황함량이 높은 연료 채용, SO_3 주입, 온도 및 습도 조절

09. 해설

식　$G_w = G_{ow} + (m-1)A_o$
　　$16.6 = 12.2 + (m-1) \times 11.4$,　　∴ $m = 1.39$

10. 해설

식　$d_{pmin} = \sqrt{\dfrac{18\mu VH}{(\rho_p - \rho)gL}}$

∴ $d_{pmin} = \sqrt{\dfrac{18 \times 2 \times 10^{-5} \times 1.5 \times 2}{(2,000 - 1.2) \times 9.8 \times 11}} = 7.0797 \times 10^{-5} m = 70.80 \mu m$

정답　$70.80 \mu m$

11. 해설

(1) 기본원리 : 액적, 액막, 기포 등으로 세정하여 입자 상호간의 응집을 촉진시키거나 입자를 부착하여 제거하는 장치로 입자 뿐 아니라 가스상 오염물질도 제거시킬 수 있다.

(2) 입자포집원리
　① 관성충돌　　② 접촉차단(직접차단)
　③ 확산　　　　④ 증습
　⑤ 중력

12. 해설

(1) 냉각시키기 위해 필요한 물의 양(kg/min)

식　$\theta_i(입열) = \theta_o(출열)$

・$\theta(열량) = m \times C \times \Delta t$

$\dfrac{150 m^3}{\min} \times \dfrac{(280-20) kcal}{kg} \times \dfrac{1.3 kg}{m^3} = X(kg/\min) \times \dfrac{600 kcal}{kg}$,　　∴ $X = 84.5 kg/\min$

(2) 냉각 후의 유량(m³/min)

[식] 냉각 후의 유량 = 투입가스 + 증발된 물의 양(수증기 양)

- 투입가스량 = $\dfrac{150m^3}{min} \times \dfrac{273+100}{273+1000} = 43.9512 m^3/min$

- 증발 된 물의 양 = $\dfrac{84.5kg}{min} \times \dfrac{22.4Sm^3}{18kg} \times \dfrac{273+100}{273} = 143.6740 m^3/min$ (투입된 물은 100℃ 이상에서 반응하였음으로 모두 증발된 것으로 판단)

∴ 냉각 후의 유량 = 43.9512 + 143.6740 = 187.63m³/min

13. [해설]

[식] $C_o = C_i \times (1-\eta_t)$

- $\eta_t = 1 - [(1-\eta_1)(1-\eta_2)] = 1 - [(1-0.78) \times (1-0.995)] = 0.9989$

$C_o = 7,000 \times (1-0.9989) = 7.7 ppm$

[정답] 7.7ppm

14. [해설]

[식] SO_2 발생량 = 황함량 × 연소되는 연료량 × $\dfrac{64kg(SO_2)}{32kg(S)}$

⇨ $\dfrac{2.5 mg(SO_2)}{kcal} = \dfrac{1kg(석탄)}{6,000kcal} \times \dfrac{S(\%)}{100(석탄)} \times \dfrac{64kg(SO_2)}{32kg(S)} \times \dfrac{10^6 mg}{1kg}$

∴ S = 0.75%

[정답] 0.75%

15. [해설]

[식] $Q = \dfrac{채취전 유량(Q_1) + 채취후 유량(Q_2)}{2} \times 채취시간(t)$

∴ $Q = \dfrac{(1.6+1.4)m^3/min}{2} \times 25hr \times \dfrac{60min}{1hr} = 2,250 m^3$

[정답] 2,250m³

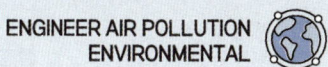

16. 해설

식 $\dfrac{X}{M} = K \times C^{\frac{1}{n}}$

- X : 농도차(입구농도 – 출구농도)
- M : 활성탄의 주입농도
- K, n : 경험적인 상수
- C : 출구농도

식의 양변에 log를 취한다.

$\log \dfrac{X}{M} = \log K + \dfrac{1}{n} \log C$

위 식으로 log그래프를 그리면, 기울기(1/n)와 절편(logK)을 이용하여 등온상수 n과 K를 구할 수 있다.

17. 해설

식 $t_o = \dfrac{Hl}{G \times C_p} + t$

반응식 $CH_4 + 2(O_2 + 3.76N_2) \rightarrow CO_2 + 2H_2O + 2 \times 3.76N_2$

- $C_p = \left(\dfrac{13.6 kcal}{kmol \cdot ℃} \times 1 kmol + \dfrac{10.5 kcal}{kmol \cdot ℃} \times 2 kmol + \dfrac{8.0 kcal}{kmol \cdot ℃} \times 7.52 kmol \right) / kmol \times \dfrac{1 kmol}{22.4 m^3} = 4.2303 kcal/m^3 \cdot ℃$

$\therefore t_o = \dfrac{8,500}{1 \times 4.2303} + 18 = 2027.31 ℃$

정답 2027.31℃

18. 해설

(1) 배출가스의 유량(m/sec)

식 $Q = A \times V$

- $V = C \times \sqrt{\dfrac{2gh}{\gamma}}$

  – h(동압) = 경사마노미터 액주이동거리(mm) × sinθ

  h(동압) = $25 cm \times \dfrac{10 mm}{1 cm} \times \sin 30 = 125 mm H_2O$

  $V = 0.8614 \times \sqrt{\dfrac{2 \times 9.8 \times 125}{1.3}} = 37.3952 m/\sec$

$\therefore Q = \dfrac{\pi \times 4^2}{4} \times 37.3952 = 469.92 m^3 / \sec$

(2) 배출가스 중 먼지농도(mg/Sm³)를 구하시오.

식 $C_{dust} = \dfrac{채취후먼지 - 채취 전먼지}{가스흡인량}$

• 가스흡인량(V_s) = $1,200L \times \dfrac{273}{273+17} \times \dfrac{760+(0)-14.5}{760}$ = 1,108.1025L

$$\therefore C_{dust} = \dfrac{(0.95-0.805)g \times \dfrac{10^3 mg}{1g}}{1,108.1025L \times \dfrac{1m^3}{10^3 L}} = 130.85 mg/m^3$$

19. 해설

식) $P = \dfrac{\Delta P \times Q}{102 \times \eta} \times \alpha$

$\therefore P = \dfrac{200 \times (250/60)}{102 \times 0.8} \times 1.2 = 12.25 kW$

정답) 12.25kW

20. 해설

식) $C_{max} = \dfrac{2Q}{H_e^2 \cdot \pi \cdot e \cdot U} \times \dfrac{K_z}{K_y} \rightarrow C_{max} = K \times \dfrac{Q}{H_e^2}$

$C_{max} = K \times \dfrac{25}{70^2} = 5.1020 \times 10^{-3} K$

$25 = K \times \dfrac{1}{70^2}$, $K = 122,500$

$\therefore C_{max} = 122,500 \times \dfrac{1}{125^2} = 7.84 \mu g/m^3$

정답) 7.84μg/m³

PART 4

제 4 편
부 록

01. 대기환경 틈새시장
02. 대기환경 공식정리

CHAPTER 01 대기환경 틈새시장
(점수를 더 두텁게 만들기!)

1 스테판-볼츠만의 법칙

흑체의 단위 표면적에서 방출되는 모든 파장의 빛에너지 총합(E)은, 흑체의 절대온도(T)의 4제곱에 비례한다는 법칙
`암기TIP` 스볼이 네가지 없다!

2 빈의 변위법칙

최대에너지 파장과 흑체표면의 절대온도는 반비례하다는 법칙 `암기TIP` 빈빈빈 반비례

$$\lambda_m = \frac{2,897}{T} \text{ (여기서, 2,897 : 상수)}$$

3 플랑크/키르히호프의 법칙

(1) 플랑크법칙

모든 물체는 온도가 증가할수록 복사선의 파장이 짧아지는 쪽으로 그 중심이 이동한다는 법칙.
`암기TIP` 플랑크톤은 짧다.)

(2) 키르히호프 법칙

일정한 온도에서 같은 파장의 복사(전자기파)에 대한 물체의 흡수능과 반사능의 비는 물체의 성질(종류, 매질)에 관계없이 일정하다는 것을 설명해준다.
`암기TIP` 호프집의 매출은 안주의 **종류**와 관계없이 술로 결정된다.)

4 알베도

대기권을 통과한 태양복사에너지에 대응하여 반사하는 일사의 비율

5 광학직경의 종류와 정의

① **마틴직경** : 평면에 투영된 입자의 그림자 면적과 기준선이 평행하게 이등분하는 선의 길이를 말한다.
② **헤이후드경(등면적 직경)** : 입자의 투영상의 면적과 동일한 투영면적을 갖는 구형의 직경
③ **페레트 직경** : 입자의 한쪽 끝 가장자리와 다른 쪽 가장자리 사이의 투영면적 가장자리에 접하는 가장 긴 선의 길이에 상당하는 직경
④ **입경크기** : 마틴 > 헤이후드 > 페레트 이러한 순이 되는 경향이 있다.

6 상자모델

(1) 정의
오염물질의 질량보존 법칙에 기본을 둔 모델로서 대기오염 물질의 농도가 시간에 따라서만 변하는 0차원 모델임

(2) 가정조건
① 상자 내의 농도는 균일하며, 배출원은 지면 전역에 균일하게 분포되어 있다.
② 배출된 오염물질은 즉시 공간 내에 균일하게 혼합된다.
③ 바람은 상자의 측면에서 수직단면에 직각방향으로 불며 그 속도는 일정하다.
④ 상자 내의 풍향, 풍속 분포도는 균일하다.
⑤ 오염물질의 분해가 있는 경우는 1차 반응으로 취급한다.

7 Coh

(1) Coh 정의
빛 전달률을 측정하였을 때 광화학적 밀도가 0.01이 되도록 하는 여과지 상의 빛을 분산시키는 고형물질의 양

(2) Coh 구하는 공식 및 설명

식 $Coh = \dfrac{(OD)}{0.01} = \dfrac{\log(\dfrac{1}{I_t/I_o})}{0.01} = 100\log(\dfrac{I_o}{I_t}) = 100\log(\dfrac{1}{t})$

- Coh : 광화학적 밀도(OD)를 0.01로 나눈 값
- 광화학적 밀도(OD : Optical Density) : 불투명도의 log 값
- 불투명도(opacity) : 빛 전달률(투과도 : t)의 역수
- 빛 전달률(투과도 : t) : 투과광의 강도(I_t)/입사광의 강도(I_o)

8 분리도와 분리계수

(1) 분리도

$$R = \frac{2(t_{R2} - t_{R1})}{W_1 + W_2}$$

(2) 분리계수

$$d = \frac{t_{R2}}{t_{R1}}$$

여기서, t_{R1} : 시료 도입점으로부터 피크 1의 최고점까지의 길이
t_{R2} : 시료 도입점으로부터 피크 2의 최고점까지의 길이
W_1 : 피크 1의 좌우 변곡점에서 접선이 자르는 바탕선의 길이
W_2 : 피크 2의 좌우 변곡점에서 접선이 자르는 바탕선의 길이

9 GC/MS(가스크로마토 질량분석기) 실린지 첨가용 내부표준물질 2종류

$^{13}C_{12} - 1,2,3,4 - T_4CDD$ 및 $^{13}C_{12} - 1,2,3,7,8,9 - H_6CDD$ (암기를 권장하지는 않습니다.)

10 교토프로토콜(교토의정서)

(1) 교토의정서란?

선진 38개국이 2012년까지 온실가스배출량을 1990년 대비, 평균 5.2% 줄이는 것을 골자로 하고 있다.

(2) 주요 협약

① 공동이행제도
② 청정개발체제
③ 배출권 거래제도

11 리우선언

지구환경용량을 초과하지 않는 범위 내에서 지속적인 성장을 가능하게 하는 개발을 실현하기 위한 국가와 지방정부 역할의 중요성을 천명하였다.(ESSD: 환경적으로 건전하고 지속가능한 개발)

12 산성비 관련 국제 협약

① 헬싱키 의정서(SO_x 감축 결의)
② 소피아 의정서(NO_x 감축 결의)

13 악취-복합물질

구분	배출허용기준(희석배수)		엄격한 배출허용기준의 범위(희석배수)	
	공업지역	기타지역	공업지역	기타지역
배출구	1000 이하	500 이하	500~1000	300~500
부지경계선	20 이하	15 이하	15~20	10~15

14 실내 공기질 유지기준 (암기TIP 일 군 폼 먼 산)

실내공기질 유지기준(제3조 관련)

다중이용시설 \ 오염물질 항목	미세먼지 (PM-10) ($\mu g/m^3$)	미세먼지 (PM-2.5) ($\mu g/m^3$)	이산화탄소 (ppm)	폼알데하이드 ($\mu g/m^3$)	총부유세균 (CFU/m^3)	일산화탄소 (ppm)
지하역사, 지하도상가, 여객자동차터미널의 대합실, 철도역사의 대합실, 공항시설 중 여객터미널, 항만시설 중 대합실, 도서관·박물관 및 미술관, 장례식장, 목욕장, 대규모점포, 영화상영관, 학원, 전시시설, 인터넷컴퓨터게임시설제공업 영업시설	100 이하	50 이하	1,000 이하	100 이하	—	10 이하
의료기관, 어린이집, 노인요양시설, 산후조리원	75 이하	35 이하		80 이하	800 이하	
실내주차장	200 이하	—		100 이하	—	25 이하
실내 체육시설, 실내 공연장, 업무시설, 둘 이상의 용도에 사용되는 건축물	200 이하	—		—	—	—

15 실내 공기질 권고기준

실내공기질 권고기준(제4조 관련)

다중이용시설 \ 오염물질 항목	이산화질소 (ppm)	라돈 (Bq/m³)	총휘발성 유기화합물 (μg/m³)	곰팡이 (CFU/m³)
지하역사, 지하도상가, 여객자동차터미널의 대합실, 철도역사의 대합실, 공항시설 중 여객터미널, 항만시설 중 대합실, 도서관·박물관 및 미술관, 장례식장, 목욕장, 대규모점포, 영화상영관, 학원, 전시시설, 인터넷컴퓨터게임시설제공업 영업시설	0.1 이하	148 이하	500 이하	-
의료기관, 어린이집, 노인요양시설, 산후조리원	0.05 이하		400 이하	500 이하
실내주차장	0.30 이하		1,000 이하	-

16 신축 공동주택의 실내공기질 권고기준

다중이용시설 \ 오염물질 항목	폼알데하이드	벤젠	톨루엔	에틸벤젠	자일렌	스티렌	라돈
100세대 이상 신축 공동주택	210μg/m³ 이하	30μg/m³ 이하	1000μg/m³ 이하	360μg/m³ 이하	700μg/m³ 이하	300μg/m³ 이하	148Bq/m³ 이하

17 건축자재에서 방출되는 오염물질

오염물질은 폼알데하이드, 톨루엔 및 총휘발성유기화합물로 하되, 아래 표의 구분에 따른 방출농도 이상인 경우로 한다.

구분 \ 오염물질 종류	폼알데하이드 2016년까지	폼알데하이드 2017년부터	톨루엔	총휘발성유기화합물
접착제	0.05	0.02	0.08	2.0
페인트	0.05	0.02	0.08	2.5
실란트	0.05	0.02	0.08	1.5
퍼티	0.05	0.02	0.08	20.0
일반자재	0.05	0.02	0.08	4.0

18 배출가스 중의 염화비닐을 분석하는 방법 2가지

(1) 열탈착법

흡착제를 충진한 흡착관에 염화비닐을 흡착시킨 후 흡착시킨 방향과 반대방향으로 열탈착하여 가스크로마토그래피를 이용하여 분석하는 방법

(2) 용매추출법

이황화탄소를 사용하여 흡착관에 흡착된 염화비닐을 추출한 후 이 추출액 중 일정량을 가스크로마토그래피에 주입하여 분석하는 방법

19 가스크로마토그래프법과 이온크로마토그래프법

(1) 가스크로마토그래프법

① **원리** : 기체시료 또는 기화시킨 시료를 분리관으로 전개하여 분리되는 각 성분을 크로마토그래피적으로 분석하는 방법

② **적용** : 무기물 또는 유기물의 대기오염 물질의 정성, 정량분석에 이용

(2) 이온크로마토그래프법

① **원리** : 이동상으로는 액체, 그리고 고정상으로는 이온교환수지를 사용하여 이동상에 녹는 혼합물을 고분리능 고정상이 충전된 분리관내로 통과시켜 시료성분의 용출상태를 전도도 검출기 또는 광학 검출기로 검출하여 그 농도를 정량하는 방법

② **적용** : 일반적으로 강수(비, 눈, 우박 등), 대기먼지, 하천수 중의 이온성분을 정성, 정량 분석하는데 이용한다.

20 삼원촉매장치의 촉매 3가지와 제거오염물질 3가지

(1) 촉매 3가지
   ① **산화촉매** : 백금(Pt), 팔라듐(Pd)
   ② **환원촉매** : 로듐(Rh)

(2) 제거오염물질 3가지 : NO_x(질소산화물), HC(탄화수소), CO(일산화탄소)

21 충전탑관련 용어

(1) 홀드업(hold-up)
충전층 내의 액보유량을 말함

(2) 로딩(loading)
충전층 내의 유량속도가 증가할 때 액의 홀드업이 급속히 증가하는 상태를 말함

(3) 플러딩(flooding)
충전층 내의 유량속도가 과도하여 향류로 접촉되던 흡수액이 가스에 밀려 흡수탑 밖으로 범람하는 현상을 말함

22 연소형태의 종류

① **증발연소** : 증발하기 쉬운 액체연소인 휘발유, 등유, 알코올, 벤젠 등은 화염으로부터 열을 받으면 가연성 증기가 발생하여 연소가 되는데 이것을 증발연소라 한다.
② **분해연소** : 목재, 석탄, 타르 등은 연소초기에 열분해에 의하여 가연성가스가 생성되고 이것이 긴 화염을 발생시키면서 연소하는데 이러한 연소를 분해연소라고 하며, 고체 및 액체연소의 연소형태에 속한다.
③ **표면연소** : 코크스나 목탄 등이 고온으로 되면 그 표면이 빨갛게 빛을 내면서 연소되는 형태로 휘발성분이 없는 고체연료의 연소형태이다.
④ **확산연소** : LNG, LPG 등의 기체연료는 공기와 혼합하여 확산연소된다.
⑤ **내부연소** : 니트로글리세린과 같은 물질은 공기중의 산소공급없이 그 물질의 분자자체에 함유하고 있는 산소를 이용하여 연소한다.

23 전기집진장치에서 2차 전류가 현저하게 떨어질 때의 대책

① 스파크의 횟수를 늘린다.
② 조습용 스프레이의 수량을 늘린다.
③ 입구분진농도를 적절히 조절한다.

24 비분산적외선분광분석법 측정기기 성능 (암기TIP 수능 본 현성이)

① **재현성** : 동일 측정조건에서 제로가스와 스팬가스를 번갈아 3회 도입하여 각각의 측정값의 평균으로부터 편차를 구한다. 이 편차는 전체 눈금의 ±2% 이내이어야 한다.

② **감도** : 최대눈금범위의 ±1% 이하에 해당하는 농도변화를 검출할 수 있는 것이어야 한다.
③ **제로 드리프트** : 동일 조건에서 제로가스를 연속적으로 도입하여 고정형은 24시간, 이동형은 4시간 연속 측정하는 동안에 전체 눈금의 ±2% 이상의 지시 변화가 없어야 한다.
④ **스팬 드리프트** : 동일 조건에서 제로가스를 흘려 보내면서 때때로 스팬가스를 도입할 때 제로 드리프트(zero drift)를 뺀 드리프트가 고정형은 24시간, 이동형은 4시간 동안에 전체 눈금값의 ±2% 이상이 되어서는 안된다.
⑤ **응답시간** : 제로 조정용 가스를 도입하여 안정된 후 유로를 스팬가스로 바꾸어 기준 유량으로 분석계에 도입하여 그 농도를 눈금 범위 내의 어느 일정한 값으로부터 다른 일정한 값으로 갑자기 변화시켰을 때 스텝(step) 응답에 대한 소비시간이 1초 이내이어야 한다. 또 이때 최종 지시값에 대한 90%의 응답을 나타내는 시간은 40초 이내이어야 한다.
⑥ **온도변화에 대한 안정성** : 측정가스의 온도가 표시온도 범위 내에서 변동해도 성능에 지장이 있어서는 안된다.
⑦ **유량변화에 대한 안정성** : 측정가스의 유량이 표시한 기준유량에 대하여 ±2% 이내에서 변동하여도 성능에 지장이 있어서는 안된다.
⑧ **전압변동에 대한 안정성** : 전원전압이 설정 전압의 ±10% 이내로 변화하였을 때 지시값 변화는 전체눈금의 ±1% 이내여야 하고, 주파수가 설정 주파수의 ±2%에서 변동해도 성능에 지장이 있어서는 안된다.

> 💡 **암기법 (현성's Story)**
> 작년에 수능 친 재수생 현성이는 삼수해서 2등급, 감은 1등급이었지만, 2등급이다. 책상에 몸을 고정해서 24시간해도 모자라지만, 이동시간이 4시간이나 걸렸고, 이동중에 응답하라 1994를 봤다.

25 시료채취시 채취관을 보온 또는 가열하는 이유 3가지를 쓰시오.

① 가스 중의 수분, 응축으로 인한 채취관의 부식 방지를 위하여
② 여과재의 막힘 방지를 위하여
③ 분석 대상가스의 응축으로 인한 오차 방지를 위하여

26 산술평균과 기하평균

식 산술평균(AM) = $\dfrac{X_1 + X_2 + X_3 \cdots X_n}{N}$ (데이터값을 모두 더하여 개수로 나누어 산출)

식 기하평균(GM) = $\sqrt[n]{a_1 \times a_2 \times a_3 \times \cdots \times a_n}$ (데이터값을 모두 곱하여 개수의 제곱근으로 산출)

27 커닝험 보정계수

(1) 정의

미세입자의 경우 기체분자가 입자에 충돌할 때 입자표면에서 미끄러지는 현상이 일어나기 때문에 입자에 작용하는 항력이 작아져 입자의 종말침강속도는 계산값보다 커지게 된다. **이 현상은 입경이 3㎛보다 작을 때부터 발생하고, 1㎛ 이하부터 현저하다.** 커닝험 보정계수는 이 현상을 보정하기 위해 적용되는 계수이다.

(2) 특징

① 압력이 낮을수록, 커닝험 보정계수는 커진다.
② 온도가 높을수록, 커닝험 보정계수는 커진다.
③ 입자의 크기가 작을수록, 커닝험 보정계수는 커진다.

CHAPTER 02 대기환경 공식정리

1 대기오염방지기술

(1) 오염물질 확산 및 예측하기

① 가우시안 확산방정식

$$\boxed{식}\ C = \frac{Q}{2\pi\sigma_y\sigma_z u} exp\left[-\left(\frac{y^2}{2\sigma_y^{\,2}}\right)\right]\left[\exp\left\{-\left(\frac{(z-H)^2}{2\sigma_z^{\,2}}\right)\right\} + \exp\left\{-\left(\frac{(z+H)^2}{2\sigma_z^{\,2}}\right)\right\}\right]$$

- x : 배출원과 도착한 오염원의 거리
- y : 도착한 오염원의 수평상의 거리
- z : 도착한 오염원의 높이
- H : 배출원의 유효굴뚝높이

② 리차드슨 수(Ri) : 대류난류를 기계적인 난류로 전환시키는 율

$$\boxed{식}\ R_i = \frac{g}{T_m}\left[\frac{(\Delta T/\Delta Z)}{(\Delta U/\Delta Z)^2}\right]$$

- ΔT : 온도차
- ΔU : 풍속차
- ΔZ : 고도차
- T_m : 평균온도(K)

③ 혼합고

$$\boxed{식}\ C_2 = C_1 \times \left(\frac{H_1}{H_2}\right)^3$$

④ 최대혼합고

$$\boxed{식}\ C_2 = C_1 \times \left(\frac{MMD_1}{MMD_2}\right)^3$$

⑤ 최대지표농도(Cmax) [암기TIP] 2층집에~헤헤 파이에유!]

$$\boxed{식}\ C_{max} = \frac{2Q}{H_e^{\,2}\cdot\pi\cdot e\cdot U} \times \frac{C_z}{C_y}$$

- Q : 배출량
- H_e : 유효굴뚝높이
- U : 풍속
- C_z : 수직확산계수
- C_y : 수평확산계수

⑥ 최대착지거리(Xmax) [암기TIP] Xmas(크리스마스)에 산타헬(He)베를 기다려요.]

$$\boxed{식}\ X_{max} = \left(\frac{H_e}{C_z}\right)^{\frac{2}{2-n}}$$

- H_e : 유효굴뚝높이
- n : 대기안정도
- C_z : 수직확산계수

⑦ 통풍력계산

$$Z(\mathrm{mmH_2O}) = 273\,H\left(\frac{\gamma_a}{273+t_a} - \frac{\gamma_g}{273+t_g}\right)$$

- H : 굴뚝의 높이
- γ_a : 외기(공기)의 비중량(kg/m³)
- γ_a : 가스의 비중량(kg/m³)
- t_a : 외기(공기)의 온도(℃)
- t_g : 가스의 온도(℃)

※ 외기와 가스의 비중량이 제시되지 않을 때는 1.3kg/m³으로 적용한다.

⑧ 가시거리

㉠ 상대습도 70%에서 가시거리 계산

$$L_v = \frac{A \times 10^3}{C}$$

- A : 상수
- C : 농도

㉡ 분산면적비(K)에 의한 가시거리 계산

$$L_m(m) = \frac{5.2\rho r}{KC}$$

- r : 반경
- K : 분산면적비

㉢ 헤이즈 계수(Coh)

$$Coh_{1000} = \frac{(\log 1/t)/0.01}{L} \times 10^3$$

- t : 빛 전달률
- L : 이동거리

2 연소

① 이론산소량

- $O_o = \sum$ 각 기체별 산소요구량(m³/m³) → 이론산소 부피/기체연료
- $O_o = 1.8667\mathrm{C} + 5.6\mathrm{H} + 0.7\mathrm{S} - 0.7\mathrm{O}\,(\mathrm{m^3/kg})$ → 이론산소 부피/액·고체연료
- $O_o = 2.6667\mathrm{C} + 8\mathrm{H} + \mathrm{S} - \mathrm{O}\,(\mathrm{kg/kg})$ → 이론산소 무게/액·고체연료

② 이론공기량

㉠ 이론공기량(부피)

$$A_o = O_o \times \frac{1}{0.21}$$

㉡ 이론공기량(무게)

$$A_o = O_o \times \frac{1}{0.232}$$

③ 공기비(m)

㉠ 실제공기량/이론공기량

$$m = \frac{A}{A_o}$$

㉡ 배기가스 조성

$$m = \frac{N_2}{N_2 - 3.76O_2} \text{(완전연소 시)}$$

$$m = \frac{N_2}{N_2 - 3.76(O_2 - 0.5CO)} \text{(불완전연소 시)}$$

- N_2 : 배기가스 중 질소
- O_2 : 배기가스 중 산소
- CO : 배기가스 중 일산화탄소

④ 연소가스의 종류

㉠ God(이론 건조 연소가스 = 이론건조가스)

$$God = (1 - 0.21)A_o + CO_2 + SO_2 + N_2 (m^3/kg)$$
$$God = (1 - 0.232)A_o + CO_2 + SO_2 + N_2 (kg/kg)$$

㉡ Gow(이론 습윤 연소가스 = 이론습가스)

$$Gow = (1 - 0.21)A_o + CO_2 + H_2O + SO_2 + N_2 (m^3/kg)$$
$$Gow = (1 - 0.232)A_o + CO_2 + H_2O + SO_2 + N_2 (kg/kg)$$

㉢ Gd(실제 건조 연소가스 = 건조가스)

$$Gd = (m - 0.21)A_o + CO_2 + SO_2 + N_2 (m^3/kg)$$
$$Gd = (m - 0.232)A_o + CO_2 + SO_2 + N_2 (kg/kg)$$

㉣ Gw(실제 습윤 연소가스 = 연소가스)

$$G_w = (m - 0.21)A_o + CO_2 + H_2O + SO_2 + N_2 (m^3/kg)$$
$$G_w = (m - 0.232)A_o + CO_2 + H_2O + SO_2 + N_2 (kg/kg)$$

⑤ 농도산출

- 먼지농도 : $X_{dust} = \dfrac{\text{먼지중량}(mg)}{\text{가스량}(m^3)}$

- 수분량 : $X_{H_2O} = \dfrac{\text{수분량}}{\text{가스량}} = \dfrac{\text{수분량}}{\text{건조가스} + \text{수증기}}$

  ※ 수증기 = 1.244W (W : 수분)

- 아황산가스, 염소가스, 불소가스 등 : $X_c = \dfrac{C}{G}$

- 최대탄산가스율 계산
  - 연료분석치로 산출

  $$\text{식}\quad CO_{2\max} = \frac{CO_2}{G_{od}} \times 100$$

  - 배기가스분석치로 산출

  $$\text{식}\quad CO_{2\max} = m \times (CO_2)$$

⑥ **공연비** : 공기와 연료의 비, 기준은 AFR무게기준으로 한다.

- AFR(무게) = $\dfrac{\text{공기 무게}}{\text{연료 무게}} = \dfrac{\text{공기몰수} \times \text{공기분자량}}{\text{연료몰수} \times \text{연료분자량}}$

- AFR(부피) = $\dfrac{\text{공기 부피}}{\text{연료 부피}} = \dfrac{\text{공기몰수} \times 22.4}{\text{연료몰수} \times 22.4}$

⑦ **고위발열량과 저위발열량**

- 고위발열량 : 열량계로 측정한 열량

$$\text{식}\quad Hh = 8100C + 34{,}000\left(H - \frac{O}{8}\right) + 2500S\,(\text{kcal/kg})$$

- 저위발열량(진발열량) : 고위발열량 − 물의 증발잠열

$$\text{식}\quad Hl = Hh - 600(9H + W)\,(\text{kcal/kg})$$
$$\text{식}\quad Hl = Hh - 480\sum iH_2O \,(\text{kcal/m}^3)$$

- 생성과 반응을 이용한 발열량 산출 : 발열량 = 생성열량 − 반응열량

※ iH_2O : 물의 몰수

⑧ **연소실 열발생율 및 연소온도**

- 연소효율 = $\dfrac{\text{실제연소열량}}{\text{이론연소열량}} = \dfrac{\text{이론연소열량} - \text{손실열량}}{\text{이론연소열량}}$

- 연소실 열부하 = $\dfrac{\text{발열량} \times \text{연료투입량}}{\text{연소실 용적}}$

- 화격자 연소율 = $\dfrac{\text{연료투입량}}{\text{화격자면적}}$

- 연소온도 = $\dfrac{\text{발열량}}{\text{가스량} \times \text{가스비열}} + \text{초기온도(예열온도)}$

3 유체역학 및 가스처리

① 레이놀드수(N_{Re})

$$\text{식} \quad N_{Re} = \frac{\text{관성력}}{\text{점성력}} = \frac{DV\rho}{\mu}$$

$$\text{식} \quad N_{Rep} = \frac{\text{관성력}}{\text{점성력}} = \frac{D_p V\rho}{\mu} \text{ (입자레이놀드수)}$$

- D_p : 입자 직경
- D : 관 직경
- V : 유속
- ρ : 유체의 밀도
- μ : 유체의 점도

> **판단기준**
> 2100 > N_{Re} : 층류, 4000 < N_{Re} : 난류
> 1 ≥ N_{Rep} : 층류, 1 < N_{Rep} : 난류

② 종말침강속도 산정

$$\text{식} \quad V_g = \frac{d_p^2(\rho_p - \rho_g)g}{18\mu} \times C_c \text{ (층류 기준)}$$

③ Stoke경과 공기동력학경의 상관관계

$$\text{식} \quad V_s = V_{s(a)}$$

$$\frac{d_p^2(\rho_p - \rho_g)g}{18\mu} = \frac{d_{p(a)}^2(1g/cm^3 - \rho_g)g}{18\mu}$$

$$d_p \times \sqrt{\frac{(\rho_p - \rho_g)}{(1g/cm^3 - \rho_g)}} = d_{p(a)}$$

④ 입자의 비표면적(S_v, S_m)

$$\text{식} \quad S_v = \frac{\text{표면적}}{\text{체적}} = \frac{6}{d_p} \text{ (m}^2\text{/m}^3\text{, 부피기준)} \qquad \text{식} \quad S_m = \frac{\text{표면적}}{\text{질량}} = \frac{6}{d_p \times \rho_p} \text{ (m}^2\text{/kg, 질량기준)}$$

⑤ 헨리의 법칙

$$\text{식} \quad P = H \times C$$

- $P(atm)$: 압력
- $H(atm \cdot m^3/kmol)$: 헨리상수
- $C(kmol/m^3)$: 농도

⑥ 충전탑의 높이

$$\text{식} \quad h = H_{OG} \times N_{OG} = H_{OG} \times \ln\left(\frac{1}{1-E}\right)$$

- N_{OG} : 기상총괄이동단위수
- H_{OG} : 기상총괄이동단위높이
- E : 효율

⑦ 흡착식

- Langmuir(랭뮤어)식 : 화학적 흡착 가정

  식 $Q = aP(1+bP)^{-1}$

- Freundlich(프로인들리히)식 : 물리적 흡착 가정

  식 $Q = \dfrac{X}{M} = kC^{\frac{1}{n}}$

⑧ 환원법

㉠ 선택적 접촉(촉매) 환원법(SCR)

반응식 $4NO + 4NH_3 + O_2 \rightarrow 4N_2 + 6H_2O$ (산소 공존)
$6NO + 4NH_3 \rightarrow 5N_2 + 6H_2O$ (산소 공존 ×)
$6NO_2 + 8NH_3 \rightarrow 7N_2 + 12H_2O$ (산소 공존 ×)
$NO + H_2S \rightarrow 0.5N_2 + H_2O + S$ (산소 공존 ×)

㉡ 선택적 비촉매 환원법(SNCR)

반응식 $4NO + 4NH_3 + O_2 \rightarrow 4N_2 + 6H_2O$ (산소 공존)
$4NO + 2(NH_2)_2CO + O_2 \rightarrow 4N_2 + 4H_2O + 2CO_2$ (요소 사용)

㉢ 비선택적 접촉(촉매) 환원법(NCR)

반응식 $4NO + 4CO \rightarrow 2N_2 + 4CO_2$
$2NO_2 + 4CO \rightarrow N_2 + 4CO_2$
$4NO + CH_4 \rightarrow 2N_2 + CO_2 + 2H_2O$
$2NO + CH_4 \rightarrow N_2 + CO_2 + 2H_2O$

4 환기

① 후드의 흡인유량

식 $Q_c = (10X^2 + A) \times V_c$

- 테이블(바닥) 위에 설치되어 있을 때 : $Q_c = 0.5(10X^2 + 2A) \times V_c$
- 플랜지를 부착한 경우 : $Q_c = 0.75(10X^2 + A) \times V_c$
- 테이블(바닥) 위에, 플랜지를 부착한 경우 : $Q_c = 0.5(10X^2 + A) \times V_c$

② 후드의 압력손실

$$\Delta P_h = F_i \times P_v = \left(\frac{1-C_e^2}{C_e^2}\right) \times P_v$$

- F_i : 유입손실계수
- C_e : 유입계수
- P_v : 동압(속도압) $= \dfrac{\gamma V^2}{2g}$

③ 덕트의 압력손실(ΔP)

㉠ 장방형(ΔP) $= f \times \dfrac{L}{D_o} \times \dfrac{\gamma V^2}{2g}$

㉡ 원형(ΔP) $= 4f \times \dfrac{L}{D} \times \dfrac{\gamma V^2}{2g} = \lambda \times \dfrac{L}{D} \times \dfrac{\gamma V^2}{2g}$

※ $4f = \lambda$ ※ $D_o = \dfrac{2ab}{a+b}$

④ 송풍기 관련공식

$$\text{소요동력} : P(kW) = \frac{\Delta P \cdot Q}{102 \cdot \eta} \times \alpha$$

- ΔP : 압력손실(mmH₂O)
- Q : 유량(m³/sec)
- η : 효율
- α : 여유율

⇨ 모든 단위를 MKS로 통일하자!
⇨ 축동력을 구할 때는 여유율을 무시하자!
⇨ 이론동력을 구할 때는 효율을 100%로 대입하자!

⑤ 송풍기 상사법칙 [암기TIP] 요압동 123동]

㉠ 회전수변화에 유량은 1승에 비례

$$Q_2 = Q_1 \times \left(\frac{N_2}{N_1}\right)$$

㉡ 회전수변화에 압력은 2승에 비례

$$P_{s2} = P_{s_1} \times \left(\frac{N_2}{N_1}\right)^2$$

㉢ 회전수변화에 동력은 3승에 비례

$$P_2 = P_1 \times \left(\frac{N_2}{N_1}\right)^3$$

⑥ 통풍력 계산

$$Z(\text{mmH}_2\text{O}) = 273\,H\left(\frac{\gamma_a}{273+t_a} - \frac{\gamma_g}{273+t_g}\right)$$

- H : 굴뚝의 높이
- γ_a : 외기(공기)의 비중량(kg/m³)
- γ_g : 가스의 비중량(kg/m³)
- t_a : 외기(공기)의 온도(℃)
- t_g : 가스의 온도(℃)

※ 외기와 가스의 비중량이 제시되지 않을 때는 1.3kg/m³으로 적용한다.

5 집진기술

① 중력집진기

㉠ 부분집진율(η_f) : 유입되는 입자 중 대상입자의 집진율

$$\eta_f = \frac{V_g}{V} \times \frac{L}{H}\,(\text{층류}),\quad \eta_f = 1 - \exp\left[\frac{V_g}{V} \times \frac{L}{H}\right]\,(\text{난류})$$

㉡ 부분집진율 공식의 변형

$$\eta_f = \frac{V_g}{V} \times \frac{L}{H} = \frac{d_p^{\,2}(\rho_p-\rho_g)gL}{18\mu VH} = \frac{d_p^{\,2}(\rho_p-\rho_g)gBL}{18\mu Q}$$

※ A(단면적) $= B$(폭)$\times H$(높이)

㉢ 최소제거입경

$$d_{pmin}(\mu m) = \sqrt{\left[\frac{18\mu VH}{(\rho_p-\rho_g)gL}\right]}$$

② 원심력집진기

㉠ 100% 제거입경

$$d_{pmin} = \sqrt{\frac{9\mu B}{\pi V(\rho_s-\rho)N}} \times 10^6\,(\mu m)$$

㉡ 50% 제거입경

$$d_{pcut} = \sqrt{\frac{9\mu B}{2\pi V(\rho_s-\rho)N}} \times 10^6\,(\mu m)$$

㉢ 부분집진율

$$\eta_f = \frac{d_p^{\,2}\pi V(\rho_s-\rho)N}{9\mu B} \times 100\,(\%)$$

ⓔ 분리계수(S)

$$\boxed{식}\ S = \frac{원심력의\ 분리속도}{중력의\ 침강속도} = \frac{V^2}{R \times g}$$

ⓜ 사이클론에서 외부선회류의 회전수

$$\boxed{식}\ N = \frac{1}{H_A} \times (H_B + \frac{H_c}{2})$$

- N : 회전수
- H_A : 유입구 높이(m)
- H_B : 원추부 높이(m)
- H_C : 원추부 높이(m)

③ 세정집진기

㉠ 노즐과 수압관계

$$\boxed{식}\ n\left(\frac{d_n}{D_t}\right)^2 = \frac{V_t L}{100\sqrt{P}}\ \text{(MKS)}$$

㉡ 수적경 계산

$$\boxed{식}\ D_w = \frac{4980}{V_t} + 29L^{1.5},\ D_w = \frac{200}{N\sqrt{R}} \times 10^4\ \text{(반경(cm), 회전수(rpm))}$$

④ 여과집진기

㉠ 여과포 개수 계산

$$\boxed{식}\ n = \frac{총여과면적}{단위 여과포 면적} = \frac{A_f}{A_i} = \frac{Q_f}{Q_i} = \frac{Q_f}{\pi DL V_f}$$

- V_f : 여과속도
- Q_f : 여과유량
- D : 여과포 직경
- L : 여과포 길이(높이)

㉡ 분진부하 계산

$$\boxed{식}\ L_d = C_i \times V_f \times \eta \times t$$

㉢ 탈진주기 계산

$$\boxed{식}\ t = \frac{L_d}{C_i \times V_f \times \eta}$$

※ 포집분진 $= C_i \times \eta = (C_i - C_o)$

㉣ 압력손실 계산

$$\boxed{식}\ \Delta P = K_1 V_f + K_2 L_d V_f$$

- K_1 : 여과포 압력손실 계수
- K_2 : 먼지 압력손실 계수

ⓓ 여과시간

$$t_f = N(t_r + t_c) - t_c$$

- N : 단위집진실의 총 숫자
- t_r : 운전시간(min)
- t_c : 탈진시간(min)

⑤ 전기집진기

㉠ 효율 계산

$$\eta = 1 - e^{\left(-\frac{A \times W_e}{Q}\right)}$$

- A : 집진면적
- W_e : 입자의 이동속도
- Q : 처리유량

㉡ 길이 계산

$$\frac{A}{Q} = \frac{1}{W_e},\quad \frac{L}{R \times V} = \frac{1}{W_e},\quad L = \frac{R \times V}{W_e}$$

- L : 집진판 길이
- R : 방전극과 집진판 사이의 거리(방전극은 집진판 정 가운데 위치한다.)

㉢ 평판형 집진기 개수 산출

$$A_E = 2(n-1)A_i$$

6 대기오염 측정 및 관리

① 흡인유량 계산

㉠ 습식가스 미터를 사용할 시

$$V_s = V \times \frac{273}{273 + t} \times \frac{P_a + P_m - P_v}{760}$$

㉡ 건식가스 미터를 사용할 시(흡인시 수분 배제)

$$V_s = V \times \frac{273}{273 + t} \times \frac{P_a + P_m}{760}$$

- V : 가스미터로 측정한 흡입가스량(L)
- t : 가스미터의 온도(℃)
- P_m : 가스미터의 게이지압(mmHg)
- V_s : 건조시료가스 채취량(L)
- P_a : 대기압(mmHg)
- P_v : t℃에서의 포화수증기압(mmHg)

② **등속흡입** : 등속흡입(isokinetic sampling)은 먼지시료를 채취하기 위해 흡입 노즐을 이용하여 배출가스를 흡입할 때, 흡입노즐을 배출가스의 흐름방향으로 배출가스와 같은 유속으로 가스를 흡입하는 것을 말한다.

등속흡입 정도를 알기 위하여 다음 식에 의해 구한 값이 (90~110)% 범위여야 한다.

$$\boxed{식}\ I(\%) = \frac{V'_m}{q_m \times t} \times 100$$

- I : 등속흡입계수(%)
- q_m : 가스미터에 있어서의 등속 흡입유량(L/min)
- V'_m : 흡입가스량(습식가스미터에서 읽은 값)(L)
- t : 가스 흡입시간(min)

③ **비산먼지 측정**

㉠ 비산먼지 농도산출

$$\boxed{식}\ C = (C_H - C_B) \times W_D \times W_S$$

- C_H : 포집먼지량이 가장 많은 위치에서의 먼지농도
- C_B : 대조위치에서의 먼지농도
- W_D : 풍향보정계수
  - 전 시료채취 기간 중 풍향이 90° 이상 변하면 1.5
  - 전 시료채취 기간 중 풍향이 45~90° 변하면 1.2
  - 전 시료채취 기간 중 풍향이 45° 미만 변하면 1.0
- W_S : 풍속보정계수
  - 풍속이 0.5m/sec 미만 또는 10m/sec 이상되는 시간이 전 채취시간의 50% 미만일 때 1.0
  - 풍속이 0.5m/sec 미만 또는 10m/sec 이상되는 시간이 전 채취시간의 50% 이상일 때 1.2

㉡ 디포지트게이지 : 포집깔때기를 이용하는 강하 분진 측정 장비로, 실외에서 측정하며, 1개월에 1회 측정한다.

$$\boxed{식}\ Q = \frac{포집분진(톤)}{포집면적(km^2)} \times \frac{30}{측정일수}$$

④ **시료채취지점수의 결정**

㉠ 인구비례에 의한 방법

$$\boxed{식}\ 측정점수 = \frac{그\ 지역\ 가주지면적}{25\,km^2} \times \frac{그\ 지역\ 인구밀도}{전국\ 평균인구밀도}$$

㉡ 대상지역의 오염정도에 따라 공식을 이용하는 방법

$$\boxed{식}\ N = N_x + N_y + N_z$$

- $N_x = (0.095) \cdot \left(\frac{C_n - C_s}{C_s}\right) \cdot (x)$
- $N_z = (0.0004) \cdot (z)$
- C_n = 최대농도
- C_b = 최저농도(자연상태)
- y = 환경기준보다 농도가 낮으나 자연농도보다 높은 지역(km^2)
- $N_y = (0.0096) \cdot \left(\frac{C_s - C_b}{C_s}\right) \cdot (y)$
- N = 채취지점수
- C_s = 환경기준(행정기준)
- x = 환경기준보다 농도가 높은 지역(km^2)
- z = 자연상태의 농도와 같은 지역(km^2)

⑤ 기체크로마토그래프(GC)

㉠ 이론단수

$$\text{이론단수}(n) = 16 \times \left(\frac{t_R}{W}\right)^2$$

- t_R : 시료도입점으로부터 봉우리 최고점까지의 길이(보유시간)
- W : 봉우리의 좌우 변곡점에서 접선이 자르는 바탕선의 길이
- $HETP = \dfrac{L}{n}$
- L : 분리관의 길이(mm)

㉡ 분리능

$$\text{분리계수}(d) = \frac{t_{R2}}{t_{R1}}$$

$$\text{분리도}(R) = \frac{2(t_{R2} - t_{R1})}{W_1 + W_2}$$

- t_{R1} : 시료도입점으로부터 봉우리 1의 최고점까지의 길이
- t_{R2} : 시료도입점으로부터 봉우리 2의 최고점까지의 길이
- W_1 : 봉우리 1의 좌우 변곡점에서의 접선이 자르는 바탕선의 길이
- W_2 : 봉우리 2의 좌우 변곡점에서의 접선이 자르는 바탕선의 길이

⑥ 흡광도(A) : 투과도의 역수의 상용대수

$$\log \frac{1}{t} = A = \epsilon C \ell$$

⑦ 피토우관 유속공식

$$V = C \times \sqrt{\frac{2gP_v}{\gamma}}$$

- V : 배출가스 유속
- C : 피토우관 계수
- P_v : 배출가스 속도압(mmH$_2$O)
- γ : 배출가스 밀도(kg/m^3)

⑧ 링겔만 매연 농도

$$\text{매연농도(\%)} = \frac{\sum \text{도수} \times \text{횟수}}{\sum \text{횟수}} \times 20$$

참고문헌

대기오염방지기술(천만영 외 4인)
대기오염제어설계공학(Cooper alley)
대기오염개론(동종인 외 2인)
유해가스처리공학(장철현 외 7인)
대기오염공정시험기준(환경부)

"
꿈은

날짜와 함께 적으면 목표가 되고,
목표를 잘게 나누면 계획이 되며,
계획을 실행에 옮기면 꿈은 실현된다.
"

- 그레그 -